试油工操作技能培训教材

(第二版)

中国石油集团西部钻探工程有限公司试油公司 编

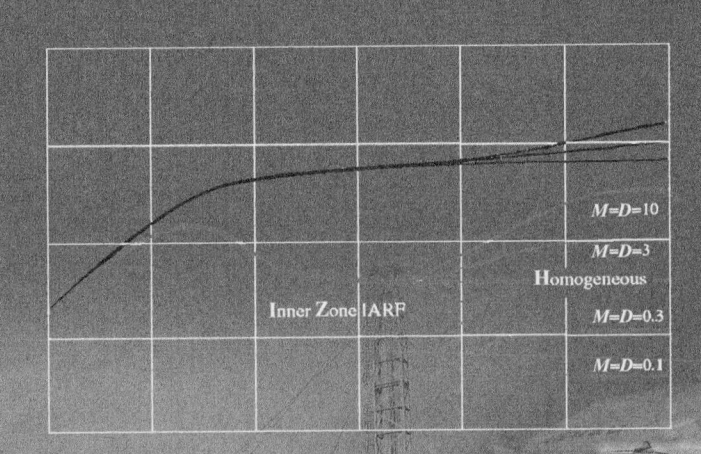

石油工业出版社

内 容 提 要

本书主要介绍了试油基础知识、试油准备、射孔、诱喷排液、储层改造、试产、地层封闭技术及钻磨工艺、测试工艺、试井资料分析、安全生产知识、试油井控装置、试油工具、试油作业设备等内容。

本书适合从事试油工作的操作工人、技术人员、管理人员参考。

图书在版编目(CIP)数据

试油工操作技能培训教材／中国石油集团西部钻探工程有限公司试油公司编． --2版． --北京：石油工业出版社,2025.3． -- ISBN 978 - 7 - 5183 - 7440 - 3

Ⅰ．TE27

中国国家版本馆 CIP 数据核字第202504684A号

出版发行：石油工业出版社

（北京安定门外安华里2区1号　100011）

网　　址：www.petropub.com

编辑部：(010)64523829　图书营销中心：(010)64523633

经　　销：全国新华书店

印　　刷：北京中石油彩色印刷有限责任公司

2025年3月第2版　2025年3月第1次印刷

787×1092 毫米　开本：1/16　印张：22

字数：562 千字

定价：96.00 元

（如出现印装质量问题，我社图书营销中心负责调换）

版权所有，翻印必究

《试油工操作技能培训教材》
编委会

主　　任：王新河　黄　璜

副 主 任：魏少波　朱东明

委　　员：李庆立　任建国　伊明江·阿斯卡尔　王跃文
　　　　　胡广军　郭永军　杜云明　肖　辉　王世文
　　　　　唐青隽　张新德　胡　斌　米红学　胡广文
　　　　　桂　军　赵永明　周光耀　苏存元　曾昌华
　　　　　陈朝安　赵　侠

编写组

组　　长：魏少波　朱东明

成　　员：杜云明　王忠利　刘少祥　赵永明　李　洋
　　　　　辉　英　王开伟　李建军　冯惊涛　朱昌盛
　　　　　毕全福　贺存福　谭宗华　梁俊忠　赵志山
　　　　　赵　侠　夏　辉　汪永平　李长龙　殷惠珍
　　　　　张仕健　张友明　梁　柱　钟　实　张再生
　　　　　王祖应　谭文波　张现峰　孙明龙　余　强

工作人员：尚庆禄　王　菊　罗小宁　苏建华　程　刚
　　　　　周　超　封　猛　单长亮　苏红莉　金莉莉

各章主要编写及审核人员

第 一 章：杜云明　刘少祥
第 二 章：梁　柱　赵　侠　李　洋　郑　辉
第 三 章：李建军　夏　辉
第 四 章：辉　英　冯惊涛　刘少祥
第 五 章：辉　英　冯惊涛　王开伟
第 六 章：王忠利　殷慧珍　刘少祥
第 七 章：冯惊涛　郑　辉
第 八 章：朱昌盛　贺存福　孙明龙　谭宗华
第 九 章：毕全福　夏　辉
第 十 章：梁俊忠　赵志山
第十一章：张现峰　李　洋　王祖应
第十二章：王祖应　夏　辉　赵　侠
第十三章：赵永明　汪永平　钟　实　张仕健　张友明
　　　　　张再生　李　洋　余　强

序

近 50 年的油气田勘探开发历史与复杂多样的油气藏类型所带来的厚重技术沉淀，锻造了新疆试油这支技术服务专业化队伍。

随着中国石油天然气集团有限公司持续重组和深化改革，试油新工艺、新技术的不断引进并大量应用于生产现场，试油工艺设备和流程的不断更新以及试油难度的不断增加，现场操作的员工原有的知识和技能也需要更新和提高，对试油员工进行全覆盖的岗位知识与技能培训已经成为当务之急。为了满足中国石油天然气集团有限公司油气保障的需要，为了提高试油队伍素质和操作水平，试油公司组织了多年从事试油作业的专家和实际工作经验较丰富的工程技术人员、技师等共同编写了《试油工操作技能培训教材》。本教材内容全面，技术性较强，理论与实际紧密结合，通俗易懂，适合作为试油员工操作培训教材，同时也可作为新工人、转岗工人的培训教材和技术人员、生产管理人员参考用书。

《试油工操作技能培训教材》的出版，能更好地满足石油勘探、评价的需要，进一步推动试油技术发展，对提高试油队伍的专业技术素质和操作技能将具有重要意义。

2012 年 4 月 25 日

前　言

试油作业是油气田勘探、开发过程中必不可少的一项工作环节,试油工艺过程的成败,关系到人们对基本石油地质条件和对新、老油区的评价认识;作为直接从事试油操作的技术工人肩负着保证试油施工质量、达到试油目的的重要责任,必须全面熟练地掌握试油技术与操作技能,成为集岗位知识与操作技能于一身的复合型人才。

《试油工操作技能培训教材》是为提高试油队伍素质和操作水平编写的。全书分上下两篇,共计十三章。其中上篇主要内容为试油基础知识、试油准备、射孔、诱喷排液、储层改造、试产、地层封闭技术及钻磨工艺、测试工艺、试井资料分析、安全生产知识等十章。下篇为试油井控装置、试油工具、试油作业设备等三章。本书主要讲述试油岗位常见的生产作业操作项目,包括风险提示及防范措施、工具准备、操作步骤、技术要求、等级考核评分标准。在教材的难易程度上,以试油工现场的常用知识和技能的讲述为重点,并且考虑一线员工的理解和接受能力,对于一些不可回避的专业术语和工艺参数等采用通俗易懂的语言进行了解释。

试油公司在2007年底启动了《试油操作指南》培训教材编写工作,2008年9月完成了《试油操作指南》电子版教材。2009年初,试油公司根据中国石油天然气集团公司有关加强员工培训工作的要求,结合试油生产实际,成立了《试油工操作技能培训教材》编写组,在《试油操作指南》培训教材的基础上,重新确定教材结构及编写内容。

为了保证项目正常运行,教材编写组制定了"教材编写阶段性评估分析、定期汇报制度、征求编写组内外意见"等多项措施,公司经理王新河要求教材编写人员把握好四个度,即"培训教材理论高度、工艺技术和理论的关联程度、操作规程和技术标准相对应、教材的适用范围"。经过两年多的努力,《试油工操作技能培训教材》初稿完成,并且在2009年、2010年的"新员工入厂教育"培训班试用。2010年底又对培训教材各章的编写人员进行增补。2011年在广泛征集学员和授课教师意见的基础上,针对教材试用过程中暴露的问题及学员反馈意见,编写组又多次组织试油方面有关技术专家、现场经验丰富的工程师、技师及技术工人骨干,对内容进行进一步增删和完善,补充了石油地质知识、安全生产知识。将其完善为《试油工操作技能培训教材》,历时3年,最终完成了培训教材的编写。

本书由中国石油集团西部钻探工程有限公司试油公司员工培训站组织编写,总工程师魏少波总校核,公司经理王新河、党委书记黄璜总审定。

本书编写过程中,得到了上级领导的关心和指导,得到了有关单位的大力协助,编审人员做了大量艰苦的工作,相关部门也认真配合,在此一并表示衷心感谢!

由于试油操作涉及知识面广,书中难免存在疏漏和不足,希望得到专家、同行及读者的批评和指正。

《试油工操作技能培训教材》编写组

2012年4月

目 录

上 篇

第一章 试油基础知识 (3)
 第一节 石油地质知识 (3)
 第二节 石油井类型及井身结构 (14)
 第三节 试油目的及工艺原理 (16)

第二章 试油准备 (22)
 第一节 井场准备 (22)
 第二节 井筒试压 (23)
 第三节 探井底 (24)
 第四节 通井及刮削 (25)
 第五节 提下油管作业 (27)
 第六节 洗井和压井 (30)

第三章 射孔 (34)
 第一节 电缆传输射孔 (34)
 第二节 油管传输射孔 (35)
 第三节 射孔测试联作 (37)
 第四节 射孔新工艺 (38)

第四章 诱喷排液 (41)
 第一节 替喷 (41)
 第二节 抽汲 (43)
 第三节 气举 (45)
 第四节 机抽 (47)
 第五节 其他泵类 (48)

第五章 储层改造 (54)
 第一节 破堵 (54)
 第二节 酸化 (55)
 第三节 压裂 (57)

第六章 试产 (59)
 第一节 自喷试产 (59)
 第二节 现场油、水半定量分析 (64)

第七章　地层封闭技术及钻磨工艺 ·· (70)
　第一节　桥塞封闭工艺 ··· (70)
　第二节　（挤）注水泥塞 ·· (76)
　第三节　封隔器封闭 ··· (79)
　第四节　钻磨工艺 ··· (89)

第八章　测试工艺 ··· (93)
　第一节　地面测试技术 ··· (93)
　第二节　地层测试工艺 ·· (106)
　第三节　钢丝试井工艺 ·· (113)
　第四节　电缆直读试井工艺 ·· (117)

第九章　试井资料分析 ·· (121)
　第一节　试井分析的理论基础 ·· (121)
　第二节　产能试井分析 ·· (125)
　第三节　不稳定试井分析 ·· (132)

第十章　安全生产知识 ·· (144)
　第一节　试油生产现场基本安全要求 ·· (144)
　第二节　防火与防爆 ·· (145)
　第三节　安全用电基本知识 ·· (158)
　第四节　试油作业施工中的其他防护 ·· (164)
　第五节　施工现场常见的急症与急救技术 ······································ (170)
　第六节　一氧化碳防护知识 ·· (179)
　第七节　硫化氢知识 ·· (183)

下　篇

第十一章　试油井控装置 ·· (199)
　第一节　防喷器 ·· (199)
　第二节　远程控制台 ·· (204)
　第三节　油管旋塞阀 ·· (213)
　第四节　试油井口装置 ·· (214)
　第五节　防喷和放喷管线 ·· (216)

第十二章　试油工具 ·· (217)
　第一节　常用手动工具 ·· (217)
　第二节　试油井口工具 ·· (221)
　第三节　试油常用器材 ·· (232)
　第四节　试油常用量具和仪表 ·· (247)
　第五节　打捞工具 ·· (255)

第十三章 试油作业设备 …………………………………………………………（265）
　第一节 车载井架试油作业机 …………………………………………………（265）
　第二节 独立井架试油作业机 …………………………………………………（275）
　第三节 抽汲车 …………………………………………………………………（290）
　第四节 泵车 ……………………………………………………………………（294）
　第五节 蒸汽车 …………………………………………………………………（304）
　第六节 发电机组 ………………………………………………………………（307）
　第七节 试井装置 ………………………………………………………………（318）
　第八节 顶驱设备（动力钻）……………………………………………………（320）
　第九节 液氮泵车 ………………………………………………………………（320）
　第十节 连续油管 ………………………………………………………………（330）
　第十一节 立式中压两相分离器 ………………………………………………（339）
参考文献 ……………………………………………………………………………（341）

上 篇

第一章　试油基础知识

第一节　石油地质知识

一、地层和地质时代

（一）地层

地层是具有一定时间和空间含义的层状岩石的自然组合。划分地层的单位称为地层单位，地层单位从大到小是界、系、统、阶，以及群、组、段、带等。其中"界"是地层的一级单位，"系"是二级单位，"统"是三级单位，界、系、统是国际通用地层单位。"阶"是大区域性的地层单位，"群"是最大的地方性地层单位，"组"则是地方性的基本地层单位，"段"是小于"组"的地方性地层单位。界、系、统、阶是根据生物的发展演化阶段来划分的适用范围较大，通称为时间地层单位；而群、组、段等地层单位是根据地层岩性和地层接触关系来划分的，适用范围比较小，通常又称为岩石地层单位。

（二）地质时代

组成地壳的不同地层是在地质时期的不同发展阶段形成的，地层形成的地质阶段称为地质时代，不同的地质时代形成不同的地层，地质时代是地层的年龄。划分不同地质时代的单位叫地质时代单位。地质时代单位由"代""纪""世""期"四个级别和一个自由使用时间单位"时"组成，地质时代和地层单位之间有着紧密的联系，但也不是完全对应的。

地质时代单位与地层单位之间的关系见表1.1.1。

表1.1.1　地质时代与地层

地质时代			地层单位		
新生代 Cz	第四纪 Q	全新世 Q_h	全新统 Q_h	第四系 Q	新生界 Cz
		更新世 Q_p	更新统 Q_p		
	新近纪 N	上新世 N_2	上新统 N_2	新近系 N	
		中新世 N_1	中新统 N_1		
	古近纪 E	渐新世 E_3	渐新统 E_3	古近系 E	
		始新世 E_2	始新统 E_2		
		古新世 E_1	古新统 E_1		
中生代 Mz	白垩纪 K	晚白垩世 K_2	上白垩统 K_2	白垩系 K	中生界 Mz
		早白垩世 K_1	下白垩统 K_1		

续表

地质时代			地层单位	
中生代 Mz	侏罗纪 J	晚侏罗世 J_3	上侏罗统 J_3	侏罗系 J	中生界 Mz
		中侏罗世 J_2	中侏罗统 J_2		
		早侏罗世 J_1	下侏罗统 J_1		
	三叠纪 T	晚三叠世 T_3	上三叠统 T_3	三叠系 T	
		中三叠世 T_2	中三叠统 T_2		
		早三叠世 T_1	下三叠统 T_1		
古生代 Pz	二叠纪 P	晚二叠世 P_3	上二叠统 P_3	二叠系 P	古生界 Pz
		中二叠世 P_2	中二叠统 P_2		
		早二叠世 P_1	下二叠统 P_1		
	石炭纪 C	晚石炭世 C_3	上石炭统 C_3	石炭系 C	
		中石炭世 C_2	中石炭统 C_2		
		早石炭世 C_1	下石炭统 C_1		
	泥盆纪 D	晚泥盆世 D_3	上泥盆统 D_3	泥盆系 D	
		中泥盆世 D_2	中泥盆统 D_2		
		早泥盆世 D_1	下泥盆统 D_1		
	志留纪 S	晚志留世 S_3	上志留统 S_3	志留系 S	
		中志留世 S_2	中志留统 S_2		
		早志留世 S_1	下志留统 S_1		
	奥陶纪 O	晚奥陶世 O_3	上奥陶统 O_3	奥陶系 O	
		中奥陶世 O_2	中奥陶统 O_2		
		早奥陶世 O_1	下奥陶统 O_1		
	寒武纪 Є	晚寒武世 Є_3	上寒武统 Є_3	寒武系 Є	
		中寒武世 Є_2	中寒武统 Є_2		
		早寒武世 Є_1	下寒武统 Є_1		
新元古代 Pt_3	震旦纪 Z	晚震旦世 Z_2	上震旦统 Z_2	震旦系 Z	新元古界 Pt_3
		早震旦世 Z_1	下震旦统 Z_1		
中元古代 Pt_2					中元古界 Pt_2
古元古代 Pt_1					古元古界 Pt_1
新太古代 Ar_3					新太古界 Ar_3
中太古代 Ar_2					中太古界 Ar_2
古太古代 Ar_1					古太古界 Ar_1
始太古代 Ar_0					始太古界 Ar_0

准噶尔盆地西北缘、腹部、南缘及东部地层划分及地质符号见表1.1.2。

表1.1.2 准噶尔盆地地层划分及地质符号表

腹部地层及地质符号					西北缘地层及地质符号				
界	系	统	群	组	界	系	统	群	组
新生界	第四系	更新统		西域组 Q_1x	新生界				
	新近系	上新统		独山子组 N_2d		新近系	上新统		独山子组 N_2d
		中新统		塔西河组 N_1t			中新统		塔西河组 N_1t
				沙湾组 N_1s					沙湾组 N_1s
	古近系	渐新—始新统		安集海河组 $E_{2-3}a$		古近系	渐新—始新统		乌伦古河组 $E_{2-3}w$
		古新统		紫泥泉子组 $E_{1-2}z$			古新统		
中生界	白垩系	上统		红砾山组 K_2h	中生界	白垩系	上统		红砾山组 K_2h
				艾里克湖组 K_2a					艾里克湖组 K_2a
		下统	吐谷鲁群 K_1Tg	连木沁组 K_1l			下统	吐谷鲁群 K_1Tg	连木沁组 K_1l
				胜金口组 K_1s					胜金口组 K_1s
				呼图壁河组 K_1h					呼图壁河组 K_1h
				清水河组 K_1q					清水河组 K_1q
	侏罗系	中统		头屯河组 J_2t		侏罗系	上统		齐古组 J_3q
				三工河组 J_1s			中统		头屯河组 J_2t
		下统	水西沟群 $J_{1-2}Sh$	八道湾组 J_1b					西山窑组 J_2x
							下统	水西沟群 $J_{1-2}Sh$	三工河组 J_1s
									八道湾组 J_1b
	三叠系	上统	小泉沟群 $T_{2-3}Xq$	白碱滩组 T_3b		三叠系	上统		白碱滩组 T_3b
		中统		克拉玛依组 T_2k			中统		克拉玛依组 T_2k
		下统		百口泉组 T_1b			下统		百口泉组 T_1b
古生界	二叠系	上统		上乌尔组 P_3w	古生界	二叠系	上统		上乌尔组 P_3w
		中统		下乌尔组 P_2w			中统		下乌尔组 P_2w
				夏子街组 P_2x					夏子街组 P_2x
		下统		风城组 P_1f			下统		风城组 P_1f
				佳木河组 P_1j					佳木河组 P_1j
	石炭系					石炭系			

续表

南缘地层及地质符号					东部地层及地质符号				
界	系	统	群	组	界	系	统	群	组
新生界	第四系	更新统		西域组 Q_1x	新生界	第四系			
^	新近系	上新统		独山子组 N_2d	^	新近系			
^	^	中新统		塔西河组 N_1t	^	^			
^	^	^		沙湾组 N_1s	^	^			
^	古近系	渐新—始新统		安集海河组 $E_{2-3}a$	^	古近系			
^	^	古新统		紫泥泉子组 $E_{1-2}z$	^	^			
中生界	白垩系	上统		东沟组 K_2d	中生界	白垩系	上统		红砾山组 K_2h
^	^	下统	吐谷鲁群 K_1Tg	连木沁组 K_1l	^	^	下统	吐谷鲁群 K_1Tg	连木沁组 K_1l
^	^	^	^	胜金口组 K_1s	^	^	^	^	胜金口组 K_1s
^	^	^	^	呼图壁河组 K_1h	^	^	^	^	呼图壁河组 K_1h
^	^	^	^	清水河组 K_1q	^	^	^	^	清水河组 K_1q
^	侏罗系	上统		喀拉扎组 J_3k	^	侏罗系	上统	石树沟群 $J_{2-3}Sh$	喀拉扎组 J_3k
^	^	^		齐古组 J_3q	^	^	^	^	齐古组 J_3q
^	^	中统		头屯河组 J_2t	^	^	中统		头屯河组 J_2t
^	^	^	水西沟群 $J_{1-2}Sh$	西山窑组 J_2x	^	^	^	水西沟群 $J_{1-2}Sh$	西山窑组 J_2x
^	^	下统	^	三工河组 J_1s	^	^	下统	^	三工河组 J_1s
^	^	^	^	八道湾组 J_1b	^	^	^	^	八道湾组 J_1b
^	三叠系	上统	小泉沟群 $T_{2-3}Xq$	郝家沟组 T_3hj	^	三叠系	上统	小泉沟群 $T_{2-3}Xq$	郝家沟组 T_3hj
^	^	^	^	黄山街组 T_3h	^	^	^	^	黄山街组 T_3h
^	^	中统	^	克拉玛依组 T_2k	^	^	中统	^	克拉玛依组 T_2k
^	^	下统	上仓房沟群 T_1Ch	烧房沟组 T_1s	^	^	下统	上仓房沟群 T_1Ch	烧房沟组 T_1s
^	^	^	^	韭菜园组 T_1j	^	^	^	^	韭菜园组 T_1j
古生界	二叠系	上统	下仓房沟群 P_3Ch^a	梧桐沟组 P_3w	古生界	二叠系	上统	下仓房沟群 P_3Ch^a	梧桐沟组 P_3w
^	^	^	^	泉子街组 P_3q	^	^	^	^	泉子街组 P_3q
^	^	中统	上芨芨槽群 P_2Jj^b	红雁池组 P_2h	^	^	中统		平地泉组 P_2p
^	^	^	^	芦草沟组 P_2l	^	^	^		将军庙组 P_2j
^	^	^	^	井井子沟组 P_2j	^	^	^		
^	^	^	^	乌拉泊组 P_2w	^	^	下统		金沟组 P_1j
^	^	下统	下芨芨槽群 P_1Jj^a	塔什库拉组 P_1t	^	^	^		
^	^	^	^	石人子沟组 P_1s	^	^	^		
^	石炭系	上统		奥尔吐组 C_2a	^	石炭系	上统		六棵树组 C_2l
^	^	^		祁家沟组 C_2q	^	^	中统		石钱滩组 C_2s
^	^	^		柳树沟组 C_2l	^	^	^		巴塔玛依内山组 C_2b
^	^				^	^	下统		滴水泉组 C_1d
^	^				^	^	^		塔木岗组 C_1t

(三)地壳运动及地质构造

沉积岩是由沉积物经过成岩作用形成的,其原始产状一般是水平的。而现今地下发现的沉积岩的产状大多是倾斜的、弯曲的,有的甚至是断开的,有的岩层有倒置现象,所有这些都是地壳运动的结果。地壳运动是指由内力引起的地壳内部物质缓慢地机械运动,其基本类型有垂直运动和水平运动。地层在地壳运动中发生各种各样的变形,形成现今的地质构造,因此地壳运动也称为构造运动。地质构造按其表现形式可分为褶皱构造和断裂构造。褶皱构造是指岩层在构造运动后,发生柔性变形,使岩层变成弯弯曲曲的形状,如背斜和向斜。断裂构造是指岩石在构造运动后,发生脆性变形,产生断裂与错动,使岩层失去连续性,如裂缝与断层。

二、石油、天然气和地层水的化学组成及主要性质

(一)石油的化学组成及主要性质

石油是由碳氢化合物为主混合而成的,含有少量杂质,并埋藏在地下岩石孔隙中的液态可燃有机矿产,它为比水稠但比水轻的油脂状液体,多呈褐黑色。石油又称原油,从石油中可以提炼出汽油、煤油、柴油以及其他一系列石油产品。

1. 石油的化学元素组成

石油的化学元素组成主要是由碳和氢以及少量的氧、硫、氮等元素组成。其中:碳占80%~88%,氢占10%~14%,其他元素如氧、硫、氮等占1%~3%,这些元素对石油的性质影响较大。

2. 石油的组分

(1)油质:是一种浅色的几乎全部为碳氢化合物组成的黏性液体。它是组成石油的主要成分。油质含量高,颜色较浅,石油质量就好,反之质量较差。

(2)胶质:一般为黏性半固体物质,颜色为淡黄、棕褐到黑色,多为环烷族烃和芳香族烃组成,还有较多的氧、硫、氮化合物,一般在轻质石油中,胶质含量不超过5%,而在重质油中,胶质含量可达20%或更高。

(3)沥青质:为暗褐色或黑色脆性固体物质,它的组成元素与胶质基本相同。沥青质不溶于酒精或轻质汽油,但溶于苯、二硫化碳、三氯甲烷和氯仿等有机溶剂,而形成胶状溶液。沥青质含量高时,石油的质量就比较差。

(4)碳质:是一种非碳氢化合物,不溶于有机溶剂。碳质为黑色固体物质,石油中一般不含或者含量极少。

3. 地面石油的主要物理性质

石油的化学组成决定着石油的物理性质。但石油没有固定的成分,因此,也没有确定的物理常数。石油的主要物理性质如下:

(1)颜色:石油的颜色不一,通常为黑色、褐色或黄色。其颜色的深浅取决于胶质、沥青质的含量,含量越高颜色越深,一般轻质油颜色微带黄橙色且又透明;重质油颜色多为黑色。

(2)相对密度:石油的相对密度是指在标准条件(20℃和0.1MPa)下石油密度与4℃下纯水密度之比值。石油的相对密度变化很大,一般介于0.75~1.0之间。一般来说,密度小、油质好,密度大、油质差。密度的大小取决于石油的组成成分,通常把密度小于$0.9g/cm^3$的石油称为轻质油,大于 $0.9g/cm^3$ 的石油称为重质油。

(3)黏度:石油流动时,分子之间因内摩擦而引起的黏滞阻力叫作石油的黏度,石油的黏度变化范围很大,范围为从几毫帕秒到几千毫帕秒,胶质和沥青质含量越高则黏度越大。

(4)溶解性:石油难溶于水,易溶于许多有机溶剂,如氯仿、四氯化碳、苯、石油醚和醇等。

(5)凝点:石油的凝固温度没有固定的数值,凝点的高低与石油中高分子化合物的含量(尤其与石蜡含量)有关,且呈现正相关性,有的大于0℃,有的小于0℃。一般石油含蜡量越高凝点越高。根据石油凝点大小,可把石油分为高凝油和低凝油。

(6)导电性:石油为不良导电体,电阻率值很高,电法测井原理就是以石油具有高电阻率理论为依据。

(7)荧光性:石油在紫外光照射下可发荧光。轻质的荧光为浅蓝色,含胶质较多的油荧光为绿色或黄色,含沥青质较多的油荧光为褐色。石油发出的荧光属于冷发光现象,大部分石油产品都具有荧光性,用荧光分析法可以鉴定岩样中石油储量和石油质量。

(8)热值:石油的热值变化范围在 37681~46054kJ/kg 之间,因石油的产地不同,其化学成分和发热量也不同。烷烃、芳香烃含量高,石油的发热量高。

4. 轻质石油和重质石油及稠油的划分

(1)按石油的相对密度划分:相对密度小于0.9的石油为轻质石油,大于0.9的石油为重质石油。

(2)稠油标准:稠油的分类标准主要以黏度为指标,石油相对密度为辅助指标。根据我国稠油的特点把稠油分为普通稠油、特稠油和超稠油三类。其分类标准如表1.1.3所示。在分类标准中,以石油黏度为第一指标,石油相对密度为辅助指标,当两个指标发生矛盾时则按黏度分类。1985年全国储量委员会石油天然气专业委员会规定,当石油的地面密度大于 $0.934g/cm^3$,石油的地下黏度大于 $50mPa·s$ 时为稠油。

表1.1.3 中国稠油分类标准表

分类	第一指标 黏度(mPa·s)(20℃)	第二指标 相对密度(20℃)	试油方式
普通稠油	50*(或100)~1000	>0.9200	可以先注热水,再热试油
	50*~100*	>0.9200	热试油
	100~1000	>0.9200	热试油
特稠油	1000~50000	>0.9500	热试油
超稠油	>50000	>0.9800	热试油

注:*指油层条件下的石油黏度,无*者为油层温度下脱气石油黏度。

(二)天然气的化学组成及主要性质

天然气是以气态碳氢化合物为主的各种气体组成的,具有特殊气味的,无色易燃易爆性混合气体。天然气按矿藏分类,分为油田气、气田气、煤层气、凝析气。按照重烃含量分类,分为干气、湿气、伴生气。

1. 天然气的化学组成

天然气的主要成分是烃类气体,其中以甲烷为主(含量占80%以上),乙烷、丙烷、丁烷及重烃次之。还有少量的氮、二氧化碳、一氧化碳、硫化氢及微量的惰性气体等。

2. 天然气的主要物理性质

天然气的性质取决于各种组分的含量,因而它的物理性质变化较大。主要物理性质如下:

(1)颜色气味:通常为无色气体,有汽油味或硫化氢味,且易燃易爆。

(2)相对密度:天然气的相对密度是指在标准条件(20℃和0.1MPa)下,天然气与空气密度的比值。密度的大小与气体组分成正比。

(3)黏度:天然气的黏度是天然气流动时内部分子之间所产生的摩擦力。是以分子间相互碰撞形式体现出来的。在标准状态下,天然气的黏度一般不超过 0.01mPa·s。气体的相对分子质量越高,黏度越大;压力和温度升高时,气体黏度稍有增加。

(4)溶解性:天然气能溶于石油和水中,溶解的数量取决于天然气和溶解剂的性质及气体的压力。在相同条件下,在石油中的溶解度远远大于在水中的溶解度,且随着天然气中含重烃增多,溶解于石油中的天然气量也增大,轻质石油比重质石油溶解的气体多。

(5)溶解度:在一定压力下,单位体积的石油所溶解的天然气的量,称为该气体在石油中的溶解度。当温度不变时,单组分的气体在单位体积溶剂中的溶解度与溶解时的压力成正比。

(6)热值:完全燃烧 1m³ 天然气所释放出的热量为天然气的热值,单位为 J/m³。天然气热值变化范围很大,一般为 $3.35 \times 10^7 J/m^3$。热值随着天然气中重烃含量的增加而增加。

(三)地层水的化学组成及主要性质

地层水是指直接与油气层连通的地下水,它与油气层组成统一的流体系统。目前所发现的油气藏80%以上有地层水,地层水的活动对油气藏的开发影响很大。石油的生成、运移、聚集以及逸散都是在地下水存在的情况下发生的。油气藏一般都由油、气、水三种流体所构成。

1. 地层水的物理性质

地层水通常是带色的,颜色一般较暗,呈灰白色,透明度不好。由于溶解的盐类多,矿化度高;一般溶解盐分越多,黏度也越高;相对密度一般大于地面水,具有特殊气味,如硫化氢味、汽油味等;一般具有咸味,导电性强。

2. 地层水的化学性质

地层水的化学成分非常复杂,所含的离子、元素种类众多,其中最常见的阳离子有 Na^+、K^+、Ca^{2+}、Mg^{2+}、Fe^{2+}、Fe^{3+}。阴离子有:Cl^-、SO_4^{2-}、CO_3^{2-}、HCO_3^-。其中以 Cl^- 和 Na^+ 最多。地层水中含有微量元素,微量元素碘、溴、硼、锶、钡、锂等在油、气田中富集,且其含量往往随水的矿化度增加而增加,一般埋藏越深,封闭性好,也越富集,可作为油、气藏保存的有利地质环境的间接标志。

为了表示水中所含盐类的多少,把水中各种离子、分子和各种化合物的总含量称为水的矿化度。在实际工作中,常以测定氯化物或氯离子的含量即含盐量代表水的矿化度。单位用 mg/L 表示。地层水(气层水)包括边水、底水和层间(夹层)水,其氯离子含量高(可高达十几万毫克每升)。

3. 地层水的水型

在不同的环境中,经过长期的化学、物理等作用,形成了各种不同成分的地层水,并且含有不同的盐类。从典型盐类组合可以反映水形成的地质环境。因此,不同的水型表示不同的地质环境。地层水的水型通常分为：硫酸钠（Na_2SO_4）型、碳酸氢钠（$NaHCO_3$）型、氯化镁（$MgCl_2$）型、氯化钙（$CaCl_2$）型4种。

（1）硫酸钠型：多属地表水的水型，也可分布于油、气田垂直剖面的上部。此水是环境封闭性差的反映，不利于油、气的聚集和保存。在成因上为大陆环境下形成的，反映所处油气藏的封闭情况为开敞式。

（2）碳酸氢钠型：在油气田中此水型分布广泛，但在有大量石膏分布的地区此水型较少出现。此水型水的pH值常大于8，为碱性水，在油气田分布广，可作为含油气良好的标志。在成因上为大陆环境下所形成的，反映所处油气藏的封闭情况为半开敞式。

（3）氯化镁型：此水型存在于油气田内部，在封闭环境中此水型要向氯化钙型转变，故此水型多为过渡类型。在成因上为海洋环境下形成的，反映所处油气藏的封闭情况为封闭式。

（4）氯化钙型：在完全封闭的地质环境中，地层水与地表完全隔离而成的唯一最深部水型，有利于油、气聚集、保存。在成因上为海洋环境下形成的，反映所处油气藏的封闭情况为封闭式，且封闭性好。

三、油气藏形成的基本要素

油气藏是地壳上油气聚集的基本单元，是油气勘探的对象。油气藏的形成，是石油地质研究的核心问题。油气藏的形成过程，就是在各种成藏要素的匹配下，油气从分散到集中的转化过程；能否有丰富的油气聚集，形成有丰富储量的油气藏，并且被保存下来，主要取决于是否具备生油层、储层、盖层、运移、圈闭和保存等成藏要素及其优劣程度。由于在一个能形成油气藏的圈闭中，其前提就必然包括盖层、储层和保存条件，因此，对于油气藏的形成基本条件而言，充足的油气来源和有效的圈闭将成为两个重要的方面。油气藏的形成和分布是生、储、盖、运、圈、保多种地质要素综合作用的结果。

（一）生油气源岩

生油气源岩为油气藏提供物质基础。在一个沉积盆地中，是否有储量丰富的油气藏，充足的油气来源是必不可少的物质条件。油源条件取决于盆地内生油岩的发育情况，所含沉积有机质的多少及向油气的转化程度。如果一个盆地稳定下沉持续时间长，接受的沉积物和沉积有机质就多，其沉积厚度大，其中的生油岩系就较发育，这就具备一定的油源条件。如果长时间稳定下沉的盆地越大，则盆地中的沉积体积和生油岩体积就会越十分巨大。世界上许多大型、特大型油气田所在的沉积盆地，大多具备上述沉积岩厚度巨大和盆地面积巨大的特点。

（二）储层

能够储存和渗虑流体的岩层称为储层，所有的储层都必须有一定的储集空间，储集空间包括孔隙、晶洞、溶洞、裂缝（裂隙）等，不同类型的岩石如碎屑岩、碳酸盐岩、变质岩和岩浆岩都可以成为储层。孔隙度和渗透率是反映储集物性的两个基本参数。原始岩性、沉积环境和成岩后生作用是影响沉积岩储层物性的主要因素。砂岩和碳酸盐岩是主要的储层。

（1）碎屑岩储层：是指由砾岩、砂岩和粉砂岩组成的储层。形成碎屑岩的储层有冰川砂砾岩储层、河流相砂岩储层、海陆过渡相砂岩储层（风成砂、三角洲砂体和深海相砂体）、湖相砂岩储层。

（2）碳酸盐岩储层：是指由石灰岩、白云岩等碳酸盐岩组成的储层。碳酸盐岩是由白云石和方解石组成的岩石,是石油和天然气的富集储层之一。

(3)变质岩和岩浆岩储层:变质岩和岩浆岩在特定的条件下其裂缝、孔洞、节理等形成的储层。

(三)盖层

油气进入圈闭后,阻止油气进一步运移和扩散形成具有工业价值油气藏的岩层叫作盖层或遮挡层。盖层的类型多种多样,根据成因和封盖机理,可以将盖层分为岩性盖层、断层盖层和成岩盖层。岩性盖层一般有泥岩、页岩、盐岩、燧石岩等。

(四)油气运移

油气在地壳中的移动称为油气运移。石油和天然气都是流体,其生成与聚集之处往往不同。刚刚生成的油气呈分散状保存在地层中,它必然有个运移过程,从而达到集中形成油气藏。根据油气运移与生油层的关系,可以将油气运移分为初次运移和二次运移,如图 1.1.1 所示。

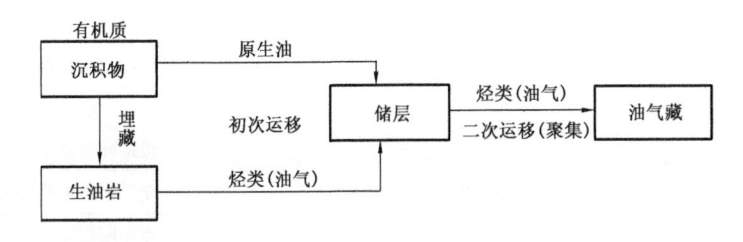

图 1.1.1　油气运移过程聚集示意图

(1)油气的初次运移:初次运移是指生油层中生成的油气向附近储层中运移,也称为一次运动。运移状态主要是成溶解状态的油气被水所携带而随水流动,也可以成气溶状态随气流动,还有少数是分散的微颗粒呈游离状态随水流动。其动力是上覆岩层的压实力。运移方向是以垂向运移为主,即由生油岩直接运移到相邻的多孔岩层中去。也可以做侧向运移,即侧向上运移到断层、裂缝等油流通道里面进入多层孔隙储集起来。

(2)油气的二次运移:二次运移是指油气进入储层后的一切运移。它既包括了油气在储层内部的运移,也包括了沿着断层等通道从一个储层运移到另一个储层的运移。二次运移方式主要是呈游离的相态以大片油气相进行运移。其动力主要有水动力、浮力、构造运动力等。运移方向可以是垂向的,也可以是侧向的。总之,油气要以最短的途径,从高压区向低压区进行运移。

(五)圈闭

油气运移至储层之后,还不一定能够形成油气藏。在这个过程中,如果剥蚀作用、氧化作用、岩浆作用等各种破坏性因素比较强烈,就可能使油气再次逸散,而不能形成油气藏。如果运移过程遇到遮挡,运移不能进行,油气就可逐渐聚集形成油气藏。这种适用于油气聚集,并形成油气藏的场所称为圈闭。圈闭是形成油气藏的必要条件。

圈闭是地壳运动的产物。在不同的地质环境里,地壳运动可以造成各式各样的封闭条件,形成各式各样的圈闭。根据圈闭的成因,圈闭分为构造圈闭、地层圈闭、岩性圈闭等。

四、油气藏的分类及特点

油气藏是具有统一压力系统和油气水界面的单一圈闭中的石油和天然气聚集体。只有油在单一圈闭中的聚集称为油藏,只有天然气在单一圈闭中的聚集称为气藏。根据圈闭成因可以将油气藏分为构造油气藏、地层油气藏、岩性油气藏、水动力油气藏、复合油气藏 5 大类,见表 1.1.4。当前世界各国石油、天然气勘探开发的重点是构造油气藏,其储量占世界油气总量的 80% 以上。一个油田范围内包括一个或若干个油气藏,不同油气藏之间其地质时代和油气藏类型可能相同,也可能不同。

表 1.1.4 油气藏分类

大类	类	亚类
构造油气藏	背斜油气藏	挤压背斜油气藏
		基底升降背斜油气藏
		底辟拱升背斜油气藏
		披覆背斜油气藏
		滚动背斜油气藏
	断层油气藏	断鼻油气藏
		弧形断层断块油气藏
		交叉断层断块油气藏
		复杂断层断块油气藏
		逆断层断块油气藏
	裂缝性油气藏	
	岩体刺穿油气藏	盐体刺穿油气藏
		泥火山刺穿油气藏
		岩浆岩体刺穿油气藏
地层油气藏	地层不整合遮挡油气藏	潜伏剥蚀突起油气藏
		潜伏剥蚀构造油气藏
	地层超覆油气藏	
	生物礁油气藏	
岩性油气藏	岩性上倾尖灭油气藏	
	砂岩透镜体油气藏	
水动力油气藏	构造鼻型水动力油气藏	
	单斜型水动力油气藏	

(一)构造油气藏

构造圈闭是指由于地壳运动使地层发生变形或者变位而形成的圈闭。在构造圈闭中油气的聚集称为构造油气藏。构造油气藏又可分为如下 4 种类型。

1. 背斜油气藏

油气在背斜圈闭中聚集形成的油气藏称为背斜油气藏。背斜油气藏具有以下特点：

(1)背斜油气藏圈闭条件单一，含油气圈闭的面积和储量大，储层多以孔隙型砂岩为主，也有石灰岩等，岩性变化不大。

(2)背斜油气藏中，油气水的分布规则，油水关系简单，含油层位通常一致，具有统一的油水界面，油水界面在水动力较弱的时候是水平的，在水动力较强的时候是倾斜的。

2. 断层油气藏

断层油气藏是指在断层遮挡圈闭内的油、气聚集。断层油气藏的类型很多，断层在油气藏形成中的作用很复杂。如断层可以使储层产生裂隙而增加渗透性，可以使一个完整的油气藏被分割成若干个小的油气藏，可以扩大含油气圈闭的面积，增加含油气高度等。断层油气藏的特点有：

(1)沿断裂带的岩石，常被挤压破裂而形成裂隙，增大储层渗透性，使断层附近储层渗透性变好。

(2)断层油气藏中，在断层多而复杂的构造断裂带形成的断块多而小，分割性强；各个断块内的油、气、水分布很不规则，油水关系复杂；油水层多为成组的不规则互层。

(3)在断陷盆地内，从边缘到中心，常因断层发育而呈阶梯状下降，影响生储盖组合在区域内的发育和变化。油气富集区常分布在靠近油源的一侧。

3. 裂缝性油气藏

裂缝性油气藏是指油气储集空间和渗流通道主要靠裂缝和溶孔(溶洞)的油气藏。裂缝性油气藏与背斜油气藏、断层油气藏有很大的区别，常有以下几个特点：

(1)虽然裂缝性油气藏储层的储集空间类型很复杂，但构造裂缝的发育，常可把各种类型的孔隙、裂隙联系起来，形成统一的孔隙—裂隙体系，把原来互相隔绝的孔隙、裂隙、晶洞、溶洞等储集空间沟通起来，形成一个统一的储集空间，这个储集空间常具块状结构。油气藏常呈块状，但它们具有共同的油—水界面和统一的压力系统。

(2)在裂缝性油气藏钻井过程中，井场常发生钻具放空、钻井液漏失和井喷现象。

(3)一般裂缝性油气藏储层在实验室根据岩心测定的渗透率很低，而试井实际测得的渗透率却很高，相差悬殊。这是由于构造裂缝沟通了储层的各种储集空间，形成一个畅通的渗流系统。

(4)由于裂缝性储层的孔隙性、渗透性分布不均，同一储层的不同部位，储集性能可以相差悬殊，因此，造成不同油井之间的产量差别很大。

4. 岩体刺穿油气藏

岩体刺穿油气藏是指油气在岩体刺穿圈闭中的聚集。

(二)地层油气藏

地层圈闭是指储层由于纵向沉积连续性中断而形成的圈闭。在地层圈闭中的油气聚集，称为地层油气藏。

根据圈闭的成因，地层油气藏可分为如下3大类。

1. 地层不整合遮挡油气藏

剥蚀突起或剥蚀构造被后来的不渗透地层所覆盖,就形成了地层不整合遮挡圈闭。油气在其中聚集就形成了地层不整合遮挡油气藏。这种油气藏储层是潜伏剥蚀突起或潜伏剥蚀构造,遭受多种地质应力的长期风化、剥蚀,成为破碎带、溶蚀带后而形成的,因此,具有良好的孔隙性和渗透性,可以形成高产油气田。

2. 地层超覆油气藏

水体渐进时水体加深,在砂岩上超覆沉积了不渗透泥岩,形成了地层超覆圈闭,油气在其中聚集就形成了地层超覆油气藏。

3. 生物礁油气藏

生物礁油气藏是指被不渗透层所覆盖的生物礁块圈闭中的油气聚集。溶孔、粒间孔和铸模孔是生物礁油气藏的主要孔隙类型,横向分布稳定,具有储量丰度大、产量高的特点。

(三)岩性油气藏

岩性圈闭是指储层岩性变化所形成的圈闭,其中聚集了油气,就形成岩性油气藏。岩性油气藏主要分为岩性上倾尖灭油气藏和砂岩透镜体油气藏。岩性油气藏的特点是油气的生成、运移、聚集都发生在油层本身,它具有石油性质好,动力条件差,运移距离短,保存条件好的特点。在构造上,横向砂岩的渗透率变化不均匀;砂岩体的尖灭端部和透镜体的两端,往往泥质含量增多,渗透性变差;而向砂岩体主体,泥质含量减少,渗透性变好。

(四)水动力油气藏

由水动力或与非渗透性岩层联合封闭,在静水条件下不能形成圈闭的地方形成聚集油气圈闭,称为水动力圈闭。其中聚集了商业规模的油气后,称为水动力油气藏。

(五)复合油气藏

储油气圈闭往往受多种因素控制。某种单一因素起主导作用时,可用单一因素归类;但当多种因素共同起大体相同的作用时,称为复合圈闭,在其中形成的油气藏称为复合油气藏。

第二节　石油井类型及井身结构

一、石油井的概念

石油和天然气埋藏在地下几十米至上千米的油层中,要把它开采出来,需要在地面和地下油气层之间建立一条油流通道,这条通道就是井。为了开采石油和天然气,在油田勘探和开发过程中,凡是为了从地下获得油气而钻的井,统称为石油井。

对于一口钻完尺寸的井眼,井内有钻井液和滤饼保护井壁,这时的井称为裸眼井。裸眼井下入套管,再用水泥封固套管与井壁之间的环形空间,封隔油(气、水)层以后,就形成了可以开采油气的石油井。为达到不同的勘探目的及适应油气田开发的需要,在不同的地质区域,或已知的油气田不同部位上,分别钻不同类型的井。

二、石油井的类型及目的

石油井的类型主要有参数井(区域探井)、预探井、评价井(详探井)、资料井和开发井5大类。各种类型的石油井钻井目的如下。

(一)参数井(区域探井)

参数井布井选择盆地或凹陷相对较深的部位,力求该部位地层发育最全,构造相对简单。钻探主要目的是:

(1)了解地层层序、厚度、岩性及生、储、盖层发育情况;

(2)验证盆地勘探确定的区域构造形态、位置及发育情况;

(3)了解区域油、气、水性质;

(4)确定基底起伏、埋深、结构、性质;

(5)进行含油气远景评价。

参数井钻探过程中,如遇油、气显示情况时,应先进行中途测试,确定油气层的工业价值。钻井完井后首先选择最好的油气显示层优先进行试油、试气,以尽快打开新区域找油气的形势。

(二)预探井

预探井是在地震详查基础上确定的某个有利圈闭上部署的第一批探井,其钻探目的是探明圈闭的含油、气性,查明含油、气层位及工业价值。试油层位主要选择有利的油、气层为重点试油层,系统了解整个剖面纵向油气水的分布状况及产能,搞清岩性、物性及电性关系。预探井试油的主要目的和任务:查明新区、新圈闭、新层系是否有工业性油气流,为计算控制储量提供依据。

(三)评价井(详探井)

评价井是在经过预探井钻探已证实的油气藏上进一步部署的井,其钻探目的是探明含油、气边界,圈定含油、气面积。

评价井试油层位的选择以目的层为主,兼探其他新层和可疑层。

评价井试油的目的是查明油气田的含油面积及油水界面或气水边界;落实油气藏的产油、气能力、产能变化特征、驱动力类型及压力系统;为计算探明储量、进行油气藏评价提供依据。

试油原则是不能将油、气、水层大段混试,应该按照油层组自下而上分段逐层试油,对于可疑层、认识不清的油水界面以及水层,均要单独测试。要求取准油、气、水产能、性能及油气层压力、温度等资料,对测试层位做出正确结论。

(四)资料井

为了取得编制油田开发方案所需要的资料而钻的井称为资料井。这种井要求全部或部分取心。

(五)开发井

油、气田开发生产所部署的井统称为开发井,包括滚动井、生(投)产井、注水井、观察井等。对于开发井的试油目的是确定油、气、水产能、性质。

(1)滚动井:在尚未认识清楚区块所部署的井,兼有评价井的任务。

(2)生产井:用于采油采气的井称为生产井。

(3)注水井:用来向油层注水保持油层压力的井称为注水井。

(4)观察井:在油田开发过程中,专门用来观察油田地下动态的井称为观察井。

(5)调整井:为挽回死油区的储量损失,改善断层遮挡地区的注水开发效果,以调整平面矛盾严重地段的开发效果而补钻的井称为调整井。调整井用以扩大采油面积,提高采油速度,改善开发效果。

(6)检查井:在油田开发过程中,为了检查油层开采效果而钻的井称为检查井。

三、井身结构

井身结构是指由直径、深度和作用各不相同,且均注水泥封固环形空间而形成的轴心线重合的一组套管与水泥环的结合。

(一)井身结构的名称及作用

井身结构一般由表层套管、技术套管、油层套管和各层套管外的水泥环组成。

(1)表层套管:井身结构中第一层套管叫表层套管,一般为几十米至几百米。下入后,用水泥浆固井并返至地面。其作用是封隔上部不稳定的松软地层和水层。

(2)技术套管:表层套管与油层套管之间的套管叫技术套管。是钻井中途遇到高压油、气、水层、漏失层、坍塌层等复杂地层时,为钻至目的层而下的套管。其层次由复杂层的多少而定,作用是封隔难以控制的复杂地层,保持钻井工作顺利进行。

(3)油层套管:井身结构中最内的一层套管叫油层套管。油层套管下入深度取决于油井的完钻深度和完井方法。一般要求固井水泥返至最上部的油、气层的上部。其作用是封隔油、气、水层,建立一条供长期开采油、气的通道。

(4)水泥返深:是指固井时,水泥沿套管与井壁之间的环形空间上返面与转盘平面之间的距离。

(二)有关名词术语

(1)联顶节方入(联入):指钻井转盘上平面到最上面一根套管节箍上平面之间的距离。

(2)完钻井深:从转盘上平面到钻井完成时钻头钻进最后位置之间的距离。

(3)套管深度:从转盘上平面到套管鞋的深度。

(4)人工井底:钻井或试油时,在套管内留下的水泥塞面或桥塞面叫人工井底。其深度是从转盘上平面到人工井底之间的距离。

(5)油补距(也称补心高差):是钻井转盘上平面到套管四通上法兰之间的距离。

(6)套补距:是指钻井转盘上平面到套管短节法兰上平面之间的距离。

第三节 试油目的及工艺原理

试油就是通过一定的手段对储层进行测试,取得储层的产量、压力和产出物的样品等资料,通过分析研究这些资料,对储层的生产能力、油气水特性及分布状态做出正确评价,为勘探、开发部署提供依据。

一、试油的目的

在勘探开发不同阶段,试油目的和要求各有侧重,总体讲主要有以下内容:(1)探明新区、新构造是否有工业油气流;(2)查明油气层含油面积及油水边界、油气藏储量和驱动类型;(3)验证油层的含油气情况和测井解释的可靠程度;(4)录取各种资料,为计算油气储量和编制开发方案提供依据,为新区勘探指明方向;(5)验证开发效果,检查注入水在油田中的推进情况、收效情况以及油层产油能力和石油物性变化,为油田开发调整提供科学依据。

二、试油的方式

试油方式一般分为中途测试和完井试油。

(一)中途测试

中途测试是指在探井钻井过程中对发现油气显示的井段进行测试。

探井在钻井过程中发现好的油气显示后,为了及时发现储层能否获得工业油气流,为下步勘探决策提供依据,要进行中途测试。方法是将中途测试仪器下到要测试的储层,对储层进行测试,通过井下或地面开、关井取得储层的产量资料、压力恢复资料及油气水样品资料。

(二)完井试油

完井试油是指在探井钻井完井后进行试油。

完井试油包括一系列的工序,主要试油工序包括接井、试油前期准备、试压、探井底、通井、洗井、压井、射孔、破堵、完井测试、降液诱喷(抽汲、替喷、气举)、储层改造、试(求)产、测压、地层封闭等。

1. 试油前期准备

根据试油目的和要求,平整井场和整修至井场的道路,将施工所用的设备和工具搬运到井场并进行安装,为试油施工提供基础条件。试油设备包括提升设备(井架、试油作业机、通井机等)、计量设备(分离器、方罐、试井罐等)、防喷设备(采油树、防喷器、远程控制台、旋塞等)及其他辅助工具(吊卡、吊环、井口平台、油管短节、管钳、液压油管钳等)。

2. 试压

在接新井和在上返新的试油层时进行,其目的是对井口采油树和井筒的承压能力进行检查,保证其满足试油施工的要求。

3. 通井

就是利用通井规或者刮削器对井筒质量进行检查和清理,一是清除套管内壁上粘附的固体物质,如钢渣、毛刺、固井残留的水泥等;二是检查套管是否有影响试油井下工具通过的弯曲或变形;三是检查固井后形成的人工井底是否符合试油要求,以保证试油工具能够顺利下入井中的预定位置。一般规定通井规的外径应小于套管内径 6~8mm,若有特殊要求,如试油期间需下入井内直径较大和长度较长的工具,则应选用与下井工具相适应的通井工具。

4. 探井底

探井底就是确定目前井底位置。探井底一般分为硬探和软探两种方式。硬探方式就是直接加深井内的油管(钻具)进行探测。软探方式就是采用钢丝或电缆底带铅锤等工具进行探测。

5. 洗井

洗井就是在地面用泵车注入清洁的洗井液将井筒内和井底的钻井液、杂质等沉淀物冲洗出来,达到清洁井筒和井底的一种措施。洗井的方式有正(循环)洗井、反(循环)洗井和正反(循环)洗井。循环洗井是指将洗井液进行回收并循环利用。正洗井是指将洗井液从油管注入,洗井液从套管环空返出的洗井方式。反洗井是指将洗井液从套管环空注入,洗井液从油管返出的洗井方式。

正(循环)洗井方式具有冲砂能力强,携带污物能力弱的特点,适用于冲开沉积在井底的砂子和污物的井况。反(循环)洗井方式具有冲砂能力弱,携带污物能力强的特点,适用于携带井底砂子和污物到地面的井况。在实际工作中我们常采用正反交替(循环)洗井方式,以达到既要冲洗,又要将污物携带到地面的目的。

6. 射孔

用射孔器材射穿试油层的套管壁及水泥环,到达目的层内一定深度,使套管外的试油层段与井筒连通起来,达到地层流体流入井筒或地面的目的。

射孔按射孔时对地层的回压大小分为正压射孔、负压射孔和超正压射孔等工艺。正压射孔是指射孔时井筒内液柱压力高于储层压力的射孔作业。负压射孔是指射孔时井筒内液柱压力低于储层压力的射孔作业;按射孔枪送入井筒的方式分电缆传输射孔和油管(钻杆)传输射孔两种类型。射孔弹的点火方式有电点火、液压加压点火和投棒冲击点火等方式。

7. 破堵

破堵就是用泵车向地层挤入一定量的液体,破除和疏通地层井筒附近的堵塞,使地层流体能够较畅通地流入井筒。

8. 降液诱喷

通过一定的措施或方法降低井筒内液柱压力,使地层压力高于井筒内液柱压力,在压差的作用下,地层流体进入井筒或喷出地面,达到降液诱喷的目的。降低井筒内液柱压力有两种方法,一种是降低井筒内液柱的密度,另一种是降低井筒内液柱的液面高度。降液诱喷措施一般有替喷、抽汲和气举等。

替喷是用较小密度的液体替出井筒内较大密度的液体,降低井筒内液柱压力的过程。

抽汲就是用专门的设备和抽子将井内液体抽出来,降低井筒内液面、排出井内液体。抽汲又分为油管抽汲和套管抽汲两种。

气举就是用气体将井筒的液体顶替出来,目前主要采用液氮气举。气举可分为正气举和反气举两种方式。

9. 完井测试

完井测试是完井试油的一道工序,一般在射孔后下入测试仪器进行测试;也可以将测试工具和射孔枪一起下到要试油的地层,先进行射孔、破堵等工艺,然后进行测试,称为射测联作。完井测试工作原理和中途测试相同,所取得的资料也相同。不同之处在于,中途测试一般在钻井过程中进行,测试的是裸眼井段。

10. 储层改造

储层改造是提高地层产量的主要手段,目前最常用和最有效的主要有两种,即压裂、酸化。压裂就是用高压泵车将液体注入地层,在地层造成裂缝,并在裂缝中填入支撑剂,扩大地层流动通道的方法。酸化是用高压泵车将酸液注入地层,让酸液溶蚀地层岩石,形成较大的流动通道的方法。

11. 压井

压井是向失去压力平衡的井内泵入合适密度的压井液,并始终控制井底压力略大于地层压力,以重建和恢复压力平衡的作业过程。压井方法分为挤压井和循环压井两种,循环压井又分为正循环压井和反循环压井。

12. 试(求)产

试(求)产就是利用地面计量设备对地层产出的地层流体按一定时间要求进行计量,分别计算出地层所产的油、气、水的日产量和累计产量。目前采用的计量设备主要有方罐、试井罐、流量计等。自喷井求产一般采用分离器和方罐求产。非自喷井求产一般采用测液面恢复、定深抽汲、气举和其他求产方法(抽油机、螺杆泵、水力喷射泵、纳维泵等)。

13. 测压

测压就是用压力计和压力表监测油气层的压力和井口的油管压力及套管压力。

14. 地层封闭

试油结束后对已试层暂时封闭或永久封闭,进行新层位的试油工作。地层封闭方法有多种,常用方法是下桥塞、注水泥塞和封隔器封闭。

三、试油应取主要资料

(1)压力。试油过程中所取压力资料主要包括:油压、套压、静压和流压。油井在自喷或间喷过程中,油、套压的变化直接反映出地层能量的变化,以此确定合理的工作制度。静压是推算地层压力的重要参数。流压是计算生产压差和地层产能的重要参数。

(2)产量、产能。产量是指单位时间内的产出量。产能是指油气层在某一生产压差下的产量,它能比较准确地反映油气层的生产能力。产能是评价储层的重要指标,是油田开发的主要依据。无论自喷井或非自喷井,在求产时所制定的工作制度和录取资料内容都需要同时求出相对稳定的产量和生产压差。

(3)油、气、水性质。油、气、水物性是试油取得的一项非常重要的资料,是为试油层定性、下结论的重要依据。对油、气、水取样通常分为地面取样、井下取样和高压物性取样。地面取得的油、气、水样要具有代表性,能够代表储层的产液特征,一般在求产阶段取样。对产液较少的低产层或干层,一般采用井下取样,即将取样器下到取样深度取出代表地层产液特征的样品。高压物性取样是将取样器下至一定深度,在取样点压力高于饱和压力,含水小于2%的条件下,取得的流体样品。

四、试油地质层定名规范

油(气)层工业油气流标准及试油地质层的定名规定见表1.3.1。

油层:日产油量达到最低工业标准,含水率在10%以下的产层。

气层:日产气量达到最低工业标准的产层。

油水同层:日产油量达到最低工业标准,含水率高于10%的产层(折算日产水量高于干层标准)。

表 1.3.1 最低工业油(气)流标准表

试油层深度(m)	油产量(t/d)	气产量($10^4 m^3/d$)
≤500	0.3	0.05
500~1000	0.5	0.1
1000~2000	1.0	0.3
2000~3000	3.0	0.5
3000~4000	5.0	1.0
>4000	10.0	2.0

气水同层:日产气量达到最低工业标准,日产水量高于干层标准的产层。

含油层:日产油量低于工业油标准,但高于干层标准,日产水量低于干层标准的产层。

含气层:日产气量低于工业标准,但高于干层标准,日产水量低于干层标准的产层。

含油水层:日产油量低于工业标准,但高于干层标准,日产水量高于干层标准的产层。

含气水层:日产气量低于工业标准,但高于干层标准,日产水量高于干层标准的产层。

水层:日产水量高于干层标准而日产油(气)量低于干层界限标准的产层。

干层:日产油、气、水量低于表 1.3.2 规定范围的产层。

表 1.3.2 干层界限折算表

试油层深度(m)	折算液面深度	油(L)	气(m^3)	水(L)	观察天数(d)
≤1500	油层中部深度	100	200	250	3
1500~2000	1500m	100	200	250	3
2000~3000	1800m	200	400	400	3
3000~4000	2000m	300	600	500	3
>4000	2000m 允许掏空深度	400	800	600	3

五、有关名词和概念

(1)地层:具有先后形成次序和地质时代含义的各类层状或似层状岩石体。

(2)储层:具有一定的储集空间,能够聚集油、气、水等流体的岩层。

(3)油层:只(单一或仅)储藏有液态石油的并具有工业生产能力的储层。

(4)气层:只储藏有天然气的并具有工业生产能力的储层。

(5)水层:只储藏有地层水的储层。

(6)油气藏:在具有统一的压力系统和油水界面的单一储层的单一圈闭中的石油和天然气聚集体。

(7)油压:是指油气从井底流动到井口的剩余压力。

(8)套压:是指油管与套管环形空间内,油和气在井口的压力。

(9)气油比:气油比有两种,一种是溶解气油比,另一种是生产气油比。溶解气油比是在单位重量或体积的石油中溶解的气量,单位是 m^3/m^3 或 m^3/t。生产气油比是每采出单位质量或体积石油伴随采出的天然气量,单位是 m^3/m^3 或 m^3/t。

(10)地层压力:指地下岩石孔隙中流体所具有的压力。

(11)井底压力:是指地面和井内各种压力作用在井底的总压力。

(12)静液柱压力:是由静止液体重力产生的压力。

(13)压力梯度:是指每增加单位垂直深度压力的变化值。

(14)井口压力:井口压力分为油压、套压。

(15)静压:是油井关井一段时间,井底压力回升到稳定状态后测得的油层中部压力。

(16)静温:是油井关井一段时间,井底压力回升到稳定状态后测得的油层中部温度。

(17)流压:是油井正常自喷生产时,测得的油层中部压力。

(18)流温:是油井正常自喷生产时,测得的油层中部温度。

(19)生产压差(井底压差):指井底压力与地层压力之间的差值。

(20)地层恢复压力:当自喷井试油求产结束后,将压力计下至油层中上部深度停放,然后关井,测出地层压力由生产状态到静止状态的变化过程,在这个过程中压力随关井时间的变化关系可以形成一条曲线,通常称为压力恢复曲线。目前测压方式主要采用钢丝或电缆带压力计和测试工具带压力计方式进行。压力计可以分为存储式和直读式两种。

(21)孔隙度:岩石中孔隙体积与岩石总体积的比值。它是对多孔介质中孔隙体积的一种量度,也是对岩石储存流体的储集能力的量度,通常用 ϕ 表示。

(22)渗透率:它是指在一定的压差下,岩石本身允许流体通过的能力,通常用 K 表示。

(23)流体饱和度:指储层岩石孔隙中某种流体所占的体积百分数。

(24)饱和压力:在油藏温度下,地层石油开始析出天然气时的地层压力。又称泡点压力。

第二章 试油准备

第一节 井场准备

试油前期准备主要有接井,道路勘察,施工井场勘察,施工机械准备,井场平整,根据井深和井内管柱结构重量选择井架型号以及方罐、分离器的摆放等。

一、接井

(1)根据生产指令,协同相关部门一起前往现场接井、道路勘察。

(2)对行驶路线、路况,进行勘察、风险识别,根据路况、风险识别情况,为选用修路机械设备提供依据。

(3)对施工井场及井场周围环境进行勘察,根据井场平整工作量,周围环境确定平整井场的机械设备。

(4)根据路况、线路行驶拉运井架等设备存在的路况风险,准备修路的装载机、推土机等机械设备。

(5)了解井身结构、井深、井内管柱结构尺寸,为选择相适应的井架提供依据。

试油现场使用的5种型号井架:BJ120t/31m、BJ80t/29m、JJ80t/29m、BJ50t/29m、JJ60t/29m;

① 2000m≤作业井深≤3500m 时,选用 BJ50t/29m、JJ60t/29m 型号井架;

② 3500m≤作业井深≤4500m 时,选用 BJ80t/29m、JJ80t/29m 型号井架,特殊井可选用 BJ120t/31m 型号井架;

③ 作业井深≥4500m 时,选用 BJ120t/31m 型号井架。

二、试油井场场地要求

(1)现场井场平整标准:以井口为中心,前后左右50~60m范围内井场平整。

(2)能适应井架现场平地摆放、对接,40t、16t吊车摆放、起吊、就位安装,吊车撤离,其他拉运井架等设备车辆进出方便。

(3)能适应地下作业车辆、试油作业特种车辆、各种泵车、抽汲车辆,各种测试作业设备等特大型特殊作业施工设备摆放,并有安全撤离通道。

三、方罐、分离器摆放

(一)方罐的摆放标准

(1)以井口采油树套管闸阀出口方向为基轴,留出1m左右对称宽度的放喷管线空挡位置。

(2)方罐到井口的标准距离:8~10m,在放喷管线位置两侧对称摆放。

(3)方罐摆平前后对齐。

(二)分离器的摆放标准

(1)分离器距井口标准距离:25~30m。
(2)分离器进口对准井口采油树方向。

第二节 井筒试压

一、原理和目的

利用泵车(或其他加压装置)泵入液体或气体,观察在规定的时间内压力降落值。对井口装备、井筒的耐压能力进行测试的工艺过程。验证采油树的密封性,及套管和井底是否满足下步施工要求。

二、施工前的准备工作

(1)根据单层试油设计或生产指令由施工作业队技术人员编制施工设计书。
(2)人员组织及安排:泵工2名、试油工2名,带班班长1名,带班干部1名,泵工负责泵车的使用,保证泵车的正常运作,试油工配合泵工接好试压硬管线,带班干部负责组织现场生产安排和管理及现场资料的录取工作。
(3)工具及材料的准备:洗井接头1个、试压硬管线1套(泵车自备)、量程适合的压力表一块、大锤1把、管线1套(活接头1套、高压直角弯头1个、2in短节4根、$2\tfrac{7}{8}$in公转2in公转换接头3个、油管1根、油管接箍1个)、12in活动扳手1把、U形卡1个、36in油管钳1把、24in油管钳1把等。
(4)车辆及装备:按施工设计要求准备泵车1部,拉液罐车1部备足水。

三、施工步骤及技术要求

以正试压为例如图2.2.1所示。
(1)施工前进行施工方案交底、关联工艺交底、场所风险交底、防范措施交底、应急预案交底、风险提示、安全讲话、岗位分工,试油工及操作手根据岗位分工进行岗位巡回检查。

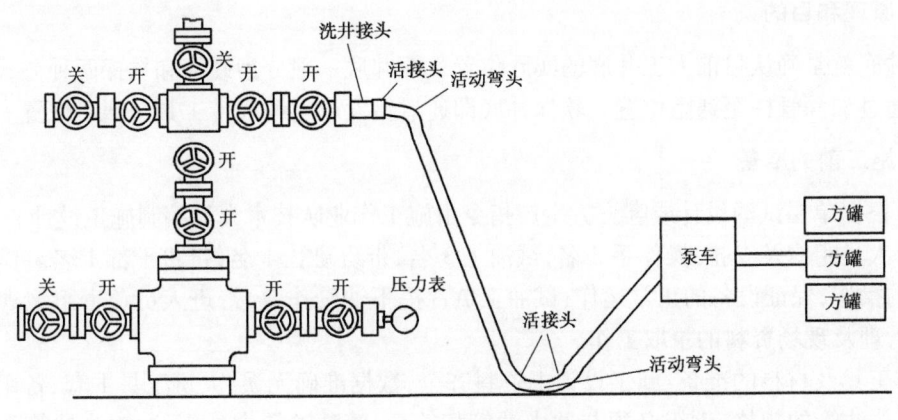

图2.2.1 正试压示意图

(2)按要求摆放泵车,连接泵车上水管线,启动泵车,用清水循环好泵,检查泵的上水情况,正常后停泵。

(3)在采油树生产阀门一侧安装洗井接头或试压接头。采油树螺杆齐全且对角紧扣,顶丝齐全且顶紧,采油树各阀门开关灵活。

(4)连接泵车出口管线,管线一端接泵出口,另一端接采油树生产阀门一侧的洗井接头。管线连接砸紧后在套管阀门的一端安装压力表或压力传感器。

(5)检查采油树各阀门的开启或关闭状态是否正确。

(6)起泵,以小排量泵入液体,观察开启的一侧套管阀门返出液体后,停泵;关闭套管外侧阀门。重新起泵,开始打压。当压力升至标准压力时停泵,观察采油树上的压力表30min,以压降小于0.5MPa为合格。试压压力值如下:

ϕ139.7mm套管最高压力15MPa;ϕ177.8mm套管最高压力12MPa;ϕ244.48mm套管最高压力10MPa。

(7)记录压力表的变化情况。

(8)合格后通过套管放喷管线用针阀控制放压。

四、录取资料

录取资料有井号、时间、车型、试压类型、试压时间、压降、质量评价。

五、主要风险提示及预防措施

(1)管线爆破、刺漏伤人:试压时必须用钢质硬管线连接。试压前划定高压区,高压区内禁止人员走动。

(2)铁屑飞溅伤人:砸活接头连接或拆卸硬管线时戴好护目镜,操作人员相互配合。

(3)设备设施损坏:试压时最高压力不得高于设计最高压力。

(4)手轮飞出伤人:开关阀门时应站在阀门侧面。

第三节 探 井 底

一、原理和目的

探井底就是确认目前人工井底的实际位置。探井底一般分为硬探和软探两种方式。硬探井底即通过加深管柱至遇阻位置。软探井底即通过钢丝或电缆底带工具至遇阻位置。

二、施工前的准备

(1)根据单层试油设计或客户方生产指令由施工作业队技术人员编制施工设计。

(2)人员组织及安排:操作手2名,试油工3名,带班班长1名,带班干部1名。操作手负责设备的操作,保证设备的正常运作;试油工负责提下油管作业,带班人员负责组织现场生产安排和管理及现场资料的录取工作。

(3)工具及材料的准备:施工设计书资料齐全,数据准确无误,大班工具1套、备用油管若干根,入井油管的规格、钢级必须与井内油管相符合;清洗油管内外螺纹、检查油管无弯曲变形、腐蚀、裂缝、孔洞及螺纹损坏,保证入井油管质量完好。

(4)车辆及装备:试油井架及通井机各一部或试油作业机一部,检查确认井架绷绳已拉紧、井架底座稳定坚固、绳卡卡紧、提升钢丝绳完好、游动系统大钩垂直对准井眼中心。检查天车、游动系统各连接部位,保证大钩转动灵活。安装合适的指重表或拉力计。安装拉油管索道及管桥,管柱索道要平稳、顺直、牢固。启动设备调试检查设备滚筒刹车灵敏完好。检查吊卡吊环应满足起下油管规范要求,吊卡销子灵活好用。检查液压油管钳吊绳,液压油管钳背绳,二次保险绳安装规范及液压油管钳性能符合管柱要求。

三、施工步骤及技术要求

(1)施工前进行施工方案交底、关联工艺交底、场所风险交底、防范措施交底、应急预案交底、风险提示、安全讲话、岗位分工,试油工及操作手根据岗位分工进行岗位巡回检查。

(2)油套管放压至零。

(3)卸采油树,卸顶丝,上提油管挂,卸油管挂。

(4)加深油管探井底,下放速度应小于1.2m/min,下油管过程中注意观察指重表的变化,反复探三次,悬重下降不超过10~20kN,2000m以下的井深误差应小于0.3m,2000m以上的井深误差应小于0.5m,并记录加深油管的长度。

计算方法:实探井底 = 井内油管长度 + 加深油管长度 + 油补距 + 井下工具的长度。

四、录取资料

录取资料有井号、时间、方式、工具名称及规格、探井底深度、加压吨位。

五、主要风险提示及预防措施

(1)顿钻:探井底时下放油管速度应小于1.2m/min。

(2)人员伤害:井口有专人指挥,操作手观察指挥人员手势,防止挂单吊环。

(3)设备损坏、人员伤害:随时观察设备、井架绷绳和游动系统的运转及提升钢丝绳情况,发现问题及时处理,待正常后才能继续施工。

第四节　通井及刮削

一、原理和目的

利用油管底带通井规及刮削器下入井内,对套管内壁进行通刮,清除套管内壁上黏附的固体物质,如钢渣、毛刺、固井残留的水泥等,检查套管内通径是否畅通,检查固井后形成的人工井底是否符合试油要求。

二、施工前的准备工作

(1)根据单层试油设计或生产指令编制施工设计。

(2)人员组织:操作手2名、试油工3名、班长1名、带班人员1名,操作手负责通井机(试油作业机)的使用、维护和保养,保证设备的正常运作;试油工负责下油管通井作业,带班人员负责组织现场生产安排和管理及现场资料的录取工作。

(3)工具及材料:施工设计书资料齐全,数据准确无误,大班工具1套,通井规及刮削器各

1个,通井规与油管相连接的转换接头,井场备井筒容积1.5~2倍的洗井液。

了解施工井的井身结构及井下情况,根据油层套管尺寸选择合适的通井规和刮削器或其他通井工具(表2.4.1、表2.4.2、表2.4.3)。

表2.4.1 通井规规格表

套管外径(mm)	壁厚(mm)	外径×长度(mm×mm)
127	7.52	102×200
	9.19	
139.7	7.72	115×200
	9.17	
	10.54	112×200
177.8	9.19	150×250
	10.36	
	12.56	144×400
	13.72	
244.5	10.03	215×400
	11.05	
	11.99	210×400
	13.84	

表2.4.2 胶筒式套管刮削器规格

规格型号	外形尺寸(mm×mm)	接头螺纹	刮削套管(in)	刀片伸出量(mm)
GX-G127	φ119×1340	NC26	5	12
GX-G140	φ129×1443	NC31	5½	9
GX-T178	φ166×1604	330	7	20.5
GX-T244	φ220×1890	330	9⅝	18

表2.4.3 弹簧式套管刮削器规格

规格型号	外形尺寸(mm×mm)	接头螺纹	刮削套管(in)	刀片伸出量(mm)
GX-T127	φ119×1340	NC31	5	12
GX-T140	φ129×1443	NC31	5½	9
GX-T178	φ166×1604	NC31	7	20.5
GX-T244	φ220×1890	330	9⅝	18

(4)车辆及设备:通井机(试油作业机)一部、泵车一部,检查确认井架绷绳已拉紧、井架底座稳定、绳卡卡紧、提升钢丝绳完好、游动系统大钩垂直对准井眼中心。检查天车、游动系统各连接部位,保证大钩转动灵活。安装合适的指重表或拉力计。安装油管索道及管桥,油管索道要平稳、顺直、牢固。启动通井机调试检查设备滚筒刹车灵敏完好。检查吊卡吊环应满足起下油管规范要求,吊卡销子灵活好用。检查液压油管钳吊绳,液压油管钳背绳,二次保险绳安装

规范及液压油管钳性能符合管柱要求。

三、施工步骤及技术要求

（1）施工前进行施工方案、关联工艺、场所风险、防范措施、应急预案交底，风险提示、安全讲话、岗位分工，试油工及操作手根据岗位分工进行岗位巡回检查。

（2）对通井规和刮削器的外形、尺寸进行检查，并绘制入井工具草图，标注尺寸及扣型。根据施工设计检查工具尺寸。

（3）根据设计要求连接好通井工具并在地面与油管连接，连接处必须连接紧固。

（4）卸井口采油树，坐防喷器，试压合格。

（5）将通井工具下入井内，在通过复杂井段、预射孔井段及预座封井段时，必须缓慢下放，通刮三次，通刮井管柱示意图如图2.4.1所示。

（6）按设计要求将通井规下至设计井深。

（7）座油管挂、紧顶丝、接洗井管线，关闭防喷器，进行洗井作业。

（8）待洗井达到设计要求后，停泵观察是否平稳。待平稳后拆卸洗井管线，开防喷器，卸顶丝，提油管挂。

（9）提出通井规。仔细检查通井规，对通井规的痕迹描述。

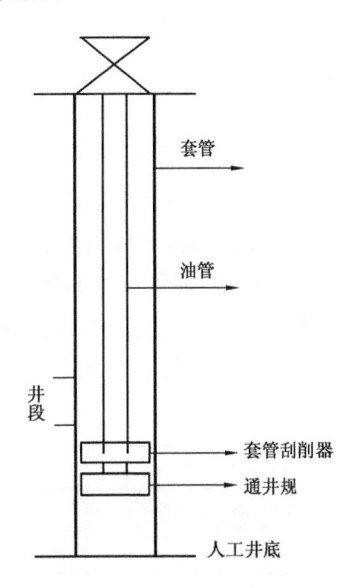

图2.4.1　通刮井管柱示意图

四、录取资料

录取资料有井号、时间、油管尺寸、通井规及刮削器型号及规格、通刮井深度、遇阻深度。

五、主要风险提示及预防措施

（1）工具落井：施工前必须仔细检查入井工具，确保工具完好、连接紧固。检查液压油管钳背钳，保持完好。

（2）挂卡钻具：通井及刮削过程中，必须严格控制提下速度（20m/min），严禁猛提猛放。经过复杂井段时必须减缓提下速度（控制在5m/min）。通刮过程中遇阻，不得硬顿，应平稳上下活动管柱或进行循环洗井。对于无法通下去的井，应提出管柱，查明原因，待采取措施后，方可重新通井。

第五节　提下油管作业

一、原理和目的

利用动力设备（试油作业机：通井机或试油作业机）通过一定的上提（下放）速度依次将油管提出（下入）井内的过程，为下步施工做准备。

二、施工前的准备工作

(1)根据单层试油工程设计或生产指令编制施工设计;明确施工目的,施工井内管柱结构、井下工具名称、规格深度及井下管柱示意图。

(2)人员组织。操作手2名、试油工3名、班长1名、带班人员1名,操作手负责通井机(试油作业机)的使用、维护和保养,保证设备的正常运作;试油工负责提下油管作业,带班人员负责组织现场生产安排和管理及现场资料的录取工作。

(3)入井油管和工具准备。

① 不同规格不同壁厚的油管分类摆放在管桥架上。

② 管桥架离地面高度不低于25cm,油管每10根一组。

③ 清洗油管内外丝扣,检查油管有无弯曲、腐蚀、裂缝、孔洞及丝扣损伤,保证入井管柱质量完好,不合格油管标上明显记号单独摆放,不准下入井内。

④ 入井油管、短节用通管规逐一通过,缓慢上提管柱,防止通管规下落时将油管挂钩打落。通管规规格见表2.5.1。

表2.5.1　通管规规格表

油管规格(mm)	壁厚(mm)	外径(mm)	长度(mm)
ϕ73	5.51	58	200
	7.82	53	200
ϕ88.9	6.45	72	200
	9.52	65	200

⑤ 下管柱前核准管柱长度数据,按顺序丈量三次,每千米误差应小于0.2m。

⑥ 检查保养下井工具。

(4)施工设备准备。

① 检查井架、游动系统,要求井架绷绳紧固、井架底座平稳、绳卡卡紧、提升钢丝绳完好,游动系统大钩垂直对准井眼中心(误差小于100mm)。

② 检查天车、游动系统各联结部位。确保正常运转。

③ 安装合适检验有效的指重表或拉力计,高度不得高于2m。

④ 安装拉管柱索道,管柱索道要平稳、顺直、牢固,油管索道的绷绳中间,不得直接使用倒链连接(使用倒链连接时,应加装保险绳),固定支架使用三腿支架,挂钩符合施工要求。

⑤ 启动动力提升设备,使提升设备预热至工作温度。

⑥ 调试检查动力提升设备滚筒刹车、防碰装置灵敏完好。

⑦ 检查吊环、吊卡,应满足起下油管规范要求;吊卡销子安装保险绳;吊卡的月牙、锁销转动灵活,手柄不变形。

⑧ 攀井架时携带的工具、用具用绳索拴牢,人员戴安全带;安装液压油管钳吊绳,使用倒链安装保险绳;液压油管钳安装符合安装要求。

⑨ 搭建管桥时,摆放单根油管不少于2座管桥,摆放双根油管不少于4座管桥,每一座管桥不少于4个油管板凳,油管板凳要平稳、牢固。

三、施工步骤和技术要求

（1）卸采油树：开油、套管阀门放压，确认井口无压力后，卸采油树装置，拆卸完的部件要摆放整齐、防止沙土、脏物污染。

（2）试提。

① 带班干部给操作手打手势发出上提指令，试提时先缓慢提升，并注意观察指重表变化，直至悬重正常无卡阻现象，再继续缓慢提升管柱。油管挂提出井口后，停止提升。一、二号岗人员坐吊卡，卸下油管挂并清洗干净，摆放在井口旁边的固定位置。

② 试提时应注意观察指重表或拉力计的变化、井架有无松动下陷，井架绷绳有无松动现象。

（3）提油管。

① 根据动力提升能力、井深、井下管柱结构的要求，管柱从缓慢提升开始，随着悬重的减少，逐步加快提升速度。

② 当油管单根或双根第二个接箍提出井口后，一号岗人员平稳前推吊卡卡紧油管，锁好锁销并确认，旋转180°，月牙对前井场。

③ 二号岗人员使用液压油管钳或管钳卸油管螺纹，待确认螺纹全部松开后，才能提升油管。一号岗人员用小滑轮钩紧油管，使其顺索道滑下，三号岗拉油管的人应站在油管侧面，两腿不准骑跨油管，防止油管螺纹挂碰损伤。拉油管时应用力平稳，并注意观察井口，避免磕碰。

④ 提井下工具至最后几根油管时，提升速度要平稳减速，防止碰坏井口，拉弯损坏油管和井下工具。

⑤ 起出油管后，按先后顺序排放整齐，每10根一组平铺摆放在油管桥上，每组最后一根缩一节箍作为标识，损坏的油管做上标记单独排放在一起。

⑥ 提油管结束后，一号岗人员观察并记录油管根数和井下工具有无异常，油管有无堵塞情况。

（4）下油管。

① 下油管前仔细检查油管本体和螺纹，油管螺纹必须清洁无损伤，管柱连接前在螺纹上涂抹密封脂。

② 三号岗人员护送油管时应站在油管一侧，用小滑轮挂钩勾紧油管，注意防止滑轮掉脱，一号岗人员将通管规从油管接箍内放入，油管顺索道到达井口后，一号岗人员取下挂钩，取出通管规，双手扶正油管对接。

③ 二号岗人员用液压油管钳或管钳上油管螺纹，下井油管螺纹对正，防止错扣，螺纹必须上紧，普通油管剩余螺纹最多不超过两扣，气密封油管按规定扭矩值上紧。

④ 油管下至设计井深的最后5~10根时，应缓慢下放。

⑤ 当井内套管为复合套管悬接时，在通过套管悬挂位置上5~10根时应减缓下放速度，下入井内的大直径工具在通过射孔井段时，下放速度不超过5m/min，防止卡钻和损伤工具。

⑥ 油管下完后连接清洗干净的油管挂，居中平稳下放，避免密封圈碰坏，坐好油管挂后再对角顶紧顶丝。

⑦ 按标准要求安装井口装置。手轮方向正对后井场。

四、录取资料

录取资料有时间、油管尺寸、型号、根数、下入深度（提出深度），入井工具名称及规格，防喷演习情况及管柱、工具的完好情况。

五、主要风险和应对措施

(1)井内卡管柱：提油管挂时，检查采油树顶丝是否退完，专人负责观察指重表并指挥操作手操作。

(2)井喷、落物伤人：井口人员注意观察井口外溢(漏失)情况，及时关井(灌液)，各岗位随时注意观察安全通道，保持安全通道的畅通；施工时，井口操作人员完成操作后后退1.5m，禁止交叉作业。

(3)碰天车、顿钻：防碰天车装置完好灵敏，控制提下速度。

(4)油管碰挂管桥、井架、滑脱伤人：井口操作人员扣好吊卡，锁好锁销后，吊卡月牙面朝操作人员方向，经另一名井口操作人员确认后方可操作；操作人员必须护送油管，控制提下速度。

(5)液压油管钳伤人：检修液压油管钳时要切断动力，使用时安全保护装置齐全完好。

第六节　洗井和压井

一、洗井

(一)原理和目的

用泵车将洗井液泵入井筒内，利用洗井液的携带能力及洗井时的冲击力将井内的污物带出地面的工艺过程，达到清洁井筒和井底的目的。洗井分为正(循环)洗井和反(循环)洗井两种方式。循环洗井指的是将洗井液进行回收并循环利用。正洗井指的是将洗井液从油管注入，洗井液从油套管环空返出的洗井方式。反洗井指的是将洗井液从油套管环空注入，洗井液从油管返出的洗井方式。

(二)施工前的准备工作

(1)根据单层试油设计或生产指令编制施工设计。

(2)了解掌握施工井的基本数据和井身结构。

(3)人员的组织及安排：泵工2名、试油工2名、带班干部1名，泵工负责泵车的使用、保证泵车的正常运作；试油工配合泵工作业，带班干部负责组织现场生产安排和管理及现场资料的录取工作。

(4)工具及材料准备：与采油树、泵车相匹配的洗井接头、洗井出口管线1套、大锤1把、24in和36in管钳各1把，按设计备足洗井液。

(5)车辆及装备准备：能满足施工排量和泵压的泵车1部。

(6)根据设计选择洗井方式。

(三)施工步骤及技术要求

(1)施工前进行施工方案、关联工艺、场所风险、防范措施、应急预案交底,进行安全讲话、岗位分工、风险提示,试油工及操作手根据岗位分工进行岗位巡回检查。

(2)施工步骤。

① 按设计要求连接泵车管线(以正洗井为例)。

连接泵车与采油树一侧阀门的进口管线,打开大四通一侧阀门出口管线,关闭另外一侧采油树和大四通的外侧阀门及清蜡阀门,其余阀门全部开启。

② 检查泵车、采油树及四通各阀门的开启或关闭状态是否正确。启动泵车向井内注洗井液,排量由小到大,注意观察泵车泵压变化,待泵压平稳正常后,再大排量洗井,直至井内进出口洗井液清洁、液性和密度一致为止。

(3)技术要求。

① 检查采油树各阀门齐全灵活好用,采油树螺杆对角紧固,顶丝齐全并顶紧。

② 若洗井液为清水,应清洁,机械杂质含量应低于2%。

③ 若洗井液为钻井液,洗井后应达到进出口密度差不大于 0.02g/cm^3,计量洗井液的用量,核实管柱深度。

④ 洗井作业要连续进行,以防洗井返出液中的杂质沉淀。

⑤ 施工排量、泵压应符合设计要求,按设计要求限制最高施工泵压。

⑥ 若遇中途停泵,应重新洗井。

⑦ 下特殊工具的井,应控制施工排量、泵压符合设计要求。

(四)录取资料

录取资料有时间、车型、方式、洗井液名称及性能、用量、洗井深度、泵压、排量、漏失量。

二、压井

(一)原理和目的

向失去压力平衡的井内泵入合适密度的压井液,并控制井底压力略大于地层压力,以重建和恢复压力平衡的作业过程,为下步施工做准备。压井作业分为正压井和反压井、挤压井。

(二)施工前的准备工作

(1)根据单层试油设计或生产指令编制施工设计。

(2)了解掌握施工井的基本数据和井身结构。

(3)人员的组织及安排:泵工2名、试油工2名、带班干部1名,泵工负责泵车的使用、保证泵车的正常运作;试油工配合泵工作业,带班干部负责组织现场生产安排和管理及现场资料的录取工作。

(4)工具及材料准备:与采油树、泵车相匹配的洗井接头、洗井出口管线一套、大锤一把、24in 和 36in 管钳各一把,按设计备足压井液,压井液量为井筒容积的 1.5~2 倍。

(5)车辆及装备准备:能满足施工排量和泵压的泵车。

(6)根据设计选择压井方式。

（三）施工步骤及技术要求

1. 正压井

图2.6.1为正压井示意图。

（1）施工前进行施工方案交底、关联工艺交底、场所风险交底、防范措施交底、应急预案交底、安全讲话、风险提示、岗位分工，试油工及操作手进行岗位巡回检查。

（2）油、套管放压，对天然气进行点火放喷。

（3）采油树生产阀门接压井管线（接硬管线），套管出口接硬管线固定牢固。

（4）开启进出口管线生产阀门、套管阀门及总阀门。

（5）启动泵车，先替入设计要求的隔离液，后向井内泵注压井液，排量由小到大，注意观察泵车泵压的变化，用针阀控制出口排量。

（6）观察泵压的变化情况，当进出口排量及液性一致时停泵关井平衡，计量压井液用量，核实压井深度。平衡后开井观察，油、套管均无返出物时，压井成功。

（7）压井施工过程要连续作业，中途不得停泵。

2. 反压井

图2.6.2为反压井示意图。

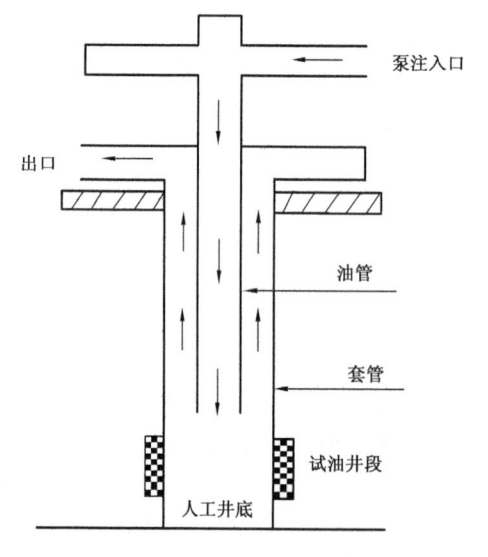

图2.6.1　正压井示意图　　　　　图2.6.2　反压井示意图

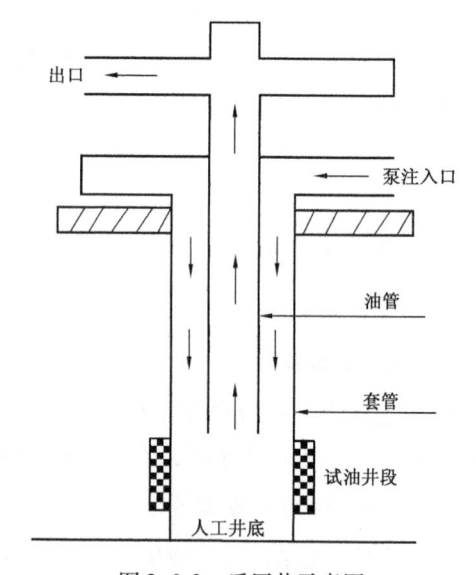

（1）施工前进行施工方案交底、关联工艺交底、场所风险交底、防范措施交底、应急预案交底、安全讲话、风险提示、岗位分工，试油工及操作手进行岗位巡回检查。

（2）油、套管放压，对天然气进行点火放喷。

（3）采油树一侧套管阀门接压井管线（接硬管线），油管出口接硬管线并用U形卡固定牢固。

（4）启动泵车，先泵入设计要求的隔离液，后向井内泵注压井液，排量由小到大，注意观察泵车泵压的变化，用针阀控制出口排量。

(5)开启进出口管线生产阀门、套管阀门及总阀门。

(6)观察泵压的变化情况,当进出口排量及液性一致时停泵关井平衡,计量压井液用量核实压井深度。平衡后开井观察,油、套管均无返出物时,压井成功。

(7)压井施工过程要连续作业,中途不得停泵。

3. 挤压井

(1)施工前进行施工方案交底、关联工艺交底、场所风险交底、防范措施交底、应急预案交底、技术交底,安全讲话、风险提示、岗位分工,试油工及操作手进行岗位巡回检查,按设计试压合格。

(2)套管放压,对天然气进行点火放喷。

(3)采油树一侧生产阀门或套管阀门接压井管线(接硬管线)。

(4)开启接管线的生产阀门或套管阀门和总阀门,其余阀门全部关闭。

(5)启动泵车,向井内泵注压井液,排量由小到大,注意观察泵车泵压的变化。

(6)观察泵压的变化情况,按设计用量挤入,后关井平衡,计量压井液用量。平衡后开井观察,出口无返出物时,压井成功。

(7)压井施工过程要连续作业,中途不得停泵。

(四)录取资料

录取资料有井号、层位、井段、时间、车型、方式、泵压、排量、压井液名称及性能、用量、压井深度、漏失量、外溢量、返出液性质及数量、压井后进、出口液性及压力变化,关井平衡时间、放压前油、套压,放压后油、套压,放压返出液性质及数量。

三、洗、压井主要风险提示及预防措施

(1)铁屑飞溅:拆装管线砸大锤时须戴好护目镜。

(2)人员伤害:开关阀门时站在侧面。

(3)管线爆破:施工前划定高压区,施工时高压区内禁止人员进入。

(4)火灾爆炸:施工前,井口1m内检测到可燃气体,施工车辆要使用阻火器,防止发生火灾爆炸事故,出口若返出天然气必须点火。

第三章 射 孔

原理:用射孔器材射穿试油层的套管壁及水泥环,到达目的层内一定深度,使套管外的试油层段与井筒连通起来,达到地层流体流入井筒或地面的工艺过程。

目的:沟通地层和井筒,产生流体流通通道,对试油层进行直观认识。

在试油过程中,射孔方法有正压射孔、负压射孔和超正压射孔等。正压射孔是指射孔时井筒内液柱压力高于储层压力的射孔作业。负压射孔是指射孔时井筒内液柱压力低于储层压力的射孔作业。目前国内射孔工艺按传输方式可分为电缆传输射孔、油管(钻杆)传输射孔两种类型。

第一节 电缆传输射孔

一、施工前的准备工作

(1)根据单层试油设计或生产指令编制施工设计。

(2)人员的组织:操作手2名、试油工3名、班长1名、带班干部1名,操作手负责通井机的使用、维护和保养,保证设备的正常运作;试油工负责井口的安装,带班人员负责组织现场生产安排和管理及现场资料的录取工作。

(3)工具及材料的准备:大班工具1套,与设计相匹配的双闸板防喷器1台(上半封,下全封,半封闸板与现场油管相匹配)。井场备井筒容积1.5~2倍的洗井液。施工设计书、射孔批准书等资料齐全,其中数据准确无误。

(4)车辆及设备准备:通井机(试油作业机)一部,检查确认井架绷绳已拉紧,井架底座稳定,绳卡卡紧,提升钢丝绳完好,游动系统大钩垂直对准井眼中心。

检查天车、游动系统各连接部位,保证大钩转动灵活。安装合适的指重表或拉力计。安装拉管索道及管桥,管柱索道要平稳、顺直、牢固。启动通井机,检查调试通井机滚筒刹车及防碰天车灵敏完好。检查吊卡吊环应满足起下油管规范要求,吊卡销子灵活好用。检查液压油管钳吊绳、液压油管钳背绳,保险绳安装规范及液压油管钳性能符合管柱要求。

二、施工步骤及技术要求

(1)施工前进行施工方案、关联工艺、场所风险、防范措施和应急预案交底,安全讲话,岗位分工,试油工及操作手根据岗位分工进行岗位巡回检查。

(2)卸采油树,坐防喷器并试压合格,根据套管尺寸用双通井规软通井至预射孔井段以下10~15m。

(3)装射孔弹及连接射孔枪;用电缆下射孔枪至预射孔井段附近。

(4)到预定位置后用磁性定位器校深。

(5)经射孔队和施工作业队技术人员确认后,确保射孔枪位于射孔井段。

(6)接通电源,引爆射孔弹,提出射孔枪身,检查射孔质量。
(7)观察射孔后的显示情况,并根据现场情况和指令进行下步工作。

三、录取资料

录取资料有井号、时间、射孔液名称及性能、液面深度、射孔方式及枪型、相位角、层位、井段、厚度、孔密、实射孔数、发射率、实射厚度与层数、射孔后的油气显示情况。

四、主要风险提示及预防措施

(1)人员伤害:施工时禁止交叉作业。
(2)井喷:射孔井内充满压井液,射孔时必须坐好防喷器并试压合格,射孔作业时发生溢流,应停止作业,在距井口0.3~0.5m处剪断电缆,关闭全封闸板,抢装采油树或总闸阀。射孔过程中井口有专人负责观察井口显示情况。
(3)电缆弹跳、打扭伤人:施工时人员要远离电缆,禁止跨(穿)越电缆。
电缆射孔示意图如图3.1.1所示。

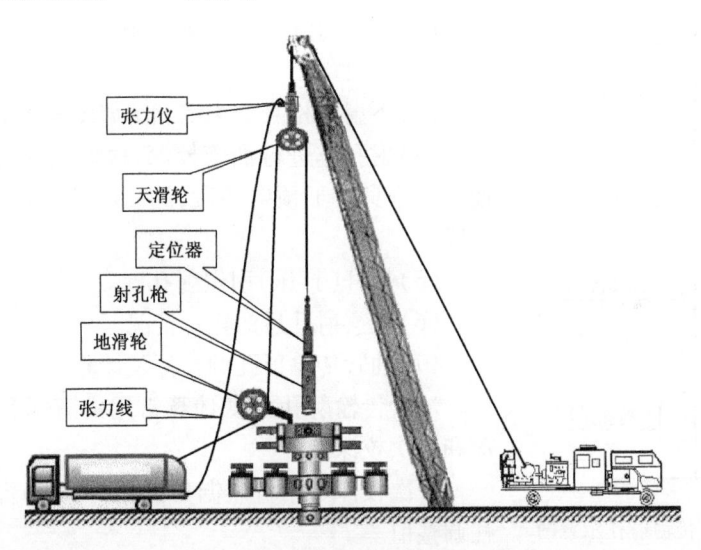

图 3.1.1　电缆射孔示意图

第二节　油管传输射孔

一、施工前的准备工作

(1)根据单层试油设计或生产指令编制施工设计。
(2)人员的组织:操作手2名、试油工3名、班长1名、带班干部1名,井场备井筒容积1.5~2倍的洗井液;操作手负责通井机的使用、维护和保养,保证设备的正常运作;试油工负责下油管作业,带班人员负责组织现场生产安排和管理及现场资料的录取工作。
(3)工具及材料的准备:施工设计书、射孔批准书等资料齐全,其中数据准确无误。

① 工具：大班工具1套，与现场油管匹配的短节(2.0m×2、1.5m×2、1m×2、0.5m×2、0.3m×2、0.2m×2)。

② 与设计相匹配的防喷器1台。

(4)车辆及设备准备：通井机(试油作业机)一部，检查确认井架绷绳已拉紧，井架底座稳定，绳卡卡紧，提升钢丝绳完好，游动系统大钩垂直对准井眼中心。检查天车、游动系统各连接部位，保证大钩转动灵活。安装合适的指重表或拉力计。安装拉管索道及管桥，管柱索道要平稳、顺直、牢固。启动通井机，检查调试通井机滚筒刹车及防碰天车灵敏完好。检查吊卡，吊环应满足起下油管规范要求，吊卡销子灵活好用。检查液压油管钳吊绳、背绳和保险绳安装规范，性能符合管柱要求。

二、施工步骤及技术要求（以两次校深为例）

(1)施工前进行施工方案交底、关联工艺交底、场所风险交底、防范措施交底、应急预案交底，安全讲话，岗位分工，试油工及操作手根据岗位分工进行岗位巡回检查。

(2)卸采油树，装防喷器并试压合格，射孔车测套管节箍，绑记号；装射孔弹及连接射孔枪；丈量零长(定位短节下部到第一孔的准确长度)。

(3)下射孔枪身结构示意图如图3.2.1所示。

(4)射孔车进行油管校深，根据测井数据配油管短节，使射孔枪身位于预射井段，卸防喷器，坐采油树，接好试产管线。

(5)投杆(打压)引爆射孔弹。

(6)观察射孔后的显示情况。

(7)油管传输射孔的校深及计算：

油管传输射孔深度计算常用的有两种方法：即一次校深和二次校深。

一次校深是用自然伽马，测定位短节深度，并计算出管柱调整值。

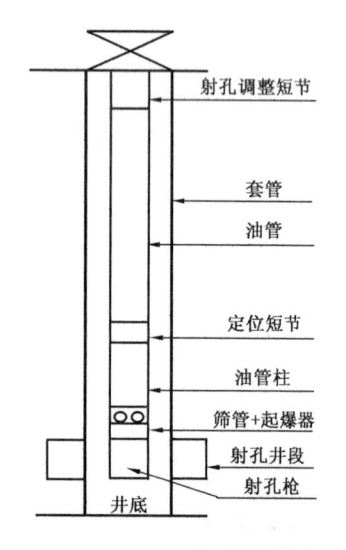

图3.2.1 油管传输射孔示意图

二次校深是在射孔管柱入井前用磁性定位器测套管标准短节，以确定电缆记号深度，下射孔管柱后在油管中测出油管定位短节的位置，并计算出管柱调整值。

计算调整值可按以下公式进行：

$$L = H_1 - (H_2 + L_1)$$

式中 L——管柱调整值，m；

H_1——油层顶界深度，m；

H_2——定位标记深度，m；

L_1——射孔总零长，m。

当 $L>0$ 时，管柱向下调整 L；当 $L<0$ 时，管柱向上调整 L。

三、录取资料

录取资料有井号、时间、油管型号及数量、射孔液名称及性能、液面深度、射孔方式及枪型、相位角、层位、井段、厚度、孔密、实装弹数,射孔厚度与层数、筛管规格及位置、射孔后的油气显示情况。

四、主要风险提示及预防措施

(1)井喷失控:施工前必须坐好防喷器并试压合格,防提前引爆,下枪身时严格控制下放速度(10～15m/min)。

(2)人员伤害:禁止交叉作业。

第三节 射孔测试联作

一、施工前的准备工作

(1)根据单层试油设计或生产指令编制施工设计。

(2)人员的组织:操作手2名、试油工3名、班长1名、带班干部1名,井场备井筒容积1.5～2倍的洗井液;操作手负责通井机的使用、维护和保养,保证设备的正常运作;试油工负责下油管作业,带班人员负责组织现场生产安排和管理及现场资料的录取工作。

(3)工具及材料的准备:施工设计书资料齐全,射孔批准书等数据准确无误;大班工具一套,与现场油管匹配的短节(2.0m×2、1.5m×2、1m×2、0.5m×2、0.3m×2、0.2m×2);与设计相匹配的防喷器1台(半封闸板与现场油管相匹配)。

(4)车辆及设备:泵车1部,通井机(试油作业机)1部,检查确认井架绷绳已拉紧,井架底座稳定,绳卡卡紧,提升钢丝绳完好,游动系统大钩垂直对准井眼中心。检查天车、游动系统各连接部位,保证大钩转动灵活。安装合适的指重表或拉力计。安装拉管索道及管桥,管柱索道要平稳、顺直、牢固。启动通井机,检查调试通井机滚筒刹车及防碰天车灵敏完好。检查吊卡吊环应满足起下油管规范要求,吊卡销子灵活好用。检查液压油管钳吊绳、液压油管钳背绳、保险绳安装规范及液压油管钳性能符合管柱要求。

(5)井筒准备:施工前进行通井刮削至射孔井段以下50m。

(6)按设计准备测试工具一套。

二、施工步骤及技术要求

(1)施工前进行施工方案交底、关联工艺交底、场所风险交底、防范措施交底、应急预案交底、安全讲话、岗位分工,试油工及操作手根据岗位分工进行岗位巡回检查。

(2)卸采油树,装防喷器并试压合格,射孔车测套管节箍或标准短节,绑记号;装射孔弹及连接射孔枪;丈量零长(定位短节下部到第一孔的准确长度)。

(3)下射孔枪身管串结构由下至上(图3.3.1)。

(4)射孔车进行油管校深,计算调整数据,配油管短节,封隔器坐封,并打开测试器,使射孔枪身位于预射井段,卸防喷器,座采油树并试压合格,接好试产管线,出口用U形卡固定牢固。

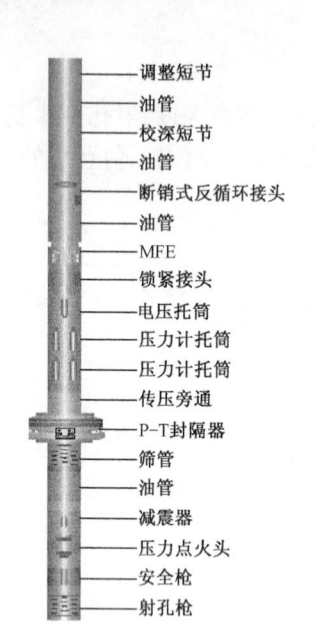

(5)打压引爆射孔弹;
(6)射测联作的校深及计算。

射测联作的校深与油管传输射孔校深和计算一样,只是要考虑封隔器的下滑距,公式如下:

$$L = H_1 + H_2 + \Delta H - H$$

式中 L——管柱调整值,m;
　　　H_1——定位标记深度,m;
　　　H_2——射孔总零长,m;
　　　H——油层顶界深度,m;
　　　ΔH——封隔器坐封时的下滑距,m。

当 $L>0$ 时,管柱向上调整 L;当 $L<0$ 时,管柱向下调整 L。

三、录取资料

录取资料有井号、时间、油管型号及数量、射孔液名称及性能、液面深度、射孔方式及枪型、相位角、层位、井段、厚度、孔密、实装弹数,射孔厚度与层数、筛管规格及位置、封隔器型号及封位、压力计位置、测试垫液液性及深度、射孔后测试开关井时间及油气显示。

图 3.3.1　常规射测联作管柱示意图

四、主要风险提示及预防措施

(1)铁屑飞溅伤人:接拆地面流程管线砸大锤时施工人员戴护目镜,配合人员相互监督。
(2)井喷失控:施工前必须坐好防喷器防射孔弹提前引爆。
(3)顿钻:严格控制下放速度(10~15m/min)。

第四节　射孔新工艺

一、全通径油管传输射孔

全通径射孔是指油管传输射孔过程中当射孔弹发射以后,射孔枪内与油管内实现连通,连通直径等于或略大于油管内径的射孔枪系统。应用该工艺射孔后不需起出管柱就可以进行后续工程作业,如:压裂、酸化、注气等。可以减少起下管柱的作业费用,提前投产,更重要的是避免了起下管柱需压井作业给油气储层造成的伤害。

全通径射孔原理是采用新材料、新结构和特制火工品,利用射孔起爆的能量,使射孔枪串内部构件破碎或燃烧,实现枪串内部的全通。枪芯的碎屑落入到枪串底部的口袋枪中或释放至井底,射孔枪管成为筛管。

全通径油管传输射孔是近几年开发的射孔新技术,该技术的主要特点是:
(1)射孔后射孔管柱的内径与油管连通,最小内径 ϕ60mm。
(2)射孔后可直接下入电子压力计或其他外径小于 ϕ50mm 的测井仪器、工具进行施工。
(3)射孔后可不起管柱直接压裂或酸化。

(4)射孔后可直接投产。

二、射孔丢枪技术

射孔枪释放装置是一种复合型的释放结构,通过加压或机械方式,使射孔枪人为地脱离输送管柱落入井底口袋。目前国内生产的射孔枪释放装置其工艺过程:一是投球式和投堵塞器式,从井口将球或堵塞器投入下落到释放装置上,然后从井口加压使释放装置解锁丢手;二是通过电缆将移位工具从井口下放到释放装置以下然后上提,向上振击移位器,剪断剪切销,限位套向上移动,释放下接头以下管柱,实现射孔枪释放。

射孔枪释放装置的开发和应用,解决了油管传输射孔后射孔枪的释放问题,使射孔后的井下作业管柱达到全通,解决了以下问题:

(1)使油气流顺利进入管柱,避免了射孔后压井提出射孔管柱而给产层造成的二次伤害;可以减少起下管柱的作业费用,缩短开发周期。

(2)射孔丢枪后,可直接对射孔目的层进行酸化压裂改造。

(3)解决了由于套管内缩变形、地层出砂、射孔枪胀枪等诸多原因,造成射孔管柱遇卡,无法提出射孔作业管柱的问题:通过油管加压或机械方式,使射孔枪人为地脱离作业管柱。

(4)为后续过油管作业项目创造了全通的作业环境。

三、定向射孔

定向射孔技术是针对非均质性油气藏地层的地质构造,有针对性地选择射孔方向。在裂缝性地层或弱胶结地层(超深井应力大的地层)中,采用定向射孔可最大限度地增加地层中射孔孔道的稳定性,从而减少出砂量,最终达到提高油井产能的目的。最佳的相位角、孔距和定向射孔使水力压裂更容易,消除了孔道坍塌导致出砂脱砂的可能性。

定向:首先将射孔相位角为0°或180°的定向射孔器系统管柱连接下入,管柱结构(自下而上):定向射孔器+起爆装置+筛管+定方位短节+安全管柱+校深标志短节。采用油管传输方式将其送到预计射孔井段位置附近。在井口对接以上管柱时,定向射孔器射孔相位标志要与定方位短节锁定方位键之间的相位锁定在同一个相位点上。它们之间的相位差为0°。测量定向定位装置在井中的方位;这样可以确定定向射孔器的方位(即射孔弹方位)与设定的射孔方位之差。在地面转动油管调整定向射孔器的方位,使其与设定的射孔方位一致。在调整方位后,陀螺测斜仪进行验证测量,直到将射孔器射孔方向调整到设计的方向上为止(图3.4.1)。

四、水力喷射射孔

水力喷射射孔是利用水力喷射原理,通过地面高压供给设备,将水或特殊液体以大于70MPa的压力从喷嘴喷出,利用高压水射流的强大冲击力,将套管和目的层冲蚀成孔,以高压流体高速喷射在地层中切割出一个径向距离长、孔隙大、清洁无污染的通道的一种射孔技术。

水力喷射射孔的优点:

(1)水力喷射射孔深度较深,一般在1m以上,甚至长达几十米,能穿透近井地带的伤害区,而且孔道面积也比较大。

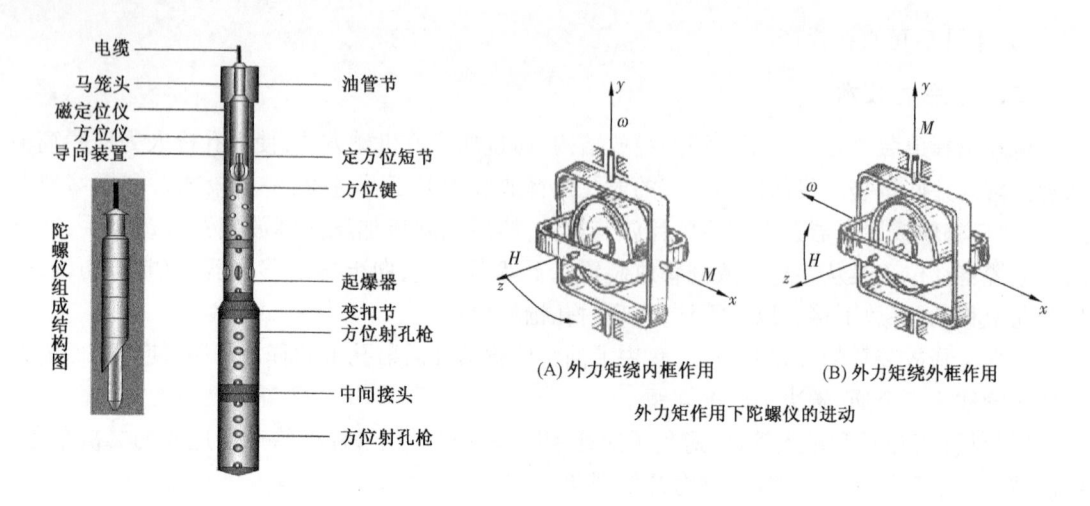

图 3.4.1 定向射孔示意图

（2）在井下岩层里形成大孔径的水平孔道，孔径可达 25mm，比炮弹射孔具有更高的导流能力。

（3）水力喷射射孔技术在射孔过程中，由于水力冲刷作用和大量岩粒流出，能在孔道周围形成许多微小孔眼和裂缝，极大地提高近井地带的渗透率，减少完井段的压力降，增加产液量。

（4）由于碎屑被液体携走，可保证孔道的周围地层无压实。

水力喷射射孔常与压裂一起实施，射孔与压裂一次完成。该工艺简单，管柱结构如下，工艺管柱主要由安全接头、水力锚、滑套喷射器、喷射器及水平井单流阀等工具组成，管柱图如图 3.4.2 所示。

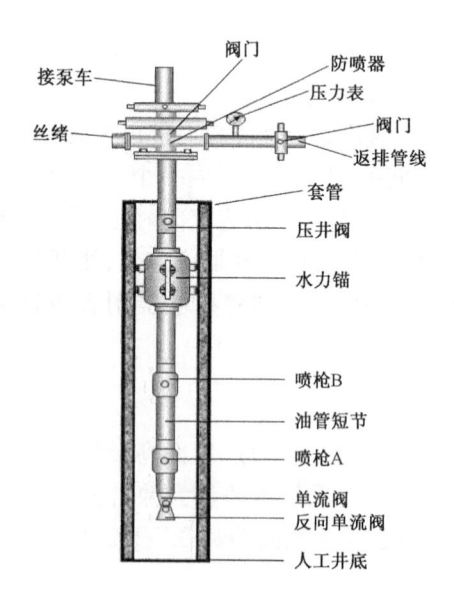

图 3.4.2 垂向井井下管柱结构图

第四章 诱喷排液

第一节 替 喷

一、原理和目的

用低密度压井液替出井内高密度压井液,降低液柱对井底造成的回压,使地层压力大于井筒液柱压力,油井达到自喷能力。

二、施工准备工作

(1)根据单层试油设计、生产指令编制施工设计。

(2)人员组织:技术员1名、泵车作业人员、试油工2名。

(3)工具及材料准备:24in管钳1把、36in管钳1把、大锤1把、17in开口扳手1把、压力表2块、2in短节及2in活接头各1个,备不少于1.5倍井筒容积的替喷液。

(4)车辆及装备准备:根据需要配备400型或700型泵车及相应的硬管线。

三、施工步骤及技术要求

(一)正替喷

(1)井口连接示意图如图4.1.1所示。

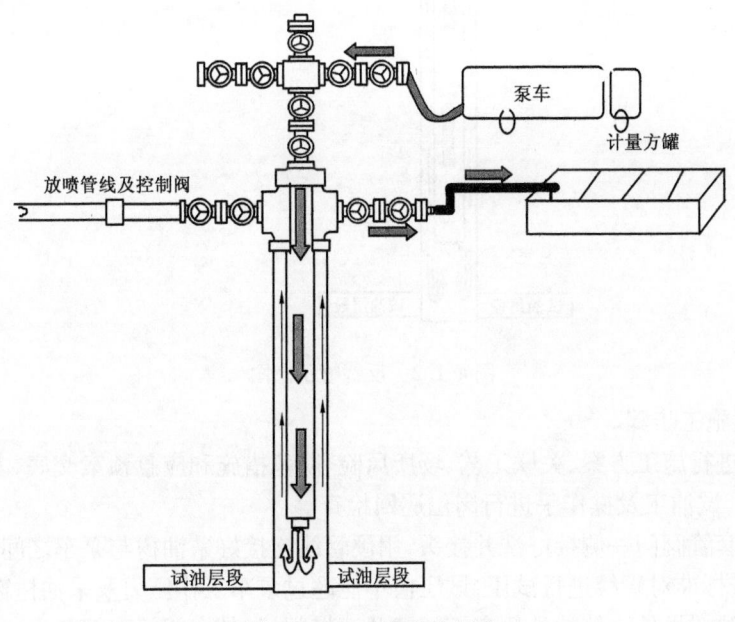

图4.1.1 正替喷示意图

(2)施工步骤。

① 施工前进行施工方案交底、关联工艺交底、场所风险交底、防范措施交底、应急预案交底、安全讲话、岗位分工、风险提示,试油工及操作手进行岗位巡回检查。

② 采油树生产阀门一侧接好洗井接头,用硬管线连接好采油树与泵车之间的管线。

③ 试压:按标准对管线进行试压,试压值不能超过泵车工作压力及采油树额定压力。

④ 关闭采油树另外一侧的外侧生产阀门及清蜡阀门,其余阀门全部开启。

⑤ 启动泵车向井内泵注替喷液,排量由小到大,注意观察泵车泵压的变化,待泵压正常后,再加大排量。

⑥ 用替喷液替井内压井液,排量符合设计要求,泵压不高于设计最高压力,施工过程中控制出口排量和压力。

⑦ 观察进出口液性一致为止。

⑧ 施工过程要连续作业,中途不得停泵。

(二)反替喷

(1)井口连接示意图如图4.1.2所示。

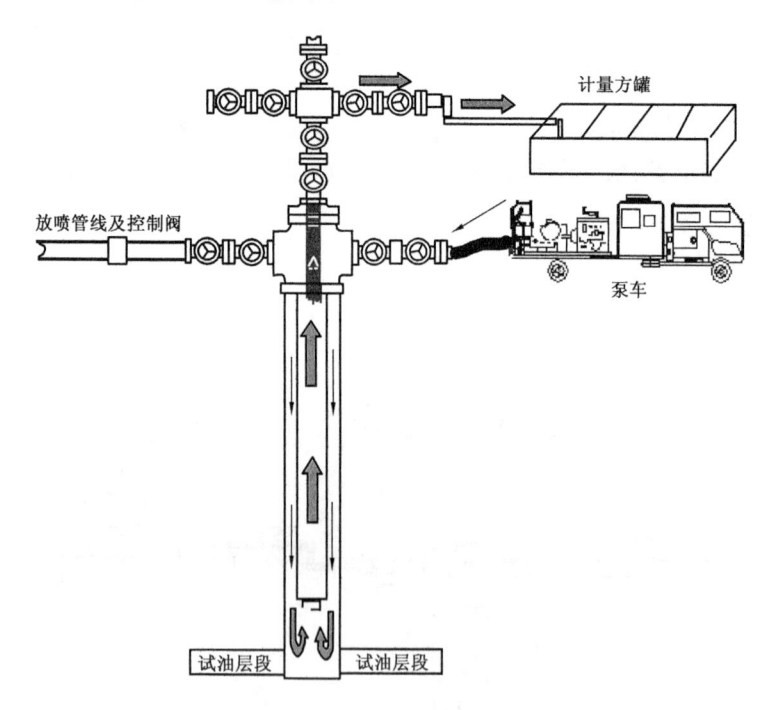

图4.1.2 反替喷示意图

(2)反替喷施工步骤。

① 施工前进行施工方案、关联工艺、场所风险、防范措施和应急预案交底,安全讲话、风险提示、岗位分工,试油工及操作手进行岗位巡回检查。

② 采油树套管阀门一侧接好洗井接头,用硬管线连接好采油树与泵车之间的管线。

③ 试压:按标准对管线进行试压,试压值不能超过泵车工作压力及采油树额定压力。

④ 关闭采油树另外一侧的外侧套管阀门及清蜡阀门,其余阀门全部开启。

⑤ 启动泵车向井内泵注替喷液,排量由小到大,注意观察泵车泵压的变化,待泵压正常后,再加大排量。

⑥ 用替喷液替井内压井液,排量符合设计要求,泵压不高于设计最高压力,施工过程中控制出口排量和压力。

⑦ 高密度的压井液压井分两次替喷作业。

⑧ 施工过程要连续作业,中途不得停泵。

四、录取资料

录取资料有井号、时间、车型、方式、泵压、排量、替喷液名称及性能、用量、替喷深度、返出液性质及数量、替喷后油气显示情况。

五、主要风险提示及预防措施

(1)管线刺漏伤人:施工时高压区内禁止无关人员走动。

(2)铁屑飞溅伤人:接拆地面流程管线砸大锤时施工人员戴护目镜,配合人员相互监督。

(3)管线甩动伤人:出口管线固定牢固。

第二节 抽 汲

一、原理和目的

用专用抽子、加重杆等接于钢丝绳上,用抽汲车作为动力,通过地滑车、天车、防喷盒、防喷管下入油(套)管中,在油(套)管中上下运动。上提时抽子以上管内的液体随抽子的快速上行运动,一起排出井口;下放时,抽子在加重杆的作用下,又下入井内液体以下的某一深度,反复上提下放抽子,达到排液的目的。

二、施工作业的准备工作

(1)根据单层试油设计或生产指令编制施工设计。

(2)人员组织:操作工两名、试油工两名(操作工负责抽汲车的操作,保证抽汲车的正常运作,提供液面深度及抽子下深控制,试油工配合操作工检查抽子,放抽子入井,开关采油树阀门,负责录取抽汲过程的资料)。

(3)工具及材料:24in管钳1把、36in管钳1把、大锤1把、防爆量油器具、取样容器、笔及报表。

(4)车辆及设备:抽汲车1部配备相应的抽汲工具(抽子、加重杆、绳帽接头及抽汲胶皮等)及仪表(钢丝绳深度仪、张力仪等)。

(5)油井准备(以油管抽汲为例,油管抽汲示意图如图4.2.1所示)。

① 按设计下入抽汲管柱;

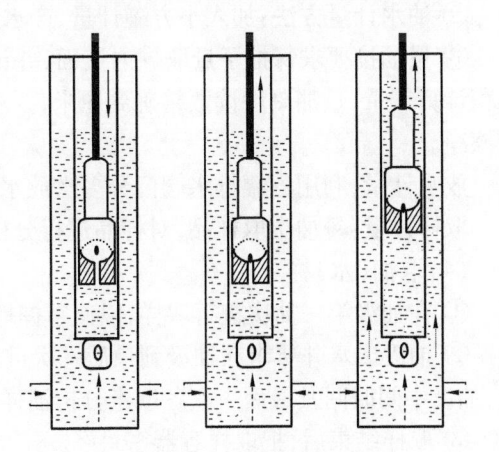

图4.2.1 油管抽汲示意图

② 井口安装采油(气)树；

③ 分别从采油(气)树两侧生产阀门接两条抽汲管线至计量罐或方罐内，并将管线固定牢靠。

三、施工步骤及技术要求

（1）施工前进行施工方案、关联工艺、场所风险、防范措施和应急预案交底，安全讲话，做好施工前的检查(检查抽汲钢丝绳完好并在抽汲钢丝绳上做两个明显记号，检查加重杆与绳帽连接牢靠)。

（2）通井及抽汲(以油管抽汲为例)。

① 摆放抽汲车或通井机(车)正对井口，自背架抽汲车距离井口1.5～1.8m。

② 打开清蜡阀门，将加重杆缓慢放入井内，将防喷盒安装在清蜡阀门上并拧紧。

③ 下入加重杆开始通井，通井深度应大于设计抽汲深度100m，下放速度要慢，遇阻时及时上提，待弄清原因后再下。

④ 上提加重杆至钢丝绳第一个记号出现时，停止上提，待卸掉防喷盒后将加重杆连同防喷盒提出井口。

⑤ 将装好胶皮的抽子与加重杆连接好，将抽子下入井内并装好防喷盒。

⑥ 下放抽子，速度60～90m/min，待探到液面后减慢抽子下放速度，抽子沉没深度不得大于250m。

⑦ 上提抽子，速度90～60m/min，见到钢丝绳第一个记号时，减速上提直至第二个记号出现后，停止上提，观察出口液性能并计量记录。

⑧ 重复进行步骤⑥和步骤⑦。每抽汲4～5次必须提出抽子检查并及时更换抽子胶皮，如抽子胶皮有大块落井，必须及时打捞。

⑨ 在地层供液不足的情况下，抽汲深度要达到设计要求。

⑩ 抽汲结束后要将抽子及加重杆提出井口，并关闭清蜡阀门。

（3）计量及取样。

① 在抽汲作业前，应量取罐内原始液面并记录。

② 油水计量方法：加入小方罐计量、产水计量、油水同出计量。

③ 量油按要求每抽子量取罐内液面，并记录液面高度，按液面的高度差和计量罐的单位容积计算产量，量油刻度读数精确到厘米，要求量油位置固定，每次量油结束后，用大布把量油尺擦净。

放水计量：利用方罐排水阀门分多次放水后分别计量抽出油量和水量。

取样计量：每抽次取样品，对样品进行分析，计算出石油含水。

（4）取油(水)样。

① 在抽汲第一抽次进行取样，以便掌握地层出油情况。

② 抽汲出水井要求在抽汲到最后一次进行取半分析水样；抽汲出油井要求在抽汲的第一次，抽汲中间时间及最后一次各取半分析油样一支。

③ 取样结束后，把取样容器密封好。

④ 填写取样标签(包括井号、层位、井段、取样日期和时间、取样位置、样品名称、分析要求

(全分析或半分析)、取样单位、取样人),并把标签固定到取样容器上,及时将样品带回单位。

四、录取资料

录取资料有时间、抽汲深度、抽汲次数、空抽次数、抽汲前后液面、日抽液量及性质(油,水分开计量)、累计抽出量、恢复液面时间、样品分析。

五、主要风险提示及预防措施

(1)管线甩动、落物伤人:抽汲管线使用两条钢质硬管线,且必须用U形卡固定在计量罐或方罐上,不得交叉,拆卸防喷管时,应注意手抓的位置。

(2)操作风险:通井时必须严格控制下放速度,严禁猛放。钢丝绳跳槽或打扭时,应先解除扭力,并将受力端固定后再进行处理。

(3)抽汲工具落井:抽汲施工中要随时检查钢丝绳,发现钢丝绳严重挤扁、抽芯、断股或在一个捻距断10丝应更换钢丝绳,检查抽汲滑轮有无损伤,是否旋转灵活。

(4)卡抽子:观察出砂情况,及时检查和清理抽汲工具。

(5)销钉伤人:更换或检查销钉。

第三节 气 举

一、原理和目的

气举目前常用氮气作为气介质,排出井内液体,使井筒液柱压力变小,诱导油流进入井内。气举分正气举和反气举两种方式。正气举是将氮气泵入油管,将液体从油套环形空间举出,从而降低井内液柱压力。反气举就是将氮气泵从油套环形空间泵入,将井内液体从油管返出。

二、气举施工准备工作

(1)根据单层试油设计或生产指令编写施工设计;应明确井身结构,液氮或氮气用量,降液深度,气举方式。

(2)人员的组织。

带班干部1名,负责现场施工和资料录取,试油工2~4名。主要负责连接管线和开关阀门,液氮泵车组2~4人,400型(700型)泵工2名(根据需要定)。

(3)施工准备:

① 井场有制氮车(或液氮泵车和液氮罐车)摆放场地,并能方便其连接管线。

② 气举过程中需要进行垫水的应有400型(700型)泵车和一定数量的清水。

③ 连接放喷管线和出口接方罐管线并固定牢靠。

④ 如果使用液氮泵车施工,要有满足施工要求的液氮。

⑤ 液氮用量的计算方法:

根据气体状态方程:pV/T = 恒量,理论上当气体体积达到井筒容积的一半时,可以举通。液氮方法计算举例如下(正注液氮);

例:一口井为$\phi139.7mm$套管(壁厚9.17mm),井内为$\phi73mm$(壁厚5.51mm)油管,油管鞋下深3000m,井内为清水,计算掏空所需要的液氮用量。

解：3000m 井筒容积为 3000×(11.58−1.166)/1000 = 31.24m³。

当井筒内氮气量达到 15.62m³ 可以举通，此时套管内液柱压力为 21.1MPa。

设氮气在地面体积为 V_1，压力为 p_1，温度为 T_1，在井筒内体积为 V_2，压力为 p_2，温度为 T_2，常温常压下[p_1 为 0.1MPa，T_1 为 (273+25)K]，在井筒内温度 T_2 为 (273+50)K。

根据气体状态方程：$p_1V_1/T_1 = p_2V_2/T_2$，则 V_1 = 21.1×15.62×298/(0.1×323) = 3040.72m³。

1m³ 液氮相当于 696m³ 氮气，则掏空需要液氮为 4.4m³ 液氮，考虑中途和跑温损耗，应该附加一定的量 1.5~2m³，实际用液氮量在 5.9~6.5m³。

根据油管下入深度和要求的降液深度不同，依据下表确定合适的液氮用量，见表 4.3.1。

表 4.3.1　不同降液深度下液氮用量表

序号	油管下入深度(m)	对应的降液深度(m)	正注液氮量(m³)
1	1000~1500	1000~1500	1.5~2.5
2	1501~2000	1501~2000	2.5~4.0
3	2001~2500	2001~2500	4.0~5.5
4	2501~3000	2501~3000	5.5~7.5
5	3100~3500	3100~3500	7.5~10.0
6	3501~4000	3501~4000	10.0~13.0

注：本表仅适用于 φ73mm 油管和 φ139.7mm 油层套管组合的液氮正举。对于非 φ73mm 油管和 φ139.7mm 油层套管组合的试油井液氮降液，液氮用量应进行计算确定。

为了保护套管安全，可采用先气举后垫水的方法，准确控制掏空深度。

三、施工步骤及技术要求

(1) 根据井场摆放好液氮泵车和液氮罐车(制氮车)，按设计要求连接液氮泵车(制氮车)与采油树进出口管线。若为正气举，则油管阀门为氮气进口阀门，套管阀门为出口阀门，反气举则套管阀门为氮气进口阀门，油管阀门为出口阀门。

(2) 完成液氮泵车或制氮车的工作准备，达到工作要求。

(3) 打开出口放喷阀门，确认井口无压力后打开采油树的氮气进口阀门，开、关阀门要由现场带班干部亲自确认到位后方可进行下步施工。

(4) 现场指挥发指令，开始注入氮气。氮气出口温度控制在 15℃ 以上，泵车技术人员应密切注意观察压力和温度的变化情况。

(5) 待举通后，停泵，关闭氮气进口阀门。若要进行垫水，则打开 400 型(700 型)泵车与采油树进口阀门，启动 400 型(700 型)泵车注入设计用量的清水，后关闭进口阀门。

(6) 针阀控制放喷。

四、录取资料

录取资料有井号、时间、车型、气举方式、注入液氮量(或氮气量)、泵压、排量、气举深度、返出物液性及数量。

五、主要风险和应对措施

(1) 噪声伤害：工作中应佩戴耳塞或耳罩。

(2)刺漏伤人:施工过程中严禁无关人员靠近低温液体管线、高压管线,接拆地面管线砸大锤时施工人员戴护目镜,拆卸高压管线之前,应完全打开泄压阀,由泵工确认完全放压,管线内带压时不得进行维修作业,配合人员相互监督,防止冻伤。

第四节 机 抽

一、原理和目的

机抽是开发井采油的主要手段,利用电能或者机械能转化为动能,将石油从地层抽取出来。机抽设备一次性投入较高,后续使用费用低,所以机抽是达到工业油流标准、需要长期开采的井,才安装的设备。

机抽泵是单流阀加活塞泵组成的。利用活塞泵往复活动,将油抽出并送至地面。

抽油机又分有游梁抽油机和无游梁抽油机,其井下部分是一样的。

二、施工作业的准备工作

(1)设计或指令:依据试油单层设计,编写施工设计并下发到具体施工的带班人员。

(2)人员:试油工2名。

(3)工具及材料:活动扳手1把、24in管钳1把、大锤1把、试电笔、黄油枪、螺丝刀、手钳、绝缘手套等、防爆量油器具、取样容器、笔及报表。

三、施工步骤及技术要求

(1)施工前进行施工方案交底、关联工艺交底、场所风险交底、防范措施交底、应急预案交底、安全讲话、岗位分工,并进行岗位巡回检查。

① 检查井口设备、地面设施、工艺流程、仪表应齐全、完好;

② 检查光杆方卡子,应拧紧,光杆盘根盒内加有盘根且松紧合适,毛辫子长度合适、光杆密封器密封胶皮闸板处于开启位置;

③ 检查刹车应配件齐全灵活好用,无自锁现象;

④ 检查抽油机各部件的固定螺栓、轴承螺栓、驴头销子螺栓、曲柄差动螺栓、平衡块螺栓、曲柄销子螺栓及保险开口销无松动现象;

⑤ 检查抽油机运转部位附近不得有妨碍运转的障碍物。

⑥ 检查传动皮带应无缺损,无油污,松紧合适;

⑦ 检查电路:电器接线要牢固,熔断丝(片)规格合适,安装牢靠,指示灯完好,电器设备接地、接零良好。

(2)启动抽油机。

戴绝缘手套侧身合上电源闸刀,短暂启动抽油机观察曲柄转向,若反转则调整电源相序。转向正常后利用抽油机曲柄平衡块的惯性,分2~3次启动电动机,使抽油机正常运转。若启动2~3次抽油机仍不能正常运转,应切断电源检查电路、刹车、变速箱等因素,查明原因整改后再启动。

(3)关井。

① 在关井停抽前应录取各项资料,记录在班报表上。
② 驴头停止位置应根据油井情况决定:出砂井停在上死点附近,气油比高,结蜡严重或油稠井停在下死点附近,一般井停在上冲程的1/3~1/2处,按控制柜"停止"按钮,待驴头停在要求位置后刹车,侧身切断电源。
③ 冬季停井后应扫线。
④ 录取有关资料记录在班报表上。

四、录取资料

录取资料有井号、时间、油套压、产液量、冲次。

五、主要风险提示及预防措施

(1)触电:认真检查电线、插座、插头及用电设备完好。
(2)机械伤人、设备损坏:检查井口部件时应先切断动力。启动前应打开全部阀门,打开阀门后尽快将泵启动,严禁在没有打开出口阀门情况下开泵。

第五节 其他泵类

一、水力喷射泵

(一)原理

水力喷射是依据射流原理工作的,即高压流体(动力液)通过一小尺寸缩径端面时,其速度能显著增加,压能显著降低,从而在缩径端面周围形成相对"负压"区,产生抽汲作用,吸入的地层流体与动力液经喉管混合,再经扩散管扩散,逐步恢复压能,该压能完成混合液的输送或举升。水力喷射泵结构示意图如图4.5.1所示,工作原理示意图如图4.5.2所示。

(二)目的

利用动力液将油携带至地面,达到采油的目的。

(三)水力喷射泵技术优点

水力喷射泵排液工艺技术以水基作为动力液,以循环方式工作,深抽强排,可以快速排出地层液体,缩短了试油周期。它的特点是排液强度大、效率高、施工方便,深度达4000m以上。水力喷射泵工艺地面流程示意图如图4.5.3所示。

(1)由于水力泵抽油工艺是依靠液力传递能量的,可以用水作为传递液,适用于斜井、定向井及海上应用。水力喷射泵是依靠液力传递能量,下泵深度大。

(2)同时水力喷射泵可以以稀油作为动力液时,在井筒中可达到充分混合降黏的目的,对于超深稠油井的开发,有其独特的优势。

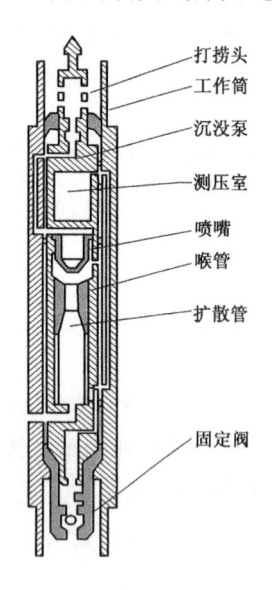

图4.5.1 水力喷射泵结构示意图

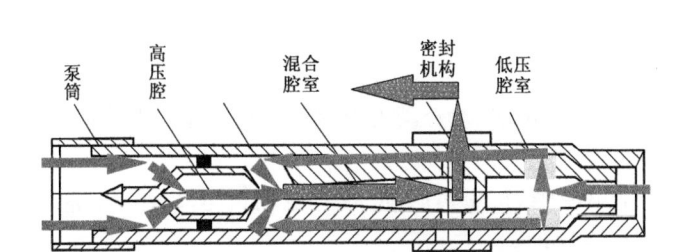

图 4.5.2　水力喷射泵工作原理示意图

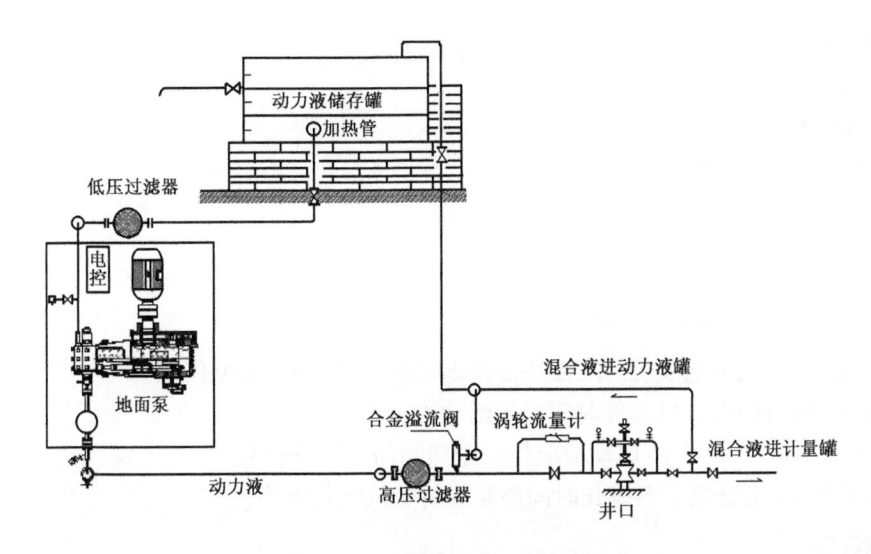

图 4.5.3　水力喷射泵工艺地面流程示意图

(3)调整泵工作制度简单,不需要动井内管柱,可采用钢丝打捞作业方法进行泵的投捞作业。通过更换不同规格的喷嘴、喉管,可满足多种扬程和排量的油井要求。投捞泵的同时进行压力计的投放,便于进行生产测井。

(4)喷射泵没有任何运动件,整体机组使用寿命长,对动力液类型及质量要求不高,可以用稀油或者水作为工作介质,只是对动力液所含杂质颗粒度有一定的限制。井下机组没有运动件,依靠液力传递能量,较易发挥动力液的载体潜能,对特殊油藏的开发具有较强的适应能力。

(四)施工作业的准备工作

(1)施工设计:依据试油单层设计,编写施工设计并下发到具体施工的带班人员。

(2)人员:试油工 2 名。

(3)工具及材料:活动扳手 1 把、24in 管钳 1 把、大锤 1 把、试电笔、黄油枪、螺丝刀、手钳、绝缘手套等、防爆量油器具、取样容器、笔及报表。

(五)施工步骤及技术要求

(1)施工前进行施工方案交底、关联工艺交底、场所风险交底、防范措施交底、应急预案交底、安全讲话、岗位分工,并进行岗位巡回检查:

① 检查井口设备、地面设施、工艺流程、仪表应齐全、完好;

② 检查电路:电器接线要牢固,熔断丝(片)规格合适,安装牢靠,指示灯完好,电器设备接地、接零良好;

③ 检查动力泵,是否运转正常,检查动力液量是否符合施工要求。

(2)启动。

① 戴绝缘手套合上电源闸刀,短暂启动,查看电动机运转是否正常,转动方向是否正确;若电动机反转,则整改后再启动。

② 启动后查看泵压是否正常且符合施工要求,动力液进出是否正常。

(3)关井。

① 在关井前应录取各项资料,记录在班报表上。

② 关闭电源。

③ 冬季停井后应扫线。

④ 录取有关资料记录在班报表上。

(六)录取资料

录取资料有井号、时间、泵压、排量、产液量。

(七)主要风险提示及预防措施

(1)触电:认真检查电线、插座、插头及用电设备完好,防止漏电伤人。

(2)机械伤人:检查井口部件时应先切断动力。

(3)憋压伤人、设备损坏:启动前应打开全部阀门,打开阀门后尽快将泵启动,严禁在没有打开出口阀门情况下开泵。冬季长时间停泵应将管线吹扫干净。

二、螺杆泵

(一)工作原理

螺杆泵工作原理是当电动机带动泵轴转动时,螺杆一方面绕本身的轴线旋转,另一方面它又沿衬套内表面滚动,于是形成泵的密封腔室。螺杆每转一周,密封腔内的液体向前推进一个螺距,随着螺杆的连续转动,液体呈螺旋形方式从一个密封腔压向另一个密封腔,最后挤出泵体。螺杆泵是一种新型的输送液体的机械,具有结构简单、工作安全可靠,使用维修方便、出液连续均匀、压力稳定等优点。螺杆泵经过发展,现在已经演变为地面直驱螺杆泵和潜油直驱螺杆泵。螺杆泵示意图如图4.5.4所示。

(二)目的

利用电能或者机械能转化为动能,将石油从地层抽取出来。

(三)螺杆泵的优点

(1)操作简单,启动和调速只需按几个按钮。

(2)整套系统结构简单、体积小、重量轻、省去传统机构中的齿轮和皮带机构,增加安全性、减少工伤事故、拆装方便、容

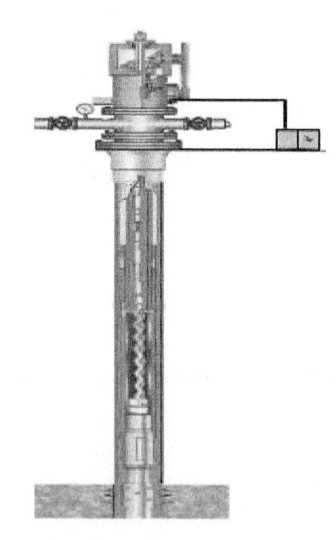

图4.5.4 螺杆泵示意图

易维修、维护要求大为降低。

(3)启动平滑无机械冲击、运转可靠平稳、无减速机构,电动机直接驱动,机械噪声下降约20dB,适用于居住区附近。

(4)采用三相永磁同步低速大扭矩动力伺服电动机,配套专用伺服驱动器,节能效果明显。

(5)整机成本低,安装维护简单。

(6)自动数据记录,USB 直接下载,另配有 RS-485 标准通信口,方便以后远程监控。

(四)施工作业的准备工作

(1)施工设计:依据试油单层设计,编写施工设计并下发到具体施工的带班人员。

(2)人员:试油工2名。

(3)工具及材料:活动扳手1把、24in 管钳1把、大锤1把、试电笔、黄油枪、螺丝刀、手钳、绝缘手套等、防爆量油器具、取样容器、笔及报表。

(五)施工步骤及技术要求

(1)施工前进行工程方案、关联工艺、场所风险、防范措施和应急预案交底,安全讲话,岗位分工,并进行岗位巡回检查。

① 检查井口设备、地面设施、工艺流程、仪表应齐全、完好;

② 检查电路:电器接线要牢固,熔断丝(片)规格合适,安装牢靠,指示灯完好,电器设备接地、接零良好;

③ 查看电压是否在正常范围;

④ 用手盘动联轴器,检查泵内有无异物碰撞或卡死现象,有则查找原因并整改;

⑤ 将料液注满泵腔,禁止干摩擦。

(2)启动。

① 戴绝缘手套合上电源闸刀,短暂启动,查看电动机运转是否正常,转动方向是否正确;若电动机反转,则整改后再启动。② 运行中检查轴封密封是否在允许范围内。③ 启动后查看出液进出是否正常,发现异常立即停止并排除。

(3)停泵关井。

① 在关井前应录取各项资料,记录在班报表上。

② 先停止电动机运行,后关闭吸入管阀门,再关闭排出口阀门(防止干转)。

③ 冬季停井后应扫线。

④ 录取有关资料记录在班报表上。

(六)录取资料

录取资料有井号、时间、产液量。

(七)主要风险提示及预防措施

(1)触电:认真检查电线、插座、插头及用电设备完好。

(2)机械伤人:检查井口部件应先切断动力,停止螺杆泵。检查螺杆泵安全防护设施齐全完好,人员操作时要远离旋转部位。

(3)设备损坏:启动前应打开全部阀门,打开阀门后尽快将泵启动,严禁在没有打开出口阀门情况下开泵。

三、电潜泵

(一)工作原理

电潜泵是由多级叶导轮串接起来的一种电动离心泵,工作原理与普通离心泵没多大差别,就是地面电源通过变压器变成电动机所需要的工作电压,输入控制柜内,经由电缆将电能传给井下电动机,使电动机转动带动离心泵高速旋转,处于叶轮内的液体在离心力的作用下,从叶轮中心沿叶片间的流道甩向叶轮的四周,由于液体受到叶片的作用,其压力和速度同时增加,在导轮的进一步作用下速度能又转变成压能,同时流向下一级叶轮入口。如此逐次地通过多级叶导轮的作用,流体压能逐次增高而在获得足以克服泵出口管路阻力的能量时而流至地面,达到开采石油的目的。电潜泵工艺示意图如图 4.5.5 所示。

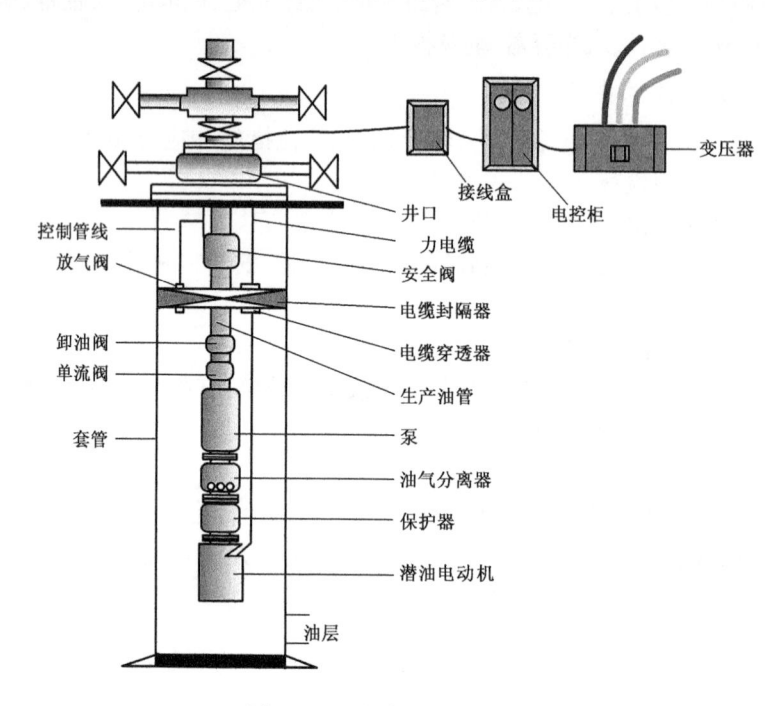

图 4.5.5 电潜泵工艺示意图

(二)特点

电潜泵排量大、扬程高、管理方便,但一次性投资高,施工、管理技术条件要求严格。

(三)施工作业的准备工作

(1)施工设计:依据试油单层设计,编写施工设计并下发到具体施工的带班人员。

(2)人员安排:试油工 2 名。

(3)工具及材料:活动扳手 1 把、24in 管钳 1 把、大锤 1 把、试电笔、黄油枪、螺丝刀、手钳、绝缘手套等、防爆量油器具、取样容器、笔及报表。

(四)施工步骤及技术要求

(1)施工前进行工程方案、关联工艺、场所风险、防范措施和应急预案交底,安全讲话,岗

位分工,并进行岗位巡回检查;

①检查井口设备、地面设施、工艺流程、仪表应齐全、完好;

②检查电路:电器接线要牢固,熔断丝(片)规格合适,安装牢靠,指示灯完好,电器设备接地、接零良好;

③查看电压是否在正常范围。

(2)启动。

①戴绝缘手套合上电源闸刀,短暂启动,查看电动机运转是否正常。

②运行中检查井口压力是否在允许范围内。

③启动后查看出液进出是否正常,发现异常立即停止并排除。

(3)停泵关井。

①在关井前应录取各项资料,记录在班报表上。

②先停止电动机运行,再关闭出口阀门。

③冬季停井后应扫线。

④录取有关资料记录在班报表上。

(五)录取资料

录取资料有井号、时间、产液量。

(六)主要风险提示及预防措施

(1)触电:认真检查电缆、插座、插头及用电设备完好。

(2)设备损坏、人员伤害:启动前应打开全部阀门,打开阀门后尽快将泵启动,严禁在没有打开出口阀门情况下开泵。保证泵在液面以下。

第五章 储层改造

第一节 破 堵

一、原理和目的

破堵的原理和目的为选用与地层配伍的液体,用泵车泵入井内并挤入地层,解除近井地带的堵塞和污染,疏通通道。

二、施工准备工作

(1)设计及指令:依据试油工程设计或生产指令,编写施工设计。

(2)人员组织:带班干部1名、泵工1名、泵车司机1名、试油工2名。

(3)工具及材料:24in管钳1把,36in管钳1把,大锤1把,17in开口扳手1把,25MPa、40MPa、60MPa、100MPa压力表(具体依据设计压力定),2in短节及2in活接头各1个,一定数量的破堵液(类型及数量与施工设计相符)。

(4)车辆及装备:400型或700型泵车1部及配套硬管线1套。

三、施工步骤及技术要求

(1)施工前进行工程方案、关联工艺、场所风险、防范措施和应急预案交底,安全讲话,岗位分工,试油工及操作手进行岗位巡回检查。

(2)用泵车配好破堵液,破堵液的类型及数量与施工设计相符。

(3)采油树生产阀门一侧接好洗井接头,用硬管线连接好采油树与泵车之间的进口管线(图5.1.1)。

(4)采油树另一侧生产阀门上安装压力表。

(5)试压:开两侧生产阀门,关总阀门及清蜡阀门,按设计最高压力的1~1.2倍,对管线及采油树进行试压。

(6)试压合格后,对试压的管线及采油树进行放压,开、关阀门的操作人员必须站在阀门的侧面进行操作。

(7)开总阀门,开与泵车相连接的生产阀门与一侧套管阀门,用泵车替入破堵液,替入深度与施工设计相符。

(8)关套管阀门,试挤地层,试挤压力不高于套管抗内压强度的80%和采油树额定工作压力两者之间的最低值。

(9)试挤正常后,用泵车向地层挤入破堵液,挤入地层的破堵液数量与施工设计相符。

(10)关井压力扩散30min,开井退液。

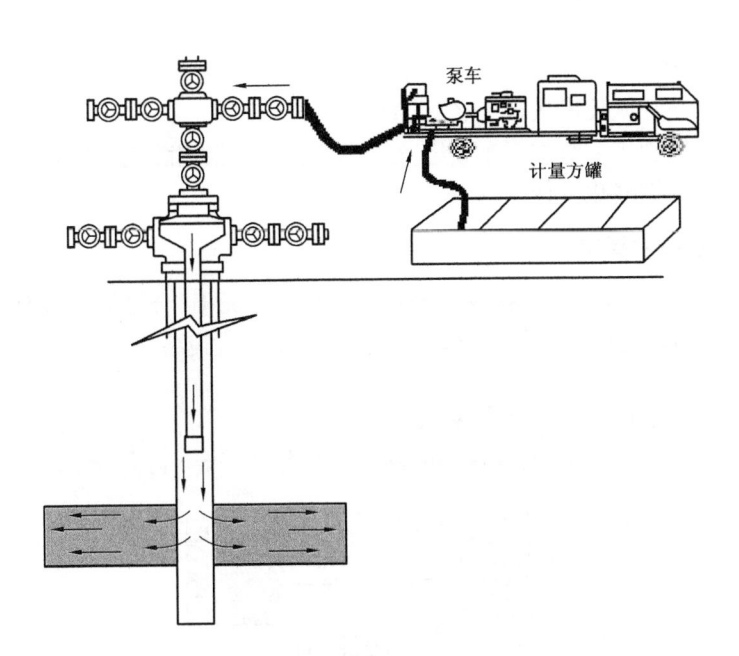

图 5.1.1　破堵井口连接示意图

四、录取资料

录取资料有井号、时间、车型、方式、泵压、排量、破开压力、破堵液名称及性能、挤入深度、替入井内破堵液数量及挤入地层破堵液数量、压力扩散时间。

五、主要风险提示及预防措施

（1）管线刺漏甩动伤人：按设计进行试压，并划定高压区，施工时高压区内禁止无关人员走动。进出口管线采用钢质硬管线连接，并固定牢固。

（2）铁屑飞溅伤人：砸大锤时无关人员应远离，砸大锤人员应佩戴好护目镜。

（3）液体腐蚀伤人（用有腐蚀性液体）：配液过程中要穿戴防护服，佩戴护目镜，现场备足清洗液。

（4）硫化氢中毒：破堵后需要进行硫化氢监测。

第二节　酸　　化

一、原理和目的

酸化的原理和目的为利用地面泵组，将大于地层压力小于岩石破裂压力的酸液注入地层，通过化学溶蚀作用解除储层近井带伤害，沟通通道，恢复和提高近井地带渗透率，从而提高油、气产量。解除近井带储层伤害，恢复储层渗透性，从而增加油气井产量。

二、酸化施工设计

酸化施工设计由相关设计单位提供。

三、施工准备工作

(1)人员组织:试油队技术人员1名,试油工2~3名。
(2)设备准备:压裂车1组或泵车1组,罐车1组(具体根据酸化设计而定)。
(3)材料准备:依据酸化设计。

四、施工步骤及技术要求

(1)检查施工泵入管线接头的螺纹及密封圈是否完好无损,合格后连接泵入管线,压裂车或泵车及泵入管线循环畅通。按井场布置示意图5.2.1摆放设备。

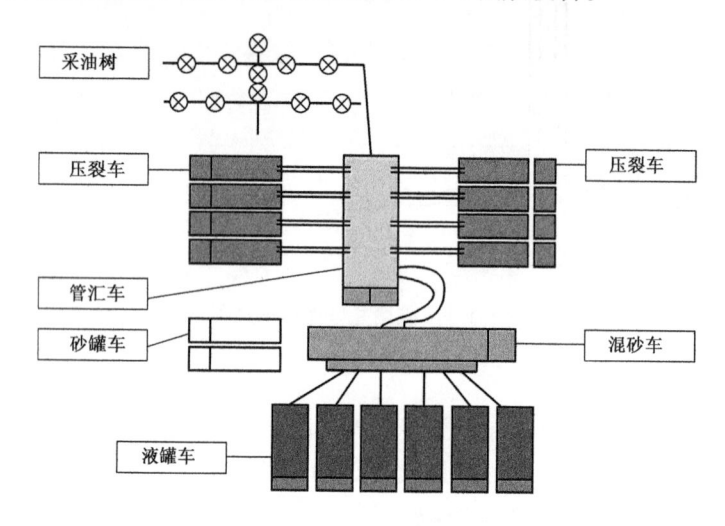

图 5.2.1 井场布置示意图

(2)对泵入管线按设计最高压力的1~1.2倍进行试压,确保施工时管线不刺漏。
(3)挤注酸液,按照施工设计要求,用泵车(压裂车)按一定排量连续将酸液挤(替)入地层。
(4)酸液挤完后,泵入设计用量的顶替液。
(5)关井反应,关井后酸在地层中的反应时间按设计要求严格控制。

五、酸化后排液技术要求

(1)酸化施工后,按设计规定的时间开井,开井时根据开井压力选用设计中规定的油嘴进行排液。
(2)若酸化施工管柱不带封隔器,酸液不能自喷排出,则进行洗井、降液助排;若酸化施工管柱带封隔器,酸液不能自喷排出,可用连续油管进行排液,也可以先打开循环阀或解封,再进行洗井、降液助排。
(3)排液量至少为顶替量加酸液量的两倍,然后用酸碱指示剂检测返出液,当返出液的酸碱度与地层液的酸碱度接近时,停止排液。

六、录取资料

录取资料有施工时间、施工车型、泵压、排量、酸液名称和配方、挤(替)入的酸液量、顶替液性质及用量、反应时间、地层液及返出液的酸碱度。

七、主要风险提示及预防措施

(1)阀门芯子刺出伤人:采油树所有阀门向着井架。
(2)酸液伤害:施工人员应穿戴防酸服装及防护眼镜,现场配备救护医生及所需救护药品。
(3)高压伤人:施工中,高压区内严禁非施工人员靠近和走动。

第三节 压 裂

一、原理和目的

压裂的原理为利用地面高压泵组,将高黏度液体以超过地层吸收能力的排量注入井中,随即在井底憋起高压,此压力超过井壁附近地层应力及岩石抗张强度后,在地层中形成裂缝;继续将带有支撑剂的液体注入缝中,此缝向前延伸,并填以支撑剂;这样停泵后即可在地层中形成足够长、有一定宽度及高度的填砂裂缝,它具有很高的渗透能力,从而改善地层的渗透性、提高导流能力,起到增产作用。其目的是解除近井带储层伤害,提高地层渗流能力,从而增加油气井产量。

二、压裂液分类

现场常用的压裂液类型有水基压裂液、油基压裂液、乳状压裂液、泡沫压裂液等。

压裂液是一个总称,在压裂过程中,井内的压裂液在不同阶段有各自的任务,压裂液一般可以分为前置液,携砂液,顶替液。

前置液:前置液的作用是破裂地层并形成一定几何尺寸的裂缝以备后面的携砂液进入。

携砂液:携砂液的作用是将支撑剂带入裂缝并将其放在预定位置上。

顶替液:顶替液用来将携砂液送到预定位置。打完携砂液后,要用顶替液将全部携砂液带入裂缝中。

三、压裂方式

压裂方式可分为油管压裂,套管压裂和油套混压三种。

四、压裂施工设计

压裂施工设计由相关单位提供压裂设计。

五、施工前的准备工作

(1)人员组织:试油队技术人员1名,试油工2~3名。
(2)设备准备:压裂车1组,泵车1组,罐车1组(具体见压裂设计)。
(3)材料和工具准备:不同规格的压力表1套,活动扳手1个,丝堵6~7个,不同规格油嘴1套,油嘴扳手1把,针阀或板阀1组。

六、施工步骤及技术要求

(1)检查压裂管线接头的丝扣及密封圈是否完好无损,合格后连接压裂管线。按井场布置示意图 5.2.1 摆放设备。

(2)压裂车及压裂管线循环畅通。

(3)对压裂管线及井口装置按设计最高压力的 1~1.2 倍进行试压,确保施工时管线不刺漏,合格后进行泄压。

(4)泵注压裂液,按压裂设计泵注程序,先泵入一定量的前置液、再泵入一定量携砂液同时进行加砂等施工。

(5)泵入顶替液,按压裂设计泵入一定数量的顶替液。

(6)关井压力扩散,根据设计测压后井温。

七、压裂后退液

(1)压裂后按设计规定的时间开井退液。开井前装油压表,连接简易试产管线,管线间,接一组针阀或板阀。

(2)根据井口压力选用设计所要求的油嘴进行退液,退液期间用地面板阀进行开关井,退液过程中要密切观察压力和产量的变化,及时检查和更换油嘴。

(3)若压裂液不能自喷排出,则先软探井底。若井段未被砂埋,可采用抽汲或气举方法进行排液;若井段砂埋,先进行冲砂洗井,后将管柱深度完成于试油井段顶界以上 8~15m,采用抽汲或气举方法排液。

八、录取资料

压裂录取资料:施工时间、施工车型、循环及试压情况、压裂液名称和用量、泵注方式、前置液量、顶替液量、支撑剂类型、粒径、支撑剂量及平均砂比、顶替液量、最大泵压、最小泵压、平均泵压、破裂压力、平均排量、关井测压降时间及压力变化、投球液量、堵球类别、密度、直径、数量。

退液录取资料:时间、油嘴、油压、套压、日退液量、累计退液量、地层欠液量、更换油嘴时间、在小班报表上记录开关井、更换油嘴和压力表及交接班情况。

九、主要风险提示及预防措施

(1)高压阀门芯子刺出伤人:施工中,高压区内严禁人员进入,采油树螺栓紧固,所有阀门向着后井场。

(2)污染环境:施工完成后按环保有关规定排放压裂液,严禁乱排乱放。

(3)火灾:油基压裂时配备消防车辆及消防设施。

第六章 试 产

　　试产是指在油气层打开状态下通过各种计量设备、器具和仪表准确求取产层流体性质、产量(能)及压力、温度等资料的工艺。试产求取的资料对评价油气藏和制定开发方案十分重要,也是计算地层参数的基础数据。试产期间,将对产出的油、气、水分别取样,进行各种组分和物性的分析,取得油、气、水的一般物理、化学性质。

　　试产分自喷试产和非自喷试产。自喷试产指地层流体利用地层自身能量举出地面的过程;非自喷试产指地层流体利用地层自身能量不能举出地面,而采用抽汲、气举、测液面和其他方式等求得产层资料的过程。非自喷试产要在套管允许掏空深度和不破坏油层结构条件下,尽量排出替喷液,降低油层回压,在地层水性稳定后进行定深、定时、定次抽汲或气举求产。低压或产液量较少的地层采取测恢复液面计算地层产量(能)。能自喷试产的地层一般储层物性好,地层压力高,供液充足,是我们研究的重点地层,下面重点介绍。

第一节 自 喷 试 产

一、自喷试产的定义和目的

　　(1)定义:指对于具有自喷能力的油、气层,采用一定的工作制度,求取产层流体性质、产量(能)及压力、温度等资料。

　　一般分为系统试井和常规试产。系统试井指在油气井自喷情况下,逐步改变油气井的工作制度,系统测量每一个工作制度下的油、气、水产量,气油比及井底稳定流动压力、井口油、套管压力,综合分析这些资料,确定油井的合理工作制度,并推算出油气层渗透率和采油指数等参数。若不具备系统试井的条件,在某一制度下计量的地层的产量、压力比较稳定,以此制度作为地层的合理生产制度的试产方法,即常规试产。

　　(2)目的:求取产层流体性质、产量(能)及压力、温度资料,为储量计算或油气田开发方案的编制提供依据;

二、试产的程序

(一)试产前的准备工作

1. 指令或设计

试产前现场应有生产指令或施工设计。

2. 地面试产流程的连接(不过分离器)

试产前接简易试产管线一条,采油树安装油、套压力表。图6.1.1为简易井口连接图。

3. 地面试产流程的连接(过分离器)

如果射孔后出气或气液同出,试产管线从采油树生产阀门出来后经分离器,油气水分离

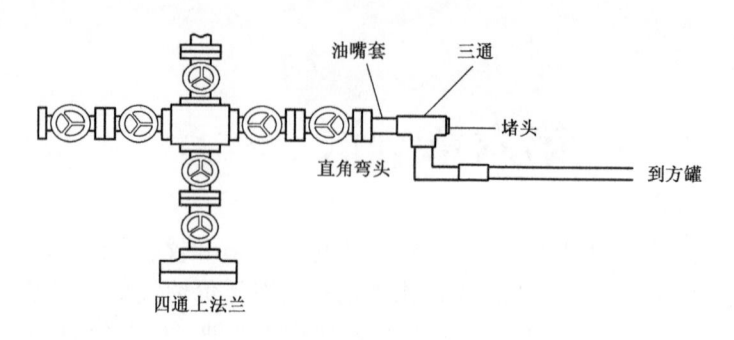

图 6.1.1 简易井口连接图(不过分离器)

后,天然气从排气管线排出点燃,油水从出液管线出来后进入试井罐计量。图 6.1.2 为井口连接图。

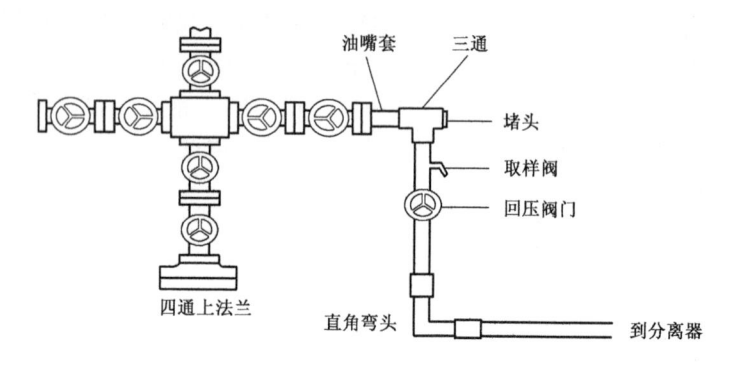

图 6.1.2 井口连接图(过分离器)

4. 人员组织

试油工 2 名,负责试产过程中的各种操作并录取试产资料。

5. 设备及工具准备

(1)按地质要求或指令装好油嘴,备齐合格的油嘴、油嘴扳手。
(2)600mm(24in)和 900mm(36in)油管钳各 1 把,14×17mm 开口扳手 1 把。
(3)油套压力表 1 套,在校验有效期内,量程合适。
(4)备好取样容器及取样用具:清洁干净的 3~5L 取样壶 2 个;500mL 气样瓶 4 只;接油桶 1 只;取气样用的水桶 1 只;1000mL 量筒或量杯 1~2 个;足量的取气用的清洁水或饱和食盐水;取气样用的软胶管 1 条(>1.5m)等。
(5)备有清洗液,清洁布,现场报表、记录本等。
(6)备有防爆量油器具(带铜铅锤的钢卷尺)。

(二)试产步骤及技术要求

1. 计量

(1)在开井生产前或交接班时,应有上次罐内原始液面记录和计量时间记录。
(2)每小时记录井口油、套管压力,两小时量取罐内液面一次,并记录液面高度和计量时间,按液面的高度差和计量罐的单位容积计算产量,读数精确到厘米。计量前先在计量罐上做一个标记,每次测量液面时必须在所标记的点上进行测量,避免计量位置变化造成计量误差。

(3)每次计量结束后,用大布把量尺擦净。

2. 垫圈流量计测气(适用于日产气量小于8000m³,图6.1.3)

(1)每8小时(即每班)测气一次。垫圈流量计组成:测气短节、孔板、U形管压差计及介质(水银、清水、酒精)、软胶管。

(2)在中压(或低压)分离器的测气阀门处,装测气管线,结构为分离器的测气阀门→测气硬管线→测气短节(带孔板)。要求测气管线长度1.5~2.0m,安装平直无弯曲,中间无控制阀门,测气短节气体出口不能有阻碍物。

(3)测气时,先打开分离器的测气阀门,后关闭分离器油路出口和气路出口控制阀门,分离器不控制压力;接着把U形管内注入适量的介质(水银、清水、酒精);然后把U形管的连接软胶管装在测气短节上,观察U形管的测气压差变化,如压差过小,首先选择减小孔板尺寸,其次选择将U形管内的介质改为密度较轻的介质。

(4)测压时须待压差平稳后才开始读数,一般连续测气15min,每分钟读数一次,测气结束后,先打开分离器油路出口阀门,在分离器气路出口点火后,再打开分离器气路出口控制阀门,关闭分离器的测气阀门。

(5)测气的气产量计算,常用经验公式如下:

$$q_g = 0.732d^2 \sqrt{\Delta H}(介质:水银)$$

$$q_g = 0.198d^2 \sqrt{\Delta H}(介质:水)$$

$$q_g = 0.178d^2 \sqrt{\Delta H}(介质:酒精)$$

式中　q_g——气产量,m³/d;

　　　d——孔板孔径,mm;

　　　ΔH——U形管柱液柱平均压差,mm。

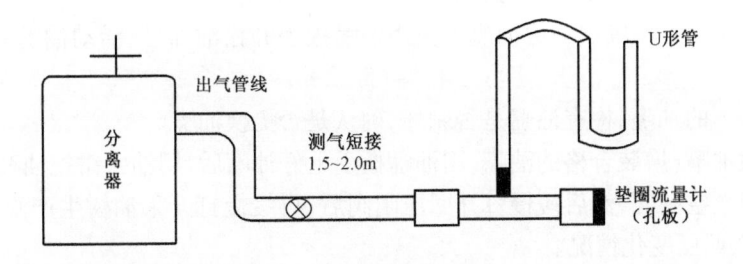

图6.1.3　垫圈流量计测气示意图

3. 临界速度流量计测气(适用于日产气量大于8000m³,图6.1.4)

(1)临界速度流量计组成:上测气短节(带压力表接口和温度计插孔)、压帽接箍、孔板、下测气短节(带压力表接口和温度计插孔)、下流管线等。

(2)在正常生产的情况下,测气短节上装好合适量程的压力表,在温度计插孔处装好温度计,测气短节下游管线要求安装平直,长度不少于20m。

(3)测气时,保证测气短节上流压力p_1大于下流压力p_2约一倍,即$p_2 \leq 0.546p_1$时达到临界气流,否则调整合适孔径的孔板。

(4)待压力表的压力和温度计的读数稳定后连续测气(记录上流压力、下流压力、上流温度)。

(5)测气的气产量计算,常用经验公式如下:

$$q_g = \frac{186d^2 p_1 \times 10}{\sqrt{0.6 \times (273 + t)}} \qquad (p_2 \leq 0.54 p_1, p_1 < 0.8 \text{MPa})$$

式中　q_g——气产量,m^3/d;
　　　d——孔板孔径,mm;
　　　p_1——孔板上流压力,MPa;
　　　t——上流温度,℃;
　　　p_2——孔板下流压力,MPa。

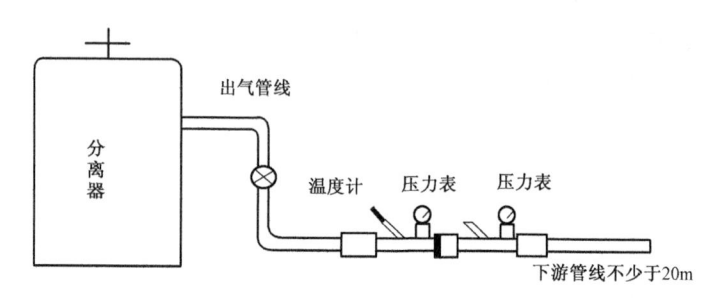

图 6.1.4　临界速度流量计测气示意图

4. 检查和更换油嘴操作步骤

(1)记录关闭生产闸阀前的油压、套压、回压。

(2)操作人员站在闸阀侧面,关采油树上生产闸阀、再关回压闸阀。

(3)开放空闸阀放空油嘴后压力,用油管钳卸下油嘴堵头。

(4)操作人员站在油嘴出口方向侧面先用油嘴扳手卸松油嘴后,活动油嘴放压,再用油嘴扳手卸下油嘴。

(5)清洗卸下的油嘴,检查油嘴是否刺坏,确认是否更换油嘴。

(6)若需换油嘴,换装合格的油嘴,用油嘴扳手上好油嘴后,用油管钳把油嘴堵头上好。

(7)先关闭放空闸阀,然后缓慢打开回压闸阀后,再缓慢打开采油树生产闸阀,同时观察、记录油压、套压、回压变化情况。

5. 更换压力表操作步骤

(1)先关闭要更换压力表阀门。

(2)打开压力表上的放空闸阀放压为零,同时用接油桶接好放出的流体,再用扳手卸下压力表。

(3)清洗干净压力表接头,缠好螺纹胶带,换装经检定合格的压力表。

(4)安装好压力表后,关闭放空闸阀,再打开压力表阀门,检查压力表接头处无刺漏。

(5)待压力表指针稳定正常后,记录压力。

6. 取样

(1)取油(水)样。

① 在油井生产正常的情况下进行取油(水)样作业。

② 将接油桶对好取样嘴,缓慢打开取样闸阀,放净管线内的死油后,再关闭取样闸阀。(如方罐试产则在油管出口处接取)

③ 将取样壶对准取样嘴,取样壶口不能被取样嘴堵死,缓慢打开取样闸阀,取少量样品涮洗取样容器2~3遍后,取够样品数量;取样结束后,关闭取样闸阀,把取样壶用盖子密封。

④ 填写取样标签[包括井号、层位、井段、取样日期和时间、取样位置、样品名称、分析要求(全分析或半分析)、取样单位、取样人、要送的化验单位],并把标签固定到取样壶上。

⑤ 用清洗液和清洁布把取样壶、取样嘴擦干净后,及时将样品送化验单位。

(2)取气样(示意图如图6.1.5所示)。

① 排水法取气样步骤。

a. 气产量大于2000m^3的油井可直接进行取样;气产量小于2000m^3的油井,可先关闭气放喷管线(若气产量小于200m^3,再关闭分离器出油闸阀),待分离器内气量充足后再取。

b. 将取气样用的水桶内充满取样液(清水或饱和盐水),打开分离器取气样闸阀,通过软胶管用天然气置换取样桶内取样液里溶解的空气;将取样瓶内充满取样液,并排除瓶壁黏附的气泡后,塞好瓶塞。

c. 把取样瓶倒置放在取样桶内,打开瓶塞,用取样软胶管向取样瓶内充气替液,待气样瓶内液体剩余样品容积的1/3时,把取样软胶管从取样瓶内取出,并塞紧瓶塞,把气样瓶仍以倒置方式从桶内取出,并擦干净,始终保持倒置状态送样。

d. 气产量小于2000m^3的油井取样结束后,控制打开气放喷管线及分离器出油管线,接着关闭取气样闸阀。

② 填写样品标签,并把标签固定到取样瓶上,及时将样品送达化验单位,标签包括:井号、层位、井段、取样日期和时间、取样地点、样品名称、分析要求、取样单位、取样人、化验单位。

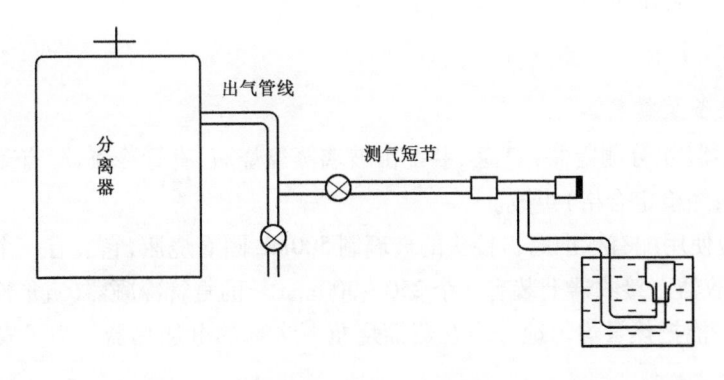

图6.1.5 取气样示意图

三、录取资料

试产中录取的资料:时间、油嘴、油压、套压、日产油量、日产气量、日产水量、原油含水、累计产油量、累计产水量、清蜡、流压、压力梯度、流动温度、井底、油气水样品。在小班报表上记录开关井、更换油嘴和压力表及交接班情况。

用垫圈流量计测气录取资料:时间、油嘴、孔板直径、油压、套压、流量计 U 形管中液柱高差、介质、日产气量。

用临界速度流量计录取资料:时间、油嘴、油压、套压、流量计尺寸、孔板直径、上流压力、下流压力、上流温度、日产气量。

四、主要风险分析及防范措施

(1)人员伤害:检查或更换油嘴、压力表或操作闸阀时人员站在侧面操作。

(2)硫化氢中毒:含 H_2S 等有毒有害气体油气井操作人员必须使用防护和监测设施。

(3)着火爆炸:进入井场的车辆要使用阻火器,装运石油时车辆熄火,连接静电释放装置。井场内必须使用防爆照明设备;量油时必须使用防爆量油器具。

第二节　现场油、水半定量分析

一、原油含水测定法(蒸馏法)

(一)原理和目的

1. 原理

原理为利用在标准大气压下,100℃下液态水变成水蒸气的特性,在试样中加入与水不混溶的溶剂,并在回流条件下加热蒸馏,冷凝下来的溶剂和水在接收器中连续分离,水沉降到接收器中带刻度部分,溶剂返回到蒸馏烧瓶中;读出接收器中水的体积,并计算出试样中水的百分含量。

2. 目的

测定原油中的含水量。

(二)准备工作

1. 仪器、设备及材料

(1)蒸馏仪器(水分测定器):1套,装配由玻璃蒸馏烧瓶、直管冷凝器、有刻度的玻璃接收器(又称集水器:经检定合格)组成。

蒸馏烧瓶应使用配有标准磨口接头的玻璃制 500mL 圆底烧瓶,它装有一个经检定合格的 10mL 的水分接收器。接收器上装有一个 250~300mm 长的直管冷凝器(直形冷凝管)。

(2)加热器:能把热量均匀地分布在蒸馏烧瓶下半部的电加热器。为了安全最好使用电热套。

(3)溶剂油:用于蒸馏。注:可以使用符合 GB 1922—2006《油漆及清洁用溶剂油》要求的 200 号溶剂油作为蒸馏溶剂,但如果对实验结果有争议时,以二甲苯溶剂的实验结果为准。

(4)搅拌子(或无釉磁片、浮石):使用前必须经过烘干。

(5)量筒(25mL,100mL):各 1 个(经检定合格)。

(6)凡士林、试样。

(7)镊子。

2. 操作前的准备工作

(1)穿戴劳保用品,佩戴防护手套。

(2)检查电源连接是否正常。

(3)检查循环器的冷却水是否在液位范围(两条红线之间)之内(仪器左侧),若低于最低液位,需补充冷却水。检查循环器的冷却水各接口有无漏水现象。

(4)检查探头是否插入主机探头插座上。

3. 取样

(1)在量取试样前,按规定将样品平摇 1~3min 后取得具有代表性试样。对于凝固或流动性差的试样,应预热试样[需要使用干燥箱时,打开电源开关,按 SET 键,通过"《(转换设置键)"键选择温度的个位数位置,按"∨(下调键)""∧(上调键)"键调节所需个位数的温度,十位、百位、小数点后的一位也通过"《"键选择温度的位置,按"∨(下调键)""∧(上调键)"键调节所需温度的相应数值]至有足够的流动性;预热不能超过40℃,剧烈振动试样,把黏附在容器壁上的水都摇下,使试样和水混合均匀,否则会影响测定结果。

(2)按下列规定选择试样量。

预期试样中水含量[%(体积分数)]	大约试样量(mL)
50.1~100.0	5
25.1~50.0	10
10.1~25.0	20
5.1~10.0	50
1.1~5.0	100
≤1.0	200

(3)测定水的体积百分含量时,要按照取样中的(2)规定的试样量,选用校正过的 25mL 量筒量取摇匀的流动试样。仔细且慢慢地把试样倒入量筒中,避免空气进入,尽可能严格地把液体调到要求的刻度。再仔细地把量筒中的试样倒入蒸馏烧瓶中,用至少 100mL 溶剂油以每次 20mL 分 5 次洗涤量筒,倒入烧瓶,要把量筒中的试样完全倒净。

如果对于混合试样的均匀性有怀疑时,则测定至少要进行三次,并报告平均结果作为水含量。

(三)操作步骤及技术要求

1. 操作步骤(加热蒸馏)

(1)向圆底蒸馏烧瓶中加入一枚搅拌子,将蒸馏烧瓶放入加热孔内,并与冷凝管、接收器连接好,安装时应在磨口处抹上一薄层凡士林,以防不易拆卸和漏气。

(2)将探头放入装有试样的一组冷凝管内。

(3)连接电源,打开测量仪主机电源开关(仪器右侧),观察是否通电。

(4)将蒸馏仪器(水分测定器)安装好,打开循环水电源开关,观察循环水是否循环、畅通,看各个接口有无漏水现象;设定所需温度(冷却水温度设定在 0~30℃ 范围内任一值):按下温度设定与测量转换键,旋动温度调节旋钮,顺时针温度升高,逆时针温度降低,调节到所需设定温度时,按起转换键,控制温度设定结束。

(5)蒸馏时间的设置:根据油样含水多少,蒸馏时间一般设定在 20~60min 之间。计时器显示【00】字样,点击时间设置键:"置数"键(左边一组的第一个蓝圆点和右边一组的第一个蓝圆点),设定计时器的十位数;点击时间设置键:"置数"键(左边一组的第三个蓝圆点和右边一组的第三个蓝圆点),设定计时器的个位数;如果时间设置有误,点击"清零"键(左边一组的第二个蓝圆点和右边一组的第二个蓝圆点)后,重复以上操作。

(6)按下启动 1 或启动 2 红色开关,打开所需蒸馏孔的孔位开关;缓慢调节电压,一般调节在 120~150V 之间。馏出物速度为 2~5 滴/s。蒸馏的初始阶段加热应缓慢(0.5h 左右),要防止突沸。初始加热后,调整沸腾速度,使冷凝液不超过冷凝器内管长度的 3/4。馏出物应以 2~5 滴/s 的速度滴进接收器。

(7)测定完毕,按下相应的蒸馏孔的孔位开关,缓慢调节电压至 0,等蒸馏烧瓶里的油液停止滚动时再关闭循环水电源开关,然后关闭测量仪主机电源开关。如果冷凝管内仍有水滴,就用带橡皮头或鸡毛的金属丝棒把冷凝器内壁的水滴刮进接收器中。

(8)待蒸馏烧瓶冷却后,将仪器拆卸,读出接收器中收集的水的体积并记录。清洗并烘干烧瓶与接收器,断开室内总电源。

(9)填写各项记录,岗位清洁整理。

2. 原油含水测定的计算

试样中水含量 X_1(体积分数),按式(1)计算:

$$X_1 = \frac{V_1}{V} \times 100\% \tag{1}$$

式中 V_1——接收器中水的体积,mL;

V——试样的体积,mL。

3. 技术要求

(1)精密度。

按下述规定判断试验结果的可靠性(95% 置信水平)。

① 重复性:由同一操作者用相同的仪器在规定的操作条件下对同一试样所取得的连续两个试验结果之间的差值,不应超过下列数值:

水含量(%)	重复性
0.0~0.1	
大于 0.1	0.08

② 再现性:由不同操作者在不同的试验室中对同一试样所取得的连续两个试验结果之间的差值,不应超过下列数值:

水含量(%)	重复性
0.0~0.1	
大于 0.1	0.11

注:本方法的精密度是由试验室间测定范围为 0.01% ~1.0% 的试验结果的统计检验得到的。

(2)仪器安装完毕后,在加热以前,要进行全面检查:含水仪器的冷凝管是否安装垂直;连接处是否严密(凡磨口处都要抹上一薄层凡士林,以防不易拆卸和漏气),循环水是否循环、畅通流过;冷凝管是否夹紧;电源是否正常;线路是否接对。

(3)量取试样前,对于凝固或流动性差的试样,应加热到足够流动性的温度,但绝对不能超过40℃,以防止水分逸出影响真实结果。

(4)开始加热时,应慢慢升温,要防止突沸。

(5)初始加热后,调整沸腾速度,使冷凝液不超过冷凝器内管长度的3/4。馏出物应以 2 ~5 滴/s 的速度滴进接收器。

(6)蒸馏时间不得超过1h。

(四)主要风险及应对措施

(1)触电:认真检查电缆、插座、插头及用电设备完好,不能湿手操作电器。

(2)着火爆炸:电加热套必须离井口 30m 以外,操作时人员不得离岗。样品不得随意排放。

二、氯离子含量的测定

(一)原理和目的

1. 原理

在 pH 值为 6.0 ~8.5 的介质中,硝酸银与氯离子反应生成白色沉淀。过量的银离子与铬酸钾指示剂生成橘红色铬酸银沉淀,根据硝酸银的消耗量计算氯离子的含量。反应方程式如下:

$$Ag^+ + Cl^- \longrightarrow AgCl\downarrow(白色)$$

$$2Ag^+ + CrO_4^{2-} \longrightarrow Ag_2CrO_4\downarrow(橘红色)$$

2. 目的

氯离子是判别地表水、地层水的重要参数之一。

(二)准备工作

1. 仪器、设备与材料

(1)烧杯 250mL:2 个;

(2)刻度移液管 5mL、10mL:各 1 支(经检定合格);

(3)全自动滴定管(酸式、棕色)25mL:1 支(经检定合格);

(4)粗滤纸、吸耳球、pH 试纸 1 ~14;

(5)蒸馏水、试样;

(6)容量瓶 50mL:1 个(经检定合格)。

2. 试剂、溶液、指示剂

(1)试剂。

铬酸钾、碳酸钠、硝酸、硝酸银。

(2)溶液。

碳酸钠溶液:$w(Na_2CO_3) = 0.05\%$。硝酸溶液:$\phi(HNO_3) = 50\%$。硝酸银标准溶液0.1mol/L:有效期两个月。

(3)指示剂。

酚酞指示剂:1g/L、铬酸钾指示剂:50g/L(即5%)。

(三)操作步骤及技术要求

1. 操作步骤

(1)用移液管取5mL过滤好的水样于250mL烧杯中,加蒸馏水50mL。

(2)加2滴酚酞指示剂,呈淡红色就不加Na_2CO_3溶液[$w(Na_2CO_3) = 0.05\%$],若加酚酞不呈淡红色就加Na_2CO_3溶液[$w(Na_2CO_3) = 0.05\%$]滴至呈淡红色,用HNO_3溶液[$\phi(HNO_3) = 50\%$]调至无色,即调节试样pH值至6.0~8.5。

(3)加1mL铬酸钾指示剂。

(4)用硝酸银标准溶液滴至生成橘红色悬浮物为终点,记录硝酸银的用量V_1。

(5)用同样的方法作空白实验,记录硝酸银的用量V。

(6)填写各项记录,岗位清洁整理。

2. 计算

$$Cl^- \text{含量}(mmol/L) = \frac{c(V_1 - V_0)}{V} \times 10^3 \quad (2)$$

$$Cl^- \text{含量}(mg/L) = \frac{c(V_1 - V_0) \times 35.45}{V} \times 10^3 \quad (3)$$

式中 c——硝酸银标准溶液的浓度,mol/L;

      V_1——硝酸银标准溶液的消耗量,mL;

      V_0——空白实验时,硝酸银标准溶液的消耗量,mL;

      V——试样体积(原水样),mL;

      35.45——与1.00mL硝酸银标准溶液[$c(AgNO_3) = 1.000mol/L$]完全反应所需要的氯离子的质量,mg。

3. 技术要求

(1)玻璃器皿必须清洁。

(2)试样的pH值调节在6.0~8.5。

(3)氯离子平行样品分析结果应符合表6.2.1的质量要求。

表 6.2.1 氯离子平行样品分析结果的质量要求

氯离子含量范围(mg/L)	相对偏差(%)
100~1000	3.0
1000~5000	2.0
5000~10000	1.8
10000~50000	1.5
50000~100000	1.0
100000~200000	0.8

(4)氯离子含量高的水样,测定时可减少取样量,滴定时速度稍快一些,同时必须摇匀。

(5)有颜色的水样在取样后,加入一定量的蒸馏水,以便观察终点,蒸馏水做空白,计算时必须减去空白。

(6)氯离子含量低的水样,即 10mL 水样消耗 0.2mL $AgNO_3$ 的可另取 50mL 进行测定。

(四)主要风险提示及预防措施

(1)触电:认真检查电线、插座、插头及用电设备完好,不能湿手操作电器。

(2)火灾:严禁将火种、通信工具带入操作岗位;检查探头的插头是否插入主机探头插座上,探头放入装有试样的一组冷凝管内,控制好加热温度及冷却速度,严禁操作人员离岗;样品不得随意乱放。

(3)烫伤:穿戴好劳保用品。

(4)汽油中毒:注意保持良好的通风,储存汽油的容器要密闭。

第七章　地层封闭技术及钻磨工艺

第一节　桥塞封闭工艺

一、定义

桥塞封闭工艺指利用电缆、液压、机械等不同的手段使桥塞坐封于井筒中预定位置完成封隔、封闭的工艺。

二、原理

桥塞根据下井方式,分为电缆输送和油管输送两种。

工作原理:利用电缆或管柱将其输送到井筒预定位置,通过火药爆破(电缆输送)、液压坐封或者机械坐封工具(油管输送)产生的压力作用于上卡瓦,拉力作用于拉杆,通过上下锥体对密封胶筒施以上压下拉两个力,当拉力达到一定值时,释放环断裂,坐封工具与桥塞脱离。此时桥塞中心管上的锁紧装置发挥效能,上下卡瓦破碎并镶嵌在套管内壁上,胶筒膨胀并密封,完成坐封。

按照桥塞的功能可分为:普通桥塞,水泥承留器(插管桥塞)。

三、目的

桥塞封闭的目的是分层试油、分层压裂酸化、分层防砂、分层生产及二次固井、封闭水层、封闭干层和封闭废弃层等。

四、电缆桥塞封闭技术

电缆桥塞封闭工艺是桥塞封闭技术的一种,是采用电缆作为输送工具,将桥塞输送到井筒预定位置,达到封闭地层的目的。

电缆桥塞封闭技术具有施工周期短、施工工序少、坐封位置准确等特点。电缆桥塞现场施工图如图7.1.1所示。

(一)准备工作

(1)井筒准备:施工前对井筒进行通井和刮削作业保障井筒的畅通及井壁的清洁。

(2)人员组织:技术干部1名,试油工2名,桥塞队施工人员4人以上。

(3)车辆准备:通井机(试油作业机)1部、泵车1部、电缆车1部。

(4)工具和材料准备:桥塞坐封工具1套、桥塞1个、电缆通井规1套、投水泥工具1套及辅助工具36in管钳2把、坐封工具支撑架1套。

入井工具组成如图7.1.2至图7.1.4所示。

第七章 地层封闭技术及钻磨工艺

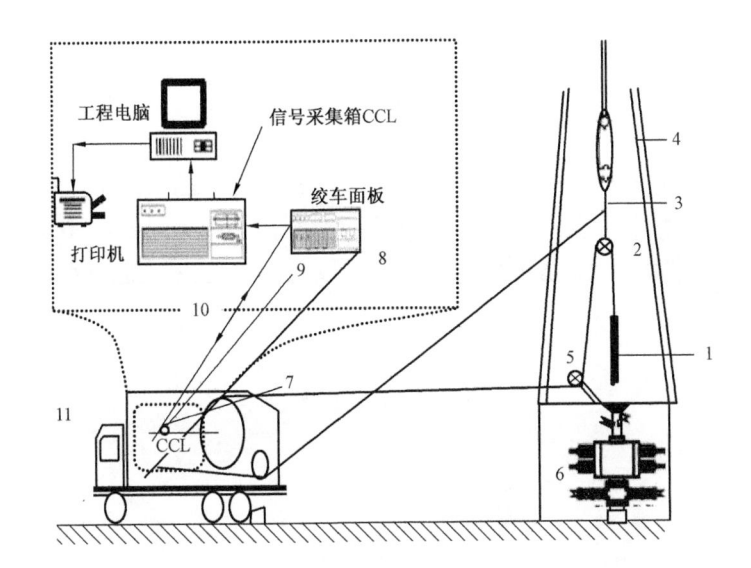

图 7.1.1　7000 电缆系统地面施工作业框图及信号流程

1—入井工具；2—天滑轮；3—张力计；4—井架；5—地滑轮；6—防喷井口；7—深度编码器；
8—张力信号；9—深度和速度；10—原始数据及给下井仪器指令；11—7000 电缆车

（二）操作步骤

（1）根据井场方位进行合理摆放电缆车。

（2）井口连接：在井口安装地滑轮，下放游车安装天滑轮，连接张力线，串接磁定位器，将天滑轮提升至合适的高度。

（3）软通井：将磁定位器与通井规连接并进行软通井，测标准节箍（校深）。

（4）下电桥：提出通井规，进行桥塞+丢手工具+磁定位器的连接，下电桥至设计深度坐封。

（5）投水泥：提出丢手工具，连接磁定位器与投水泥工具进行投水泥浆作业。

（6）试压：提出投水泥工具，关闭套管阀门，利用泵车向井内泵注压井液对电桥进行试压，压力根据油气水井的试压标准进行。

（三）技术要求

1. 桥塞组装要求

（1）桥塞释放环与坐封工具连接，螺纹必须上紧，锁环必须背紧坐封套筒。坐封套筒与桥塞顶部接触，松紧程度以桥塞上卡瓦能灵活转动为宜，上好防转销钉和调节螺钉。

（2）动力药开口必须朝电雷管方向，电雷管插入雷管座，并保证其地线接触雷管座内壁建立良好的过电性能。

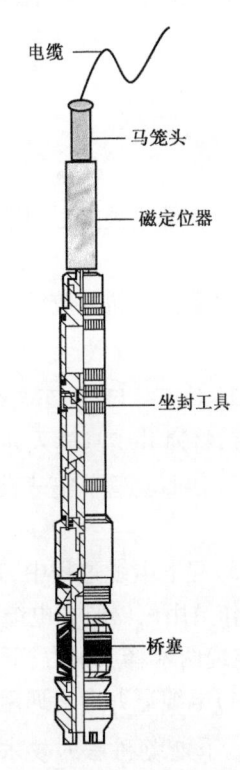

图 7.1.2　入井工具
（电缆坐封工具底带 WBM 桥塞）

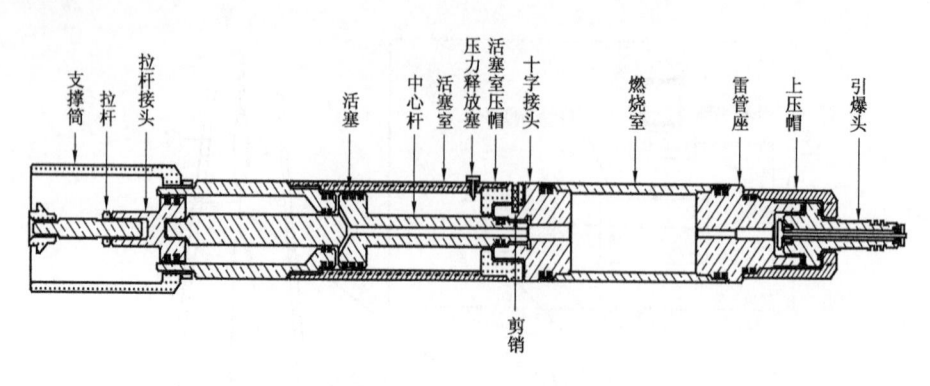

图 7.1.3 电缆坐封工具

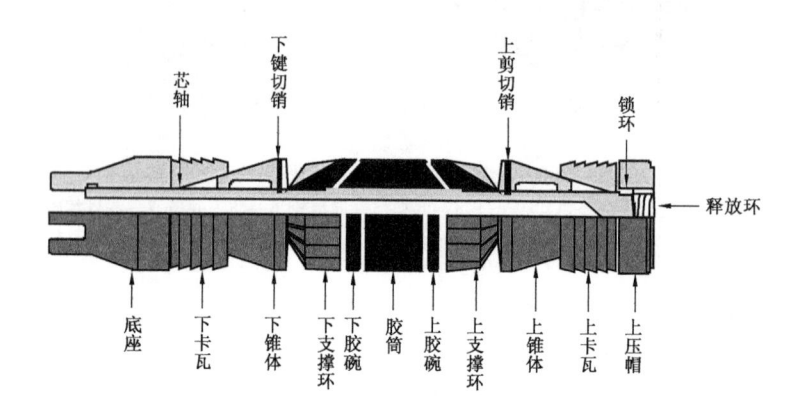

图 7.1.4 WBM 桥塞

（3）全部组装好后，用雷管表测量点火线与坐封工具本体，电阻值与雷管产品规定参数相符。

（4）零长以桥塞胶筒中心为零点丈量桥塞与磁定位器中心点总长度。

2. 电缆通井技术要求

（1）对正井口，绞车与地滑轮的距离大于25m，穿好电缆，将电缆、磁定位器和通井规逐步连接好，将通井工具放入井内，下放通井。

（2）依照套管节箍表测量校深，通井至设计坐封位置以下10m，并在电缆上做通井固定记号。

（3）起下电缆过程中，井口工注意电缆及井口装置运行情况，绞车操作工注意观察电缆张力，操作员用仪器监视电缆磁定位器在井下的运行情况，如有上提遇卡必须立即停车，并迅速下放电缆两米释放张力；下放遇阻必须立即停车，并迅速上提电缆使井内工具处于自由状态。

（4）电缆通井中途遇阻，禁止下桥塞。

3. 下电缆桥塞的技术要求

（1）所有施工的井，井口应安装全封防喷器，打开套管阀门。

（2）检测电缆点火线的通断和绝缘，绝缘电阻必须大于10MΩ。

（3）切断电源后，连接磁定位器与桥塞。井口提下时严禁碰撞桥塞，所有裸露的接线头必须重新用密封绝缘胶布包好。

(4)下桥塞时,下放速度不超过3000m/h,要求绞车操作工操作匀速平稳,停点准确,禁止猛刹猛放。

(5)下入井内30m后必须检查工具导通情况,出现不正常情况必须停止下电缆桥塞,提出电缆坐封工具检查整改后方可继续施工。

4. 电缆投水泥施工步骤和技术要求

(1)投水泥工具组装要求。

① 桥塞坐封合格后按施工通知单套管尺寸和投水泥长度,依次连接电缆接头、打捞接头、灌水泥口和各节投水泥筒,要求螺纹上紧上满,丈量投水泥工具总长度。

② 对于电缆爆炸投水泥工具,破裂盘边缘应缠上1~2圈胶布,电雷管平卧于破裂盘用导线固定留出过盘引线。

③ 从电缆接头内引入一根导线至投水泥工具底部,与电雷管的芯杆连接,用绝缘胶布包好接头,电雷管的外壳导线经过盘引线应与工具内壁接触。

④ 将破裂盘慢慢放入投水泥工具底座内。旋进下接头,使之顶住玻璃圆盘,并做下井前的检查。

⑤ 对于电缆机械投水泥工具,应装上密封圈和剪切销钉,并做下井前的检查。

(2)配水泥浆要求。

① 根据井深和井温合理选择水泥浆配方,按水泥浆配方选择水泥标号,缓凝剂和稀释剂等,所用水泥浆配方必须有物理性能试验报告。

② 根据投水泥量配足水泥浆(水泥浆量应为投水泥量的1.2倍以上),要求搅拌均匀,密度在$1.7 \sim 1.8 \text{g/cm}^3$范围内。

③ 切断电源后,将投水泥工具电缆接头与磁定位器进行连接,将配制好的水泥浆通过灌灰口灌入投水泥筒内,将投水泥筒放入井内,井口提下时严禁碰撞投水泥工具,所有裸露的接线头必须重新用密封绝缘胶布包好。

(3)投水泥要求。

① 电缆下放速度不超过4000m/h,要求匀速平稳,严禁猛放猛刹。

② 对于电缆爆炸投水泥工具,用磁定位器跟踪定位于投水泥井段底界处点火投水泥,分段缓慢上提电缆,每段上提电缆1m,停点5min,提出投水泥工具至井口。

③ 对于电缆机械投水泥工具,用磁定位器跟踪定位投水泥筒触击桥塞顶部,停点5min后缓提投水泥工具,张力正常后再提出投水泥工具。

④ 检查投水泥工具工作情况。

5. 测量校深和坐封技术要求

(1)电缆下到固定记号后,操作员操作仪器进入实测状态,进行测量校深和点火工作。

(2)跟踪点火时,坐封位置必须避开套管接箍1~2m以上,严禁按通井固定记号点火。

(3)现场作业队技术员、电缆车操作员必须对施工设计深度进行核实,确认无误方能点火。

(4)点火后,注意观察井口电缆及绞车张力变化,若电缆有明显跳动或张力发生变化,在停点 5～10min 后，方可下放电缆试探底，磁定位器跟踪曲线有遇阻显示，上提电缆有起步显示，说明桥塞已坐封。

（5）对于电缆通井遇阻深度与桥塞封位小于 10m，桥塞点火坐封后下探如有遇阻显示，不能说明桥塞已坐封，上提速度按没坐封情况执行，必须用一档提出桥塞坐封工具，中途不得换挡。

（6）应慢提电缆 2～6m，观察绞车张力，若绞车张力不随上提电缆的长度增大而增大，说明桥塞已丢手。

（7）确认桥塞坐封丢手后方可提出电缆，上提速度不超过 6000m/h。

（四）主要风险提示及预防措施

（1）滑轮飞起伤人：地滑轮、天滑轮固定牢靠，按现场责任区划分，无关人员不得随意进入；

（2）井喷：下桥塞时必须座好防喷器，专人观察井口外溢及油气显示情况；

（3）爆炸：雷管和炸药有可能在地面发生爆炸，无关人员远离现场，工作人员施工前检查仪器车、井架、绞车对地漏电情况（漏电电流小于 500μA）；

（4）电缆弹跳、打扭伤人：施工时人员要远离电缆，禁止跨（穿）越电缆。

五、液压桥塞封闭技术

液压桥塞封闭技术是桥塞封闭工艺的一种，其原理是利用油管传输泵入液体逐级打压产生两级液压传动带动坐封工具挤压桥塞或承留器致使卡瓦卡在套管上，橡胶套胀大，并缓慢提拉管柱直到释放环被拉断，桥塞被压缩坐封在预定位置。

液压桥塞封闭技术具有施工周期长、可应用于高比重压井液等复杂工况的施工井等特点。

（一）准备工作

（1）施工前作业队必须用管柱进行通井洗井，以保证桥塞和坐封工具能顺利起下。若套管壁有水泥环，则需用刮削器将水泥环刮除。上述工作完成后，才能进行液压桥塞施工作业。

（2）人员准备：需专业的作业队作为施工主体，桥塞施工队专业技术人员作为现场施工的指挥。

（3）车辆准备：提升设备一部、泵车一部。

（4）施工前准备好入井工具（桥塞坐封工具 1 套、桥塞 1 个）及辅助工具 36in 管钳 2 把、坐封工具支撑架 1 套。

（二）操作步骤

（1）施工前由作业队提供地面油管根数、油管卡片数据，按设计封位配置管柱，并准确丈量油管，丈量误差每千米不超过 0.2m，对地面剩余油管做好记号，并进行核对。

（2）在地面将管柱与桥塞坐封工具进行连接。

（3）下桥塞施工步骤。

液压坐封工具连同桥塞或水泥承留器一起缓慢下入井中（25 根/h），至预定坐封深度后，投入钢球。待钢球座在 T 形阀上后，开泵进行逐级打压，首先打压 5MPa，等候 3～5min，继续打压至 10MPa 等候 3～5min，直至打压到 15MPa 时根据液体压力并结合表 7.1.1，缓慢提拉管柱,管柱内压力骤然下降,释放环被拉断,实现工具的坐封和丢手。进行探压,加压不得超过3t,下探桥塞是否下移(过大加压可能损坏桥塞)探压合格后可以停止打压并将液压机械坐封工具取出。

表 7.1.1 液压桥塞上提吨位与打压压力配合表

上提管柱拉力(N)	液体压力(MPa)	最大剪切力(N)
0	32.2	272160
45360	26.7	272160
90720	21.4	272160
136080	16.0	272160
181440	10.7	272160

(4)试压:提出丢手工具后由作业队进行下管柱至桥塞上部,利用泵车向井内泵注压井液对液压桥塞进行试压,试压按标准进行。

(5)投水泥:试压合格后由作业队进行投水泥作业。

(三)技术要求

1. 桥塞组装要求

(1)桥塞释放环与坐封工具连接,螺纹必须上紧,锁环必须背紧坐封套筒。坐封套筒与桥塞顶部接触,松紧程度以桥塞上卡瓦能灵活转动为宜,上好防转销钉和调节螺钉。

(2)零长以桥塞胶筒中心为零点丈量桥塞和坐封工具顶部转换接头之间的距离。

2. 油管通井技术要求

(1)对正井口油管连接下井工具下入井内,依照套管节箍表测量校深。

(2)通井至座封位置以下10m,并在油管上做通井固定记号。

(3)起下油管过程中,井口工注意指重表的变化,如通井中途遇阻,禁止下桥塞。

3. 下液压桥塞的技术要求

(1)用电缆磁定位器校深的施工井,需先测出套管接箍曲线图,在井口电缆位置做好记号,记录深度。

(2)必须检查地面油管根数、油管卡片数据和油管质量(保证管内通径),按设计封位配置管柱,对地面剩余油管做好记号。

(3)装防喷器后下桥塞,下桥塞时操作必须匀速平稳,严禁猛提猛放和顿钻,井口严禁落物和挂单吊环。

(4)下油管速度每小时不超过25根,油管螺纹涂螺纹油并上紧上满。

4. 测量校深和坐封技术要求

(1)管柱桥塞下至设计封位后,由作业队技术员和桥塞施工队技术人员进行深度核算,确认无误时方可从油管内投入钢球。

(2)泵车从油管内逐级加压至15MPa,提升设备上提负荷至70kN(不含油管自重),重复操作一次。

(3)第三次上提负荷70kN,同时加压20~25MPa,完成桥塞坐封丢手程序。

(4)桥塞丢手瞬间管柱有明显跳动,泵压和悬重下降,套管和油管形成通道,井口出现溢流,缓慢下探桥塞,管柱有遇阻显示,上提管柱无遇卡显示。

(5)下探桥塞,遇阻吨位小于3t,桥塞无位移说明已坐封。

(6)试压:用压井液按设计试压,稳压30min,压力不降为合格。

(四)录取资料

电缆桥塞录取资料:施工时间、通井深度、通井规尺寸、桥塞型号和规格、点火时间、坐封深度、坐封后试压情况。

液压桥塞录取资料:施工时间、桥塞型号和规格、坐封方式、坐封压力、坐封深度、坐封后试压情况。

(五)主要风险提示及预防措施

(1)井喷:下桥塞时必须坐好防喷器。专人观察井口外溢及油气显示情况,做好防喷应急工作。

(2)顿钻:控制下钻速度。

(3)高压伤人:打压坐封时,人员远离高压区。

第二节 (挤)注水泥塞

一、定义和目的

定义:注水泥塞就是通过泵车将地面配制好的水泥浆泵送至井内预定位置,水泥浆在井内凝固后,与套管内壁粘连在一起,形成具有一定强度和硬度的水泥塞柱(图7.2.1)。挤水泥浆是将水泥浆泵送到井内预定位置,后通过地面泵车用一定压力将水泥浆挤入地层。

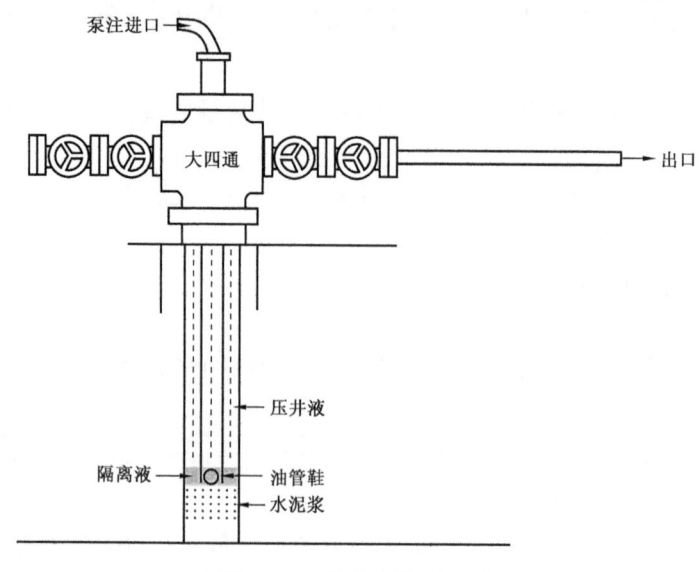

图7.2.1 注水泥塞原理图

目的:分层试油、分层压裂酸化、分层防砂、分层生产及二次固井、封闭水层、封闭干层和封闭废弃层等。

二、施工前的准备工作

(一)设计和指令

根据试油工程设计或生产指令的要求,制定出(挤)注水泥塞设计。设计应包含以下内容:

(1)在设计里面明确挤、注水泥塞封闭目的,封闭层试油情况,井身结构、压井液类型及入井管柱结构。

(2)水泥塞长度。

(3)设计用密度 1.8~1.85g/cm³ 水泥浆量_____L,根据施工设计封闭要求确定水泥塞长度及水泥浆用量。具体根据套管尺寸计算用水泥浆量,水泥浆量不低于800L。

(4)备水泥量_____kg,预计_____袋。

(5)配_____L水泥浆,用清水量_____L。

(6)水泥添加剂用量:

① 对于井温小于90℃的井,可直接使用APIG级水泥进行注水泥塞作业;

② 对于井温90℃的井,30%硅粉+1.5%HS-2A+0.4%SXY-Ⅱ+0.1%HS-R;

③ 对于井温100℃的井,30%硅粉+1.5%HS-2A+0.4%SXY-Ⅱ+0.6%HS-R;

④ 对于井温110℃的井,30%硅粉+1.5%HS-2A+0.45%SXY-Ⅱ+0.9%HS-R。

对于井温大于120℃的井,进行配方试验确定。

注:SXY-Ⅱ——油水泥减阻剂;HS-2A——油井水泥降滤失剂;HS-R——油井水泥高温缓凝剂。添加剂量为干水泥重量百分比。

(7)顶替量:(管鞋深度-水泥浆在套管内的长度)×油管内容积。

(8)反洗深度:不高于施工设计书要求水泥面高度。

(9)候凝管柱深度:不少于反洗深度以上50m,若封闭上面有开窗段,候凝深度应在开窗段以上50m。

(10)对于挤注水泥塞封闭,挤入量根据施工设计书及试挤量定。

(二)人员组织

带班技术干部1名,带班班长1名,试油工4~5名,泵工4~6名,通井机(试油作业机)操作手2名。

(三)设备及工具准备

(1)300型泵车1部,400(700)型泵车1~2部,通井机(试油作业机)1部。

(2)根据挤注水泥设计备水泥、小方罐、清水、铁锹、筛网、添加剂、比重计。

(3)入井油管无弯曲变形、腐蚀、裂缝、孔洞及螺纹损坏。

(4)洗井接头,水龙带,大班工具1套。

三、施工步骤及技术要求

(1)施工前进行工程方案、关联工艺、场所风险、防范措施和应急预案交底,安全讲话,岗位分工,试油工及操作手进行岗位巡回检查。

(2)将油管下至设计深度。

(3)泵车用清水循环正常,连接进出口管线。

(4)泵车用压井液正循环洗井一周半以上(井温高于95℃应洗井两周以上),记录泵压和排量,降低井底温度后,泵车用压井液反洗井观察漏失量。若进行挤灰,则用压井液试挤,记录观察泵压和排量。

(5)试提管柱,确认管柱有无卡阻现象。

(6)配水泥浆(灰)。

① 将小方罐、泵车、拉灰车按井场位置摆好,以利于配水泥浆和连接井口管线。

② 按设计先向清洁的小方罐内泵入清水,按设计加入添加剂。

③ 将泵车的上水管线和出口管线放至小方罐内,循环正常。

④ 按设计要求配好水泥浆,技术人员负责用比重计测量水泥浆密度达到设计要求。

(7)配水泥浆完成后,停泵。

(8)顶替:开套管阀门,将泵车出口管线接至油管进口,水泥浆正替入井内,后用压井液正顶替至设计的水泥塞位置。要求顶替平衡,技术人员负责计量顶替量。注水泥浆时顶替液密度必须与压井液密度一致,若用泥浆(盐水)压井,在泵送水泥浆前、后分别垫入设计用量隔离液。

(9)顶替完后停泵,上提油管至设计的反洗深度,坐井口,用压井液反洗出多余的水泥浆(反洗井时洗井液的用量不少于顶替液的1.5倍)。

(10)上提油管至设计的候凝深度,座采油树,用压井液灌满井筒,加压(按设计),关生产阀门或套管阀门。若进行挤水泥,则根据地层吸收情况确定挤入量。

(11)候凝,不少于24h(若封闭层段上面有窗口时,候凝的管柱应提至窗口以上50m)。

(12)若送水泥浆过程中,泵车出现故障,应立即提出管柱。

(13)若送水泥浆后,上提管柱过程中提升设备出现故障,则立即反洗井,洗出井内全部水泥浆。

(14)若送水泥浆过程中发现有初凝现象,应立即上提管柱。

(15)施工全部时间不超过水泥浆初凝时间的75%。

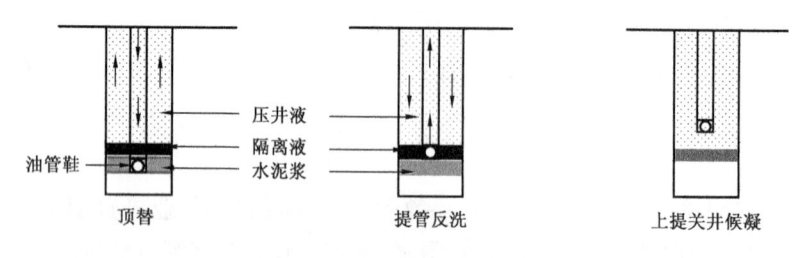

图 7.2.2 注水泥塞示意图

四、录取资料

录取资料有施工时间、水泥浆密度及用量、添加剂名称及用量、注水泥方式、顶替液性质及用量、注水泥深度(管鞋深度)、封闭井段、反洗深度、反洗液性质及用量、候凝管柱深度、泵压、排量、加压压力。

五、主要风险提示及预防措施

(1)人员伤害:配水泥过程中戴好防护眼镜和口罩,泵车出口管线固定牢固。

(2)铁屑飞溅:砸活接头时施工人员戴护目镜,配合人员相互监督。

(3)管线伤人:开泵前确认管线畅通,阀门开关正确,倒罐或清理上水管线时必须停泵,操作人员坚守岗位,随时观察泵压变化。

第三节 封隔器封闭

封隔器封闭的目的:(1)隔绝井液和压力,以保护套管免受影响,从而改善套管工作条件。(2)封隔产层和施工目的层,防止层间流体和压力互相干扰,以适应各种分层技术措施的需要,或进行找窜、堵漏、封窜等修井作业。试油作业中,常用的封隔器有P-T卡瓦封隔器,RTTS封隔器,套管剪销封隔器。

一、P-T卡瓦封隔器

P-T封隔器的P-T是Posi-Test的缩写,它是坐封方式为转动管柱的单向卡瓦压缩式封隔器。卡瓦封隔器用于套管井的测试。

(一)P-T封隔器的结构

P-T封隔器由旁通道、密封元件和卡瓦总成3部分组成。

(1)旁通道是由旁通外筒、上接头、端面密封、密封唇和坐封芯轴组成。当封隔器起下时,旁通道是打开的,而且卡瓦封隔器胶筒下方又有较大的旁通孔,坐封芯轴与胶筒芯轴之间有通道,这样就能旁通起下钻液流和平衡封隔器解封前上下方的压力。当封隔器坐封时,坐封芯轴下行,带动端面密封下移,使其与密封唇吻合,将旁通道关闭。上提封隔器,即可将旁通道拉开。

(2)密封元件由3个胶筒、隔圈和上、下通径规环组成。中间胶筒起主要密封作用,上、下胶筒、隔圈和上、下通径规环起防卡作用,即防止中间密封胶筒因受压差作用翻转突出而导致密封失效。因此应当根据套管的不同壁厚和井温选择不同的胶筒尺寸、隔圈和通径规环。

(3)卡瓦总成包括锥体、卡瓦、摩擦块、垫块外筒、定位凸耳及弹簧等,坐封芯轴下部铣有两种槽—自动槽和人工槽。

(二)P-T封隔器的坐封原理

封隔器下井时,凸耳是在自动槽的短槽之中,摩擦块始终与套管内壁紧贴,胶筒处于自由状态,旁通道是打开的。当封隔器下至预定井深时,先要上提管柱,使凸耳在短槽的下部位置,再右旋管柱1~3圈,在保持扭矩的同时,下放管柱加压。由于管柱旋转,凸耳到长槽内,加压时坐封芯轴向下移动,端面密封与密封唇吻合而关闭旁通道。继续加压,锥体下行把卡瓦胀开,卡瓦上的合金块的棱角嵌入套管壁,胶筒受压而膨胀,直至3个胶筒都紧贴在套管壁上,形成密封,此时封隔器牢固地坐封在套管内壁上(表7.3.1、表7.3.2、表7.3.3)。

表 7.3.1　卡瓦封隔器的技术规范

公称直径(mm)	114.3~139.7	139.7~177.8	168.2~193.6	219.1~244.5	273~339.7
适用套管尺寸(mm)	114.3~139.7	139.7~177.8	168.2~193.6	219.1~244.5	273~339.7
工作压力(MPa)	66.14	71.02	67.57	56.54	76.53
挤毁压力(MPa)	98.6	105.5	100.66	84.12	114.45
芯轴工作负荷(N)	365640	342070	495080	1031090	838490
芯轴抗拉负荷(N)	545790	510210	738850	1538630	1251280
芯轴内径(mm)	46	50	62	76	76
全长(mm)	1245	1237.5	1318	1650	1956
顶部连接内螺纹(mm)	50.8外加厚油管	50.8外加厚油管	63.5外加厚油管	76.2外加厚油管	114.3API贯眼
底部连接外螺纹(mm)	50.8外加厚油管	50.8外加厚油管	63.5外加厚油管	76.2外加厚油管	114.3外加厚油管

表 7.3.2　P-T 封隔器旁通液压面积

封隔器公称直径(mm)	114~139.7	139.7~168	168~193.7	219~244	273~339.7
液压面积(cm²)	29.67	38.05	51.61	87.08	106.43

表 7.3.3　胶筒选用参考表

胶筒排列(邵氏硬度)	井下温度(℃)	胶筒有效负荷(N)				
		114~127mm	127~152mm	168~193.7mm	219~244mm	273~339.7mm
70-50-70	-18~66	13345	17793	22241	35586	80086
80-60-80	38~94	17793	22241	26689	53379	88964
80-70-80	66~94	22241	26689	31138	66723	111206
90-70-90	66~121	22241	22689	31138	66723	111206
90-80-90	94~135	26689	31138	40034	88964	124550
90-90-90	121~163	31138	35586	44482	111206	133447

(三)P-T 封隔器的解封方式

(1)如果要起出封隔器,只需施加拉伸负荷,先将端面密封拉开,旁通道打开,胶筒上、下压力平衡,再继续上提,胶筒卸掉压力而恢复原来的自由状态,此时凸耳从长槽沿斜面自动回到短槽内,锥体上行,卡瓦随之收回,便可将封隔器起出井筒。

(2)如果凸耳换到人工槽内,其操作方法是:上提管柱,右旋1~3圈,再下放管柱坐封,凸耳已转到长槽内,坐封操作与自动槽相同。在解封封隔器时要上提管柱,左旋1~3圈,使凸耳回到短槽内,然后将卡瓦收回起出管柱。由于人工槽不能自动回到短槽,所以解封时必须要左旋管柱。在有衬管的井或斜井中使用封隔器时,推荐用自动槽,这样可以不至于凸耳偶然滑入长槽而使封隔器坐封。

拉开卡瓦封隔器旁通所需拉力计算公式为:

$$F = \Delta p_{液} A \times 10^2$$

式中　F——拉开旁通所需拉力,N;
　　　$\Delta p_{液}$——环空液柱压力差,MPa;
　　　A——旁通液压面积,cm^2。

(四)P-T卡瓦式封隔器施工步骤

1. 入井前准备

(1)通井,根据套管外径、壁厚选择封隔器通径规外径、胶筒外径见表7.3.4。

表7.3.4　套管外径、壁厚对应的封隔器通径规、胶筒外径对照表

套管外径(mm)	套管壁厚(mm)	通径规外径(mm)	胶筒外径(mm)
114.3	5.21~7.37	95.25	94.74
127	5.59~7.52	106.35	104.9
	9.19~10.72	100	99.95
139.7	6.2~7.72	115	113
	9.17~10.54	114.3	112.3
177.8	5.87~8.05	157.6	152.8
	9.19~10.36	150.8	149.5
	11.51~13.72	143.5	142.7
244.5	7.92~10.03	219	214.3
	11.05~13.84	211.2	206.4

(2)根据预计的井底温度和压力选择合适的封隔器胶筒类型,见表7.3.3。
(3)维护、保养封隔器。
(4)选择与封隔器配套的辅助工具。

当预计的封隔器下部压力大于封隔器上部压力时,推荐在P-T封隔器上部连接水力锚工具。

2. 下钻

下带封隔器管柱时,要求操作平稳匀速;每双根纯下放时间不少于1min,下放阻力大于50kN时应立即停下,上提管柱,查明原因,不得强行下放。

3. 坐封

(1)封隔器入井1~2根油管后试坐封一次,检查封隔器换位机构工作性能。
①试坐封顺利,上提管柱不少于0.3m解封,然后继续施工。
②试坐封不顺利,提出封隔器检查分析原因。
(2)当工具到达设计位置准备坐封操作时,先将工具下放到低于坐封位置,其下放的距离应大于坐封时所需的管柱压缩距。然后将工具提到坐封位置,坐封位置应避开套管接箍2m以上。各种规格封隔器压缩距计算方法见公式:

$$H = (\rho - \rho_0)L \cdot P/E \cdot q \times 9.8$$

式中　H——封隔器压缩距,m;

ρ——钢的密度,kg/m³;

ρ_0——压井液密度,kg/m³;

L——封隔器以上管柱,地面量长度总和,m;

P——封隔器的坐封负荷,N(因管柱在井下弯曲、变形,封隔器坐封负荷值取对应胶筒有效负荷的1.5~2倍);

E——钢的弹性模量,2.04×10¹⁰kgf/m²;

q——管柱在压井液中每米质量,kg/m。

(3)顺时针旋转管柱,井口旋转管柱(1~2圈)/1000m,但在深井和斜井中可尽可能多旋几圈,保证井下工具转动1/4圈。

(4)管柱上保持右旋扭矩的同时下放管柱,直到封隔器机械卡瓦承受管柱重量到对应胶筒有效负荷的1.5~2倍为止,各种规格封隔器胶筒的有效负荷见表7.3.3。

4. 验封

根据井况及封隔器管柱的特点选择正打压或反打压验封。试压最高值应综合考虑管柱性能、井况及施工作业预计的最高压力值选定。若验封不合格,重新设计坐封位置坐封。

5. 解封

(1)油管和套管环空不连通且油管内液柱较低时,应先用压井液将油管垫满,原则上要求油管内外压力平衡。

(2)上提管柱超过原管柱悬重50kN,解封成功后,停留5~10min,让封隔器胶筒收缩复位,然后慢提管柱,解封后上提5根油管无卡挂现象,可正常匀速提封隔器作业。

(3)封隔器上部连接有水力锚工具时,环空打压5~10MPa,平衡内外压差然后卸压再进行解封。

二、RTTS封隔器

RTTS封隔器是一种大通径、多用途、长寿命封隔器,可封隔双层压力的悬挂式封隔器,用于地层测试,酸化,压裂,注水,注水泥塞作业。大通径在只有较小的压力降下,泵过大量流体,并可通过油管射孔枪。RTTS封隔器在一次下井中可完成多种功能作业。通常RTTS封隔器与循环阀配套使用,还可带一个安全接头。IRTTS封隔器示意图如图7.3.1所示。

(一)RTTS封隔器的结构

RTTS封隔器由J形槽换位机构、卡瓦、胶筒、水力锚组成,技术规范见表7.3.5。

(1)水力锚由活塞式水力锚本体、13个固定夹板螺钉、6个水力锚卡瓦片、3个固定夹板、12个卡瓦回缩弹簧、容积管、3种O形密封圈组成。

(2)胶筒部分由上、下通径规环、2个胶筒、隔环组成。

(3)卡瓦由卡瓦本体、上芯轴、卡瓦止动销、6个卡瓦片、戴帽螺钉、开口环箍组成。

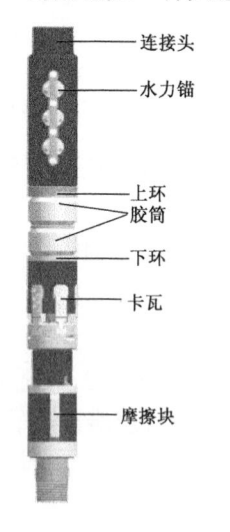

图7.3.1 RTTS封隔器示意图

表7.3.5 RTTS封隔器的技术规范表

总成号	胶筒标号①	摩擦块外径(mm)	内径(mm)	长度(mm)	连接螺纹型
696.5273	5in－15－18# (127mm)	120.9	45.7	1167.9	上端 3$\frac{3}{32}$in－10UN－3 内螺纹(78.6mm) 下端 8$\frac{7}{8}$inEUE8 牙油管外螺纹(225mm)
696.5382	5$\frac{1}{2}$in－13－20# (140mm)	13.4	48.3	1178.1	上端 3$\frac{1}{2}$in－8UN－M 内螺纹(88.9mm) 下端 2$\frac{7}{8}$inEUE8 牙油管外螺纹(73mm)
696.5781	7in－17－38# (177.8mm)	—	61.0	1323.3	上端 4$\frac{5}{32}$－8UN－M 内螺纹(105.688.9mm) 下端 2$\frac{7}{8}$inEUE8 牙油管外螺纹(73mm)
696.57899	7in－17－38# (177.8mm)	—	61.0	1085.1	上端 3$\frac{1}{8}$in－8UN－M 内螺纹(79mm) 下端 2$\frac{7}{8}$inEUE8 牙油管外螺纹(73mm)
696.6083	9$\frac{5}{8}$in－29.3－53.5# (244.5mm)	—	101.6	1937.8	4$\frac{1}{2}$inAPI 内平螺纹(114mm)
696.60899	9$\frac{5}{8}$in－29.3－53.5# (244.5mm)	—	101.6	1605.5	上端 3$\frac{1}{2}$inAPI 贯眼内螺纹(88.9mm) 下端 4$\frac{1}{2}$API 内平外螺纹(114mm)

① 胶筒标号(即铸字),如4$\frac{1}{2}$in－9.5－13.5#中的4$\frac{1}{2}$代表适用于114mm(4$\frac{1}{2}$in)套管,9.5－13.5#代表套管线质量为14.16~20.12kg/m(9.5~13.5lb/ft)。

(4)J型槽换位机构由4个摩擦块、16个摩擦块弹簧、4个固定环、摩擦套筒、下芯轴组成。

(二)RTTS封隔器的坐封工作原理

封隔器下井时,摩擦块始终与套管内壁紧贴,凸耳是在换位槽短槽的下端,胶筒处于自由状态。当封隔器下到预定井深时,先上提管柱,使凸耳到短槽的上部,右旋管柱1~3圈(正常情况),在保持扭矩的同时,下放管柱加压缩负荷。由于右旋管柱使凸耳从短槽到长槽内,加压时下芯轴向下移,卡瓦锥体下行把卡瓦张开,卡瓦上的合金块的棱角嵌入套管壁,胶筒受压膨胀,直到两个胶筒都紧贴在套管壁上,形成密封。当胶筒以下压力大于胶筒以上的液柱压力时,压力会使水力锚锚爪锚定于套管内壁,使封隔器保持原封位不变。

(三)RTTS封隔器的解封

如果起出封隔器,只需先打开循环阀,使胶筒上、下压力平衡,水力锚锚爪自动收回。再继续上提,胶筒卸掉压力恢复原来的自由状态,此时凸耳从长槽沿斜面自动回到短槽内,锥体上行,卡瓦随之收回,便可将封隔器起出井筒。

J形槽换位机构由4个摩擦块、16个摩擦块弹簧、4个固定环、摩擦套筒、下芯轴组成。

(四)RTTS封隔器施工步骤

1. 入井前准备

(1)根据套管外径、壁厚选择封隔器通径规、胶筒外径,规格见表7.3.6。

表 7.3.6　套管外径、壁厚对应的封隔器通径规、胶筒外径表

套管外径(mm)	套管壁厚(mm)	通径规外径(mm)	胶筒外径(mm)
114.3	6.55~7.37	94	89.9
127	5.59~6.43	106.8	103.8
127	7.52~9.19	103.1	99.1
127	12.1	95	89.9
139.7	6.2~9.17	115.6	113
139.7	10.54	106.8	103.8
177.8	5.87~9.18	154.2	151.1
177.8	9.18~10.36	146.1	144.8
177.8	11.51~13.72	143.5	142.7
244.5	7.92~8.94	220	210
244.5	10.03	201.9	195
244.5	11.99~13.84	200	195
244.5	15.11~19.05	198.1	195

（2）根据井底温度选择胶筒硬度，见表 7.3.7。

表 7.3.7　胶筒选用与井温、有效负荷对照表

胶筒排列（邵氏硬度）	井下温度(℃)	ϕ114.3~127mm	ϕ139.7mm	ϕ177.8mm	ϕ244.5mm
50~50	−18~38	13	17	22	35
60~60	38~66	17	22	26	53
70~70	66~94	22	26	31	66
80~80	94~120	26	31	40	88
90~90	121~163	31	35	44	111

（3）保养封隔器。

（4）选择与 RTTS 封隔器配套的辅助工具。

① RTTS 安全接头下部连接机械式 RTTS 循环阀，RTTS 循环阀下部连接 RTTS 封隔器，并使循环阀处于开启锁定状态。连接图如图 7.3.3 所示，安全接头及拉套拉断力规格见表 7.3.8，机械式循环阀各种内外径规格见表 7.3.9。

② RTTS 安全接头下部连接液压式 RTTS 循环阀，液压式 RTTS 循环阀下部连接 RTTS 封隔器，连接图如图 7.3.4 所示，安全接头及拉套拉断力规格见表 7.3.8，液压式循环阀各种内外径规格见表 7.3.10。

2. 下钻

下带封隔器管柱时，要求操作平稳匀速；每两根纯下放时间不少于 1min，下放阻力大于 50kN 时应立即停下，上提管柱，查明原因，不得强行下放。

3. 坐封

(1)封隔器入井1~2根油管后试坐封一次,检查封隔器换位机构工作性能:试坐封后上提管柱不少于0.3m解封。

(2)当工具到达设计位置准备坐封操作时,先将工具下放到低于坐封位置,其下放的距离应大于坐封时所需的管柱压缩距。然后将工具提到坐封位置,坐封位置应避开套管接箍2m以上。各种规格封隔器压缩距计算方法见下面公式:

$$H = (\rho - \rho_0)L \cdot P/E \cdot q \times 9.8$$

式中 H——封隔器压缩距,m;

ρ——钢的密度,kg/m³;

ρ_0——压井液密度,kg/m³;

L——封隔器以上管柱,地面量长度总和,m;

P——封隔器的坐封负荷,N(因管柱在井下弯曲、变形,封隔器坐封负荷值取对应胶筒有效负荷的1.5~2倍);

E——钢的弹性模量,2.04×10^{10} kgf/m²;

q——管柱在压井液中每米质量,kg/m。

(3)顺时针旋转管柱,井口旋转管柱(1~2圈)/1000m,但在深井和斜井中可尽可能多旋几圈,保证井下工具转动1/4圈。

(4)管柱上保持右旋扭矩的同时下放管柱,直到封隔器机械卡瓦承受管柱重量到对应胶筒有效负荷的1.5~2倍为止,各种规格封隔器胶筒的有效负荷见表7.3.7。

4. 验封

根据井况及封隔器管柱的特点选择正打压或反打压验封。试压最高值应综合考虑管柱性能、井况及施工作业预计的最高压力值选定,若验封不合格,重新设计坐封位置坐封。

5. 解封

(1)当RTTS安全接头下部连接机械式RTTS循环阀,RTTS循环阀下部连接RTTS封隔器,上提管柱至自由悬重,右旋转管柱,旋转圈数与坐封时旋转圈数相同。

(2)上提管柱,超过悬重50kN,悬重下降,循环阀打开,平衡封隔器上下压力,管柱静止10~15min后,将工具提出。

(3)当RTTS安全接头下部连接液压式RTTS循环阀,液压式RTTS循环阀下部连接RTTS封隔器,缓慢上提管柱,打开循环阀,平衡封隔器上下压力,保持管柱静止10~15min后,将工具提出。

(4)当封隔器被卡住时,上提管柱,拉开安全接头拉套,在管柱上保持右向扭矩,并同时上下操作管柱,则可以完全脱开安全接头,提出安全接头以上的管柱。除219.1~339mm规格工具外,其他规格安全接头每松螺纹一圈需上、下运动两个行程。114.3~139.6mm、177.8~193.7mm、219.1~339mm规格安全接头工具完全松开均需要转动12圈。

三、套管剪销封隔器

(1)目的及原理:剪销封隔器与卡瓦封隔器配合使用,用于套管井的跨隔测试,当卡瓦封隔器按坐封步骤坐封后,继续加较大的压缩负荷时,剪销封隔器的剪销剪断,芯轴下移,使上接头的密封环与阀座吻合才能把旁通关闭,此后再压缩胶筒使其膨胀,与套管壁紧贴形成密封。剪销封隔器坐封,从而对测试层段进行测试。

(2)结构:剪销封隔器由上接头、阀座、胶筒、隔圈、芯轴、剪销、花键外筒等组成。剪销封隔器也配有旁通(封隔器本身自带),芯轴上有键与花键外筒配合,可以传递扭矩(图7.3.2)。

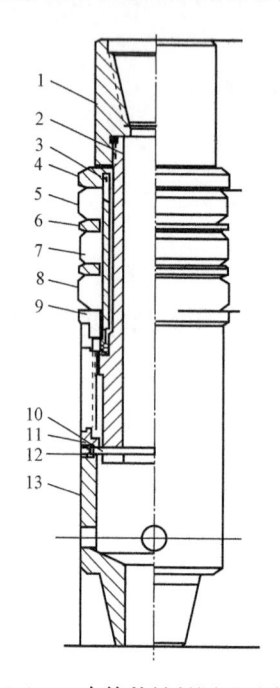

图7.3.2 套管剪销封隔器示意图
1—上接头;2—芯轴;3—胶筒套;4—上通井规环;
5—胶筒邵氏硬度90°;6—隔圈;7—胶筒邵氏硬度70°;
8—胶筒邵氏硬度90°;9—下通井规环;10—剪销;
11—键套总成;12—管塞;13—下接头

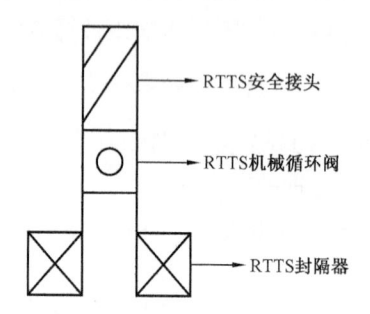

图7.3.3 机械式循环阀连接图

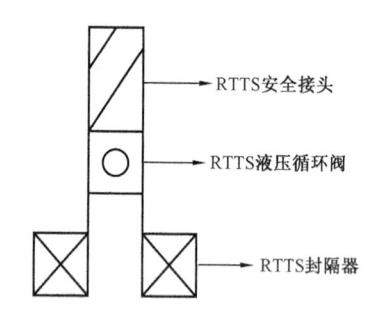

图7.3.4 液压式循环阀连接图

表7.3.8 RTTS安全接头规格与拉套拉断力对应表

套管外径(mm)	安全接头		拉套拉断力(kN)
	外径(mm)	内径(mm)	
219.1~339	155.4	79.2	177
117.8~193.7	127.0	62.0	111
114.3~139.7	93.5	48.3	88

表7.3.9 机械式RTTS循环阀内外径规格表

外径(mm)	155.4	123.7	91.4
内径(mm)	76.2	60.3	45.7

表 7.3.10 液压式 RTTS 循环阀内外径规格表

外径(mm)	118.9	99.1	77.7
内径(mm)	57.1	45.7	31.8

(3)剪销封隔器技术规范参数(表 7.3.11)。

表 7.3.11 剪销封隔器技术规范参数

公称尺寸	114~127mm(4½~5in)	139.7mm(5½in)
外径(mm)	95.25	111
内径(mm)	47	51
组装长度(mm)	629.8	758
工作介质	钻井液、油、水、H_2S	钻井液、油、水、H_2S
工作温度(℃)	−40~150	−40~150
工作压差(MPa)	49	49
胶筒排列	90−70−90	90−70−90
剪销直径(mm)	8.2	8.2
剪销材质(钢号)×剪销负荷(N)	10×44130	10×44130
剪销材质(钢号)×剪销负荷(N)	20×53004	20×53004
上接头内螺纹	2⅜in 外加厚油管	2⅜in 内加厚钻杆
下接头内螺纹	2⅞inAPI 正规母螺纹	2⅞inAPI 正规公螺纹

(4)套管剪销封隔器胶筒选用参数与 P−T 封隔器相同。

(5)套管剪销封隔器与套管匹配技术参数完全参照 P−T 封隔器。

(6)操作:① 坐封:下放管柱直到封隔器承受管柱重量到对应胶筒有效负荷的 1.5~2 倍为止,各种规格封隔器胶筒的有效负荷见表 7.3.3。② 解封:上提管柱超过原管柱悬重 50kN,解封成功后,停留 5~10min,让封隔器胶筒收缩复位,然后慢提管柱,解封后上提 5 根油管无卡挂现象,可正常匀速提封隔器作业。

四、MRH 封隔器

(一)基本特点

MRH 封隔器是一种液压可取式套管封隔器。该封隔器通过管柱内压力坐封,可一个或多个一起下入井中。特别适合于机械式坐封和电缆式坐封封隔器不适宜的斜井中。坐封封隔器时无须油管进行旋转、提放等动作,只需通过井口对油管内施加液压或气压。两个或两个以上封隔器入井时可同时坐封或按设计的顺序依次坐封(图 7.3.5)。

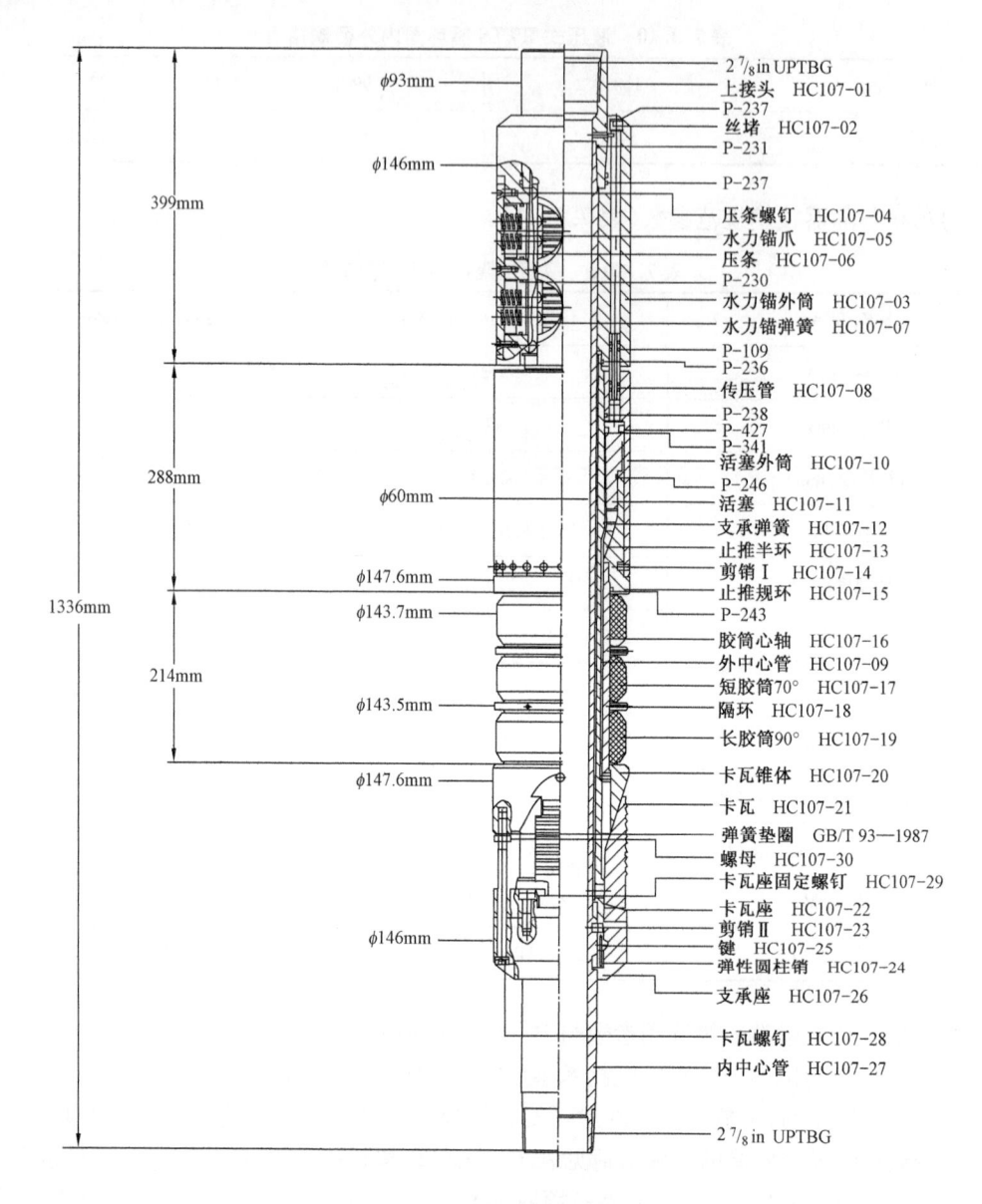

图 7.3.5　MRH 封隔器示意图

(二)基本结构

MRH 封隔器由水力锚、液压活塞、自锁机构、密封总成、卡瓦总成等 5 部分组成(以 7inMRH 为例),每部分作用分别为:

(1)水力锚:其作用结构原理与 RTTS 封隔器一样,当管内压力或地层压力大于环空压力时水力锚爪张开咬合在套管壁上,防止封隔器上移。

(2)液压活塞:当通过井口向油管内打压时,活塞受力下行,推动卡瓦张开咬合住套管,然后挤压封隔器胶筒使其膨胀。

(3)自锁机构:活塞下行挤压胶筒膨胀后将胶筒锁定在膨胀密封状态。

(4)密封总成:由可挤压膨胀的两种硬度的三节胶筒及隔环组成,实现能承受一定环空与管柱内压差的密封。

(5)卡瓦总成:被液压活塞推动张开咬住套管后,能够防止封隔器下移,协助胶筒承受一定压差。

(三)工作原理

(1)坐封:由井口往油管内施加液压或气压,封隔器液压活塞受力下行剪断封隔器1#销钉后,推动止推规环、胶筒芯轴使卡瓦锥体下行,撑开卡瓦,卡住套管,同时挤压胶筒使其膨胀,当胶筒充分膨胀后,止推规环锁紧,保证油管内卸压后卡瓦及胶筒保持张开及膨胀状态。

(2)解封:上提管柱,剪断封隔器2#销钉,继续上提,当键进入封隔器内中心管凹槽时,带动外中心管上行,使封隔器胶筒卸载回缩恢复原状,继续上提,卡瓦脱离套管回收恢复原状,此时封隔器完全解封。

(四)主要技术参数

套管规格:177.8mm(7in-29-35#);

通经:ϕ60mm;

最大外径:ϕ147.6mm;

全长:1390mm;

温度范围:-29~121℃;

工作压差:52MPa;

坐封力:14~42MPa;

连接扣型:2⅞in UPTBG(P*B);

回收方式:上提回收。

五、录取资料

录取资料有作业时间、管柱悬重、封隔器规格与尺寸、封隔器封位、坐封吨位、旋转圈数、解封吨位。

六、主要风险提示及预防措施

(1)井喷:施工前必须座好防喷器。专人观察井口外溢及油气显示情况,做好防喷应急工作。

(2)中途坐封:控制下钻速度(10~15m/min)。

(3)高压伤人:验封时,人员远离高压区。

第四节 钻磨工艺

一、定义、目的及原理

(一)定义

动力钻作业是利用动力水龙头作为顶部驱动设备进行旋转作业的一种工艺技术。

(二)目的

(1)打开地层封闭,实现下返试油、采油或其他地质设计修井的要求。

(2)修井,使井筒恢复到原始状态或所需施工要求的状态。

(三)原理

动力钻作业是利用动力水龙头上的柴油机(动力系统)驱动液压泵旋转,高压油经高压软管进入水龙头的液压马达使其转动,经三级齿轮减速把扭矩传给钻具(钻头或井下工具),而由控制系统来改变液压马达的供油方向和供油排量大小,从而改变钻具旋转方向和扭矩大小。通过钻具的旋转达到动力钻作业的目的。

动力水龙头是用液压马达驱动钻具旋转的一种设备。它除有水龙头的作用外,还能驱动钻具正转或反转,输出较大的扭矩,起到转盘的作用。由于动力水龙头是液压传动,故输出的扭矩和转速是可调节可测定的,且传动平稳。

二、准备工作

(一)设计和指令

根据试油工程设计或生产指令要求编写施工设计。

(二)人员组织

带班干部1名,试油工4~5名,动力钻操作人员1~2名,动力钻司机1名。

(三)设备和材料准备

(1)动力钻1部,400(700)型泵车1~2部、通井机(试油作业机)1部。

(2)一定用量的洗井液(满足设计要求)。

(四)工具准备

(1)洗井接头、水龙带2~3根。

(2)大班工具1套、自封封井器1个。

(3)井架背绳1根。

三、施工步骤及技术要求

(一)施工步骤

(1)施工前进行工程方案、关联工艺、场所风险、防范措施和应急预案交底,安全讲话,岗位分工,试油工及操作手进行岗位巡回检查。

(2)动力钻具摆放至井场合适位置。

(3)在防喷器上部安装井口自封封井器。

(4)连接旋塞及磨钻单根,连接动力水龙头与泵车循环管线,连接出口管线并固定牢固。

(5)下放游车,打开游车大钩固定销,使大钩处于自由旋转状态。

(6)连接动力水龙头和修井管柱,将动力水龙头的防反扭力臂与井架背绳连接,其松紧程度适中。

(7)调节扭矩。根据管柱结构和修井类别进行动力水龙头扭矩的调节,扭矩的大小一般按照管柱最佳上扣扭矩来调整(表7.4.1)。

表 7.4.1　常用 API 油管的扭矩参数

油管扣型	壁厚(mm)	钢级	最佳上扣扭矩(kgf·m)
2⅞inTBG	5.51	N—80	205
		P—105	255
2⅞inUPTBG	5.51	N—80	320
		P—105	400
3½inTBG	6.45	N—80	285
		P—105	360
3½inUPTBG	6.45	N—80	445
		P—105	560

(8)下放管柱,探鱼顶位置或目前井底,压力控制在20kN以内。

(9)上提管柱至鱼顶(井底)位置以上3~5m,开泵循环,观察并记录达到设计排量时的泵压。

(10)缓慢开动动力钻,使其达到设计的转速,记录空转扭矩。

(11)缓慢下放管柱,按磨铣物类别及钻头类别加钻压,在磨铣平稳后记录泵压、排量、钻压及扭矩大小。同时旋转和下放管柱磨钻。按选定的参数(钻压、转速、扭矩)运转动力钻,要求参数值稳定,避免产生大的波动。

(12)接单根。当一根油管或钻杆磨钻完需要继续加深进尺时,要先停钻,洗井后停泵,钻具处于自由状态、进行接单根作业。

(二)技术要求

(1)钻具或工具入井前,必须认真记录入井钻具或工具的规格、型号、水眼尺寸、抗扭强度、抗拉强度等技术参数。

(2)钻具不得在憋卡状态、有压力状态下进行接单根作业。

① 钻具处于憋卡状态下,需先释放反扭矩,活动钻具进行解卡作业,防止接单根上提时因大绳打扭,液压管线缠绕出现事故。

② 油管有压力时需进行压井作业,直至压井成功方可进行接单根作业,防止卸掉动力水龙头后出现井口失控状态,导致生产事故的发生。

(3)钻水泥塞或钻冲砂时每钻一单根应活动钻柱重新划眼至井底,在井底循环15min以上,停泵接单根,接单根时间不超过15min,每钻20~30m循环一周,长时间停泵将钻具提至原水泥面以上20m。

(4)钻取桥塞时钻压应保持稳定,钻压小于40kN,均匀钻进。用滤网观察井口返出铁屑,判断井下工作情况,桥塞应一次性钻完,中途不能停泵,上提或下放探桥塞。

(5)钻铣硬性落物或不稳定落物时,如胶皮或卡瓦碎块,发生蹩钻时,需上提解卡时,必须先释放反扭矩,再缓慢上提的方法处理蹩钻。防止管柱在同时受拉和受扭状态下,发生脱扣或管柱断裂。

(6)在使用套铣工具取心作业完成后,每提20根向套管灌注修井液,防止取心因油管液柱压力过大而脱落。

（7）动力钻倒扣作业时，要先对修井管柱进行自下而上和自上而下两次逐级紧扣。每次紧扣钻压为50kN，紧扣扭矩要大于管柱最佳上扣扭矩50kgf·m。

（8）施工技术人员应随时观察钻压、排量、泵压、反扭力矩的大小的变化，修洗井液出口情况，判断钻具井下工作状况，随时调整钻进参数。

四、录取资料

录取资料有入井管柱或工具的规格型号、洗井液的名称及性能、探井底（鱼顶）深度、钻压、扭矩、排量、泵压、进尺、循环出口描述、返出物的物性及数量、磨钻时间。

五、主要风险提示及预防措施

（1）管柱损伤或卡钻：在钻进过程中严禁中途停泵（若需停泵，要提前通知井口操作人员），严格控制钻压，防止钻压过大。

（2）管柱上顶及管线摆动伤人或井喷：钻开封闭地层时，应采取有效防范措施，防止井底压力突然释放。

（3）管线爆裂伤人、噪声危害：磨钻时要随时观察压力变化情况，操作人员避开高压管线，防止施工工作压力过大；操作人员戴好防护耳罩（或耳塞）。

（4）高空落物、管线伤人：水龙带用保险绳固定；出口循环管线及放喷管线固定牢靠。

（5）火灾爆炸、中毒：施工前，井口1m内检测到可燃气体，施工车辆要使用阻火器，施工中要有专人负责检测有毒有害气体。

第八章 测试工艺

第一节 地面测试技术

一、地面测试流程

在自喷井测试过程中,为求得地层流体的压力、温度、产量及物性等参数,需要建立一套临时的生产流程。在一定的工作制度下(油嘴),通过对流体流量、压力的控制以及必要时对流体进行处理(注入化学剂、加热等)并借助于分离器将流体各相(油、气、水)分离开,分别精确计量,最终求得该工作制度下油、气、水的产量。我们把流程的建立和对流体进行控制、处理、分离、测试所采用的方法称为地面测试技术。典型的地面测试流程如图 8.1.1 和图 8.1.2 所示。

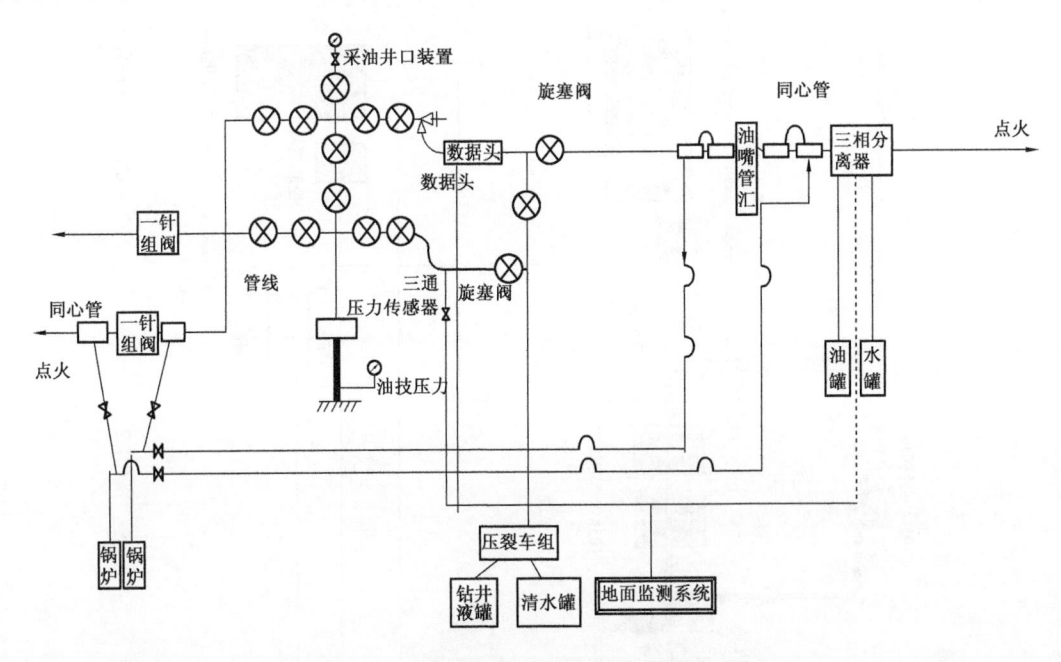

图 8.1.1 用于气产量小于 $50 \times 10^4 \mathrm{m}^3/\mathrm{d}$ 的井

地面测试流程不同于采油、采气等永久生产流程,其设备更易于运输、安装和拆卸,各部分能实现便捷可靠的连接,各种设备和仪器、仪表能适应经常性的野外运输与作业。由于地层流体压力、产能的不确定性,测试系统在承压级别和处理量大小方面具有较宽的适应范围。测试系统不仅满足普通井的测试要求,还能胜任一些特殊井的测试要求。地层流体含硫化氢,要选用全套防硫化氢设备;地层出砂要加装除砂器;高压、高产油气井则应考虑加装地面紧急关闭系统;稠油井和含水气井要配备合适的地面加热器等。

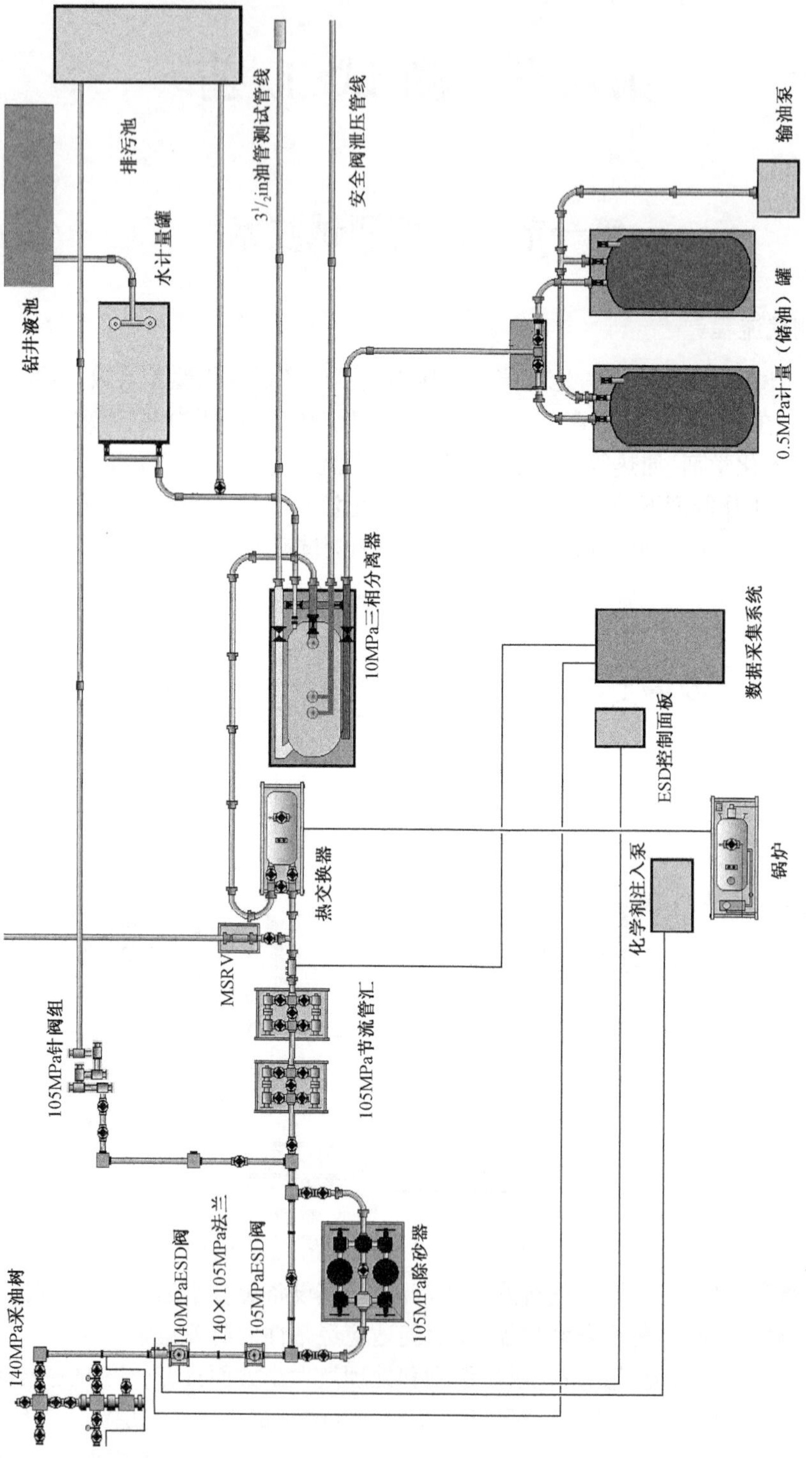

图8.1.2 用于气产量达 $(50\sim300)\times10^4\,\mathrm{m}^3/\mathrm{d}$ 的高温高压高产气井

二、地面测试设备

地面测试设备是指为配合地层测试而建立的临时性的地面测试流程的各个组件,它便于安装和拆卸,同时根据不同的测试类型及要求,地面测试控制设备可进行组合和简化,以建成符合要求的地面测试流程。典型的地面测试设备应包括:井口控制头、除砂器数据头、油嘴管汇、蒸汽热交换器加热器、三相分离器、计量管汇及仪表、数据采集系统、化学剂注入泵、多相传感安全释放阀、紧急快速关闭系统、燃烧器、计量罐、缓冲罐、储液罐等。

(一)井口控制头(测试树)

控制头是连接在测试管柱最上部的地面控制装置,可以分为旋转控制头和一般的不旋转控制头,根据其承压压力可分为 35MPa、70MPa 和 105MPa 三种。控制头是实现在井口开关井和下入电缆工具的控制机关,控制头既可让地层流体经它流向分离器,又可经它向井内泵入流体。控制头通常配有旋转短节、提升短节。控制头又可分单翼控制头和双翼控制头两种,一般双翼控制头用于高压高产油气井测试。单翼控制头一般由两个低扭矩旋塞阀、旋转接头及活接头等组成。其下部与钻杆连接,旋转接头可以保持上部的控制头不动,而下部的钻杆转动,把冲杆松开,使冲杆下坠砸断反循环的断销,即可进行反循环。单翼控制头结构示意图如图 8.1.3 所示。

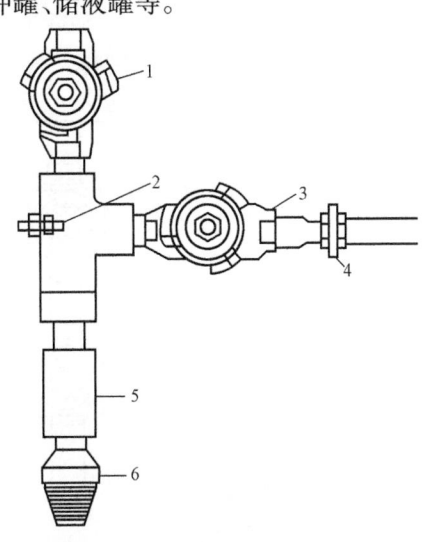

图 8.1.3 单翼控制头结构示意图
1—旋塞阀;2—投杆挂;3—旋塞阀;4—活接头;
5—旋塞接头;6—钻杆接头

标准双翼控制头的阀配置是 4 个阀排列成十字形,下部是手动阀,即主阀,上部手阀是抽汲阀,两侧的阀分别称为流动翼阀和压井阀。流动翼阀通常是液控无故障常关阀,被控制面板所控制,或在紧急情况下被 ESD 系统控制。压井阀是用于泵入压井液到井筒中,或用固井泵增压进行地面测试设备的试压,要求能够承受 69~103MPa 的压力。标准双翼井口控制头示意图如图 8.1.4 所示。

(二)数据头

数据头是用来采集压力和温度,以及需要时在此注入化学药剂等。通常连接在油嘴管汇的进出口处,现场常用的有 35MPa、70MPa 和 105MPa 三种压力等级。数据头主要有以下作用:(1)通过使用压力—温度计、压力表和数据采集系统记录压力和温度。(2)连接高低压传感器。(3)提供化学剂注入孔。(4)监测油嘴上下方压力变化,获得油嘴腐蚀的早期警告。(5)可接入在线腐蚀探头(监测含砂量)。数据头的连接方式主要有卡箍型、法兰型及活接头型三种方式连接,其结构示意图如图 8.1.5 所示。数据头技术规范见表 8.1.1。

(三)除砂器

除砂器的用途是对地层出砂进行过滤及计量以保证测试安全和设备不受损坏。它主要适用于压裂后测试和出砂地层的测试计量。除砂器工作原理是利用离心原理和重力分离,通过不同等级的加固滤网过滤固相。除砂器装置主要由三部分组成。

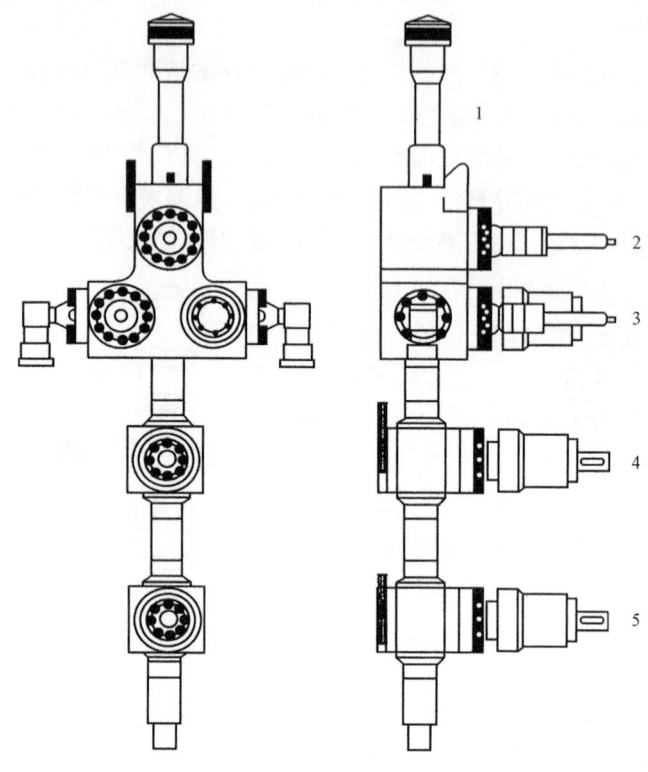

图 8.1.4 标准双翼井口控制头示意图

1—15000psi 地面井口控制头;2—抽汲阀;3—流动和压井翼阀;
4—主阀;5—下主阀

卡箍型　　　　　　法兰型　　　　　　活接头型

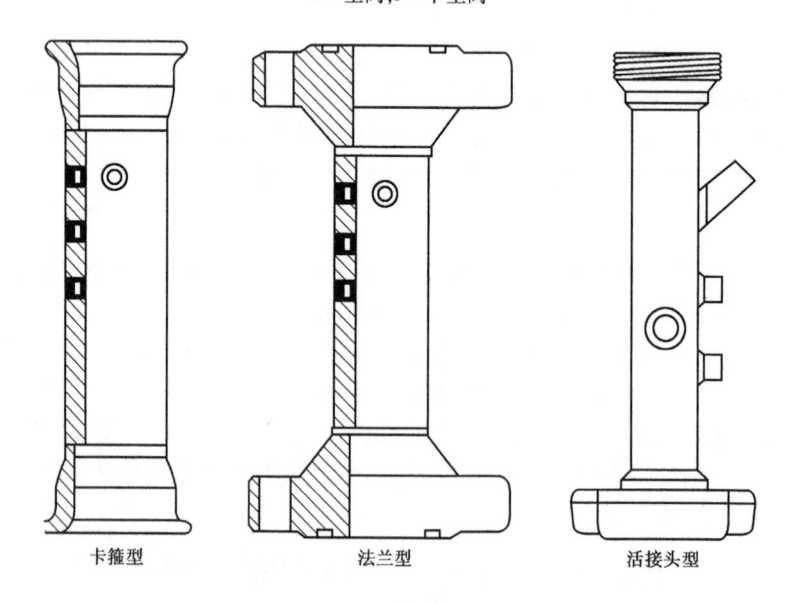

图 8.1.5 数据头结构示意图

表 8.1.1　数据头技术规范

15k 数据头	
作业环境	防硫
压力等级	15000psi
温度等级	-20~350℉（-28.9~176.7℃）
尺寸	2 9/16 in 最小内径
扣型	进口 4in fig2202 活接头
	出口 4in fig2202 活接头
长度	1.5m
取样孔	9/16in Autoclave 带针阀
静重仪	9/16in Autoclave 带针阀
化学注入孔	9/16in Autoclave with 带针阀和单流阀
温度测量孔	1in Autoclave 带温度计套和温度计
压力测量孔	9/16in Autoclave 带针阀
温度测量孔	1in Autoclave 带温度计套和温度计
10k 数据头	
作业环境	防硫
压力等级	10000psi
温度等级	-20~250℉（-28.9~121.1℃）
尺寸	2.75in 内径
扣型	进口 3in fig1502 活接头
	出口 3in fig1502 活接头
长度	1.1m
取样孔	1/2in NPT 带针阀
静重仪	1/2in NPT 带针阀
化学注入孔	1/2in NPT 带针阀和单流阀
温度测量孔	1in Autoclave 针阀
压力测量孔	1/2in NPT 带针阀
温度测量孔	1in Autoclave 带针阀
5k 数据头	
作业环境	防硫
压力等级	5000psi
温度等级	-20~350℉（-28.9~176.7℃）
尺寸	2.7in 内径
扣型	进口 3in fig602 活接头
	出口 3in fig602 活接头
长度	1.5m

续表

取样孔	1/2in NPT 带针阀
静重仪	1/2in NPT 带针阀
化学注入孔	1/2in NPT 带针阀和单流阀
温度测量孔	9/16in Autoclave 带针阀
压力测量孔	1/2in NPT 带针阀
温度测量孔	9/16in Autoclave 带针阀

（1）两台超高压除砂筒：除砂器装置包括两台超高压除砂筒。在生产过程中，当一台除砂筒堵塞时，通过开关相应的阀门，使含砂的油水气通过另一台除砂筒继续除砂。这时操作人员可以打开已经发生堵塞的除砂筒，将其滤芯取出进行清洗，同时通过管线对除砂筒筒体进行冲洗，然后将滤芯重新装入除砂筒，盖好堵头后又可以进行工作了。

（2）高压阀门及管路、附件、仪表：除砂器装置包括超高压阀门；若干超高压管路、三通、四通、弯头等；两台压力表。

（3）操作平台：除砂器装置中的平台有以下三个功能：①设备安装：装置中的两台除砂筒、管路、阀门等都安装在平台上；②工作操作：为操作人员进行更换、冲洗滤芯等工作提供操作平台；③方便运输：将平台整体吊装在卡车上进行运输，而不需对装置进行拆开。其结构示意图如图 8.1.6 所示。除砂器技术规范见表 8.1.2。

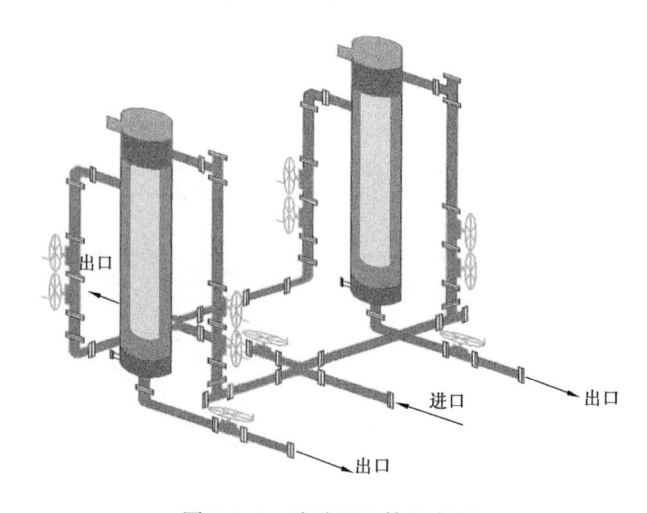

图 8.1.6 除砂器立体示意图

表 8.1.2 除砂器技术规范

最大工作压力：10000psi	最大工作压力：15000psi
工作温度：-20~120℃	工作温度：-20~121℃
最大通气量：$10^6 m^3/d$	最大通气量：$1.5 \times 10^6 m^3/d$
最大液体流量：5000bbl/d（794.9m^3/d）	最大液体流量：5000bbl/d（794.9m^3/d）
最大压差：1500psi	最大压差：2600psi
砂罐容积：46L	砂罐容积：46L

续表

连接密封:10/82in 钢圈	顶部连接扣:5½in　4−2ACME
连接扣型:	连接扣型:
进口:3in fig1502	进口:3in 2202WECO 活接头螺纹
出口:3in fig1502	出口:3in 2202WECO 活接头螺纹
释放口:2in fig1502	释放口:2in 2202WECO 活接头螺纹
设备内部连接方式:法兰 3 1/16 in×10K	设备内部连接方式:法兰 3 1/16 in×15K
尺寸:	尺寸:
长:2.8m	长:2.8m
宽:2.18m	宽:2.18m
高:4.06m(含提升架)	高:4.06m(含提升架)
质量:8000kg	质量:14000kg
滤网尺寸:	滤网尺寸:
标准长度:2250mm	标准长度:2250mm
标准外径:162mm	标准外径:162mm
标准尺寸:200micro/100micro	标准尺寸:200micro/100micro
等效过流面积(200micro):11.5in ID	等效过流面积(200micro):11.5in ID
最大压差:2.5MPa	最大压差:2.5MPa

(四)油嘴管汇

油嘴管汇用途是对流体进行节流,使油气井在不同工作制度下生产。一般为双翼式,分别安装可调式油嘴和可换式固定油嘴。标准的油嘴管汇配有固定油嘴和可调式油嘴。油气井在稳定流速下使用固定油嘴,便于精确地产能分析,选用的油嘴尺寸需维持油嘴上下方的临界流动状态,即油嘴管汇下游的压力变动,不至于影响油气井的流动特征;可调油嘴仅在流动早期或洗井时使用。

试油地面测试油嘴管汇通常为五阀型防硫油嘴管汇(图8.1.7)。目前额定工作压力级别有 35MPa、70MPa、105MPa、140MPa。

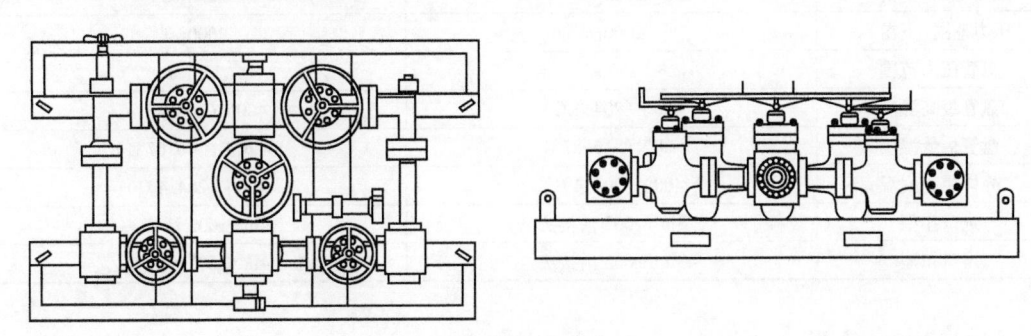

图 8.1.7　五阀型防硫油嘴管汇示意图

（五）蒸汽热交换器

蒸汽热交换器的用途是对从井口出来的流体进行加热，降低稠油黏度和防止气体水化物的形成而堵塞流程。常用的有直接蒸汽热交换器和间接双燃料热交换器两种。

目前测试多采用直接蒸汽热交换器即热能直接对流程盘管进行加热，来自蒸汽发生器（蒸汽锅炉）的过热蒸汽直接进入加热炉的带压外壳内，对盘管进行直接加热，这种方式比间接式加热炉热交换效率更高，热耗降低，热交换能力能达到 $4 \times 10^6 \mathrm{Btu/h}$（图 8.1.8）。热交换技术参数见表 8.1.3。

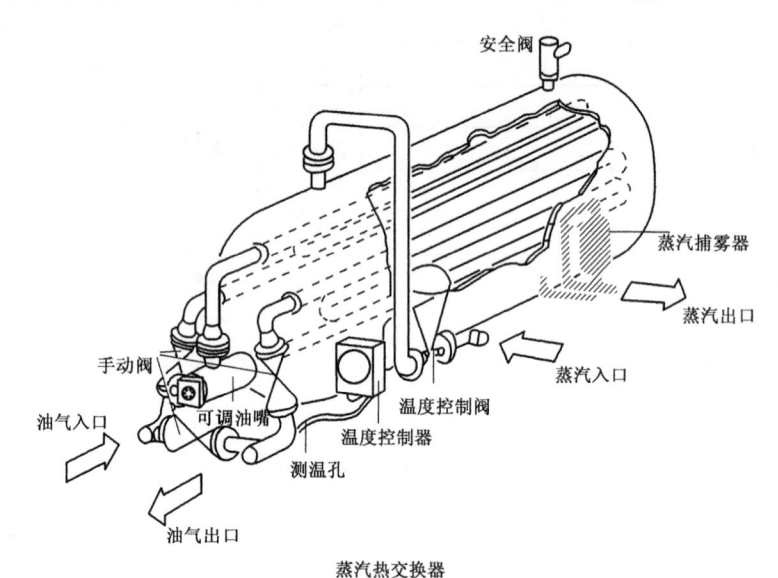

图 8.1.8　热交换器示意图

表 8.1.3　热交换器技术参数表

型　　号	$4 \times 10^6 \mathrm{Btu/h}$ 热交换器	$6 \times 10^6 \mathrm{Btu/h}$ 热交换器
作业环境	防硫	防硫
热交换器能力	$4 \times 10^6 \mathrm{Btu/h}(4.22 \times 10^9 \mathrm{J/h})$	$6 \times 10^6 \mathrm{Btu/h}(6.33 \times 10^9 \mathrm{J/h})$
压力范围（上游）	5000psi	5000psi
压力范围（下游）	2000psi	2000psi
盘管压力范围	150psi	150psi
盘管最高温度	400°F（204.4℃）	400°F（204.4℃）
盘管最低温度	−20°F（−6.67℃）	−20°F（−6.67℃）
壳体最高耐温	400°F（204.4℃）	400°F（204.4℃）
进口扣型	3in fig602 活接头	4in fig602 活接头
出口扣型	3in fig602 活接头	4in fig602 活接头

（六）三相分离器

三相分离器是地面测试流程的基础和核心设备，对地层流体的分离、计量均通过操控三相分离器来实现。三相分离器有立式、卧式、球式三种形式。为搬运方便，油气井测试通常采用卧式三相分离器。

1. 结构及工作原理

典型卧式高压三相分离器主要由入口分流器、消泡器、聚结板、稳流器、吸雾器等组成(图8.1.9)。

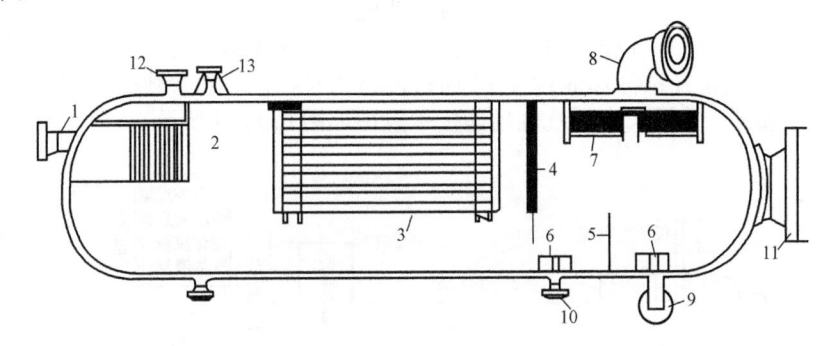

图 8.1.9　卧式三相分离器结构示意图
1—液体进口;2—反射偏转板;3—聚结板;4—消泡器;5—油水挡板;6—涡流破坏器;7—吸雾器;
8—天然气出口;9—原油出口;10—水出口;11—人孔;12—安全阀;13—坡坏盘

流体进入分离器后,液滴首先打在反射偏转板(分流器)上,大部分液态物质洒落到下部。气态物质携带少量的液体流经聚结板或钢栅被吸附在上面,靠重力下沉汇成液滴。气态物再经消泡器等装置,使液态物质进一步被分离出来后到达出气口。水相靠重力沉到油相以下。油面上升超过隔板,进入油室与水完全分开。分离器上装有油水液面计,可以观察油、水液面。分离器内部还安装了油、水液面控制器,控制器连着调节阀门,以保证油水液面在适当的高度。

地层产液经三相分离分离出来的天然气中,粒径不小于 10μm 的液滴总含量不大于 0.0135mg/L,气中夹带的雾沫粒径限制在 1～2μm。

2. 技术规范

卧式三相分离器技术规范见表8.1.4。

表 8.1.4　卧式三相分离器技术规范表

尺寸	42in(内径)×10ft(长)——焊缝/焊缝
作业环境	防硫
设计压力	1440psi(50℉)
设计温度	100℃(1350psi)
温度范围	−20～212℉(−6.67～100℃)
日处理量	
气	在最大操作压力下 1.22×10⁶m³/d
油	在 2min 延迟时间下为 1000m³/d
进口	3in fig602 活接头
出口连接	油—3in fig602 活接头
	水—3in fig602 活接头
	天然气—3in fig602 活接头
	释放口—3in fig602 活接头
质量	17460kg

地层产液经三相分离器分离后，油、气、水分别流经各自的管线及仪表。油、水计量通常采用涡轮流量计或刮板流量计，气体多采用孔板流量计计量。计量管汇均有旁通管路及流量、液面调节控制管路，以使油水界面稳定，保证计量的准确性。

（七）数据采集系统

数据采集系统属于一门边缘学科，它是集计算机硬件（微电子学）、计算机软件、计算机接口技术、电子仪器测控技术、地面试油计量技术、流量测量技术及仪表于一体的综合技术。地面试油数据采集系统是在试油作业过程中，通过传感器对各种工程参数进行实时检测，为试油作业提供有效的数据（数据采集系统现场连接示意图如图8.1.10所示）。

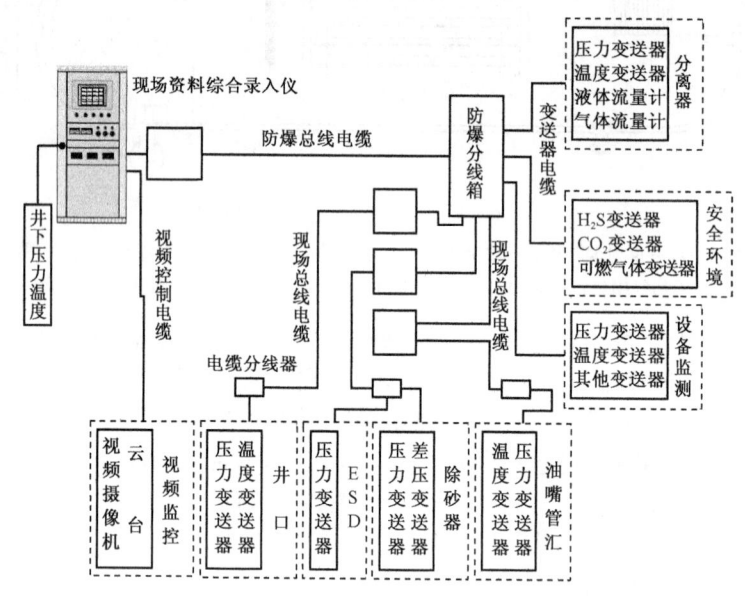

图 8.1.10　数据采集系统现场连接示意图

在试油过程中，将传感器安装在试油设备关键部位，对井口、套管、油嘴管汇上下游、热交换器、分离器等区域的压力、温度和流量进行自动监测、报警及计量工作，同时它具有多参数同屏显示、资料同步打印、报警参数设定和绘图功能，为现场工程师提供数据图表和动态数据曲线，实现了数据的实时采集、传输和处理，从而可使现场作业人员能够及时发现问题，正确指导作业生产，大大提高了信息共享和工作效率。常用传感器技术参数见表8.1.5。

表 8.1.5　常用传感器技术参数

序号	名称	规格	数量	精度(%)
1	压力传感器	0~20kpsi	2	0.01
2	温度传感器	−30~350℉	2	0.05
3	压力传感器	0~15kpsi	2	0.01
4	压力传感器	0~5kpsi	2	0.01
5	压力传感器	0~2kpsi	2	0.01
6	温度传感器	0~250℉	2	0.05

续表

序号	名称	规格	数量	精度(%)
7	温度传感器	0~350℉	2	0.05
8	温度传感器	0~300℉	2	0.05
9	压差仪	0~400inswg	2	0.01
10	压差仪	0~250inswg	1	0.01
11	流量传感器	电子脉冲	4	1

数据采集系统是由硬件部分和软件部分组成。硬件部分包括传感器、电缆、接口箱、计算机硬件系统、各种接头等,软件部分包括计算机系统软件、数据采集软件、驱动程序和其他常用工具软件。

(八)化学剂注入泵

化学剂注入泵主要由泵壳、连接头、导阀与调速器连接线等组成(图8.1.11)。

化学剂注入泵的作用主要是为了预防地面计量时天然气水化物堵塞管线或油嘴,需要从上游数据头注入甲醇或乙二醇等防冻液,增加了系统的可靠性和油嘴上下方的压力降范围,同时当原油起泡或乳化严重、影响分离效果时,也可利用该泵注入消泡剂破乳剂。

化学剂注入泵一般与上游数据头相连。其排放压力最高可达103MPa,排量为0.01~0.19m³/h,气动马达所需气压为0.69MPa。

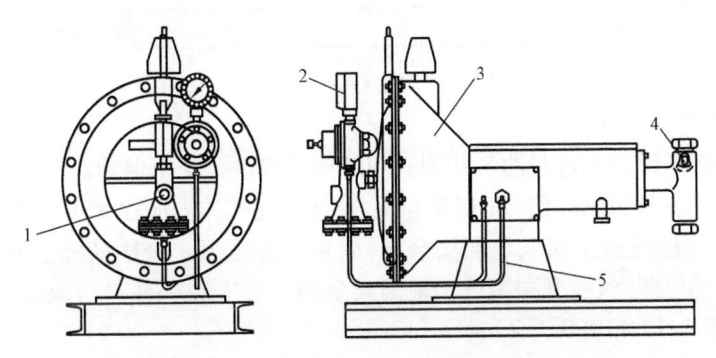

图8.1.11 化学剂注入泵结构示意图
1—气出口;2—压力表接口;3—泵壳;4—连接头;5—导阀与调速器连接线

(九)多相传感安全释放阀(MSRV)

多相传感安全释放阀(MSRV)的作用是在地面测试过程中,当压力过载时快速排放流体,保护下游设备的安全。其主要由出口、调载活塞、芯轴节流器、内芯轴、球阀座、入口、球阀、压力传递口等组成,其结构如图8.1.12所示。多相传感安全释放阀技术规范见表8.1.6。

MSRV的球阀结构通过感应井筒压力的初级压力传感孔来控制开关,这些压力传感孔连续监测流程内的压力,当压力超过孔内破裂盘的预设压力值时,阀内的液控管线将打开泄压阀。

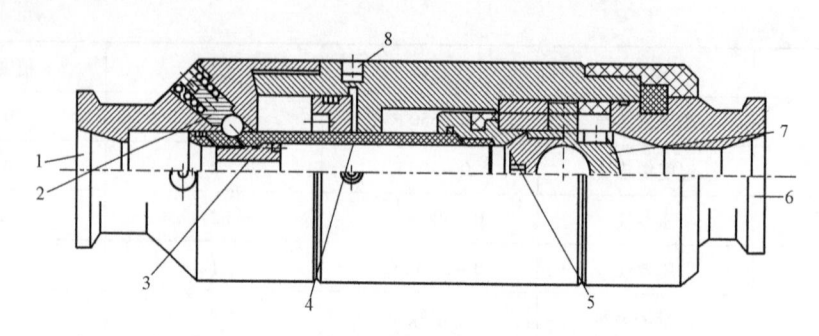

图 8.1.12　多相传感安全释放阀结构示意图

1—出口；2—调载活塞；3—芯轴节流器；4—内芯轴；5—球阀座；6—入口；7—球阀；8—压力传递口

表 8.1.6　多相传感安全释放阀(MSRV)技术规范

作业环境	防硫及二氧化碳
设计压力	10000psi(690bar)
最大工作压力	5000psi(345bar)
工作温度范围	-25~300℉(-32~149℃)
有效流动面积	3.14in^2(79.76mm^2)
外径	7.7in(195.58mm)
球阀内径	2.0in(50.8mm)
上、下游连接	4in602 活接头
质量	100kg
长度	609.6mm

（十）紧急快速关闭系统

紧急快速关闭系统(ESD)对油气井测试和处理系统进行安全保护。ESD 系统的作用是在紧急情况下关井。在收到感应信号（如来自高压、低压感应器、远程 ESD 控制点等）2s 内，关闭地面测试树上的液控安全阀或地面安全阀，截止上游压力。ESD 系统主要由控制面板，地面安全阀及各类感应器、气控开关组成。地面安全阀一般安装于井口与地面节流管汇之间的地面流程中（图 8.1.13 和表 8.1.7）。

表 8.1.7　紧急快速关闭系统(ESD)技术参数表

工作环境	防硫
内径	2 3/16 in
压力等级	15000psi
温度范围	-20~350℉(-28.9~160℃)
进口连接	3in fig2202 活接头
出口连接	3in fig2202 活接头
质量	118kg
长度	0.63m

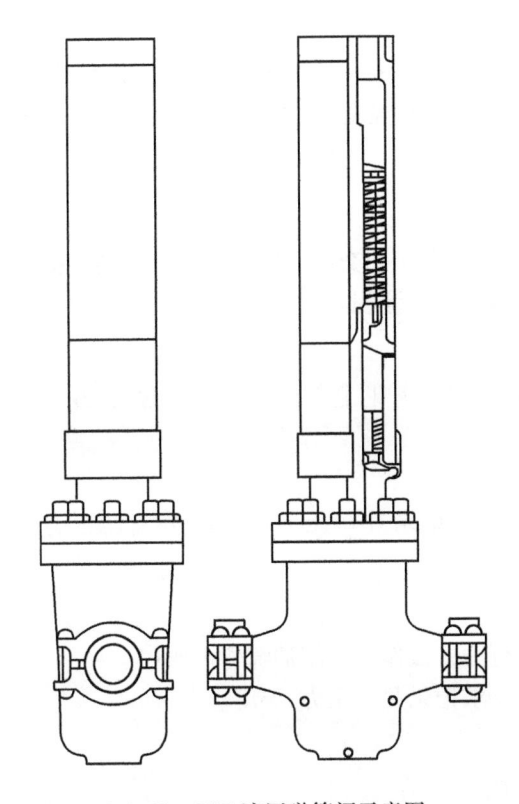

8.1.13　ESD 液压弹簧阀示意图

三、地面测试工艺

(一)施工前准备

(1)编制测试方案:根据试油任务书或生产指令要求,编制测试施工设计。

(2)人员组织:地面测试队人员1组。

(3)设备准备。

根据施工设计,进行施工所需设备准备。主要包括以下设备:

油嘴管汇1套,数据头2套,蒸汽热交换器1套,蒸汽锅炉1套,分离器1套,化学剂注入泵1套,除砂器1套,管线、接头、三通、各种阀门等按需要准备,数据采集配套设备1套。

(4)工具准备。

① 活动扳手;② 固定扳手1套;③ 套筒扳手1套;④ 锤击扳手1套;⑤ 铜大锤大小各1个;⑥ 铁大锤大小各1个;⑦ 管钳;⑧ 平口螺丝刀1套;⑨ 十字螺丝刀1套;⑩ 内六角1套;⑪ 手钳、剪刀、油嘴扳手、撬棍、黄油枪、密封脂枪各1个;⑫ 固定油嘴1套;⑬ 孔板1套;⑭ 压力表;⑮ 钢丝绳、短节、变扣接头、倒刺管、接箍、高低压考克、活接头、软管按需要准备;⑯ 油气水取样工具;⑰ 便携式硫化氢监测仪和可燃气体监测仪。

(5)配件准备。

包括各种阀的修理包、可调油嘴针杆、油嘴套、阀杆套、闸板、薄膜阀、控制器以及易损件修理包和备用件。

(6)数据采集系统。

根据测试井预计(实测)的最高井口压力和温度,确定传感器的量程,选择压力、温度传感器的量程应大于测试井最高压力和温度的20%。

(二)施工步骤及技术要求

1. 开井前准备

(1)现场施工方案交底、关联工艺交底、场所风险交底、防范措施交底、应急预案交底。

(2)按施工设计连接地面测试流程并试压。

2. 开井

(1)开采油(气)树阀门,油嘴管汇上游压力显示正常后,开启油嘴管汇阀门,使井内流体进入地面测试流程。

(2)根据生产指令更换油嘴。

(3)数采系统按设计要求记录井口压力、温度,分离器压力、温度,分别计量油、气、水产量。

3. 关井

(1)根据生产指令进行关井操作。关闭油嘴管汇阀门。

(2)数采系统按设计要求记录井口压力、温度。

4. 地面测试结束

(1)关采油(气)树阀门。

(2)清洁流程管线并拆除地面测试流程。

(三)主要风险提示及预防措施

(1)铁屑等溅出物飞出伤人:在拆装管线、换油嘴砸大锤时必须戴好护目镜,换除砂器滤网应必须放空余压。

(2)触电:施工前要检查电线、插头、插座及用电设备是否完好。

(3)阀门芯子飞出伤人:施工时无关人员不得进入高压区域,防止高压管线刺漏、爆裂伤人;开关阀门时站在侧面。

(4)环境污染、中毒:测试过程中,气出口点火,管线泄漏可能产生有毒有害气体,要有专人佩戴防护用品负责检测并做好记录。

(5)高温蒸汽伤人:热交换器、保温锅炉安全设施完好、可靠,操作人员随时注意观察锅炉压力和水位变化情况;保温管线固定牢固。

(6)噪声:操作人员佩戴耳罩或耳塞。

第二节　地层测试工艺

一、定义、目的及原理

地层测试定义:地层测试是试油的一种方式,它是在钻井过程中或在下套管完井之后,用钻杆或油管将测试工具(测试阀、封隔器、压力计、筛管)下至井内待测试位置,经地面操作打开或关闭测试阀。对目的层进行临时完井试产,获取井下压力随时间变化的关系曲线,并取得测试层的产出样品。

地层测试目的:通过地层测试,可以达到下列目的:(1)及时验证地层中是否产油气及产油气的能力;(2)探明油气藏边界、油水边界、气水边界及油藏类型;(3)提供计算油气地质储量的所必需的部分参数;(4)了解地层的完善程度;(5)了解固井质量、探测套管损坏及管外窜情况;

地层测试的原理(图8.2.1):(1)用钻杆或油管将测试工具下至井内待测试位置,操作封隔器坐封使其封隔压井液对目的层的压力影响;(2)井口操作测试阀,使其开启,在目的层压力与液垫压力差(测试压差)的作用下,地层流体通过筛管、进入测试管柱内,开始临时试产;(3)压力计实时记录下试产期间其所在位置压力温度的变化;(4)井口操作测试阀,使其关闭,结束临时试产,进行临时关井;(5)压力计实时记录下临时关井期间其所在位置压力温度的变化;(6)完成所需的压力温度变化记录后,井口操作解封封隔器,提测试管柱;(7)利用专业软件对压力温度变化特征进行解释。

二、地层测试施工主要过程

地层测试施工主要过程如图8.2.2所示。

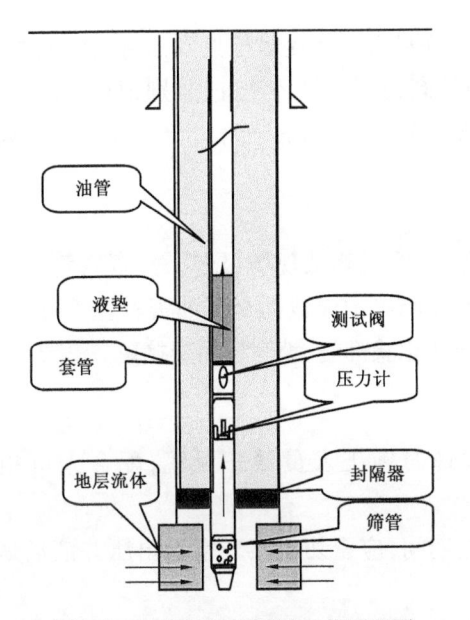

图8.2.1 常规地层测试工艺原理图

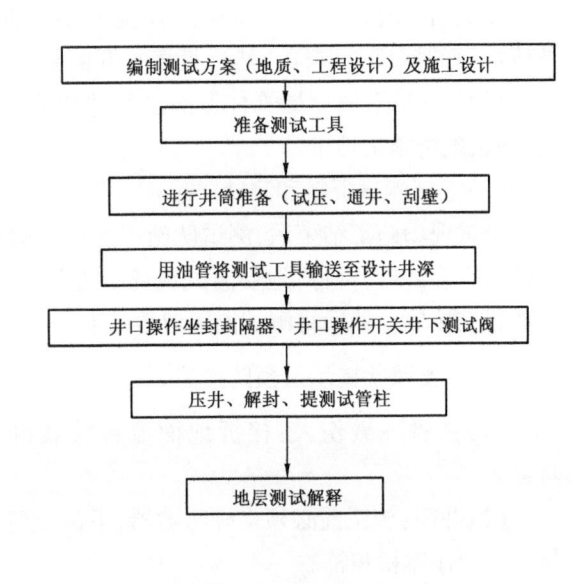

图8.2.2 地层测试施工过程

三、测试施工准备工作

(1)编制测试方案:根据试油任务书或生产指令要求,编制测试施工设计。

(2)人员组织:测试工3~4名,试油工4~5名,操作手1名。

(3)工具及材料的准备:测试工具1套,大班作业工具1套。

(4)设备准备:泵车、随车吊、通井机(试油作业机)。

(5)井筒的准备:地层测试施工前,需进行井筒准备:① 井筒试压;② 通井;③ 刮壁(跨隔测试情况)。

四、施工步骤及技术要求

（1）现场基础数据落实及施工方案交底、关联工艺交底、场所风险交底、防范措施交底、应急预案交底。

施工前,首先落实该井基础数据,数据包括:井号、井段、井身结构、油管尺寸和现场配备数量、井筒试压数据、现场备清水量。向施工作业队进行交底内容包括:测试类型、测试管柱结构（管柱入井顺序）、入井油管数量、灌液垫的频次及总量、下钻速度、主要风险及防范措施等。

（2）下测试工具。

按施工设计连接测试工具并用油管将测试工具下至设计位置。

（3）坐封、开井、关井操作。

当测试管柱按设计下到位后,操作封隔器坐封,记录坐封时间及坐封力。测试器（MFE）延时开井显示后,记录开井时间、显示头显示情况和环空液面稳定情况。开井累计时间达到设计时长后,上提管柱至自由点结束再下放管柱,重新施加坐封力,实现井下关井,记录关井时间和环空液面稳定情况。重复上提下放管柱操作,就可实现多次井下开井和关井的重复动作。

（4）解封、提钻。

测试结束时,操作封隔器解封,记录解封时间及解封力。当提管柱见到油管内液面时,记录该液面的深度并取样。然后投棒打开断销反循环阀进行反循环洗井,分别记录返出油、水量。反循环结束,继续提管柱至测试阀并取样。然后提出全部入井管柱,记录提管柱结束时间,测试现场施工结束。

（5）上交测试资料和测试样品。

测试现场施工结束后,测试队施工人员及时填写"地层测试现场报告",经资料管理人员审核签字确认后,再将"地层测试现场报告"及压力计原始记录数据交试油资料主管部门,填写资料交接单。然后将测试期间取得的油、气、水样送化验部门,填写样品交接单。

五、主要风险提示及预防措施

（1）铁屑飞溅伤人:接拆地面流程管线砸大锤时施工人员戴护目镜,配合人员相互监督。

（2）井喷:施工前必须坐好防喷器,下测试管柱期间,应密切观察环空返出压井液量是否与入井管柱体积相符。

（3）顿钻、人员伤害:在井口上卸测试仪器的多道连接扣时,正确使用安全卡瓦并卡在正确的位置;下测试工具时严格控制下放速度（10～15m/min）,禁止交叉作业。

（4）火灾爆炸、中毒:施工前,井口 1m 内检测到可燃气体,施工车辆要关闭阻火器;施工中要有专人负责检测有毒有害气体。

（5）井下落物:保护好井口。

六、相关测试工具、仪器知识介绍

（1）测试阀:用于井下开关及获取流体样品。

MFE 地层测试器是一种靠上提、下放管柱来实现开关井的地层测试工具,主要有 ϕ95mm

和φ127mm两种规格,可用于不同尺寸套管和裸眼井(图8.2.3)。一套完善的MFE套管测试工具系统包括:MFE测试器、液压锁紧接头、P－T封隔器、压力计、筛管和反循环阀。MFE测试器主要由换位机构、延时机构和取样机构三部分组成。

液压锁紧接头是用于套管井测试的锁紧装置,能对测试封隔器起到锁紧作用。液压锁紧接头直接连接在MFE测试器下部,在起下管柱过程中,由于环空液柱压力的作用,使锁紧接头芯轴向上移动,顶在MFE测试器取样芯轴下端,使测试阀保持关闭。封隔器坐封时,下放管柱加压打开测试阀,MFE测试器取样芯轴向下移动将液压锁紧接头芯轴向下推着移动,在上提管柱进行MFE换位操作过程中,MFE和液压锁紧接头芯轴同时受液压作用向上运动,而下接头和外筒同时受向下的反作用力使封隔器保持坐封,作用力的大小与锁紧面积和井内液柱压力有关(图8.2.4)。

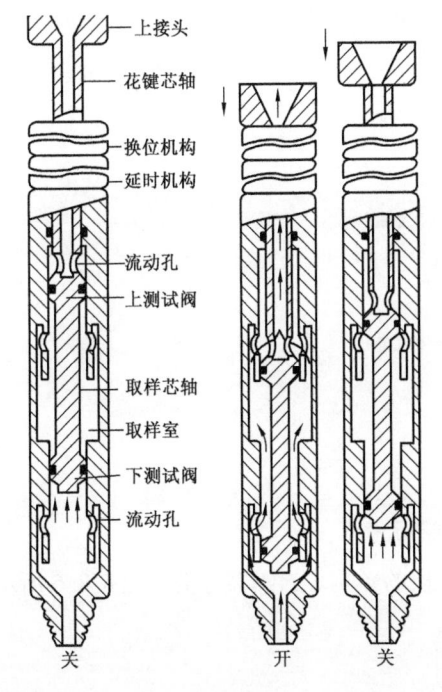

图8.2.3　MFE测试器结构及工作原理示意图

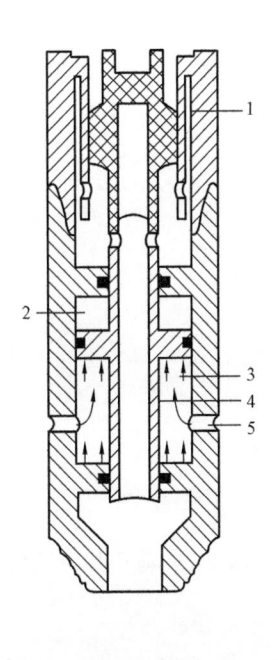

图8.2.4　液压锁紧接头结构及工作原理示意图
1—MFE取样芯轴;2—大气室;
3—锁紧面积;4—芯轴;5—液压孔

(2)LPR－N地层测试器:是一种由环空压力控制来实现开、关的全通径地层测试工具,主要有φ99mm和φ127mm两种规格,可用于相对应套管井。特点是操作压力低,操作方便、简单、可靠,因全通径设计特别适合高产井测试、地层改造、各种绳索作业。一套完善的LPR－N套管测试工具系统包括:LPR－N测试器、RD循环阀、RD安全循环阀、RD取样阀、RTTS封隔器、安全接头、筛管、外挂式压力计托筒及压力计(图8.2.5)。LPR－N测试器主要由球阀、动力装置、计量装置三部分组成。工作原理是:封隔器坐封后,向环空施加预定压力值,压力传到动力芯轴使其下行,带动控制臂下行使球阀向下转动,实现开井。释放环空压力后,在氮气腔压力作用下,动力芯轴上行带动控制臂上行使球阀向上转动,实现关井。如此反复操作实现多次开、关。

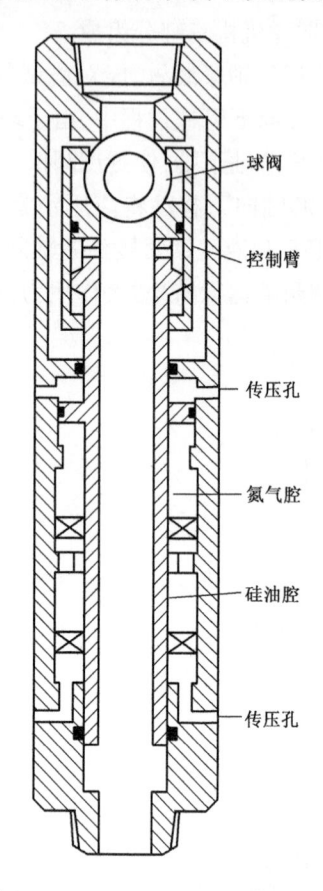

图 8.2.5　LPR-N 测试器示意图

(3)封隔器:用来隔开井内液柱压力对被测试地层段的影响。封隔器分类如图 8.2.6 所示。

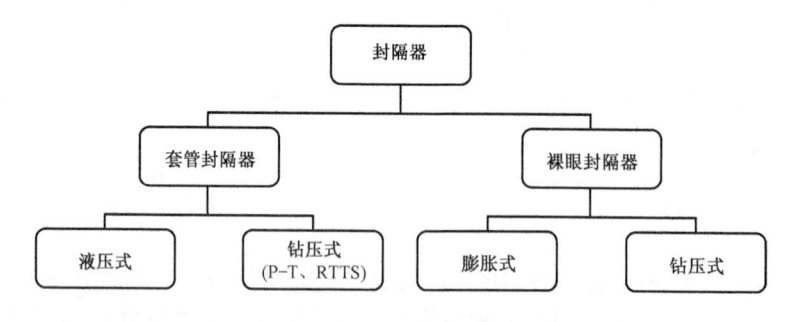

图 8.2.6　封隔器分类

P-T 封隔器是旋转管柱单向卡瓦压缩式封隔器。由旁通通道、密封元件和卡瓦总成三部分组成(图 8.2.7)。

旁通通道由旁通外筒、上接头、端面密封、密封唇和坐封芯轴组成。当封隔器起下时,旁通通道是打开的,而且封隔器胶筒下方又有较大的旁通孔,坐封芯轴和胶筒芯轴之间有通道,这样就能平衡封隔器上下方的压力,利于起下钻和解封。当封隔器坐封时,坐封芯轴下行,带动密封端面下行,使其与密封唇吻合,将旁通通道关闭。上提封隔器,可将旁通通道拉开。

密封元件由三个胶筒、隔圈和上下通径规环组成。中间胶筒起主要密封作用,其余胶筒、隔圈和通径规环起支撑保护作用。不同尺寸的套管和温度应选择不同的胶筒和通径规环。

卡瓦总成包括锥体、卡瓦片、摩擦块、摩擦块外筒、定位凸耳和弹簧。

(4)压力计:用于记录测试过程中压力和温度的变化过程(图8.2.8)。

(5)筛管:建立地层流体进入测试管柱的通道,同时对进入测试管柱的流体进行初步过滤。一般分为开槽式、开孔式、防沙式三种。

(6)反循环阀:测试结束后借助外力开启的循环阀,可进行反循环洗压井,其作用是在测试完毕后,用反循环把管柱内的地层液(原

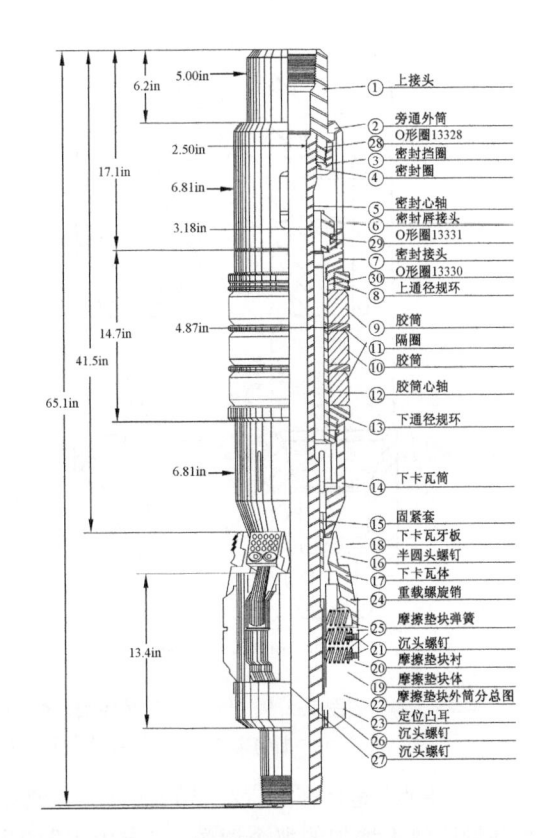

图 8.2.7　P-T 封隔器结构示意图

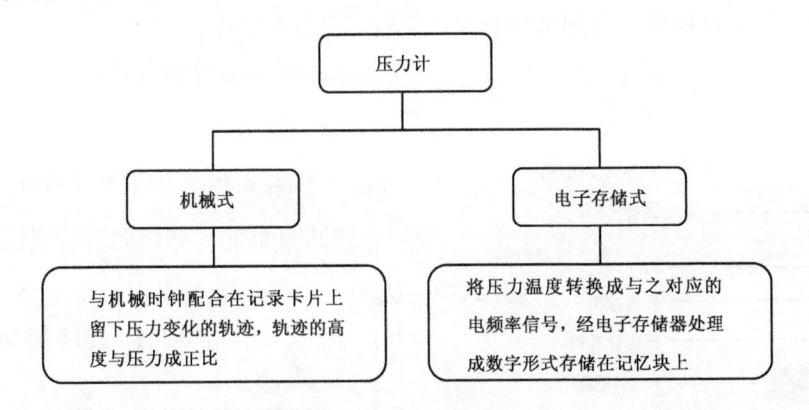

图 8.2.8　测试过程用压力计

油或水)返出,同时提供压井的流通通道。常用的有两种反循环阀:断销式反循环阀和泵冲式反循环阀(图8.2.9)。

断销式反循环阀是从井口向管柱内投入冲杆,砸断断销,进行反循环。

泵冲式反循环阀是备用循环阀,当断销式反循环阀失效时,可从油管内加压,一般在8~10MPa之间,将泵冲式循环阀循环孔中的导盘、铜片压破,形成循环通路。

(7)"自由点"计算。

(a) 断销式反循环阀　　　　(b) 泵冲式反循环阀

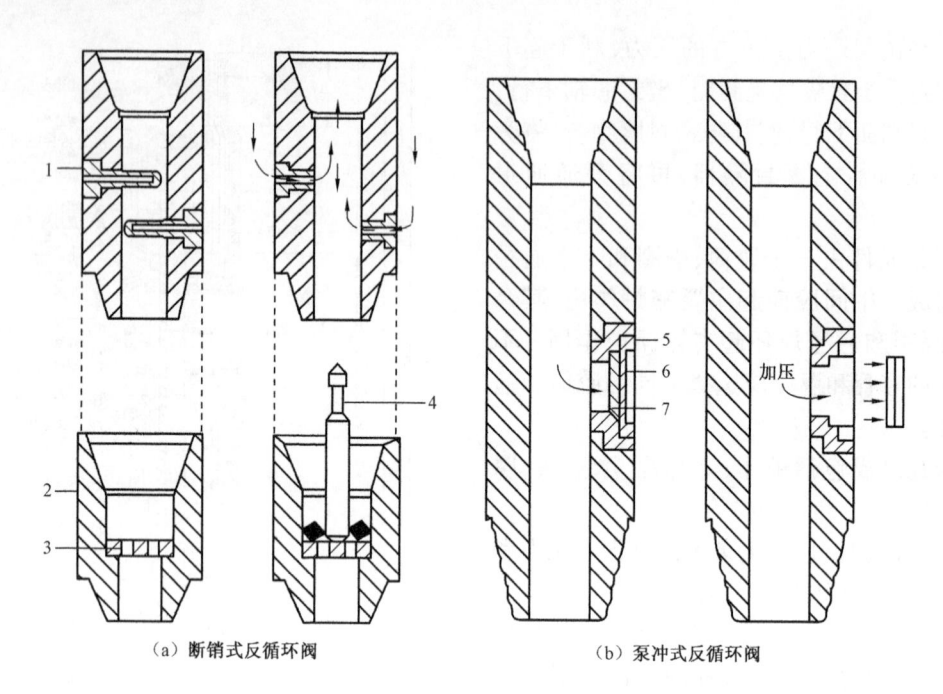

图 8.2.9　断销式反循环阀及泵冲式反循环阀结构及管柱原理示意图
1—断销塞；2—接杆接头；3—接杆盘；4—冲杆；5—护圈；6—导盘；7—铜片

"自由点"是指在上提测试管柱进行开或关 MFE 操作时出现的管柱继续上行而指重表上的重量读数不增加的那个读数。"自由点"的出现说明 MFE 芯轴开始上移，当"自由点"现象结束指重表读数再次开始增加时，表明 MFE 芯轴上移结束，同时换位结束。

"自由点"对测试操作人员用来判断井下仪器情况非常重要。

套管井测试自由点计算公式：

$$Q_{理} = W_{上} - Q_{锁} + BL$$

$$Q_{锁} = 锁紧面积 \times 锁紧所受液柱压力$$

$$BL = 测试阀面积 \times 测试阀所受液柱压力差$$

式中　$Q_{理}$——理论计算的自由点悬重，N；
　　　$W_{上}$——在液体中，上提全部测试管柱的悬重，N；
　　　$Q_{锁}$——液压锁紧接头的锁紧力，N；
　　　BL——浮力损失，N。

(8) 常见测试管柱结构。

① 常规套管测试（图 8.2.10）。
② 常规套管跨隔测试（图 8.2.11）。
③ 射孔—测试联作（图 8.2.12）。

图 8.2.10　常规套管测试管柱结构
（标注：油管；断销式反循环接头；油管；MFE；锁紧接头；压力计托筒；P-T 封隔器；开槽尾管；200-J 压力计；电子压力计托筒）

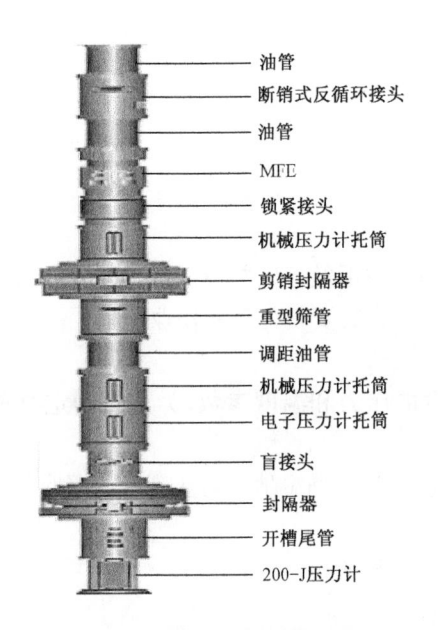

图 8.2.11　常规套管跨隔测试管柱结构 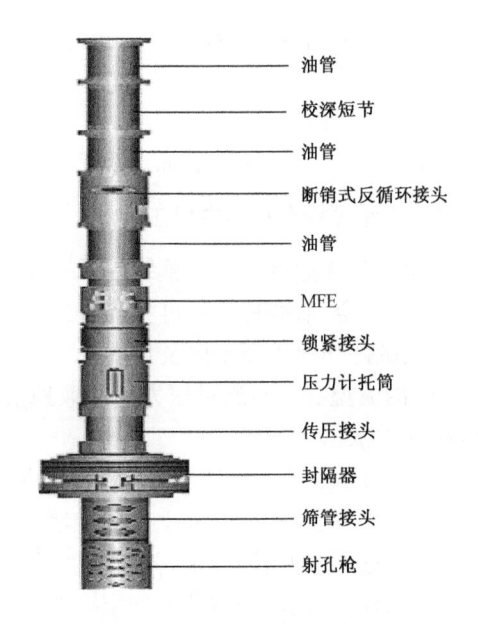　　　图 8.2.12　射孔—测试联作管柱结构

第三节　钢丝试井工艺

钢丝试井工艺是用专门的仪表定时测量部分生产井和注入井的压力、产油、气量与含水量的相对变化及温度等。其目的是：(1)监测井的生产状况是否正常；(2)测定生产层的水动力学参数；(3)分析油藏的动态，做出预测。

一、常用计算公式

(1)井底流动压力：

$$p = p_2 + (p_2 - p_1)(L - L_2)/100$$

式中　p——井底流动压力，MPa；

　　　p_1——某深度对应的实测压力值，MPa；

　　　p_2——另一深度对应的实测压力值，MPa。一般 p_2 对应的深度比 p_1 对应的深度大 100m。

　　　L——油层中部深度，m；

　　　L_2——p_2 所对应的深度，m。

(2)井底深度计算：

$$L = L_1 + L_2 + L_3 - L_4$$

$$L_1 = 转数表读数 + 转数表读数 \times 计量误差$$

式中　L——井底深度,m;
　　　L_1——校正后的钢丝实际长度,m;
　　　L_2——仪器长度,m;
　　　L_3——油补距,m;
　　　L_4——目前井口高度,m。

二、钢丝试井作业的主要工序

钢丝试井作业就是利用缠绕在试井绞车滚筒上的录井钢丝将仪器或工具送入井内预定深度,按设计取全、取准资料后再将仪器或工具提出井口并进行资料处理的作业过程。

钢丝试井作业主要工序及目的:

(1)测流温、流压:通过压力计录取地层相应深度的压力和温度参数,为开发制定合理生产制度提供依据;

(2)测井温:通过压力计录取地层相应深度的温度参数以确定地层对压裂液的吸收性;

(3)清蜡:防止自喷油井生产通道堵塞,保证正常生产;

(4)测液面:利用浮筒了解非自喷井液面位置及液体性质;

(5)取样:利用取样器获取地层一定深度的液体样品;

(6)探井底:利用铅垂确定油气井目前井底位置。

三、常用试井仪器及工具

(1)试井车:用于进行产量、地层压力和温度、井下取样、探井底、清蜡和小型打捞等井下作业。

(2)绳帽:其作用是连接仪器于录井钢丝的末端,而且保持仪器能够自由转动,以避免钢丝打扭或引起仪器脱扣(图8.3.1)。

(3)钨合金加重器:当油气井自喷生产时用于加重以帮助仪器的下入(图8.3.2)。

图8.3.1　绳帽　　　　　　　图8.3.2　钨合金加重器

(4)井口防喷管:建立压力的缓冲区和仪器通过井口的过渡区(图8.3.3)。

(5)电子压力计、温度计:录取地层某一深度的温度和压力资料(图8.3.4)。

(6)刮蜡片:通过刮蜡片在油管内的上下运动来刮除油管内壁的蜡或其他杂质等,以保证油气生产通道畅通(图8.3.5)。

(7)取样器:下入取样器至预定深度后,取样器上下阀关闭以获得地层流体(图8.3.6)。

(8)浮筒:用于探测非自喷井的液面深度及液面流体性质(图8.3.7)。

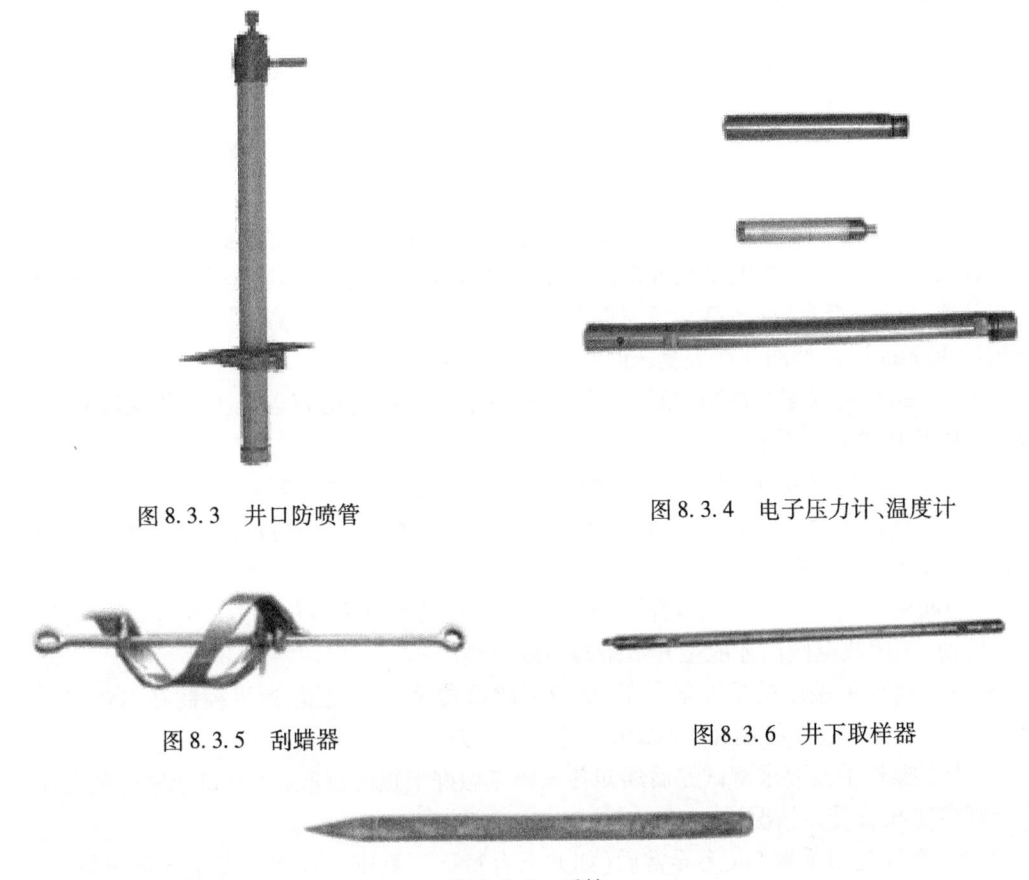

图 8.3.3　井口防喷管　　　　　图 8.3.4　电子压力计、温度计

图 8.3.5　刮蜡器　　　　　　　图 8.3.6　井下取样器

图 8.3.7　浮筒

四、试井作业前的准备

(1)试井队根据生产指令下发施工通知单,包括:井号、施工内容、停点深度、井下管串结构、施工注意事项。

(2)安排满足施工要求的试井车和施工人员。

(3)根据生产指令准备仪器或工具。如:电子压力计、浮筒、刮蜡器、钨合金加重器、取样器等。

(4)由技术员选择经检验合格且在有效期内的量程适合的电子压力计(预计最高压力和最高温度在压力计量程的 50%~80% 为宜)。

(5)选择经检验合格且在有效期内的耐压等级适合的井口防喷装置(预计井口最高压力为防喷装置试压值的 80% 以下为宜)。

(6)根据预计井口压力及井内流体性质选择合适的加重器,并与压力计合扣。

(7)测量电池电量并根据设计将压力计进行格式化后试采点,回放数据无异常后将压力计放入专用工具箱。

(8)所有仪器或工具准备齐全后,必须和施工带班人员核对并签字。

(9)对试井车进行仔细检查,无隐患方可出车。

五、施工步骤及技术要求

(1)进入井场前离井口50m以外启用车辆防火罩,将车辆停放在距井口25～30m的地方,将绞车中部对正井口。

(2)施工前进行施工方案交底、关联工艺交底、场所风险交底、防范措施交底、应急预案交底。

(3)根据岗位分工由绞车操作岗负责下井仪器的连接和测试以及施工前的巡回检查;检查内容包括:绞车液压系统工作是否正常、深度计数器是否正常、绞车压丝轮调整是否合适、绞车刹车及离合器是否有效;井口岗负责防喷系统的检查和安装(注意:井口压力超过25MPa、井深超过3000m以及稠油井和关复压时必须安装地滑轮)。

(4)地面岗负责绳帽的挽结、拉钢丝和开关阀门;把连接好的仪器或工具传递给井口操作手放入防喷管内并轻轻放在闸板上。

(5)井口岗将钢丝放进滑轮槽,调好滑轮方向,上紧防喷盒和压帽。

(6)绞车操作手缓慢上摇绞车,让仪器或工具顶住防喷盒,然后将计数器归零(对挂壁式取样器、脱卡器不准上提)。

(7)地面岗先慢后快,全开清蜡阀门或总阀门并记录阀门旋转总圈数(等防喷管内的空气完全被置换,关闭放空阀门才能全开清蜡阀门或总阀门)。

(8)绞车操作手缓慢松开绞车刹车,平稳下放仪器至预定位置,速度控制在100m/min之内,用浮筒测液面时速度控制在150m/min之内,并按任务单要求施工。

(9)绞车操作手按要求测试完后通知各操作点做好上提仪器准备(井口岗紧防喷盒压帽,地面岗观察防喷管受力情况)。

(10)绞车岗先用手摇5m无异常后(如井下有特殊工具则必须将仪器手摇通过特殊工具20m以上),合绞车离合器,启动动力开始缓慢上提,缓慢加速,仪器上提速度应控制在100m/min之内,仪器提至离井口200m时减速至50m/min之内,提至离井口30m时停车,用手摇使仪器进入防喷管内。

(11)地面岗关清蜡阀门或总阀门总圈数2/3圈后下放仪器探闸板,证实仪器已进入防喷管后,即可关严阀门。

(12)打开防喷管放压阀门放压,在确认防喷管内的压力已放完后,卸防喷盒,平稳取出仪器。

(13)将仪器用大布擦拭干净后用专用工具卸仪器,放入工具箱,收防喷管及其他工具。

(14)进行班后总结。

(15)现场填写施工报表和原始报表并

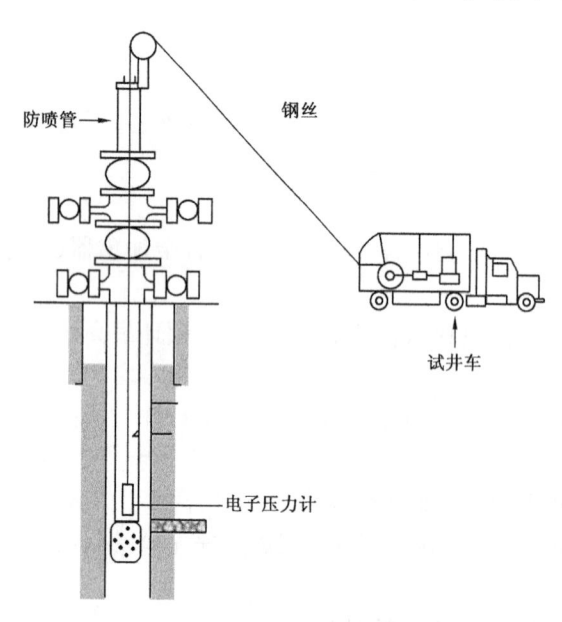

图8.3.8 试井作业施工示意图

及时上交。

六、主要风险提示及预防措施

（1）设备损坏：操作绞车要平稳，严禁猛刹、猛放。上提下放过程中要密切注意负荷变化，操作人员要精力集中。

（2）仪器落井：下电子压力计关复压时，必须在钢丝挂红旗做记号，在阀门上挂"禁止乱动阀门"的标志牌。

（3）高空坠落：井口操作人员使用专用井口平台，并佩戴高空安全带。

（4）人员伤害：钢丝跳槽或打扭时，应先解除动力，并将受力端固定后再进行处理。

第四节　电缆直读试井工艺

一、目的、定义和原理

1. 原理和目的

利用试井设备录取油气井压力、温度、产量随时间变化关系的资料，以及井筒内压力、温度随井深变化关系的资料，运用试井理论方法进行分析，认识油气井动态和储层特征，油气藏储集类型与单井渗流模式，获取地层渗透率、表皮系数、井筒储存系数、双重介质储容比与窜流系数、裂缝长度、边界距离、地层压力等参数。在一定条件下，确定油气井合理工作制度，进行单井控制储量计算、增产措施效果分析。试井是评估油气井储层性质、分析油气井生产能力、了解油气藏动态、进行油气藏地质开发评价的重要手段。试井分析结果是编制油气田开发方案和指导生产的依据之一。

2. 定义

用电缆将直读式电子压力计下入井内，电子压力计将被测压力、温度以电信号方式经单芯电缆传输至地面，由地面数模转换箱将信号转换成数字信号送电脑，电脑按照一定关系进行计算，以时间、压力、温度一一对应的数据形式存储和实时显示在电脑屏幕上，使技术人员能够第一时间掌握井下压力温度资料，进行试井解释随时掌握井下油藏动态资料及时采取相应的措施。图8.4.1为电缆直读试井作业示意图。

3. 井口电缆防喷系统结构及密封原理

井口电缆防喷装置由电缆防喷盒、注脂控制头、防喷管、防喷器组成，通过法兰盘或者变扣短接与采油（气）树相连接。注脂控制头注脂腔用高压管线和注脂泵相连，电缆防喷盒活塞腔用高压液压管线与手动泵相连，当仪器串用电缆下入井口内以后，打开注脂泵给注脂腔注脂，在仪器串下放、提升过程中注脂泵一直适量给两注脂腔注脂，就能阻止井内的气液流出，这样在密封井口时形成的动态密封在仪器串下放、提升过程中也可以密封井口。当压力计下到预定深度电缆不动时，用手动泵给活塞腔注油，活塞下行压紧盘根，盘根包紧电缆铠装外层阻止井内油气外溢。当以上两种密封装置都发生故障无法控制井口时，关闭电缆防喷器，由于胶皮闸板上有与电缆直径配合的凹槽，可以夹紧电缆密封井口。

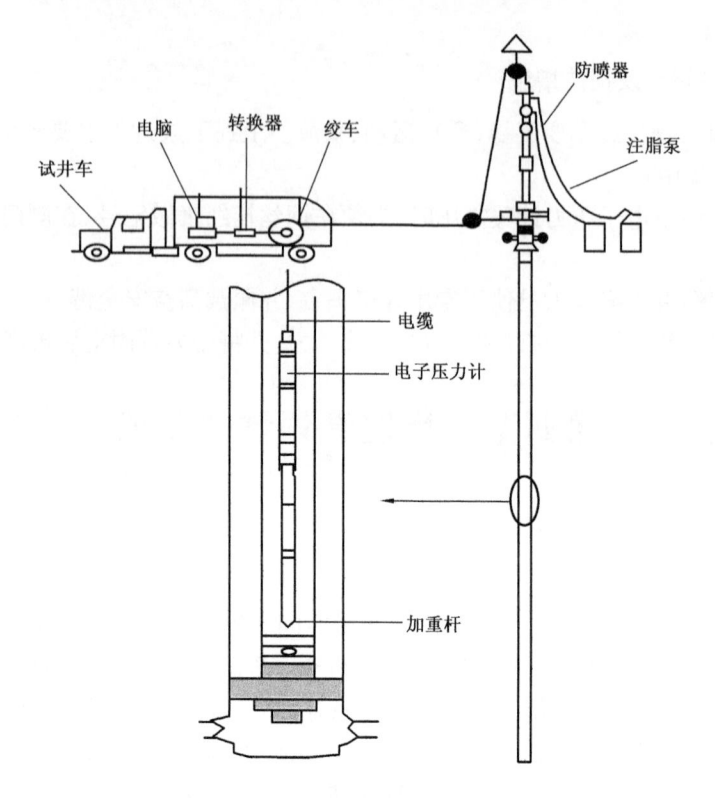

图 8.4.1　电缆直读试井作业示意图

二、施工准备工作

(1)根据试井设计或生产指令编写施工设计。

(2)人员组织:① 试井分队长 1 名;② 技术员 1 名;③ 试井工 3 人;④ 试井车驾驶员 1 人。

(3)直读试井工具的准备。

① 直读压力计 1 支:由技术员选择经检验合格且在有效期内的合适量程的电子压力计(预计最高压力和最高温度在压力计量程的 50% ~80% 为宜)。

② 电缆绳帽头(电缆头):能与 5.6mm 直径电缆和压力计匹配。

③ 加重杆:重量保证井下仪器能够顺利下井,直径不会影响油气井的生产。

④ 井口防喷管系统 1 套:耐压级别应高于油气井井口预计最高压力,防喷管内有效总长度,要求超过入井工具仪器串总长度 1m 以上。

⑤ 气动注脂泵 1 部:最高工作压力级别应高于油气井井口预计最高压力。

⑥ 空压机 2 部:为气动注脂泵提供气源。

⑦ 发电机 1 部:功率不低于 12kW,能够输出两相 220V,三相 380V 电压。

⑧ 电缆试井车或橇装电缆直读试井装置 1 部:发动机运转正常,液压系统无泄漏输出的扭矩能够保证绞车正常起下电缆。

⑨ 地面数据采集系统 1 套。

三、工作步骤及要求

(一)前期准备

(1)下电缆测试工具之前应先通井,要求起下工具畅通无阻。

(2)电缆试井车或橇装电缆直读试井装置停放在距离井口大于 20m 的侧风或上风口处,电缆滚筒对正井口。

(3)试井设备卸车。

(4)电子压力计与计算机系统在地面联机,并进行常温常压下复验录取数据。

(5)检查配电箱电压、电流、电频率监测仪表是否完好,漏电保护器和各路空气开关是否灵敏可靠。

(二)施工步骤

(1)安装井口放喷管系统及组装入井工具。

① 安装井口及组装下井工具前检查各连接处密封件。

② 依次安装井口变扣短节、电缆防喷器、电缆工具下捕捉器、液压控制软管、手压泵。

③ 安装电缆指重表传感器(不包括轴压式)和滑轮。电缆在正常起下时,地滑轮处电缆夹角应为 90°。

④ 将起吊架固定在大钩上,然后将上滑轮固定于起吊架上,并依次安装注脂头、注脂软管、回脂软管、液压电缆防喷盒控制软管、防喷管。

⑤ 将注脂头与防喷管起吊至电缆工具下捕捉器上方,依次连接电子压力计、加重杆、底部导锥。然后操作滚筒将电缆入井工具提入防喷管内,并将防喷管串安装于电缆工具下捕捉器上。

⑥ 井口安装完毕后,将电缆头缓慢提至注脂头底部,调整计数器,并在滚筒或电缆上做记号。

⑦ 连接液压电缆防喷盒控制软管到手压泵,连接注脂软管、供气管线到气动注脂泵。连接供气管线另一端到空气压缩机,连接各用电设备供电线路。

⑧ 启动供电系统,观察配电箱监测仪表如果电压、电流、电频率正常,使空压机进入工作状态,使计算机、电子压力计进入工作状态。

(2)下电缆直读工具。

① 调节气动注脂泵上的调压阀,使注脂控制头的密封油压高于井口油管压力 20%～30%,达到密封井口的要求,并形成良好的动态密封。

② 打开采油树总阀门、清蜡阀门,停 10min。观察计算机压力显示和井口防喷系统不刺不漏后,用手压泵加压打开电缆工具下捕捉器,缓慢下放电缆工具入井(并记住开阀门时的转动圈数)。

③ 先缓慢下放电缆,300m 后可逐渐加速,速度不大于 20m/min,一旦发现遇阻,立即停止下放。

④ 根据设计要求测梯度。

⑤ 电子压力计下至设计位置后,将给电缆工具下捕捉器加压的手压泵卸压,关闭电缆工具下捕捉器,用手压泵打压使电缆防喷盒密封。

(3)按设计开井求产或关井测压并及时录取、汇报资料。

(4)起电缆。

① 起电缆前,将电缆防喷盒控制手压泵泄压,30min 后,先下放电缆,确保电缆没有遇卡时再上提电缆,上提速度控制均匀,前 20m 上提速度不超过 10m/min,20m 之后上提速度不超过 30m/min。

② 根据设计要求测梯度。

③ 上提电缆到油管鞋处,速度应控制在 18m/min 以内。

④ 滚筒电缆要排列整齐。当电缆至距离井口 100m 处,放慢速度(控制在 18m/min 以内);当电缆起至距离井口 30m 处用人拉电缆;当工具到达注脂控制头底部,刹住滚筒。

⑤ 根据电缆下井前记号、计数器回零以及手拉电缆手感,判定下井电缆工具已进入防喷管内后,再缓慢下放电缆测试工具 2~3m,若没装电缆工具下捕捉器,可关闭清蜡阀门总圈数 2/3 圈后,再试探闸板,当确信仪器、工具安全进入防喷管内,方可完全关闭清蜡阀门,并关闭采油树总阀门,然后打开泄压阀门泄压(若清蜡阀门有泄漏,直接关采油树总阀门)。

⑥ 关闭气动注脂泵。

(5)拆卸井口防喷系统、入井工具及辅助部件。

① 将电缆工具下捕捉器与防喷管连接活接头卸开下放电缆,使电缆测试工具距离地面 0.5m,卸掉加重杆,使用专用工具卸掉电子压力计。

② 依次卸下防喷管、注脂控制头、电缆工具下捕捉器、电缆防喷器、各液压控制软管,以及其他地面辅助工具。将所有工具装箱,橇装电缆直读试井装置、工具箱、各地面辅助设备起吊装车。擦干净井口采油树,保证附近没有碎屑杂物,将移开的物体放回原处。

四、主要风险提示及预防措施

(1)设备损坏:操作绞车要平稳,严禁猛刹、猛放。上提下放过程中要密切注意负荷变化,操作人员要精力集中。

(2)仪器落井:关复压时,必须在电缆上挂红旗做记号,在阀门上挂"禁止乱动阀门"的标志牌。

(3)高空坠落:井口操作人员使用专用井口平台,并佩戴高空安全带。

(4)人员伤害:电缆跳槽或打扭时,应先解除动力,并将受力端固定后再进行处理。

第九章 试井资料分析

第一节 试井分析的理论基础

试井分析的理论基础是油气层渗流理论:稳定渗流理论、不稳定渗流理论和压力叠加原理,试井就是扰动一口(或几口)井,观察扰动井或相邻井的响应,与参照系统(模型)理论特性对比确定参数。试井分析可分为产能试井分析和不稳定试井分析。

产能试井分析是通过改变若干次油井、气井或水井的工作制度,获得在各个不同工作制度下的稳定产量及与之相对应的井底压力,从而确定测试井的产能方程和无阻流量。产能试井分析包括油井产能试井分析和气井产能试井分析。

不稳定试井是通过改变测试井的产量,对测量由此而引起的井底压力随时间的变化进行分析,进而解释地层参数、油气藏储集类型、边界情况等。

一、储层基本特性

储层基本特性主要包括五个方面:
(1)储层岩石骨架的性质。如岩石的压缩性、ϕ、K、孔隙大小分布及表面积等。
(2)储层中的液体特性,如液体μ、ρ、M、压缩性及其组分等。
(3)液体与岩石的综合特性,如相K、润湿性、毛管压力特征和液体饱和度分布等。
(4)储层的构造特性,如储层厚度、深度、范围大小、倾斜度和孔隙裂缝的发育程度及其分布情况等。
(5)储层能量大小,如储层压力、温度、和流体储藏量等。
孔隙度:为连通的孔隙体积占岩石总体积的百分比或小数值。
绝对渗透率(K):为岩石完全饱和(或通过)某一种流体时的渗透率。
有效渗透率(K_e)为当多相流体饱和(或通过)岩石时,岩石对某一单相流体的渗透率。
相对渗透率(K_r)为有效渗透率与绝对渗透率之比值。
液体饱和度(S_o、S_w、S_g等)为各单相流体所占有的孔隙空间的百分比或小数值。

二、试井分析中常用的概念及参数含义

(1)孔隙度(ϕ)。
多孔介质是内部含有孔隙的固体,对一个多孔体系来说,这些孔隙可以是彼此联通的或者是互不联通的。如果流体能通过多孔介质进行流动,那么这些多孔介质中,必然有一部分孔隙空间是彼此联通的。多孔介质体系中彼此联通的部分被称为此多孔介质中的有效孔隙。
(2)渗透率(K)。
渗透率是流体通过多孔介质能力的重要量度。它是多孔介质中的孔隙特征的重要参数。
(3)地层有效厚度(h)。

在试井分析中,假定油藏每个单层是等厚度的,油藏每个单层中的含油储层,在油井打开后,如果其中的储油层中的流体能够流动,那么流体流动的那个储油层的厚度就是该层的有效厚度。

(4)综合压缩系数(C_t)。

综合压缩系数 C_t 是与岩石和流体压缩系数以及流体饱和度有关的一个量。它可用下式来表示

$$C_t = C_f + C_o S_o + C_w S_w + C_g S_g$$

式中　C_t——综合压缩系数,1/MPa;

C_f, C_o, C_w, C_g——岩石、油、水、气的压缩系数,1/MPa;

S_o, S_w, S_g——油、水、气的饱和度。

(5)井筒储集系数。

一般情况下,油气井都是在地面开(关)井。例如:当在地面关井后,油层并不是立刻停止向油井供油,而是继续以某一流量 $q(t)$ 向井筒流动,这些流入井筒的油便储存在井筒中,过一段时间后井壁上的流量逐渐趋近于零;如果在地面开井,最初产出的是井筒内的流体,而由地层流向井筒的产量最初为零。随着流动时间的增加,在地面产量不变的条件下,由地层流入井筒中的流量才渐渐接近于地面产量。

井筒存储常数(C)是用来表示井筒存储能力的系数,在井底每改变单位压力所对应的井筒流体体积的变化,即:

$$C = \frac{\Delta v}{\Delta p}$$

式中　C——井筒存储常数,m^3/MPa;

Δv——井筒中流体体积增量,m^3;

Δp——井底压力的增量,MPa。

(6)表皮效应和表皮系数。

由于钻井过程中钻井液的侵入、射孔不完善、酸化、压裂等原因,使得油井附近地层的渗透率发生了变化,这就是通常所说的井壁污染或增产措施见效,并且也将渗透性发生变化的区域叫作表皮区。

当地层中的流体流向井筒时,由于表皮区的存在,使得流体流过表皮区时产生一个附加的压降。由于集中在油井周围的环状表皮区很薄,因此无法像描述复合油藏那样很准确地用数学公式进行描述。只能将这一附加压降人为地加到不稳定地层压降上去。并认为表皮区是无限薄的,图9.1.1 可以很好地说明表皮效应。

不同的内边界条件,表皮系数的表达式不同,对于全射开、无垂直裂缝或水平裂缝的垂直

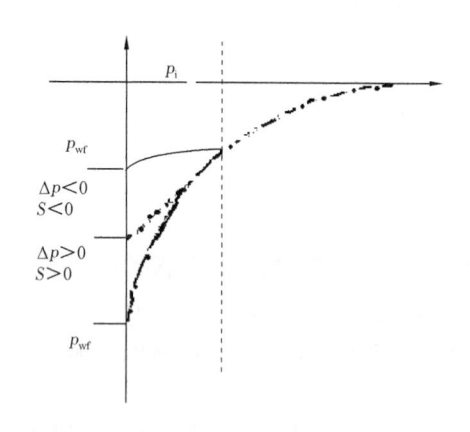

图9.1.1　表皮效应引起的压力分布示意图

井,表皮系数 S 可表示如下:

$$S = \frac{Kh}{1.842 \times 10^{-3} qB\mu} \Delta p_s$$

式中　S——表皮系数;

　　　h——地层有效厚度,m;

　　　q——油井地面产量,m³/d;

　　　B——流体体积系数;

　　　μ——流体黏度,mPa·s;

　　　Δp_s——井壁附加压力降,MPa。

(7)流度 M。

流度是代表某种多孔介质对某特定流体的渗透能力。它的大小视多孔介质和流体两者的性质而确定。它可定义为

$$M = K/\mu$$

式中　M——流度,μm²/(mPa·s);

　　　K——地层渗透率,μm²;

　　　μ——流体黏度,mPa·s。

(8)地层系数。

地层系数是由试井分析得到的一个参数。从物理上讲,它代表黏度一定的某种流体,在单位压力梯度下,传递过单位宽度的截面积并展布于整个地层的被饱和厚度的速度。因此,地层系数可定义为:

$$T = Kh/\mu$$

这一参数体现了地层与流体二者的特性,它的单位是 μm²·m/(mPa·s)。

(9)储容系数。

在不稳定渗流条件下,当压力发生变化时,地层的产量是因孔隙体积的压缩和流体膨胀共同作用所致。由于压力变化而使地层释放或储存流体的这种能力就称作储容系数。

根据以上叙述,储容系数 S_v 可定义为:在单位压力变化下,高度为 h,底面积为 1 个单位的油藏体积所释放或储容流体量。当孔隙空间中有油、水、气存在,储容系数 S_v 可写成:

$$S_v = \phi C_t h$$

式中　ϕ——孔隙度;

　　　C_t——综合压缩系数,1/MPa;

　　　h——地层有效厚度,m。

(10)流度比 $M_{1/2}$。

在径向复合油藏中,将第 1 区的流度 M_1 与第 2 区的流度 M_2 之比定义为流度比 $M_{1/2}$

$$M_{1/2} = \frac{M_1}{M_2} = \frac{(K/\mu)_1}{(K/\mu)_2}$$

(11)两区储容比$(\phi C_t h)_{1/2}$。

在径向复合油藏中,将第1区的储容系数$(\phi C_t h)_1$和第2区的储容系数$(\phi C_t h)_2$之比定义为两区储容比

$$(\phi C_t h)_{1/2} = \frac{(\phi C_t h)_1}{(\phi C_t h)_2}$$

(12)储容比ω。

双孔介质中的储容比ω定义为:裂缝系统储容系数与总储容系数之比,ω的表达式为:

$$\omega = \frac{(\phi C_t)_f}{(\phi C_t)_f + (\phi C_t)_m} = \frac{(\phi'_v C_t)_f}{(\phi'_v C_t)_f + (\phi'_v C_t)_m}$$

(13)窜流系数λ。

$$\lambda = \alpha r_{wa}^2 K_m / K_f$$

式中 K_m, K_f——基岩和裂缝系统的渗透率,μm^2;

α——基岩的形状因子,$\alpha = 4n(n+2)/L^2$;

L——基岩特征长度,m;

n——裂缝面的维数。

(14)流动效率。

流动效率定义为实际的采油指数与理想采油指数之比,用FE表示:

$$FE = \frac{J}{J_i}$$

(15)堵塞比。

流动效率的倒数称为堵塞比,用DR表示:

$$DR = \frac{1}{FE} = \frac{J}{J_i} = \frac{p_R - p_{wf}}{p_R - p_{wf} - \Delta p_s}$$

三、渗流的状态

(1)平面径向流:设油层是均质等厚的,且油井打开了整个油层,则在开井后,油层中的原油沿水平面从四周流向油井,在油层中任何一个与井筒相垂直的平面上,流线是从四面八方向井筒汇集的直线。而油层中水平面上的等压线,则是以井轴为圆心的圆(图9.1.2)。

(2)线性流:在某一区域内,流体流动方向相同,流线呈平行状态(图9.1.3)。

① 作为外边界条件的平行的断层,形成条带形地层,使得离开井稍远的流动形成线性流。

② 无限导流垂直压裂裂缝井,或均匀流垂直裂缝井,在流动初期形成的垂直于压裂裂缝的线性流。水平井当水平段较长时形成的朝向井筒流动的线性流。

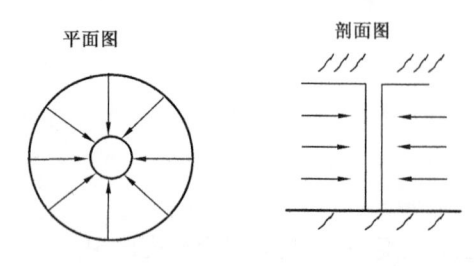

图9.1.2 平面径向流动模型示意图

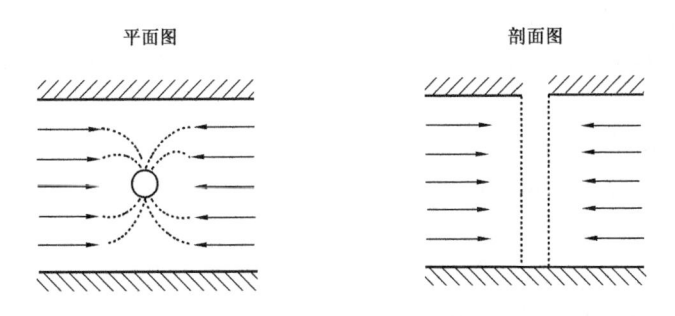

图 9.1.3　线性流动模型示意图

（3）双线性流：双线性流产生于具有有限导流的垂直裂缝。有限导流垂直裂缝是指进行水力压裂的井,当加入的支撑剂砂粒配比适当时,裂缝中的导流能力与地层的导流能力可以相比拟,此时,除垂直裂缝中的线性流外,沿裂缝方向也产生线性流(图9.1.4)。

（4）球面流：有时只在厚油层的某一部位打穿一个或若干孔眼(图9.1.5)。

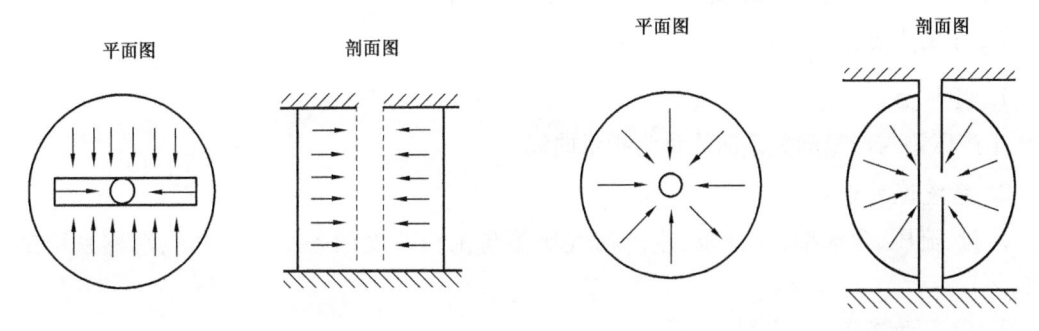

图9.1.4　双线性流动模型示意图　　　　图9.1.5　平面球面流动模型示意图

第二节　产能试井分析

产能试井包括油井产能试井和气井产能试井。

一、油井产能试井分析

产能试井也可称为系统试井或稳定试井。具体做法是：依次改变井的工作制度,待每种工作制度下的生产处于稳定时,测量其产量和压力以及其他有关的数据;然后根据这些数据绘制指示曲线、系统试井曲线;得出井的产能方程,确定井的生产能力、合理工作制度和油藏参数。

（一）测试方法

1. 确定工作制度

(1)工作制度的测点数及其分布。

每一工作制度以 4~5 个测点较为合适,但不得少于 3 个,并力求均匀分布。

(2)最小工作制度的确定原则。

在生产条件允许情况下,使该工作制度的稳定流压尽可能接近地层压力。

(3)最大工作制度的确定原则。

在生产条件允许情况下,使该工作制度的稳定油压接近自喷最小油压(例如,取0.3~1.0MPa)。

(4)其他工作制度的分布。

在最大、最小工作制度之间,均匀内插2~3个工作制度。

2. 一般测试程序

(1)测地层压力。

试井前,必先测得稳定的地层压力。

(2)工作制度程序。

一般由小到大(也可由大到小,但不常采用)依次改变井的工作制度,并测量其相应的稳定产量、流压和其他有关资料。

(3)关井测压。

最后一个工作制度测试结束后,关井测地层压力或压力恢复。

(二)试井曲线

1. 指示曲线

生产压差与产量的关系曲线称为指示曲线。

2. 系统试井曲线

产量、流压、含水率、含砂量、生产油气比等与工作制度的各个关系曲线总称系统试井曲线。

3. 流入动态曲线(IPR)

流压与产量的关系曲线一般称为流入动态曲线。

(三)绘制试井曲线时地层压力的处理

1. 使用同一个地层压力

当试井前后测得的两个地层压力(设为p_{R1}和p_{Rn})的差别没有实际意义时,所有工作制度的生产压差可取同一个地层压力。

2. 使用不同的地层压力

当p_{R1}和p_{Rn}的差别较大时,除第一个和最后一个工作制度取实际值外,其余各工作制度的地层压力由下式确定:

$$p_{Ri} = p_{R1} - \frac{Q_{p1} - Q_{pi}}{Q_{p1} - Q_{pn}}(p_{R1} - p_{Rn})$$

式中 p_{Ri}——第$i(i=1,2,3,\cdots,n)$个工作制度的地层压力,MPa;

Q_{Ri}——第$i(i=1,2,3,\cdots,n)$个工作制度末的累积产量,m³。

(四)指示曲线类型

油井指示曲线形态可以分为四种基本类型。

1. 直线型

特征：过原点的直线。

成因：单相达西渗流，一般在较小生产压差条件下形成。

直线型指示曲线并不永远存在，当工作制度不断增大时，单相达西流将逐渐转变为单相非达西流或油气两相流。此时，直线便发生弯曲，形成混合型指示曲线。

2. 曲线型

特征：过原点的曲线，且凹向压差轴。

成因：单相非达西流或油气两相渗流，一般在较大生产压差或流压小于饱和压力时形成。

3. 混合型

开始为过原点的直线，然后变成凹向压差轴的曲线。直线部分为单相达西渗流；曲线部分的可能原因：(1)随着生产压差的增大，油藏中出现了单相非达西流，增加了额外的惯性阻力；(2)随着生产压差增大、流压低于饱和压力、井壁附近地层出现了油气两相渗流，油相渗透率降低，黏滞阻力增大。

4. 异常型

特征：过原点凹向产量轴的曲线。

可能原因：(1)相应工作制度下的生产未达稳定，测得的资料不反映测试所要求的条件；(2)新井井壁污染，随着生产压差增大，污染将逐渐排除；(3)多层合采情况下，随着生产压差增大，新层投入工作。

由此可见，异常型曲线并非一定是错误的，应根据具体情况分析。若为原因(1)则必须重新进行测试。

(五) 产能试井分析

1. 线性产能方程及其确定

直线型指示曲线可用以下线性方程表示：

$$q = J\Delta p_p$$

式中　q——产量，m^3/d；

　　　J——采油指数，$m^3/(d \cdot MPa)$；

　　　Δp_p——生产压差，MPa。

线性产能方程的确定：根据测试工作制度的产量和压力资料，作图于 Δp_p—q 的坐标系上得一直线，量出直线的斜率，其倒数即为 J。

2. 指数式产能方程及其确定

(1) 指数式产能方程。

产能方程可用指数方程表示：

$$q = C(p_R - p_{wf})^n$$

式中　C——系数；

p_R——地层压力,MPa;

p_{wf}——流压,MPa;

n——指数,$\frac{1}{2} \leq n < 1$。

当 $n=1$ 时,$C=J$。

(2)系数 C、n 的确定。

在双对数坐标系中,以 q 为纵轴、$(p_R - p_{wf})$ 为横轴作图得一直线,称指数式特征曲线。读得该直线在纵轴上的截距为 C,斜率为 n,于是便确定了指数式产能方程。

系数 C、n 还可由指数式特征曲线上任意两点 $[\lg(p_R - p_{wf})、\lg q]_i$ 和 $[\lg(p_R - p_{wf})、\lg q]_j$ 按下式算得:

$$n = \lg \frac{q_i}{q_j} \bigg/ \lg \frac{(p_R - p_{wf})_i}{(p_R - p_{wf})_j}$$

$$C = q_i / (p_R - p_{wf})_i$$

式中 下标 i,j——指数式特征曲线上任意两点的标号。

3. 二项式产能方程及其确定

产能方程除用指数方程表示外,还可用二项式方程表示:

$$\Delta p_p = aq + bq^2$$

式中 a 和 b——二项式系数。

系数 a、b 的确定:

(1)将二项式方程变为二项式特征方程。

$$\Delta p_p / q = a + bq$$

(2)确定 a、b。

① 作图法。

以 $\Delta p_p / q$ 为纵轴,q 为横轴,在直角坐标系上作图得一直线,称二项式特征曲线;量得该直线在纵轴上的截距为 a,斜率为 b,于是便可确定二项式产能方程。

② 计算法。

系数 a 和 b 还可由二项式特征曲线上任意两点 $(q, \Delta p_p/q)_i$、$(\Delta p_p/q, q)_j$ 按下式算得:

$$b = \frac{(\Delta p_p / q)_i - (\Delta p_p / q)_j}{q_i - q_j}$$

$$a = (\Delta p_p / q)_i - bq_i$$

式中 下标 i,j——二项式特征曲线上任意两点的标号,其余符号同前。

(六)产能方程的应用

1. 确定井的合理工作制度

在混合型指示曲线上找出直线部分与曲线部分的切点(即直线部分的终点或曲线部分的

起点),该点所对应的产量和生产压差称合理产量和合理生产压差;以此合理产量或压差在系统试井曲线上所对应的工作制度(或油嘴)称合理工作制度(或合理油嘴)。在此工作制度下,如果系统试井曲线的其他参数不太合理,则应重选合理的产量和压差,直至系统试井曲线的含砂量(S_{ct})不超过标准,含水率(f_w)也无明显上升(在油气两相流动时,还应观察生油气比的变化)。

如果指示曲线为直线型或曲线型,则合理工作制度应在系统试井曲线图中确定。

2. 定性判断井壁污染和流动状况

由二项式方程的特征曲线的形态可定性地判断井壁污染的程度、井壁附近的紊流强弱和地层渗透性好坏。

(1)截距 a 的高低反映渗透率 K 和表皮系数 S 的大小。a 值与渗透率 K 成反比,与表皮系数 S 值成正比。于是,a 值高表示地层渗透率小或表皮系数大;a 值低表示地层渗透率大或表皮系数小。

(2)斜率 b 的大小反映紊流的强弱程度。b 值与非达西系数 D 和紊流系数 β 成正比。斜率 b 越大,紊流越严重(非达西流动越强)。

二、气井产能试井

气体渗流的基本方程式引用的是黏性流体在多孔介质流动的方程式。但是,气体的黏度 μ_g、压缩系数 C_g 和偏差系数 Z 等都是压力的函数,所以其渗流方程是非线性的。为了使气体渗流方程线性化,有必要引入"拟压力"的概念,用数学方法处理以消除上述参数与压力的部分相关性,以便将油井试井解释方法的基本部分用于气井试井分析,其原理与油井产能试井基本相同。

(一)真实气体的拟压力定义

真实气体的拟压力定义为:

$$\psi(p) = \int_{p_0}^{p} \frac{2p}{\mu Z} dp$$

式中 $\psi(p)$——拟压力,MPa²/(mPa·s);

p——压力,MPa;

p_0——参考压力点压力(任选,通常取 $p_0 = 0$),MPa;

μ——气体黏度,mPa·s;

Z——真实气体偏差系数。

(二)拟压力计算方法

可用最简单的"梯形法"计算拟压力:

$$\psi(p) = \int_{p_0}^{p} \frac{2p}{\mu Z} dp = \sum_{j=1}^{n} \frac{1}{2} \left[\left(\frac{2p}{\mu Z}\right)_j + \left(\frac{2p}{\mu Z}\right)_{j-1} \right] (p_j - p_{j-1})$$

这一数值积分,可以编出简单的程序用计算机计算,也可用手工计算。

（三）拟压力的简化

1. $\psi(p)$ 简化为 p^2

矿场上应用常以 p^2 或 p 代替 ψ。当气体的压力 $p<13.0\mathrm{MPa}$ 时，μZ 几乎是一个常数，这时的拟压力可以写成：

$$\psi(p) = \frac{1}{(\mu Z)_i}(p^2)$$

2. $\psi(p)$ 简化为 p

当 $p<21\mathrm{MPa}$ 时，$\mu Z/p$ 几乎是一个常数，拟压力可以写成：

$$\psi(p) = \left(\frac{2p}{\mu Z}\right)_i p$$

由此可知，$\mu Z/p$ 是直线的斜率。

（四）试气常用方法

用产能试井法可以准确测算一口井的"无阻流量"，即这口井的最大生产能力。虽然限于井筒摩阻及地层条件，无阻流量在任何现实生产条件下都无法达到，但它却体现了每口井的极限能力。常用的产能试井方法大体上可分为多点测试法和单点测试法，前者又分为稳定回压试井法和非稳定回压试井法，都需要知道气藏的地层压力，并在保持气井产量稳定的条件下，测试多个不同工作制度的井底流压。后者为当测定气藏的地层压力后，有一个测试点的产量和井底流动压力，确定气井的绝对无阻流量。

1. 系统试井（稳定回压试井）

系统试井又称回压试井，在得到气藏的地层压力后，改换不同工作制度，从小到大或从大到小，测量相应的流压，记录当时的产量，得到不同工作制度下的稳定的流压和产量值。取得试井资料后可以利用二项式或指数式进行线性回归，求得产能方程，应用产能方程，可以计算出无阻流量 q_{AOF}。系统试井各流动段间无关井期，但每个流动段的流动压力都要求达到稳定或基本稳定。

2. 等时试井

等时试井的过程为用若干个（不少于3个）不同的产量生产相同的时间，一般采用由小到大的产量变化程序；在以每一产量生产后均关井一段时间，使压力恢复到（或非常接近）气层静压；最后再以某一定产量生产一段较长时间，直到井底流压达到稳定。对于开井后流压很长时间才能达到稳定的试井，采用等时试井法求产能。等时试井每次开井流动时间较短，不要求达到稳定，只要求达到压降曲线的径向流段。每个流动段后接着关井，要求关井压力基本恢复到气藏压力。等时试井也要求做出产率和流压的关系直线。由于每个流压都没有达到稳定，所以这种产能曲线是"不稳定的产能直线"。若要得到稳定的产能直线，还需要在某个适中的油嘴下，开井较长时间测一个稳定点。从稳定的产能直线，可以计算无阻流量值。

3. 修正的等时试井

改进的等进试井是对等时试井做进一步简化而得到的。在等时试井中，各项生产之间的关井时间要求足够长,使压力恢复到气藏静压,因此各项关井时间一般来说是不相等的;改进时等时试井中,各项关井时间相同,一般与生产时间相等,但也可以与生产时间不相等,不要求压力恢复到静压,最后也以某一稳定产量生产较长时间,直至井底流压达到稳定。

4. 单点试气法(一点法)

一口已经获得产能方程的井,经过一段时间的开采之后,其产能可能有所变化。为了进行检验,可进行"一点法试井"。一点法试井只要求测取一个稳定产量 q,和在以该产量生产时的稳定井底流压 p_{wf},以及当时的气层静压 p_R。

(五)气井产能试井方程

综合上述结果可以得出以下气井产能试井方程:

(1)指数式压力平方法。

$$q = c(\bar{p}_R^2 - p_{wf}^2)^n$$

(2)指数式拟压力法。

$$q = c'[m(\bar{p}_R) - m(p_{wf})]^n$$

(3)二项式压力平方法。

$$p_R^2 - p_{wf}^2 = Aq + Bq^2$$

(4)二项式拟压力法。

$$m(p_R) - m(p_{wf}) = A'q + B'q^2$$

式中　q——产量,$10^4 \mathrm{m^3/d}$;

p_R——地层压力,MPa;

p_{wf}——井底流压,MPa;

c——系数,$\dfrac{10^4 \mathrm{m^3/d}}{\mathrm{MPa}^{2n}}$;

$m(p)$——拟压力,$\dfrac{\mathrm{MPa}^2}{\mathrm{mPa \cdot s}}$;

n——指数;

c'——系数,$\dfrac{10^4 \mathrm{m^3/d}}{\mathrm{MPa}^{2n}/(\mathrm{mPa \cdot s})}$;

A——系数,$\dfrac{\mathrm{MPa}^2}{10^4 \mathrm{m^3/d}}$;

B——系数,$\dfrac{\mathrm{MPa}^2}{(10^4 \mathrm{m^3/d})^2}$;

A'——系数,$\dfrac{\mathrm{MPa}^2/(\mathrm{mPa \cdot s})}{10^4 \mathrm{m^3/d}}$;

B'——系数,$\dfrac{\mathrm{MPa}^2/(\mathrm{mPa \cdot s})}{(10^4 \mathrm{m^3/d})^2}$。

(六)无阻流量的确定

假设井底流压为0(绝对压力为0.1MPa)时的最大极限产量,称为无阻流量,用符号 q_{AOF} 表示。显然,气井绝不可能以其无阻流量生产,但无阻流量却是评价和比较气井(气层)产能的最重要参数。

无阻流量的计算公式为:

指数式产能方程得到

$$q_{AOF} = C(p_i^2 - 0.1^2)^n$$

二项式产能方程计算

$$q_{AOF} = \frac{6q_g}{\sqrt{1 + 48p_{Dg}} - 1}$$

一点法计算

$$q_{AOF} = \frac{-A + \sqrt{A^2 + 4B(P_R^2 - 0.101^2)}}{2B}$$

有时,由指数式产能方程和二项式产能方程计算的无阻流量不太一致,因此要说明无阻流量确定的方法。

第三节 不稳定试井分析

一、储层物理模型

在研究储层物理模型时,首先要建立的基本假设有:

(1)流动方向无限大,正交各向异性的均质储层,渗透率和孔隙度为常数,水平渗透率为 K_H,垂直渗透率为 K_V。对于各向同性地层有 $K_H = K_V = K$。

(2)单相、微可压缩的流体流动,流体的压缩系数和黏度为常数。

(3)压力梯度小,忽略重力和井筒储存影响。

(4)在生产前整个储层中压力处处相等,且等于原始压力 p_i。

二、试井解释模型

试井解释模型是在对地层物理性质的认识基础上建立起来的描述地层响应的一种数学关系,或称为试井解释数学模型。试井解释模型是对试井过程中地层压力动态反映的描述,而不是对地层本身的物理描述。地层的压力反映受渗透率、储层非均质性、近井筒条件等地层和井筒参数影响。试井解释模型由三部分组成:基本地层流体流动模型、内边界条件和外边界条件。

(一)内边界条件

内边界条件既井筒及其附近的情况:包括井筒储存+表皮、线源解、无限传导垂直裂缝、有限传导垂直裂缝、不完全射开井、无限传导或均匀流量水平井等井周特征。

1. 井筒储集和表皮

井筒储集和表皮为常见的内边界条件,井筒储集为续流反映,反映在试井曲线双对数图上,早期出现单位斜率直线,同时在直角坐标也出现过坐标原点的直线段,曲线特征为在双对数图中斜率为1。由于钻井过程中钻井液的侵入、射孔不完善、酸化、压裂等原因,使得油井附近地层的渗透率发生了变化,这就是通常所说的井壁污染或增产措施见效。导数曲线上的最大值,最大值越大,反映地层伤害越严重(图9.3.1)。

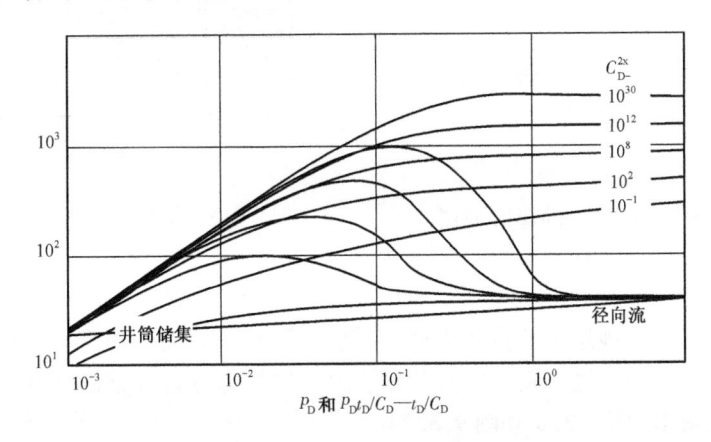

图 9.3.1 具有 C+S 的均质油藏双对数图

2. 有限传导垂直裂缝

模型的基本假定为:只压开一条裂缝,与井筒对称,半长为 x_f;裂缝具有一定的渗透率,沿着裂缝存在压降;裂缝的宽度不为0;裂缝渗透率 K_f 比油层渗透率 K 大得多。其特征为:在双线性流段:双对数曲线呈斜率1/4 的直线。在拟径向流动阶段:压力导数曲线呈 0.5 水平线。其模型如图 9.3.2 所示,压力曲线特征如图 9.3.3 所示。

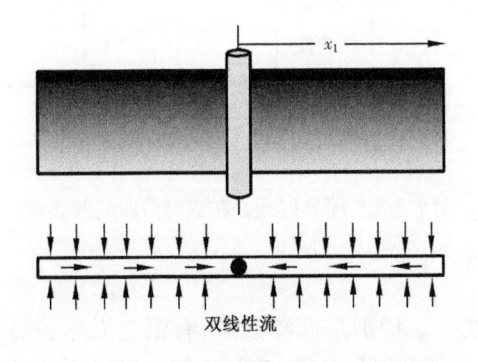

图 9.3.2 有限传导垂直裂缝模型示意图 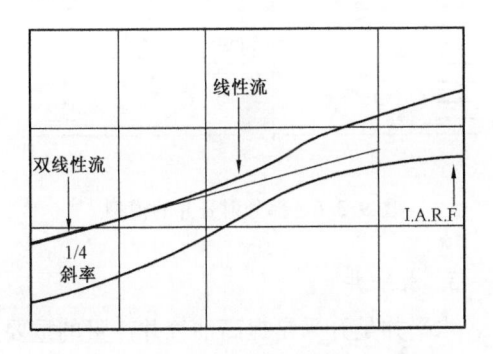　　图 9.3.3 有限传导垂直裂缝的试井曲线

3. 无限传导垂直裂缝

模型的基本假定为:只压开一条裂缝,与井筒对称,半长为 x_f;裂缝具有无限大渗透率;裂缝的宽度为0;在裂缝线性流段,双对数曲线呈斜率为1/2 的直线,在拟径向流动阶段:无量纲压力导数曲线呈 0.5 水平线。其模型和试井曲线特征如图 9.3.4 和图 9.3.5 所示。

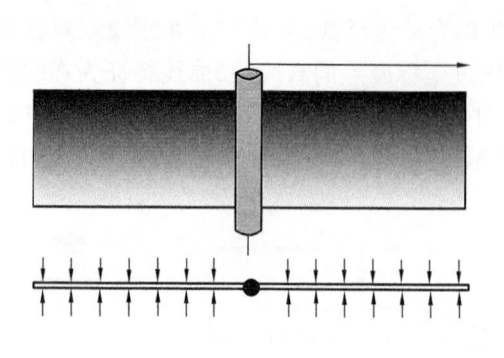

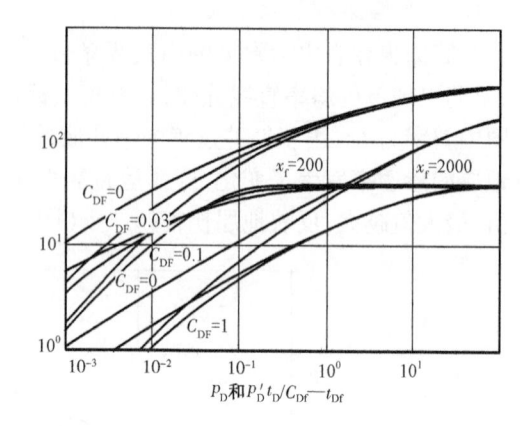

图9.3.4　无限传导垂直裂缝模型示意图

图9.3.5　无限传导垂直裂缝的试井曲线

4. 部分射开井

由于油井部分射开,地层中的流体流动,不仅有径向流动,而且还有垂向的流动。由于存在垂向流动,油藏的气顶或底水就会影响井底压力。这样部分射开井的井底压力曲线就很复杂,考虑的因素也很多(图9.3.6和图9.3.7)。

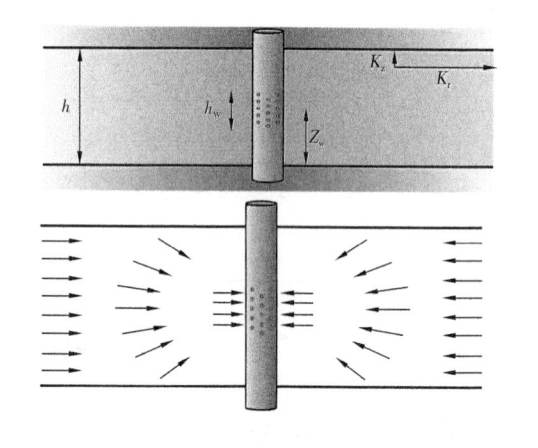

图9.3.6　部分射开井的模型

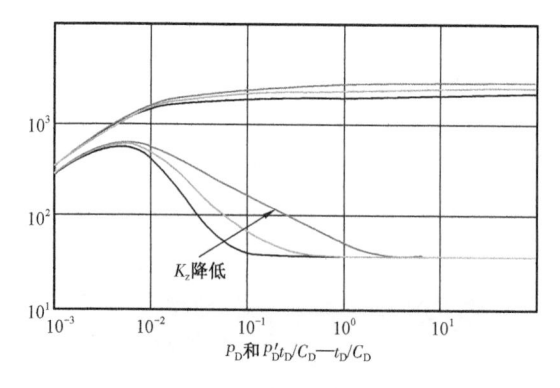

图9.3.7　部分射开井在双对数曲线的表现

5. 水平井

水平井是开采是提高油气井产量的重要途径之一。特别是低渗油藏、有铅直天然裂缝或垂向透率远大于水平渗透率的油藏、有严重水锥或气顶及薄层油藏,利用水平井开发有明显的经济效益。水平无限大、含油高度为 h 的各向异性油藏中有1口长为 b_w 的水平井,距 xy 平面的距离为 Z_w(图9.3.8)。其在各流动段的压力响应如图9.3.9所示。

(二)油藏特性

油藏特性包括均质油藏和非均质油藏,非均质油藏又分为双重介质油藏、双渗油藏、复合油藏。

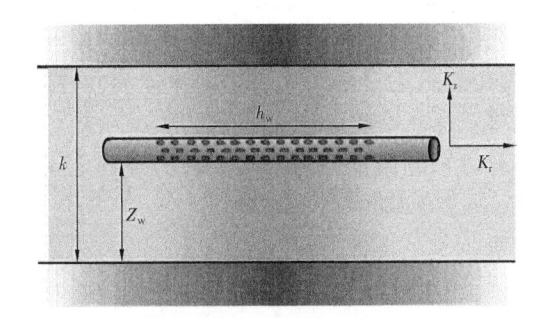

图 9.3.8　水平井的模型

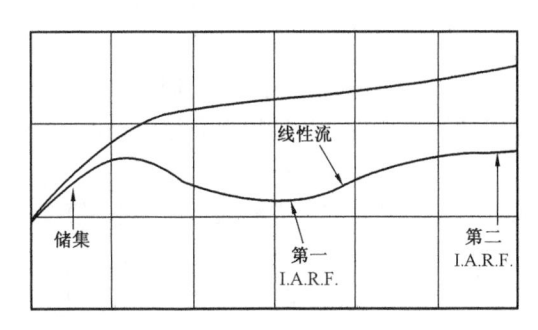

图 9.3.9　水平井在双对数曲线特征

1. 均质油藏

在均质无限大地层中,假设地层及地层中的流体满足如下条件:

油藏各向同性且为等厚度;地层中的流体及岩石为微可压缩;多孔介质中的流体满足达西流动;考虑表皮系数和井筒存储;油井以定产量 q 生产且开井前地层压力为原始地层压力 p_i。其压力数据曲线特征如图 9.3.10 和图 9.3.11 所示。

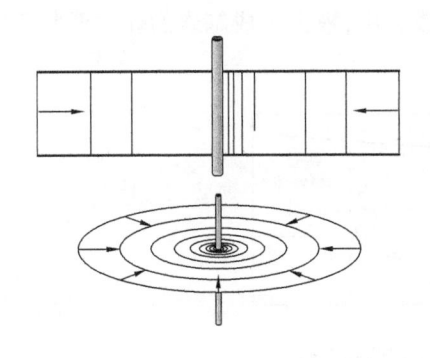

图 9.3.10　均质油藏压力分布示意图

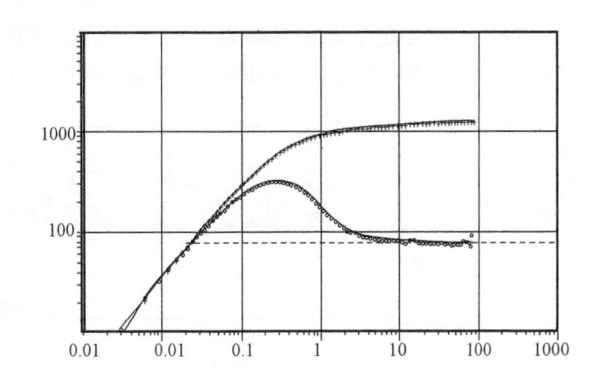

图 9.3.11　均质油藏双对数曲线图

2. 双重介质油藏

在某些特定的地层中,往往存在着天然裂缝,这些裂缝将储油分成许多小块(图 9.3.12)。流体一般都储存在这些小块中,而裂缝一般是流体的通道。

图 9.3.12　双重介质油藏模型

在双孔介质油藏中,一般都假定基岩的渗透性很差,而裂缝的渗透性很强。当地层中油井开始生产时,裂缝中的流体流向井筒,同时基岩也向裂缝提供流体,由于基岩与裂缝的接触面很大,虽然基岩的渗透率很小,但巨大的接触面积使得裂缝始终保持足够多的流体流向井筒。按照低传导基岩到高传导性裂缝流动的假设,可以将双孔介质模型分成两种类型。

第一种类型称为拟稳态模型(图9.3.13、图9.3.14),它假设基岩与其接触的裂缝之间的流量与它们之间的压力差成正比,这一模型是由 Warren 和 Root 等人提出的。

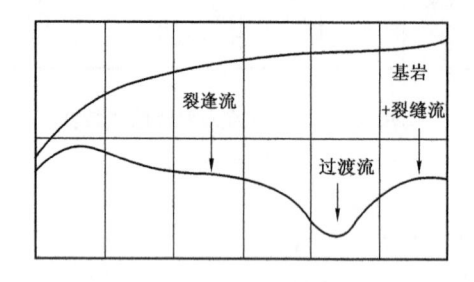

图9.3.13 双重介质油藏拟稳态双对数图

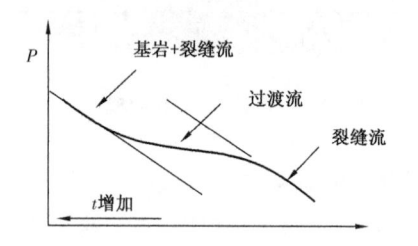

图9.3.14 双重介质油藏拟稳态单对数图

第二种类型常称为不稳态流模型,它假定基岩块中的压力分布也满足渗流力学方程,从而导致从基岩到裂缝间的流动为不稳定流动。在这一模型中,根据组成基岩的介质形状不同可分成板状介质模型、球形介质模型两种(图9.3.15)。

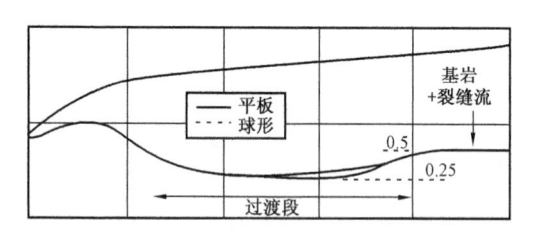

图9.3.15 双重介质油藏不稳定流双对数图

3. 双渗油藏

双渗油藏是由两个均质、等厚的薄层组成的油藏。假设两层的渗透率分别为 K_1 和 K_2(K_1 和 K_2 相差明显),厚度分别为 h_1 和 h_2,它们之间在整个平面上互相接触;在两层同时向油井供油的同时,低渗地层也向高渗地层发生拟稳态窜流。(图9.3.16、图9.3.17)。

图9.3.16 双渗油藏模型据

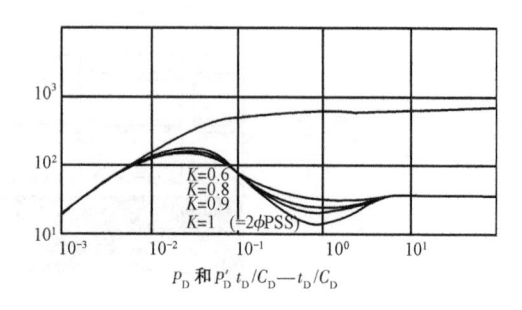

图9.3.17 双渗油藏双对数导数特征据

4. 复合油藏

如果地层中的地层静态参数或流体特性参数在径向有突变,称这样的地层为径向复合油藏(图9.3.18),其双对数图后期的反映(上翘与下降)与内外区的物性有关(图9.3.19)。而地层特性具有不对称变异,则成为线性复合油藏:地层只是某一方向上存在着地层或流体参数突变的情形,油藏及流体物性参数在某个方向上不连续的极限形式。其模型和在试井曲线上的特征如图9.3.20和图9.3.21所示。

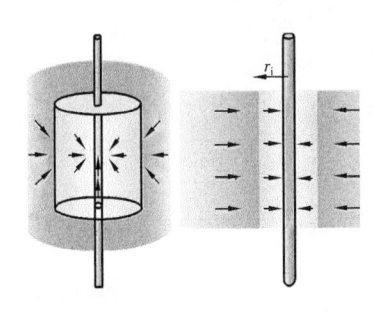

图9.3.18 径向复合油藏模型

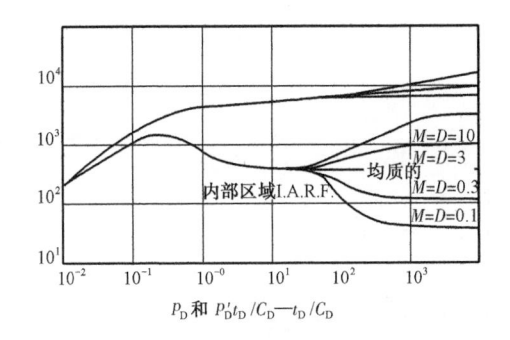

图9.3.19 复合油藏双对数导数图特征

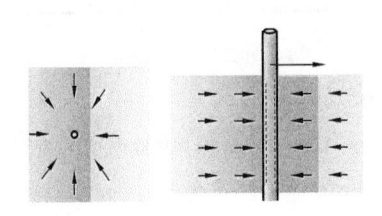

图9.3.20 线性复合油藏模型

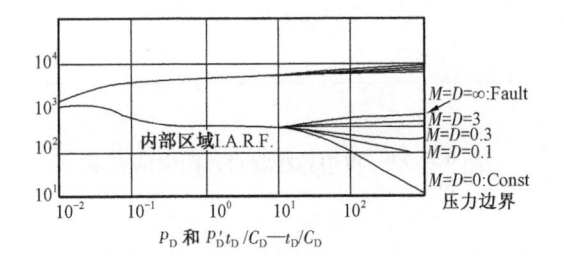

图9.3.21 线性复合油藏双对数导数图特征

(三)外边界条件

外边界条件有定压边界、不渗透边界及其不同组合的多种形式,常见的有以下几种。

1. 单边界油藏

单边界油藏在测试范围内有一条边界(无流动或恒压边界模型如图9.3.22所示,其表现如图9.3.23、图9.3.24所示):恒压边界到了后期,流动将达到稳定状态,在导数曲线上呈下调,在双对数和单对数曲线上出现水平直线;而测试井附近有直线型不渗透边界,则压力或压差与时间的半对数曲线将呈现两个直线段,它们的斜率比为1:2,其导数曲线则呈上翘的趋势。

2. 夹角边界

两条边界之间呈一定的角度分布,其组合可以由两条无流边界、两条定压边界及无流和定压边界所组成(图9.3.25),如两条无流边界的组合在压力数据在双对数坐标中的表现如图9.3.26所示:测试井所在位置不同其压力曲线也有所不同。

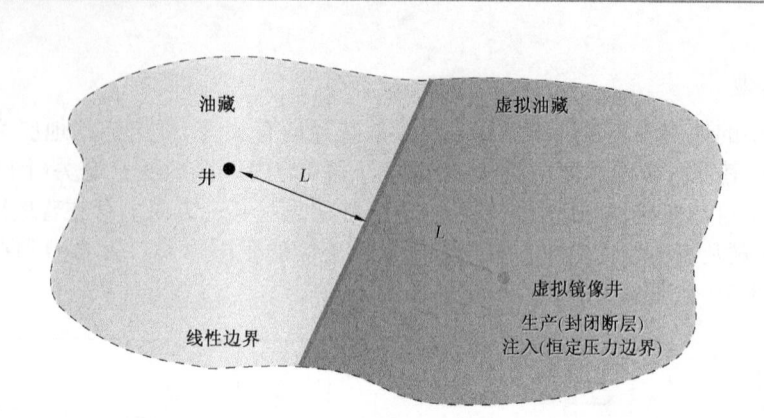

图 9.3.22　单边界油藏模型示意图

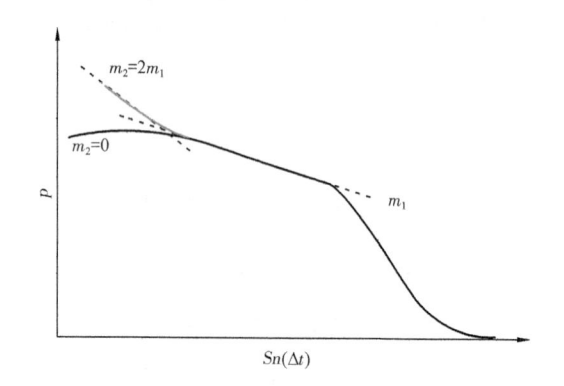

图 9.3.23　单边界在双对数图中的表现

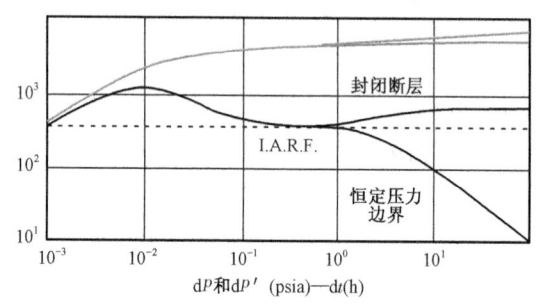

图 9.3.24　单边界在单对数图的表现

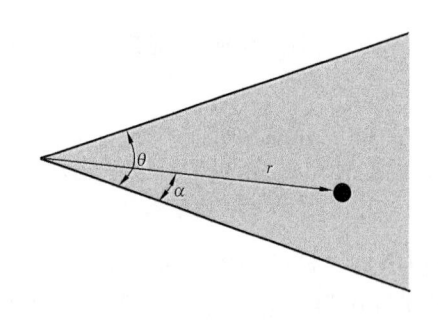

图 9.3.25　夹角边界模型

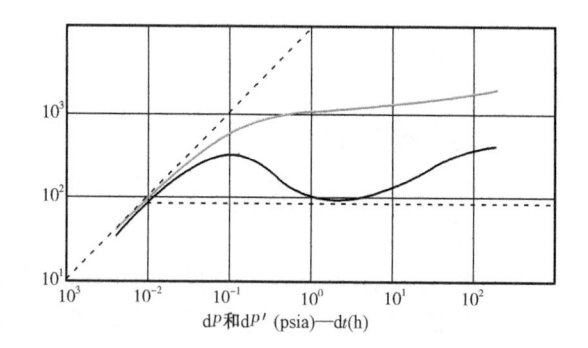

图 9.3.26　夹角边界试井曲线特征

3. 渠状边界

两条边界呈平行方式分布,其组合也同夹角边界组合一样,也可以由两条无流边界、两条定压边界及无流和定压边界所组成(图 9.3.27),如两条无流边界的组合在压力数据在双对数坐标中的表现如图 9.3.28 所示,由于所处的位置受边界影响的时间而有所不同。

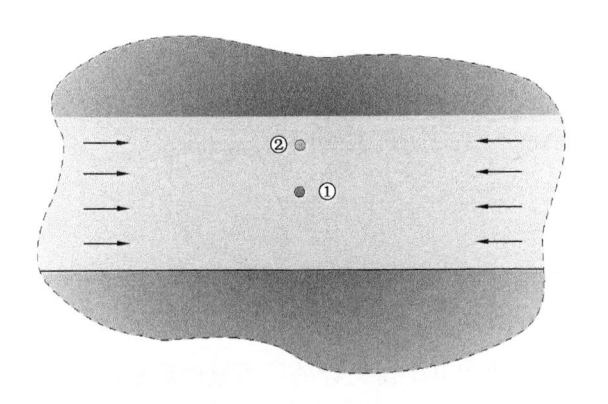

图 9.3.27　渠状边界模型示意图

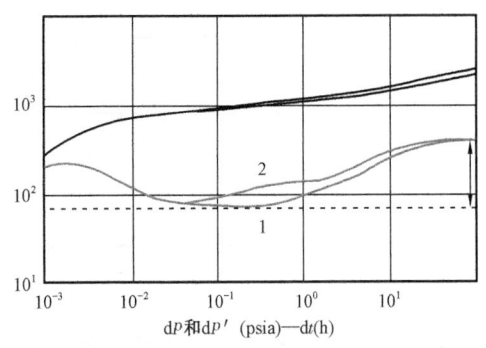

图 9.3.28　渠状边界在双对数图中表现

4. 矩形边界

所谓矩形边界就是测试井的四周都有边界存在，其组合可以由无流及定压边界组合而成，组合形式较多（图9.3.29），其最突出的为封闭边界，既测试井被无流边界所包含在内，其压力资料在双对数图的表现如图9.3.30所示，在压力恢复试井中表现为后期压力导数曲线下调，而压力降落试井中，后期导数曲线上翘。

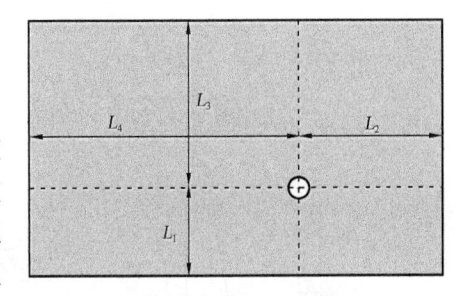

图 9.3.29　封闭边界模型

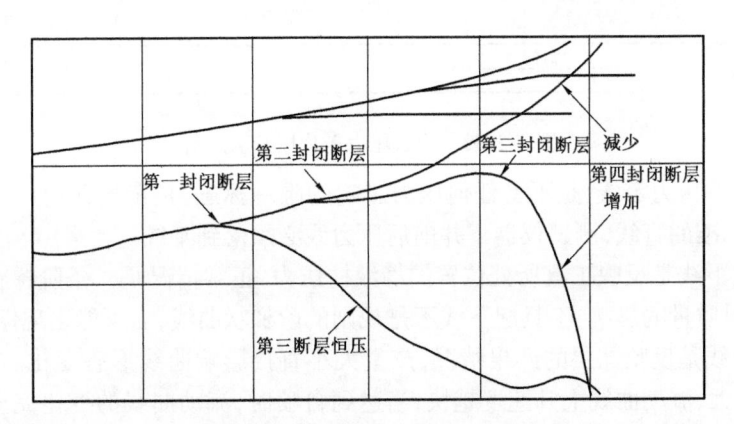

图 9.3.30　封闭边界的试井曲线特征

三、地层测试

地层测试也是一种不稳定试井的一种特殊形式，地层测试是获得地层流体样品，估算地层参数有无工业生产能力的一次暂时性完井。地层测试器用油管（或钻杆）下到井底，通过地面操作，使封隔器坐封，将钻井液和其他层段与测试段分开。而后，通过地面控制测试阀，使测试段的地层流体经筛管流入测试管柱内，压力记录仪记录流动压力与时间关系曲线；然后关闭测试阀，记录恢复压力—时间关系曲线（图9.3.31）。如此按要求开井关井，记录相应的压力动态数据。

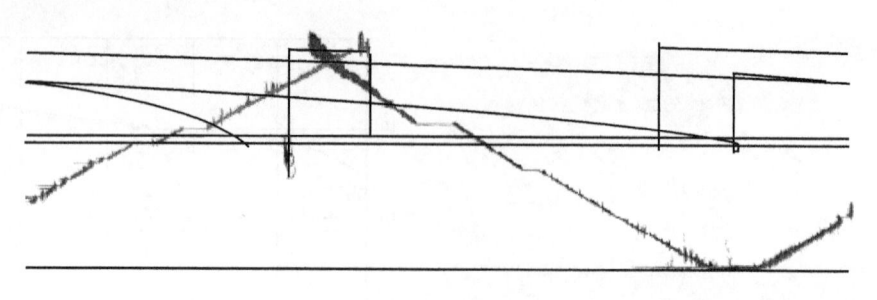

图9.3.31 地层测试卡片

地层测试的数据记录可有机械压力计的压力卡片和电子压力计的压力温度数据两种方式:测试卡片记录了整个测试的压力变化全过程,是分析和评价测试层的基础资料的来源之一(图9.3.32)。标准卡片曲线由以下几部分组成。

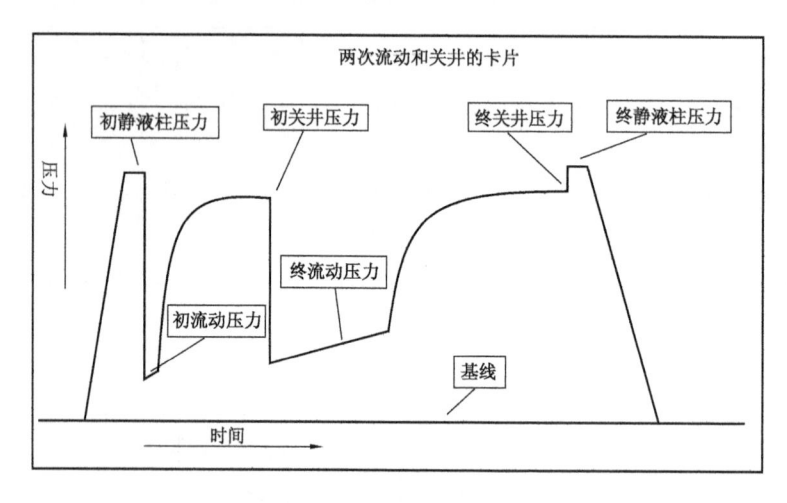

图9.3.32 测试压力卡片展开示意图

(1)基线也称压力零线,是不受任何压力影响的唯一标志,是衡量任何压力的基准值,因此要求是一条标准的直线,测试仪器下井前后压力线必须落到基线。

(2)工具起下线是反映工具所处位置的静液柱压力,正常情况是一条阶梯状曲线,但受钻井液性能和井眼质量的影响,工具起下线不是规则的阶梯状曲线,而可能出现锯齿状。

(3)流动曲线是反映储层的产出情况,产量大小直接影响曲线形态变化。当储层产出为液体时,产量越大,流动曲线上升速度越快,当达到自喷时,流动曲线的变化完全相反,产量增大时流动曲线下降,产量减小时流动曲线上升。

(4)压力恢复曲线是井眼和储层特性的表现,正常情况下是一条光滑曲线。在现场,通过对测试压力卡片的鉴别,可以确认测试工具的工作是否正常、记录的压力值是否准确,并可根据开井流动曲线和关井压力恢复曲线形态,对储层做出初步的定性评价。如图9.3.33所示,当测试层产液量较少(产量低),流动曲线较为平缓,在正常情况下由三种原因造成。① 由于井底地层受伤害比较严重,虽然地层渗透性较好,但流体从地层流入井筒时,受到井筒污染限制,不容易流到井筒里来,此时关井压力恢复曲线的形态如图9.3.33中A线。从曲线可以看出压力恢复速度较快,是地层物性好的显示,但流动曲线平缓,产量低,这同关井压力恢复曲线相矛盾。其原因是污染阻力所造成,开井后由于污阻地层流体很少流入井筒。因此地层压降很小或者几乎没有压降,这样关井后封隔器以下井筒部分重新升压,地层压力立即在仪表上反映出来,压力上升速度很快,使压力恢复曲线产生方角特征。② 储层属于低渗层。由于储层渗透性差,产业量少,关井压力恢复速度缓慢,曲线表现为较大的波及半径,如图9.3.33中B线所示。因为低渗透层在开井时供液能力差,离井眼一定距离处也产生压降。当关井后,井和储层的压力必须恢复到波及范围外的压力,因此压力恢复较慢,这和流动曲线的平缓特性相一致;③ 储层压力低,如图9.3.33中C线。虽然储层中存在碳氢化合物(石油及天然气),但是没有足够的能力(压力)将它们从储层中推向井筒内。测试中表现为这种曲线类型的井,采取压裂、酸化措施也很难见效,唯一是向储层中补充能量(注水或注气,提高储层压力)。

以上三种情况在实际测试中不可能单独存在,往往同时有几种因素,因此在分析实际曲线评价储层时要抓住主要的影响因素。

四、多井试井

多井试井的目的是确定井间连通情况和求解井间地层特性。多井试井包括干扰试井和脉冲试井,它是在一口井激动,在另外一口井观察压力反应的试井方法。如果井间连通,则通过分析能计算出井间有关参数,如均质油藏中的储能系数、流动系数;双重介质油藏中的弹性储能比和窜流系数等参数。

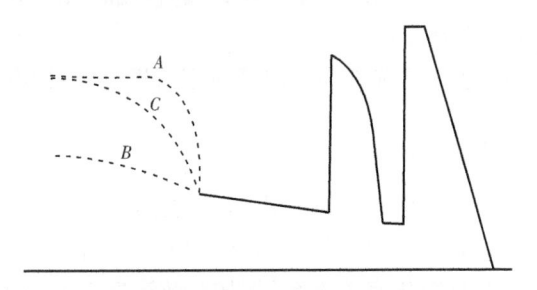

图9.3.33　地层测试压力恢复的曲线特征分析示意图

测试方法:首先在观测井中下入高精度压力计,测出观测井的井底压力变化趋势。最好将激动井和观测井提前关闭,形成一个稳定压力分布,将使试井数据解释较为容易。然后改变激动井的工作制度。一般来说,观察井收到的压力干扰信号微弱,特别是在地层导压能力低,井距大的情况下更是如此。因此,多井试井必须使用高精度的电子压力计。为了使测试数据得以处理,观察井的压力反应至少要大于潮汐和地层噪声等随机干扰信号所造成的影响。

多井试井分析模型的基本构成如下:

油藏模型:均质,双重介质(介质间拟稳定流、介质间不稳定流),包括平板和球形两种情况。激动井边界条件:线源井,井筒储集,表皮效应。油藏边界条件:无限大,一条不渗透边界,一条恒压边界。

激动井的激动方式:干扰试井,变流量脉冲试井。

五、单井不稳定试井解释方法

(一)单井不稳定试井解释方法

(1)解释模型选择:根据被测井的地质资料,利用双对数压力导数曲线形状、特征直线进行曲线诊断,划分各流动段,确定地层渗流特征和边界性质,选择合适的解释模型。

(2)参数计算。

① 常规分析。

对双对数压力导数中期出现水平直线段的资料,都要用霍纳(Horner)法或MDH法进行常规分析,计算出有关的参数(有效渗透率 K、表皮系数 S、外推压力 p^*、边界距离 L_b 等)和压力拟合值,并以此校正双对数曲线拟合中的压力拟合值。

② 特征曲线分析。

对双对数压力导数曲线出现的特征斜率直线,均应用以下特定的分析方法进行分析:

a. 当早期出现斜率为 1 的直线时,作 Δp—Δt(或 t)线性图,用其直线斜率计算井筒储存系数 C,并校正双对数拟合分析的 C 值。

b. 当早期出现斜率为 0.5 的直线时,作 Δp—$\sqrt{\Delta t}$(或 $\sqrt{t}$)线性图,用其直线斜率计算裂缝半长 x_f。

c. 当早期出现斜率为 0.25 的直线时,作 Δp—$\sqrt[4]{\Delta t}$($\sqrt[4]{t}$)线性图,用其直线斜率计算垂直裂缝导流能力 $K_f W_f$。

d. 当压降晚期曲线出现封闭边界反应时,作 $p(t)$—t 线性图,用其直线斜率计算与井连通的孔隙体积、流体储量和面积。

③ 双对数图版曲线拟合分析。

所有试井资料都要用双对数图版拟合法进行拟合分析,通过调整图版曲线拟合值 $(C_D e^{2S})_M$、时间拟合值 t_M 和压力拟合值 p_M,并用叠加线源解方法拟合边界反应,使其达到最佳拟合,并计算出有关参数(例如有效渗透率 K、表皮系数 S、无量纲井筒储存系数 C_D、垂直裂缝半长 x_f、垂直裂缝导流能力 $K_f W_f$、储能比 ω、串流系数 λ、边界距离 L_b 等)。

④ 解释结果检验。

a. 一致性检验:用常规解释方法与双对数解释方法所得的结果应一致,计算的 K 相对误差小于 10%,S 的差值不超过 2。

b. 可靠性检验。

无量纲霍纳曲线检验:霍纳典型曲线和实测数据的无量纲曲线应该彼此拟合。若获得一致性的分析结果,表明解释结果可靠;否则,要调整 $(C_D e^{2S})_M, t_M, p_M, p^*$ 等拟合参数,直到达到满意的拟合为止。

压力史拟合检验:该部分是将实际的产量历史、解释模型以及从分析中得到的井和油藏的参数值代入相应的数学模型,从而计算出压力与时间的关系曲线,然后与实测曲线进行对比。如果曲线重合,说明获得了良好的结果;否则,说明解释结果与实测的油藏动态不符,应重新选择模型进行参数计算。

(二)多井试井解释方法

(1)干扰试井解释方法。

① 干扰试井压力的确定:在激动井改变工作制度进行干扰测试前,要在观察井中下入高精度的电子压力计,测出观察井的压力变化趋势。激动井改变工作制度在观察井中测得的压力响应中,要考虑上述趋势压力,从而确定出随时间变化的干扰压力值。

② 干扰测试资料解释:对均质油藏,常用的解释方法有三种:极值点法(激动井多次激动)、半对数分析法(适用于干扰测试段后期的数据点)、双对数指数积分曲线图版拟合法。解释出的参数有井间流动系数(Kh/μ)和弹性储能系数($\phi h G_t$)。

对双重介质油藏,常用双对数图版拟合法解释。可选择的图版有双重孔隙介质间流动为拟稳态和不稳定两种图版,以及双重介质地层干扰压力理论图版等。解释出的参数有井间裂缝系统的流动系数($K_\mathrm{f}h/u$)和弹性储能系数(ϕhC_t)以及裂缝岩块系统间的窜流系数 λ 和储能比 ω。

(2)脉冲试井解释方法。

① 脉冲试井录取资料要求:所取资料主要为脉冲压力响应幅度;脉冲周期、激动井脉冲流量以及激动井与观察井之间的距离。其余资料如地层和流体性质等与单井试井相同。

② 脉冲试井资料解释方法:脉冲试井录取的资料可通过图解法和经验法求解井间地层参数。图解法所用的图版为脉冲压力响应幅度与滞后时间关系图,对不同的脉冲次数有不同的图版;经验法适用于脉冲比为 0.2~0.8 的情况。解释的参数与干扰试井相同。以上方法均只适用于均质油藏,不适用于双重孔隙介质油藏,因而对双重孔隙介质油藏不宜安排脉冲试井。

第十章 安全生产知识

试油作业属于野外作业,环境艰苦,工艺复杂,工序繁多,生产过程中存在较大的风险性,因此保障安全生产,落实安全管理就显得尤为重要。加强劳动保护,抓好安全生产,保障职工安全和健康,是油田生产管理的一项基本原则。"安全第一、预防为主"是多年来经验总结而确定的安全工作方针。全面提高广大员工的安全意识,做好安全预防工作,必须从职工教育培训抓起,这个是搞好安全生产的根本保证;生产过程中严格按照 HSE 体系要求,遵守相关的安全操作规程是确保安全生产的最主要环节;特别是施工前及时进行危害(风险)识别,并采取相应的风险削减及控制措施,是确保安全生产的关键步骤。关于试油作业各种施工(如射孔、试压等)具体的施工过程中常出现的风险,针对风险提出的防范措施在本书其他章节中和公司操作规程中已有介绍,本章重点是有关防火、防爆、防触电、防井喷、有毒有害气体防护及现场急救等方面的基础知识的。下面我们先对安全、安全生产、安全管理做一个诠释:

安全:对于安全的概念,顾名思义,则为"无危则安,无缺则全",即安全意味着没有危险。从一般意义上来说,安全是指客观事物的危险程度能够为人们普遍接受的状态。

安全生产:安全生产是指在生产过程中消除或控制危险及有害因素,保障人身安全健康、设备完好无损及生产的顺利进行。安全生产就是使生产过程在符合安全要求的物质和工作秩序下进行,以防止人身伤亡、生产和设备事故等各种危险的发生,从而保障劳动者的安全和健康,促进劳动生产率的提高。

安全管理:安全管理是企业管理的一个重要的组成部分。安全管理的主要目的,就是通过管理的手段,实现控制事故、消除隐患、减少损失,使整个企业达到最佳的安全水平,为劳动者创造一个安全、舒适的工作环境。它是以安全为目的,进行有关决策、计划、组织和控制方面的活动的总称。

第一节 试油生产现场基本安全要求

(1)井场内严禁烟火。井场动火,严格按动火程序办理审批手续和现场监护。
(2)井场设备的布置,执行《试油前准备工艺规程》。
(3)值班房摆放在上风口或侧风口。值班房内图表、制度、各项记录、设施齐全。
(4)工具房、发电房、远控房、锅炉房、分离器卫生清洁,工具摆放整齐,值班房、发电房(发电机)接地执行《设施、设备防漏、静电接地管理办法》规定。方罐组前后各设置两个接地桩,供移动设备、设施释放静电使用。
(5)在草原、苇塘、林区施工作业时,井场周围应有防火隔离带。
(6)现场作业人员应按规定正确穿戴工服、工鞋、手套、戴安全帽;高空作业(离工作面2m及以上)系高空安全带;打大锤等作业时应佩戴护目镜。

(7)含有毒有害气体的井按规定配备正压呼吸器、监测仪器等防护设施;高音区工作人员应佩戴听力保护用品。

(8)各项试油作业严格按操作规程施工。

(9)严格执行相关法律法规及其他要求。

第二节　防火与防爆

一、火灾预防

(一)火灾的基本常识

1. 火灾的定义

在时间和空间上失去控制的燃烧所造成的灾害称为火灾。

2. 发生燃烧的条件

燃烧是可燃物质(气体、液体、固体)与氧或氧化剂发生伴有发热和发光的一种激烈的化学反应。

发生燃烧的条件是可燃物质和助燃物共同存在,构成一个燃烧系统,同时要有导致着火的火源(温度)。如果燃烧条件具备并且是未受到抑制的链式反应,就构成了燃烧的充分条件。

(1)可燃物是指在火源作用下能被点燃,并且当火源移去后能维持继续燃烧,直至燃尽,即凡能与空气、氧气和其他氧化剂发生剧烈氧化反应的物质。

(2)助燃物也称为氧化剂,如空气(指空气中的氧气)、氧气、氯气、氟等。

(3)着火源是指具有一定温度和热量的能源。

(4)链式反应:有焰燃烧都存在链式反应。当某种可燃物受热,它不仅会汽化,而且该可燃物的分子会发生裂解作用,从而产生自由基。自由基是一种高度活泼的化学形态,能与其他自由基和分子反应,而使燃烧持续进行。

可燃物、助燃物、火源是燃烧的三要素,是发生燃烧的条件,每一个条件要有一定的量,相互作用,燃烧方可产生。当三个条件在数量上发生变化时,会使燃烧速度改变甚至停燃,这是灭火的基本原理。

根据燃烧必须是可燃物、助燃物和火源三个基本条件相互作用才能发生的道理,采取措施,防止三个条件同时存在或避免他们相互作用,这是防火技术的基本理论。

3. 燃烧的类型

(1)闪燃和闪点。

闪燃是当火焰或炽热物体接近易燃液体时,其液面上的蒸汽与空气混合会发生瞬间火苗或闪光的现象。

液体发生闪燃的最低温度,叫闪点。液体的闪点越低,火险就越大。

闪点低于45℃的液体叫易燃体;燃点大于45℃的液体叫可燃烧体。

根据闪点高低将液体分类分级,见表10.2.1。

表10.2.1 液体的分类分级

种 类	级别	闪点 $T(℃)$	举 例
易燃液体	Ⅰ	$T \leq 28$	汽油、甲醇、乙醚、苯、丙酮、二硫化碳、煤油、丙醇等
	Ⅱ	$28 < T \leq 45$	
可燃烧液体	Ⅲ	$45 < T \leq 120$	戊醇、柴油、重油等
	Ⅳ	$T > 120$	植物油、矿物油、甘油等

(2)着火与燃点。

可燃物质在空气中受着火源的作用而发生持续燃烧现象,称为着火。

可燃物质开始持续燃烧所需要的最低温度称为燃点(又称作着火点)。

几种可燃物质的燃点见表10.2.2。

表10.2.2 可燃物质的燃点

物质名称	燃点(℃)	物质名称	燃点(℃)
黄磷	34~60	布匹	200
松节油	53	麦草	200
樟脑	70	硫	207
灯油	86	豆油	220
赛璐珞	100	烟叶	220
橡胶	120	松木	250
纸张	130	胶布	325
漆布	165	涤纶纤维	390
蜡烛	190	棉花	210

(3)自燃与自燃点。

自燃:可燃物质受热升温而不需明火作用就能自行燃烧的现象称为自燃。

自燃点:引起物质自燃的最低温度。自燃点越低,发生火灾的危险性越大。物质的自燃点随压力、浓度、散热条件等因素的变化有所不同。

液体的密度越大,闪点越高,而自燃点越低。

几种液体燃料的自燃点和闪点比较见表10.2.3。

表10.2.3 液体燃料的自燃点和闪点比较

物质	闪点(℃)	自燃点(℃)
汽油	<28	510~530
煤油	28~45	380~425
轻柴油	45~120	350~380
重柴油	>120	300~330
蜡油	>120	300~320
渣油	>120	230~240

4. 影响燃烧速度的因素

单位时间内,火焰前端的单位上燃烧掉的可燃混合物的体积量:

① 在相同体积下,燃烧表面积越大,燃烧速度越快。
② 氧化能力越大,燃烧速度越快。
③ 燃烧物中碳、氧、硫、磷等可燃物的元素含量越多,燃烧速度越快。

5. 火灾的分类

根据燃烧物及燃烧特性不同,可分为六类:

(1) A 类火灾:指含碳固体可燃物,如木材、棉、毛、麻、纸张等燃烧的火灾。
(2) B 类火灾:指甲、乙、丙类液体如汽油、煤油、柴油、甲醇、丙酮的功能燃烧的火灾。
(3) C 类火灾:指可燃气体如煤气、天然气、甲烷、丙烷、乙炔、氢气等燃烧的火灾。
(4) D 类火灾:指可燃烧金属如钾、钠、镁、钛、锆、锂、铝、镁合金等燃烧的火灾。
(5) E 类火灾:指带电物体燃烧的火灾。
(6) F 类火灾:指烹饪火灾。

(二)石油火灾的特点

石油火灾指石油勘探开发和储运加工过程中发生的石油(包括液化石油气、天然气)火灾。石油火灾具有如下几个方面的特点。

1. 爆炸危险性大

石油及其产品在一定温度下,能蒸发大量的蒸汽。当这些蒸汽与空气混合到一定比例时,遇到明火即发生爆炸。同样,液化石油气、天然气与空气混合达到爆炸极限时,遇到明火即发生爆炸。这一类爆炸称为化学性爆炸。储油(或液化石油气)容器在火焰或高温作用下,油(液)蒸气压力急剧增加,在超过容器所能承受的极限压力时,储油(液)容器发生的爆炸,称之为物理爆炸。在石油火灾中,有时是先发生物理性爆炸,容器内可燃气体、可燃蒸气冲出引起化学性爆炸,然后在冲击波或高温、高压作用下,发生设备、容器物理爆炸;有时是物理性爆炸与化学性爆炸交织进行。

2. 火焰温度高、辐射热强

石油火灾火场环境温度教高,辐射热强烈。油气井喷发生火灾时,火焰中心温度可达1800~2100℃。气井火焰温度一般比油井火焰温度高,其辐射热与火焰高度及井喷压力、油气产量有关。火焰高度越大,辐射热越强;压力、产量越大、火场温度越高。距火焰柱50m处,人员、车辆难以靠近,尤其是下风方向,更不易靠近。油罐发生火灾,火焰中心温度达1050~1400℃,油罐壁的温度达1000℃以上。油罐火灾的热辐射强度与发生火灾的时间成正比,与燃烧物的热值、火焰的温度有关。燃烧时间越长,辐射热越强;热值越大,火焰温度越高,辐射热强度越大。强辐射热易引起相邻油罐及其他可燃物燃烧,同时,严重影响灭火行动。因此,石油火灾的灭火异常艰巨。

3. 易形成大面积火灾

石油火灾发展蔓延速度快,极易造成大面积火灾。发生石油井喷火灾时,从井下喷出的原油在空气中没有完全燃烧,落到井场设备及其周围建筑物上继续燃烧,便会造成大面积火灾。

井喷火灾当出现泉喷、油气四处流淌扩散或出现异常现象,或井口周围地表面冒出天然气,也会引起大面积火灾。液化石油气储罐区发生火灾,随着大型液化石油气储罐破裂、泄漏,气体向外扩散,其扩散面积越大,形成火灾的面积也就越大。

4. 具有复燃、复爆性

石油火灾在灭火后未切断可燃气体、易燃可燃液体的气源或液源的情况下,遇到火源或高温将产生复燃、复爆。对于灭火后的油罐、输油管道,由于其壁温过高,如不继续进行冷却,会重新引起油品的燃烧。因此,扑救石油火灾,常因指挥失误、灭火措施不当而造成复燃、复爆。

(三)火灾和爆炸事故的一般原因

虽然火灾和爆炸事故的原因复杂,但事故主要是由于操作失误、设备缺陷、环境和物料的不安全状态、管理不善引起。

1. 人的因素

大多数事故是由于操作人员缺乏有关防火知识,在火灾和爆炸险情面前思想麻痹,有侥幸心理,违章作业而引起的。

2. 设备的原因

设备方面的原因有设计不符合防火防爆炸要求,选材不当,设备无安全保护装置,制造工艺缺陷、密封不良等。

3. 物料的原因

物料方面的原因有可燃物的自燃,各种危险品的相互作用,运装时受剧烈震动撞击等。

4. 环境的原因

环境方面的原因有潮湿、高温、通风不良、雷击。

5. 管理的原因

管理方面的原因有规章制度不健全,没有合理的安全操作规程,没有设备的计划检修制度,生产设备失修,生产管理人员不重视安全,不重视宣传教育和培训。

(四)防火的基本技术措施

1. 通常防火的基本措施

防火措施的关键在于两点:一是防止燃烧基本条件的产生;二是避免燃烧基本条件的相互作用。

(1)消除火源。

防火的基本原则主要应建立在消除火源的基础之上。因为任何地方都经常处在可燃物和空气之中,具备燃烧三个基本条件中的两项,只有消除火源才能满足预防火灾和爆炸的基本要求。

通常调查火灾原因实际上就是查火源的种类及来源。

(2)控制可燃物。

以难燃和不可燃物代替可燃物;降低可燃物在空气中的浓度;防止可燃物跑、冒、滴、漏;对相互作用可能产生可燃物品加以隔离,分开存放。

(3)隔绝空气。

在必要时可使生产处于真空条件下进行,也可在设备容器中充满惰性介质保护。如燃料容器在检修焊补前用惰性介质置换;可燃物隔离空气贮存(如钠通常存放在煤油中)。

(4)防止形成新的燃烧条件,阻止火灾范围扩大。

设置阻火装置和防火墙,建筑物间留防火间距。

2. 试油作业生产现场可采取下述基本的防火措施

(1)在井场内严格控制火源。

(2)严防生产设备、容器的"跑、冒、滴、漏"。

(3)配备相应的消防器材。

(五)灭火基本措施及方法

灭火措施就是设法消除、破坏已产生或形成的燃烧条件。一旦发生火灾,只要消除燃烧条件中的任何一条,火就会熄灭。根据物质燃烧原理和时间经验,灭火的基本方法有下面四种。

1. 隔离灭火法

隔离法就是将可燃物与火源隔离开来,这样燃烧就会停止。如将火源附近的可燃、易燃、易爆和助燃物品搬走;关闭可燃气体、液体管路的阀门,以减少和阻止可燃物质进入燃烧区;设法阻拦流散的液体;拆除与火源毗邻的易燃建筑物等。

2. 窒息灭火法

窒息法就是消除助燃物(空气、氧气或其他氧化剂),使燃烧停止。主要是阻止助燃物进入燃烧区,或用惰性介质或阻燃物质冲淡稀释助燃物,使可燃物得不到足够的氧化剂而熄灭。可采取的措施有:将水蒸气或惰性气体灌注容器设备,将正在着火的容器设备封严密闭;用不燃或难燃物捂盖燃烧物;将灭火剂如四氯化碳、二氧化碳泡沫等不燃气体或液体喷洒在燃烧物表面,使之不与助燃物接触等。

3. 冷却灭火法

冷却灭火法就是将可燃物的温度降低到着火点(燃点)以下,使燃烧停止,或将临近的火场的可燃物温度降低,避免扩大形成新的燃烧条件。常用水或干冰(固体二氧化碳)进行降温灭火,主要是将灭火剂直接喷射在燃烧物上,以增加散热量,降低燃烧物的温度于燃点以下,使燃烧停止;或者将灭火剂喷洒在火源附近的物体上,使其不受火焰辐射的威胁,避免火灾扩大。

4. 抑制灭火法

抑制灭火法就是使灭火剂参与到燃烧反应过程中去,使燃烧过程中产生的游离基急剧减少,而形成稳定分子或低活性的游离基,使燃烧反应因缺少游离基而停止。此方法也有称为化学灭火法的,可采用干粉灭火剂或卤代烷灭火剂。

(六)天然气火灾与灭火

1. 天然气火灾的危险性

(1)燃烧性:气体燃烧与液体和固体燃烧不同,它不需要蒸发、熔化等过程。气体在正常条件下就具备燃烧条件,比液、固体易燃烧、燃烧速度快、放出热量多,产生的火焰温度高、热辐射强,造成的危害大。

此外,天然气处于压力下受冲击,摩擦或其他火源作用,则会发生喷流式燃烧(气井井喷火灾,高压气从燃气系统喷射出来时的燃烧)。这类火灾扑救较困难,应当设法断绝气源。

(2)爆炸性。

(3)加热自燃性。

(4)扩散性:扩散性是指天然气在空气及其他介质中的扩散能力。扩散速度越快,火蔓延扩展的危险性就越大。比空气轻的组分逸散到空气中,易形成爆炸性混合物(氢、甲烷等);比空气重的组分则漂流在地面积聚(丁烷、戊烷、硫化氢等)。

(5)腐蚀、毒害和窒息性:H_2S、CO、CO_2 具有腐蚀性,对人体有害,一旦进入空间,会降低氧量,发生窒息现象。

2. 天然气火灾的原因

(1)设备密封不严而产生漏气;设备长期无防腐措施,因腐蚀而产生漏气;设备老化产生漏气;设备破损而漏气。

(2)火源。

直接火源:明火、电火花、雷击等。

间接火源:加热自燃起火(本身自燃起火)。

3. 天然气火灾的灭火方法

灭火分两大类:物理灭火(冷却法、稀释法、破坏火焰稳定性)和化学灭火(抑制法)。

使用灭火器进行灭火时,应先切断气源,以防灭火后出现复燃、复爆。

一旦发生火灾应抓住时机,以快制胜,以冷制热,防止爆炸;先重点、后一般,各个击破、适时合围。

(1)断源灭火:关阀断气,使燃烧中止。但断气灭火时,注意与阀相关的设备,工艺流程的安全。

(2)灭火剂灭火。可选用的灭火剂有水、干粉、卤代烷(1211)、蒸汽、氨气等。

(七)灭火器常识

1. 灭火剂的种类:水、泡沫、干粉、卤代烷、二氧化碳等

干粉灭火剂根据使用范围分为两大类:

(1)普通干粉灭火器:碳酸氢钠(BC)。

(2)多用干粉灭火器:磷酸铵盐(ABC)。

二氧化碳灭火剂是一种具有一百多年历史的灭火剂,价格低廉,获取、制备容易,其主要依靠窒息作用和部分冷却作用灭火。

2. 灭火器的选择原则

根据不同种类的火灾应选用不同的灭火器:

扑救 A 类火灾应选用水型、泡沫、磷酸铵盐干粉、卤代烷型灭火器。

扑救 B 类火灾应选用干粉、泡沫、卤代烷、二氧化碳型灭火器。

扑救 C 类火灾应选用干粉、卤代烷、二氧化碳型灭火器。

扑救 D 类火灾应由设计部门与当地化验室消防监督部门协商解决。

扑救 E 类火灾应选用卤代烷、二氧化碳、干粉型灭火器。

实例1:如有一个有古建筑的单位,大部分可燃物是木质材料,原配72具泡沫和酸碱灭火器。由于该单位对消防工作比较重视,又添置了101具干粉灭火器。但美中不足的是,他们买的是碳酸氢钠干粉灭火器,该灭火器只能扑灭可燃液体、可燃气体和电气设备的火灾,不能扑灭A类物质的火灾。若换成磷酸铵盐干粉灭火器比较合理。

实例2:对碱金属(如钠、钾)火灾,不能用水型灭火器。因为水与碱金属作用后,生成大量氢气,与空气混合,容易引起爆炸。

3. 灭火器的设置要求

(1)灭火器应设置在明显和便于取用的地点,且不得影响安全疏散。

(2)灭火器应设置稳固,其铭牌必须朝外。

(3)手提式灭火器宜设置在挂钩、托架上或灭火器箱内,其顶部离地面高度应小于1.50m,底部离地面高度宜小于0.15m。

4. 常见灭火器的原理及操作使用方法

(1)干粉灭火器。

干粉灭火器:干粉灭火器内充装的是干粉灭火剂。干粉灭火剂一般分为BC干粉灭火剂和ABC干粉两大类。它主要由具有灭火效能的无机盐和少量的添加剂经干燥、粉碎、混合而成微细固体粉末组成。用于灭火的微细粉末干燥且易于流动。它是一种在消防中得到广泛应用的灭火剂,且主要用于灭火器中。干粉灭火剂的主要成分有碳酸氢钠干粉、改性钠盐干粉、钾盐干粉、磷酸氢二铵干粉、磷酸氢二铵干粉、磷酸干粉和氨基干粉灭火剂等。干粉灭火剂主要通过在加压气体作用下喷出的粉雾与火焰接触、混合时发生的物理、化学作用灭火:一是靠干粉中的无机盐的挥发性分解物,与燃烧过程中燃料所产生的自由基或活性基团发生化学抑制和副催化作用,使燃烧的链反应中断而灭火;二是靠干粉的粉末落在可燃物表面外,发生化学反应,并在高温作用下形成一层玻璃状覆盖层,从而隔绝氧,进而窒息灭火。另外,还有部分稀释氧和冷却作用。

① 将干粉和压缩氮气共同贮存在筒体内。扑救火灾时,人员应站在上风口,首先拔出安全销钉,然后压动开关压把,将喷嘴对准着火部位,干粉通过喷嘴喷出灭火。

② 应每年全面检查一次灭火器,发现不符合要求的及时维修,按出厂年月算起灭火器出厂五年后每两年回收检验、水压试验一次。

(2)泡沫灭火器。

泡沫灭火器:用泡沫覆盖液面而窒息原理;手提式泡沫灭火器的筒体内充装碱性溶液,瓶胆内充装酸性溶液。扑救火灾时,人员应站在上风口,先将筒体颠倒(使用手提舟车式泡沫灭火器时,应首先将容器阀上的手柄扳转),略加晃动,使酸碱溶液混合,进行化学反应,产生泡沫,将喷管对准着火部位,泡沫即从喷管喷出灭火。使用推车式泡沫灭火器时,先旋转手轮,开启瓶胆口,然后放倒泡沫灭火器,上下晃动数次,并开启喷枪阀门,使泡沫喷出。

(3)二氧化碳灭火器。

二氧化碳灭火器:主要依靠窒息作用和部分冷却作用灭火。二氧化碳从储存容器中喷出时,会由液体迅速汽化成气体,而从周围吸收部分热量,起到冷却的作用(每千克液态二氧化碳气化时约需用138kcal的热量)。二氧化碳具有较高的密度,约为空气的1.5倍。在常压下,液态的二氧化碳会立即汽化,一般1kg的液态二氧化碳可产生约$0.5m^3$的气体,二氧化碳气体可以排除空气而包围在燃烧物体的表面或分布于较密闭的空间中,这样就可以增加空气中既不燃烧,也不助燃的成分,相对地减少空气中的氧气含量,降低可燃物周围或防护空间内的氧浓度,产生窒息作用而灭火。通常二氧化碳在空气中达到30%~35%时,能使一般的可燃物逐渐窒息,达到43.6%时,能抑制汽油、蒸气及其他易燃气体的爆炸。

二氧化碳灭火器主要用于扑救贵重设备、档案资料、仪器仪表、600V以下电气设备及油类的初起火灾。在使用时,应首先将灭火器提到起火地点,放下灭火器,拔出保险销,一只手握住喇叭筒根部的手柄,另一只手紧握启闭阀的压把。对没有喷射软管的二氧化碳灭火器,应将喇叭筒往上扳70°~90°。使用时,不能直接用手抓住喇叭筒外壁或金属连接管,防止手被冻伤。在使用二氧化碳灭火器时,在室外使用的,应选择上风方向喷射;在室内窄小空间使用的,灭火后操作者应迅速离开,以防窒息。

(4)清水灭火器。

清水灭火器中的灭火剂为清水,它主要依靠冷却和窒息作用进行灭火。水在常温下具有较低的黏度、较高的热稳定性、较大的密度和较高的表面张力,是一种古老而又使用范围广泛的天然灭火剂,易于获取和储存。因为每千克水自常温加热至沸点并完全蒸发汽化,可以吸收2593.4kJ的热量。因此,它利用自身吸收显热和潜热的能力发挥冷却灭火作用,是其他灭火剂所无法比拟的。此外,水被汽化后形成的水蒸气为惰性气体,且体积将膨胀1700倍左右。在灭火时,由水汽化产生的水蒸气将占据燃烧区域的空间、稀释燃烧物周围的氧含量,阻碍新鲜空气进入燃烧区,使燃烧区内的氧浓度大大降低,从而达到窒息灭火的目的。当水呈喷淋雾状时,形成的水滴和雾滴的比表面积将大大增加,增强了水与火之间的热交换作用,从而强化了其冷却和窒息作用。另外,对一些易溶于水的可燃、易燃液体还可起稀释作用;采用强射流产生的水雾可使可燃、易燃液体产生乳化作用,使液体表面迅速冷却、可燃蒸汽产生速度下降而达到灭火的目的。

利用清水灭火器时可采用拍击法,先将清水灭火器直立放稳,摘下保护帽,用手掌拍击开启杠顶端的凸头,水流便会从喷嘴喷出。

(5)简易式灭火器。

简易式灭火器是近几年开发的轻便型灭火器。它的特点是灭火剂充装量在500g以下,压力在0.8MPa以下,而且是一次性使用,不能再充装的小型灭火器。按充入的灭火剂类型分,简易式灭火器有1211灭火器,也称气雾式卤代烷灭火器;简易式干粉灭火器,也称轻便式干粉灭火器;还有简易式空气泡沫灭火器,也称轻便式空气泡沫灭火器。简易式灭火器适用于家庭使用,简易式1211灭火器和简易式干粉灭火器可以扑救液化石油气灶及钢瓶上角阀,或煤气灶等处的初起火灾,也能扑救火锅起火和废纸篓等固体可燃物燃烧的火灾。简易式空气泡沫适用于油锅、煤油炉、油灯和蜡烛等引起的初起火灾,也能对固体可燃物燃烧的火进行扑救。

使用简易式灭火器时,手握灭火器简体上部,大拇指按住开启钮,用力按下即能喷射。在灭液化石油气灶或钢瓶角阀等气体燃烧的初起火灾时,只要对准着火处喷射,火焰熄灭后即将灭火器关闭,以备复燃再用;如灭油锅火应对准火焰根部喷射,并左右晃动,直至扑灭火。灭火后应立即关闭煤气开关。或将油锅移离加热炉,防止复燃。用简易式空气泡沫灭油锅火时,喷出的泡沫应对着锅壁,不能直接冲击油面,防止将油冲出油锅,扩大火势。

（八）试油作业防火措施

（1）通常油气井作业时，严禁在井场距井口30m以内用火；进入防火期，在苇田、稻田等特殊井场施工严禁动用明火；对于"三高"井等特殊井施工，严禁动用明火。

（2）值班房内不准存放易燃易爆物品，严禁在值班房、发电房、锅炉房内用汽油清洗工具等物品。

（3）严格执行工业动火审批制度，要认真落实安全、消防措施。

（4）电器开关统一装在值班房配电盘上，井场照明必须用防爆灯或探照灯。

（5）井场消防器材配备齐全，及时检查、保养、更换，确保性能良好。

（6）要有完善的消防措施及明确的人员分工，并定期进行演练。

（7）施工中有井喷显示时，立即切断电源、消除火种，立即上报，采取果断措施，制止井喷及井喷着火事故的发生，防止事态扩大。

（8）井场周围要有明显的防火、防爆标志。按规定配置齐全消防器材，并安放在季节风的上风方向。所有上岗人员要懂得防火知识，会使用、保养消防器材。

（九）作业现场着火、井喷和井喷着火应急程序

以试油队一个班组配置5人为例（班长岗位1人、一号岗位1人、二号岗位1人、三号岗位1人、作业机操作手岗位1人，如人员、岗位配置不同可对应调整）可参照如下应急程序：

1. 发现与井喷无关的火情时的应急程序

（1）施工人员发现火灾立即通知班长及其他施工人员。

（2）班长迅速组织人员使用灭火器扑救，视火灾情况迅速向上级有关部门汇报，并报火警。

（3）三岗、试油作业机操作手迅速切断井场电源，隔离或搬走易燃物品，以便一、二岗位人员进行快速灭火。

（4）一、二岗迅速使用井场配备的消防器材进行灭火，刚起火要迅速扑灭，若扑不灭要控制火势，防止向油气区或井口方向蔓延。

（5）项目部应急领导小组迅速赶赴现场扑救，当火情较大时，要及时疏散人群，应采取控制和隔离的方法等候消防队来进行灭火，安排现场人员在进入井场或驻地的路口指挥消防车的行车路线；在专业消防队到达现场后，听从消防队现场负责人（指挥人员）调动。

（6）当火被扑灭，确认安全后方可开通电源。

（7）及时清理火灾现场，根据情况填写火灾事故报告。

2. 发生井喷或井喷着火应急程序

（1）一、二、三岗人员发现溢流、井涌时，立即报告班长或值班干部，迅速切断电源，当班司机（作业机操作手）应按井控管理制度，先发出井控报警信号；各岗位听到报警信号后迅速穿戴好所需防护用品，进行抢险，同时值班干部应视具体情况报告公司应急领导小组。

（2）现场抢险值班干部或班长负责统一指挥。

（3）班长及一、二岗人员负责抢装井口。

（4）三岗人员负责消防器材的就位及工具、零配件传递。

（5）作业机操作手负责试油作业机操作。

（6）发生无控制井喷或井喷着火事故，现场值班干部或班长负责向上级汇报（发生井喷着火事故应先报火警），清点人数，组织班组成员撤离，由上级部门启动相应应急程序。

（7）项目部应急领导小组人员接到报警后，应有专人负责向公司相关部门汇报情况，应急领导小组负责人应立即带领人员赶赴现场，落实关井情况，果断做出处理措施，并及时向上级部门汇报。

（8）一旦发生井喷着火，应急领导小组及时疏散有关人员到安全地带并警戒火灾现场。同时与消防指挥中心联系，安排现场人员在进入井场或驻地的路口指挥消防车的行车路线；在专业消防队到达现场后，听从消防队现场负责人（指挥人员）调动。

（9）如果不能实施井控作业而决定放喷点火时，由指定专业点火人员佩戴防护用具，在上风方向，安全距离内，用专用信号枪点火，同时按程序向上级汇报，等待指示，并且扩大安全警戒区域范围，在井口 1000m 范围内进行 24h 警戒与监测。

（10）人员逃生方向应是来风方向或上风头，注意远离易燃、易爆、有害部位，及时通知有关单位，防止事故扩大。

（11）井口溢流、井涌、井喷险情解除后，应急领导小组负责人及时向公司有关部门汇报情况，施工作业队立即组织人员对污染物进行回收处理，当火被扑灭后，确认安全后，方可开通电源。

（12）调查分析事故原因，填写好事故报告。

作业施工人员，应熟记（至少要在醒目的地方标记，以便应急之用）以下联系电话：

① 火警电话：119；

② 医疗急救电话：120；

③ 当地消防部门值班电话；

④ 当地医院值班电话；

⑤ 试油队应急联系电话；

⑥ 上级部门应急联系电话；

⑦ 有关部门（如施工委托方）相关联系电话。

（十）井喷着火抢险办法

1. 井口清障

在进行抢险过程中首要清除井口及井口周围的障碍物，使井口暴露，以拓宽作业面积。

（1）保护井口。对井口强行冷却；在地层及井场条件允许的情况下，以井口为中心，拦坝蓄水，淹没井口。

（2）清障应先易后难、先外后内、先上后下、逐段切断，拖拉出井场。

（3）带火清障作业时，消防人员应该做到：先压火降温，然后根据地形地貌、火势风向，选择抢险突破口；采取必要手段，集中把火焰压向一方；同时集中足够的直流水枪和流量，喷射密集水流，配合使用喷洒头及喷淋嘴形成一道水幕，掩护突击队员进行切割、拖拉作业，直到彻底清除井口周围障碍物，使井口完全暴露。

（4）切割工具及技术。带火清障作业，采用氧气、电弧、钢锯、钢丝锯的切割方法；远距离切割宜采用高压研磨或水力喷砂切割。

2. 灭火

（1）采用密集型水流法灭火时，应根据火势程度及特点，以大于井喷流量的消防水量和高压密集水流,集中在火焰根部的同一点上喷射,将燃烧的油气与未燃烧的油气分隔开,并使密集水流逐渐向上抬高。迫使火焰根部位置逐渐向上移动,拉大间距直到火焰熄灭。

也可用多层水流、层层重叠互不撞击上抬方法,扑灭火焰,防止回燃。较大井喷火灾,可用中型以上水泵机组和数门水炮,以高泵压、大排量灭火。采用引火罩或引火筒,将散状火焰集中引导垂直向上,在引火筒顶端直射水柱拦截封顶灭火。

(2)采用喷射干粉灭火法,应以足够的干粉车,在水枪的配合下,尽量靠近井口,在同一时间向火焰喷射干粉,抑制燃烧过程,直接火焰熄灭。灭火后继续喷射水流冷却井口及周围,防止复燃。

(3)采用爆炸灭火时,应考虑炸药性能满足撞击时不爆炸、遇高温不爆炸、遇水不失效,只能在电引爆时才起作用,且只能起到灭火作用而不炸坏井口装置,并且由爆破专业人员组织实施。

(4)在以上灭火方法均无效后,可考虑采取打救援井的方法来实现灭火。

二、防爆

(一)爆炸常识

1. 爆炸定义

爆炸是物质在瞬间发生非常迅速的物理或化学变化的一种形式。由于物态剧变,以机械功的形式释放大量的气体和能量,使周围压力发生急剧的突变,同时产生巨大的声响。爆炸现象一般具有如下特征:

(1)主要特征是爆炸点附近瞬间压力的急剧升高。

(2)爆炸过程进行得很快。

(3)发出声响。

(4)周围介质发生震动或邻近物质遭到破坏。

2. 爆炸极限

(1)爆炸极限的定义及表示方法。

爆炸极限是指可燃气体(或粉尘)与空气或其他气体混合后,在点火时能发生爆炸的浓度的上限和下限。在上下限之间的范围称爆炸范围。常用混合物中可燃气体(或粉尘)含量的百分数(或每立方米的克数)表示。一些常见可燃气体的爆炸极限见表10.2.4。

表10.2.4 常见可燃气体的爆炸极限

序号	气体	上限(%)	下限(%)
1	CO	74	12.5
2	甲烷	15	5
3	乙烷	13	2.9
4	丙烷	9.5	2.1
5	丁烷	8.4	1.8

续表

序号	气体	上限(%)	下限(%)
6	乙炔	81	2.5
7	乙醇	19	3.3
8	天然煤气	13~17	3.8~5.6
9	氢气	75	4.0
10	汽油(蒸气)	6.48	1.58
11	苯(蒸气)	9.5	1.5

（2）爆炸极限的影响因素。

爆炸极限受温度、氧含量、惰性介质、压力、容器、能点火源影响。

① 一般温度越高，爆炸范围越宽（下限下降，上限上升），特别是爆炸下限降低。

② 压力增越大，爆炸极限范围扩大越宽，通常对下限的影响较小，对上限的影响较大，危险性增加。压力降到某一数值，上限与下限重合，这一压力称为临界压力。低于临界压力，混合气则无燃烧爆炸的危险。

③ 氧含量增加，爆炸极限范围扩大，尤其爆炸上限提高得更多。

④ 惰性气体含量增加，爆炸极限范围缩小，但不容惰性气体的影响不同。

⑤ 点火源的强度越高，热表面的面积大，火源与混合物的接触时间长，会使爆炸范围扩大，增加燃烧、爆炸的危险性。

⑥ 实验证明，通道尺寸越小，通道内混合气体爆炸浓度范围越小，燃烧时火焰蔓延速度越慢。把火焰蔓延不下去的最大通道尺寸称为消焰距离。

各种可燃气体有不同的消焰距离，消焰距离还与可燃气的浓度有关，也受气体流速、压力的影响。消焰距离是可燃物蔓延能力的一个度量参数，度量可燃物危险程度的一个重要参数。

（3）爆炸危险度。天然气的爆炸浓度极限范围越宽，爆炸极限下限越低、上限越高，则爆炸危险度越大，危险性也越大。

（4）传爆能力。传爆能力是天然气混合物传播燃烧爆炸能力。

3. 爆炸分类

按照爆炸能量的来源分类，爆炸可分为物理爆炸和化学爆炸二类。

（1）物理性爆炸：由物理变化（压力、温度、体积）引起的，前后物质的性质和化学成分不变。

（2）化学性爆炸：物质在短时间内完成化学变化，形成其他物质，同时产生大量气体和能量的现象。

我们通常所说的爆炸，一般是指化学爆炸。

化学爆炸按参加物质的反应类型，分为简单分解爆炸、复杂分解爆炸和爆炸性混合物爆炸。

根据爆炸物的物理状态,爆炸分为凝聚物爆炸和气相爆炸。

按照爆炸瞬间燃烧程度的不同,爆炸可分为:

(1)轻爆:爆炸时的燃烧速度为每秒数米以内,无多大破坏力,音响也不大。

(2)爆炸:传播速度在每秒10m至数百米的爆炸,有较大的破坏力,震耳的声音。

(3)爆轰:传播速度在每秒1000~7000m的爆炸,突然引起极高压力,并产生超音速的"冲击波"。易引起"殉爆"的现象发生。

(二)爆炸的预防

1. 构成爆炸的要素

(1)可燃物与助燃物事先混合好;

(2)变化速度非常快;

(3)产生大量的热;

(4)产生大量的气体。

2. 石油天然气的易爆炸性

石油天然气的爆炸往往与燃烧相联系。当石油蒸气或天然气与空气形成爆炸范围内的混合气时,一遇到火源,就先爆后燃;当混合气超过爆炸上限时,遇到火源先燃烧,待石油蒸气或天然气浓度下降到爆炸限内时,随即发生爆炸。因此,油品易燃性大,则爆炸危险性也大。

(1)评价石油及石油产品燃爆危险性的参数有:

① 闪点。闪点越低,危险性越大。

② 饱和蒸气压。饱和蒸气压力越大,火灾危险性越大。

③ 爆炸极限。范围越宽,下限越低,危险性越大。

④ 电阻率。电阻率高,易发生电火花引爆。

⑤ 黏度。黏度越低,越易渗漏及流动扩散。

⑥ 受热膨胀系数。系数越大,受热后易造成容器的膨胀,甚至爆炸。

(2)评价天然气燃爆危险性的参数有:

① 自燃点。自燃点越低,危险性越大。

② 爆炸极限。范围越宽,下限越低,危险性越大。

③ 密度。与空气密度相近者易与空气均匀混合;比空气轻者易使火灾蔓延扩展;比空气重者易窜入沟渠和死角而积聚,造成爆炸隐患。

④ 扩散系数。扩散系数越大越易造成扩散混合,其爆炸及火焰蔓延扩展的危险性越大。

⑤ 爆炸威力指数。指数越高,破坏性越大。

3. 爆炸的破坏形式

(1)震荡作用。

(2)冲击波的破坏作用。

(3)碎片冲击。

(4)造成火灾。

(5)造成中毒和环境污染。

4. 限制爆炸波扩散的措施

限制爆炸波扩散的措施就是采取泄压隔爆措施防止爆炸冲击波对设备或建筑物的破坏和对人员的伤害。这主要是通过在工艺设备上设置防爆泄压装置和建筑物上设置泄压隔爆结构或设施来达到。

防爆泄压装置是指设置在工艺设备上或受压容器上，能够防止压力突然升高或爆炸冲击波对设备、容器的破坏的安全防护装置。

包括：安全阀、防爆片、防爆球阀、泄爆门、止回阀、呼吸阀等。

5. 石油防爆的基本原则

石油工业的爆炸属于化学性爆炸，根据其爆炸特点及影响因素，石油防爆的基本原则如下：

（1）防止或消除爆炸性混合气体的形成。

（2）在有爆炸危险的场所，严格控制火源的进入。

（3）一旦爆炸，应及时泄压，使之转化为单纯的燃烧，以减轻其危害。

（4）切断爆炸传播途径。

（5）减弱爆炸威力及冲击波对附近人员、设备及建筑物造成的伤害和损失。

（6）检测报警。

综上所述，试油作业生产现场防爆的基本原则是：

（1）防止或消除爆炸性混合气体的形成。

（2）施工中及时准确进行检测报警。

（3）在井场内及有爆炸危险源的范围内，严格控制火源的进入。

6. 防火与防爆技术措施

爆炸过程首先是可燃物与氧化剂的相互扩散、均匀混合而形成爆炸性混合物，一遇火源即开始爆炸；其次是连锁反应的发展、爆炸范围的扩大和威力的升级；最后是完成化学反应，爆炸力造成灾害性破坏。因此防爆的基本原则应为：阻止第一过程出现，限制第二过程发展，防护第三过程危害。

第三节 安全用电基本知识

安全用电是防止触电事故发生的重要措施，是确保企业安全生产的重要内容之一。因此，明确用电基本常识，是实现安全用电的基本保证。

一、触电类型

在生产过程中，容易发生的触电有：单相触电、两相触电、跨步电压触电。

（一）单相触电

（1）中性点接地系统的单相触电：工业企业中，380V/220V的低压配电网络是广泛应用的。这种配电系统采用中性点接地的运行方式。当处于低电位人体触及一相火线时，即发生了单相触电事故,如图 10.3.1 所示。单相触电通过人体的电流与人体和导线的接触电阻、人体电阻、人体与地面的接触电阻以及接地体的电阻有关。在低压配电系统中,单相触电时,人体接触的电压约为 220V,危险性大。

(2)中性点不接地系统的单相触电:中性点不接地系统单相触电如图 10.3.2 所示。

一般电网分布小、绝缘水平高的供电系统,往往采用这种运行方式。当处于低电位的人体,接触到一根导线时,由于输电线与地之间存在分布电容 C,所以电流通过人体,与电容 C 构成回路,发生单相触电事故。这种触电,在对地绝缘正常时,对地电压较低;当绝缘下降时或电网分布较广时,对地电压可能上升到危险程度,这时同样是十分危险的。

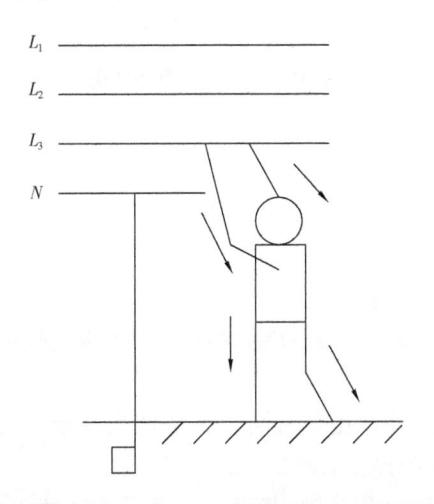

图 10.3.1 中性点接地系统的单相触电

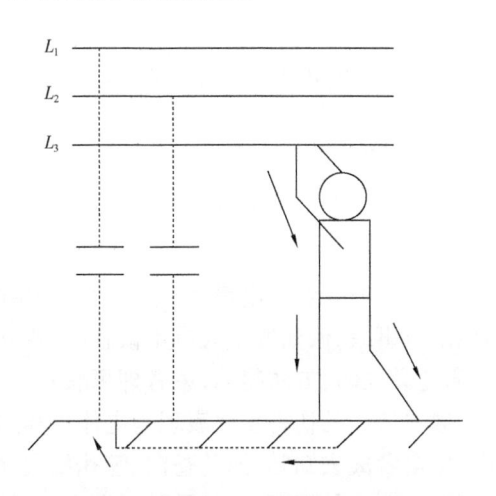

图 10.3.2 中性点不接地系统的单相触电

(二)两相触电

当人体同时接触到同一配电系统(不论中性点是否接地)的两条火线时,即发生了两相触电,如图 10.3.3 所示。两相触电是最危险的,因为加在人体上的是两相间的电线即线电压,它是相电压的 $\sqrt{3}$ 倍,电流主要取决于人体电阻,因此电流较大。由于电流通过心脏,危险性一般较大。

对于中性点不接地系统,当存在一相接地故障而又未查找处理时,则形成了一相接地的三相供电系统。当人体接触到不接地的任何一条导线时,作用在人体上的都是线电压,这时也发生了两相触电。

(三)跨步电压触电

这类事故,主要发生在故障设备的接地点附近,如架空输电线断后落在地面上,或雷击时避雷针接地体附近。因带电体有电流流入大地时,接地电阻越小、电流越大,在接地点周围的土壤中产生的电压降也越大。人在接地点附近行走,两脚间(0.8m)形成跨步电压。当人在这一区域内(20m 以内)时,将因跨步电压的原因,发生跨步电压的触电事故。如图 10.3.4 所示是跨步电压触电的情形。这时,电流从一只脚,经过腿、胯流向另一只脚。当跨步电压较高时,会引起双腿抽筋而倒地,电流将会通过人体的某些重要器官,危及生命。

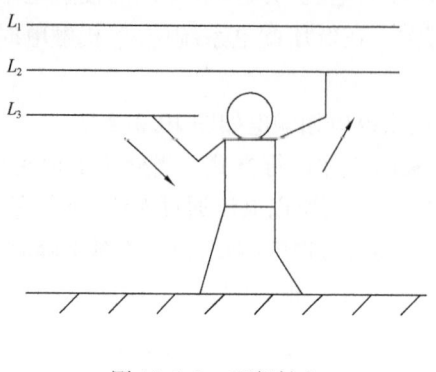

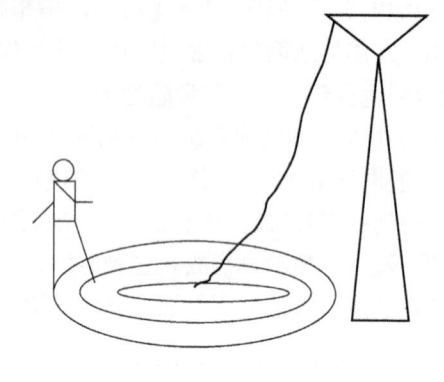

图 10.3.3　两相触电　　　　　　　图 10.3.4　跨步电压触电

二、触电的急救方法

虽然人们制定了各种电气安全操作规程，使用各种安全用具，但是触电事故还是有可能发生的。

石油工业企业用电量大，相当数量的用电设备处于野外、露天等严酷条件下运行，易发生漏电触电事故，假如发生人员不慎触电，要立即组织抢救，因为触电后伤员往往呈现"假死"状态，若抢救及时，方法得当，患者即可获救。

触电造成的伤害主要表现为电休克和局部的电灼伤。电休克可以造成假死现象，所谓假死是触电者失去知觉，面色苍白、瞳孔放大、脉搏和呼吸停止。

触电造成的假死，一般是随时发生的，但也有在触电几分钟，甚至一两天后才突然出现假死的症状。

电灼伤都是局部的，它常见于电流进出的接触处，电灼伤大多为三度灼伤，比较严重，灼伤处呈现黄色或褐黑色，伤面有明显的区域。

发生触电后，现场急救是十分关键的，如果处理及时、正确，迅速而持久地进行抢救，很多触电人虽然心脏停止跳动，呼吸中断，也可以获救；反之，将会产生严重后果。现场急救，包括迅速脱离电源、对症救治、人工呼吸、人工体外心脏按压和外伤处理几个方面。

（一）迅速脱离电源

人触电后，可能由于痉挛或失去知觉等原因而抓紧带电体，不能脱离电源，这时应尽快使触电者脱离电源。方法如下：

（1）拉下或切断电源开关，或用绝缘钳子、木把干燥的利器（如斧头、刀、锹等）截断电源线，割断后，有电的一头应妥善处理，以防止他人触电。对照明线路触电，应将两条电线都截断。

（2）用干燥的木棍、竹竿等绝缘物，挑开电线或电气设备，使其脱离触电者，拨线时应特别注意，不要把电线甩到周围其他人身上。

（3）救助者可拉住触电者衣服（戴绝缘手套或站在绝缘物如干木板上）使其脱离电源；若现场无任何适合的绝缘物可用，而触电者的衣服是干燥的，则救助者可用包有干燥毛巾或衣服的一只手去拉触电者，使其脱离电源，但救助者若未穿鞋或穿着湿鞋，则不适用于这样做。

(4)如系高压触电,应立即通知有关部门停电,或者带上安全用具,拉开高压开关,或者抛掷金属线使高压线短路,造成继电保护动作,切断电源。这时需注意,抛掷的金属线一端可接地,且抛掷的一端不可再触及人。

(二)对症救治

触电者脱离电源以后,对触电者的急救必须争分夺秒,不能等待。据有关资料统计,触电后 1min 开始救治者,90% 有良好效果;触电后 6min 开始救治者,10% 有良好效果;触电后 12min 开始救治者,救活的可能性就很小了。因此,当触电者脱离电源后,应根据具体情况,迅速采取对症救治。

(1)如触电者的伤害情况不很严重,神志还比较清醒,只是有点心慌、四肢发麻、全身无力、冒虚汗,或虽一度昏迷,但未失去知觉,就让他就地静卧休息,注意观察。

(2)如触电者伤害较重,无知觉,无呼吸,但有心跳(头部触电者易出现此症状),应采取口对口人工呼吸法抢救。

(3)如有呼吸,但心跳停止,则应采用胸外按压心脏法抢救。同时应立即向就近医疗部门紧急求救。

(4)如触电者的伤害十分严重,心跳和呼吸都已停止,则需要同时进行口对口人工呼吸和人工胸外按压心脏。如果现场仅有一人抢救,可交替使用两种方法,先口对口吹气2次,再做心脏按压5次,如此连续操作。

(5)触电急救应尽可能就地进行,只有在条件不允许时,才可将触电者抬到通风、干燥的地方进行抢救。

(6)在送往医院的途中,抢救工作也不能停止,直接到医院宣布可以停止为止。

(7)在触电现场抢救中,严禁乱打强心针。

(三)人工呼吸法

人工呼吸法是基本的急救方法之一。具体步骤如下:

(1)迅速解开触电者上衣、围巾等,使其胸部能自由扩张,清除口腔中的血块和呕吐物,让触电者仰卧,头部后仰,鼻孔朝天。

(2)救护人员用一只手捏紧他的鼻孔,用另一只手掰开其嘴巴。

(3)深呼吸后,对嘴吹气,使其胸部膨胀,每 5s 吹一次,也可对鼻孔吹。

(4)救护人员换气时,离开触电者的嘴,放松紧捏的鼻子,让他自动呼气。

(四)人工体外心脏按压法

这种方法也是最基本的急救方法之一。这是用人工的方法对心脏进行有节律的按压,代替心脏的自然收缩,从而达到维持血液循环的目的。其方法如下:

(1)解开触电者衣服,使其仰卧在地上或硬板上;

(2)救护人位于触电者侧面,双手相叠,把手掌放在触电者胸骨下 1/3 的部位;

(3)掌根自上而下均衡向脊背方向按压;

(4)按压后,掌根突然放松,使触电者胸部自动恢复原状。按压时不要用力过猛过大,每分钟按压 80~100 次。

用上述方法抢救,需要很长时间,因此要有耐心,不能间断。

（五）外伤处理

（1）用食盐水或温开水冲洗伤口，用干净绷带、布类、纸类进行包扎，以防细菌感染；

（2）若伤口出血，应设法止血，出血情况严重时，可用手指或绷带压住缠住血管；

（3）高压触电时，由于电弧温度高达几千摄氏度，会造成严重的烧伤，现场急救时，为减少感染最好用酒精擦洗，再用干净布包扎。

三、防止触电措施

发生触电事故的原因固然很多，但主要原因可以归纳为以下四点：

（1）电气设备安装不合理；

（2）维护检修工作不及时；

（3）不遵守安全工作制度；

（4）缺乏安全用电知识。

为确保生产安全用电，电气工作人员首先要做到正确设计、合理安装、及时维护和保证检修质量。其次应加强技术培训，普及安全用电知识，开展以预防为主的反事故演习。除此之外，要加强用电管理，建立健全安全工作规程和制度，并严格遵照执行。应该严格按照操作规程要求布置作业现场，认真检查隐患，并及时消除隐患，井场用电符合规定。

在电气设备上进行工作，一般情况下，均应停电后进行。如因特殊情况必须带电工作时，须经有关领导批准，按照带电工作的安全规定进行。对未经证明是无电的电气设备和导体，均视作带电体。

（一）断开电源

在检修设备时，把从各方面可能来电的电源都断开，且应有明显的断开点。对于多回路的线路，特别要注意防止从低压侧向被检修设备反送电。在断开电源的同时，还要断开开关的操作电源，刀闸的操作把手也必须锁住。

（二）验电

工作前，必须用电压等级合适的验电器，对检修设备的进出线两侧各相分别验电。明确无电后，方可开始工作。验电器事先应在带电设备上进行试验，以证明其性能正常良好。

（三）装设接地线

装设接地线是防止突然来电的唯一可行的安全措施。对于可能送电到检修的各电源及可能产生感应电压的地方都要装设接地线。装设接地线时，必须先接接地端，后接导体端，接触必须良好。拆接地线的顺序与此相反，先拆导体端，后拆接地端。装拆接地线均应使用绝缘杆或戴绝缘手套。

接地线的截面积不可小于 $25mm^2$。严禁使用不符合规定的导线做接地和短路之用。接地线应尽量装设在工作时能看得到的地方。

（四）悬挂标示牌和装设遮拦

在断开的开关和阀门操作手柄上悬挂"禁止合闸，有人工作"的标示牌，必要时加锁固定。

在工作中，距其他带电设备的距离要小于表 10.3.1 所列的安全距离时，应加装临时遮拦或护罩。临时遮拦和护罩距带电设备的距离不得小于表 10.3.2 中规定的数值。

表 10.3.1　安全距离

电压等级(kV)	安全距离(m)	电压等级(kV)	安全距离(m)
15 以下	0.70	44	1.20
20~35	1.00	60~110	1.50

表 10.3.2　临时遮拦安全距离

电压等级(kV)	安全距离(m)	电压等级(kV)	安全距离(m)
15 以下	0.35	44	0.90
20~35	0.60	60~110	1.50

四、带电工作中的防触电措施

(一)在低压电气设备上从事带电工作

(1)应由经过训练的人员操作,并派有经验的电气人员监护。

(2)工作人员应穿长袖衣服,戴手套和工作帽,并站在绝缘垫上,严禁穿背心或短裤进行带电工作。

(3)应使用合格的有绝缘手柄的钳子、螺丝刀、活扳手等工具,严禁使用锉刀和金属尺。

(4)将可能碰触的其他带电体及接地物体应用绝缘物隔开或遮盖,防止发生相间短路及接地短路。

(二)在低压线路上带电工作

(1)在带电的低压线路上工作时,应设专人监护,使用合格的有绝缘手柄的工具,穿绝缘鞋或站在干燥的绝缘物上。

(2)高、低压线同杆设置时,应先检查工作人员与高压线可能接近的距离是否符合规定,若不符合规定,要采取防止误碰高压线的措施或将高压线停电。

(3)同一杆上不准两人同时在不同相上带电工作。工作人员穿越线档,必须先用绝缘物将导线盖好。

(4)上杆前应分清火线(相线)与地线,选好工作位置。断开导线时,应先断开火线,后断开地线。搭接导线时,应先接地线,后接导线。接火线时,应先将两个线头搭实后再行缠接,切不可使人体同时接触两根导线。

(三)高压设备带电工作

高压设备和高压线路上的带电工作,必须由专门的带电作业人员承担。

五、试油作业井场安全用电有关规定

试油作业井场用电设备和线路都处于野外环境中,且有易燃易爆区,作业施工搬迁频繁,施工作业应参照执行 WT/ZY 24-21《试油公司用电管理办法》,做到安全用电。

(1)井场所用的电线必须绝缘可靠;严禁用裸线或电话线代替;采用绝缘橡套软电缆,考虑防火措施;不准用照明线代替动力线;井场所用电缆均不应有中间接头。

(2)特别注意的是,值班房配线应采用绝缘导线,并用瓷瓶或瓷夹敷设;进户线穿墙应穿绝缘管保护(现场值班房多为金属构造,防止漏电,造成人员触电事故),距离地面不小于2.5m,并设有防雨弯。

(3)井场电线必须架空并且架空敷设走向合理,高度不低于2.5m。井架照明不许直接挂在井架、绷绳、抽油机等导体上,防止电缆漏电,工人接触时触电。井场电线不能在人行道上和油水坑中,以防损坏漏电伤人。

(4)井场照明必须用防爆灯,探明灯必须有灯罩,预防天然气或原油喷出打坏电灯泡引起爆炸着火。

(5)高架灯距离井口10m之外,灯光不能直射井口操作人员(包括作业司钻),避免工人受直光刺激,影响操作。搬移探明灯时,必须先拉掉闸刀开关,其位置应离开套管两边阀门管线喷射方向,预防突然喷出油气将探照灯打坏,引起火灾。

(6)选用电取暖应在配电箱设立单独控制开关和熔断器;电取暖器防护罩应牢固完整;在电取暖器0.5m范围内不应放置和烘烤易燃物。

(7)电源闸刀应离开井口25m以外,并且安装在值班房内。闸刀开关应装闸刀盒,发现闸刀盒损坏应及时更换,不应凑合使用,应具备简易配电箱。

(8)配电箱、电取暖器、灯具、金属值班房等电器或设备的金属壳体应做保护接零;所有保护零线都应可靠接地,不可将值班房金属构架做接地连接体。

(9)每次作业搬迁后和交接班施工前,应按照石油行业标准规定进行检查。

(10)试油作业施工中有井喷显示时,应立即切断电源。

第四节　试油作业施工中的其他防护

一、防井下落物

(1)起下作业时,井口必须装自封封井器或防掉板;

(2)管钳钳牙、吊卡弹簧销子无松动,吊卡销子拴保险绳;

(3)油管、抽油杆、井下工具及配件要上满扣,起下油管要打背钳;

(4)操作手(作业机司机)要平稳操作,井口操作人员要由专人指挥,密切配合;

(5)井内无管柱时,要及时盖好井口或坐好油管挂。

二、防井架倒塌

(1)井架安装必须符合井架安装的标准;

(2)严禁单股大绳起下作业;

(3)在起下作业时严禁猛提猛放;

(4)不准超负荷使用,特殊情况要请示有关部门;

(5)6级以上大风不准立放和校正井架;

(6)车装作业机井架要打牢,受力要均匀;

(7)在校正井架时,严禁把绷绳松掉,松花篮螺栓要加保险绳;

(8)严禁用机车拖拉井架基础;

(9)施工前,首先严格检查各地锚、花篮螺栓、绷绳、各固定螺栓、井架底座;

(10)井架基础附近不准挖坑和积水,防止井架基础下陷。

三、防高空坠落或落物

在距离基准面2m以上的地方作业,为高空作业。

(1)凡有高血压、心脏病者不得上井架进行高空作业。

(2)高空作业,例如上、下井架、拨驴头上下抽油机等高空作业必须系好安全带。并且安全带拴在安全可靠位置后,才能工作。

(3)使用的工具、用具,上井架及高空作业时,必须系好安全绳。

(4)上井架人员不得穿硬底鞋,上下梯子手要抓牢,脚要蹬稳,防止打滑或踩空。

(5)处理故障时,下面严禁站人,要防止往下掉东西,作业完毕后,严禁往下抛工具、用具。

(6)在二层平台工作时,要遵守上下联系信号,起下作业注意有车及钢丝绳。摘吊卡时两脚站稳,缆绳兜紧,吊卡扣牢,保险销子销住。油管摆放整齐,用链子固定。

(7)天车与井口偏斜,不准用手拉、推游车、吊卡、吊环及钢丝绳,只许用游绳拉、拽扶正。

(8)夜间高空作业要有充足照明设备。

(9)经常检查井架、二层平台、天车等各部件、连接螺栓、绷绳和绳卡的紧固情况。

(10)有6级以上大风天气,应停止作业。

(11)浓雾天,井口及井架二层平台光照度小于30~50lx时,应停止施工。

四、防冻

(1)冬季施工,地面管线用完后应空净,防止管线冻堵。

(2)冬季用指重表应使酒精作为传压液,并加防冻液。

(3)冬季修井热洗大罐应保温。使用清水时应随用随放,不用时及时放净。

(4)冬季严寒天气,气温低于 -10℃时,一般不进行大班作业。

五、防漏

由于地层压力低于液柱压力,而地层又具有良好的渗透性,导致压井液不断侵入地层。其危害:一是造成地层伤害,使地层的渗透性降低。也会使地层的润湿性能改变,变亲油为亲水;二是加大压井液的用量,增加施工成本;三是增加施工难度,容易造成卡钻事故。

(1)降低压井液密度:漏失严重的井,其地层压力一般低于静水柱压力,压井液宜选清水,有时候也可以选原油;

(2)采取措施增加压井液黏度;

(3)冲砂洗井时,采用混合气取泡沫冲砂等特殊工艺,不可盲目进行施工;

(4)凡漏失层,必须记清漏失液性质及数量。

六、防滑

(1)通井(作业)机雨雪天及夜间行车时,要有人指挥领路。若路面打滑,应妥善处理后再通过。

(2)凡是通井(作业)机需通过易结冰路段,应埋设排水管道。蒸汽水不得顺公路排放。

(3)雨雪天、严寒天上下井架要戴好手套,站稳抓牢,防止手滑摔下。

七、防中毒

可能中毒的种类很多,而试油作业施工中最可能遇到的是食物中毒、油气中毒、硫化氢中毒。

(一)一氧化碳中毒

(1)病因:吸入过量的CO。

(2)机理:CO进入血液与血红蛋白结合,进而使血红蛋白不能与氧气结合,从而降低血液携带氧气的能力,使肌体缺氧。

(3)分型:急性、慢性。

(4)症状:轻型——头晕、心悸、恶心、呕吐、无力;重型——昏睡、昏迷、猝死。

(5)预防:值班房、发电房(使用汽油等燃料发电)等场所要做好通风工作,及时更换新鲜空气。

(6)急救:① 脱离环境,打开门窗、吸入新鲜空气(氧气);② 保温;③ 对猝死者立即进行心肺复苏;④ 急送医院高压氧气舱治疗。

(二)油气中毒

(1)油气中毒。

石油对人的身体是有毒的,吸入含高浓度($35 \sim 40 g/m^3$)的石油蒸气的空气时,会引起急性中毒。吸入低浓度($0.3 g/m^3$)的石油蒸汽空气就会产生中度中毒。特别是含有硫化氢的油井,作业时更易引起硫化氢中毒事故。

油气中毒常见的急救和治疗方法是使毒物对人体不发生有害作用或是将有害作用减低至最低程度。

① 如呼吸道中毒时,中毒者应迅速离开现场,将他转移到有良好通风环境的地方,使之呼吸新鲜空气,解开衣物,静卧,注意保暖。

② 口腔中毒者,需要立即用3%~5%小苏打溶液或1:5000高锰酸钾溶液多次冲胃,并采用催化剂促使毒物迅速排出。

③ 皮肤接触中毒者,必须立即用大量清水洗涤,或加入适当缓冲剂,冲洗越彻底越好。

(2)硫化氢中毒。

详见第七节中的内容。

(三)食物中毒

(1)病因:食用不洁、有毒食物。

(2)机理:

① 食物中存在过多致病微生物;

② 有毒物质污染(常见有农药、砷、亚硝酸盐)导致吸收中毒;

③ 食物加工不合理生成毒物(如扁豆、蚕豆、白果、发芽土豆、野蘑菇、木薯等)导致中毒。

(3)症状:

① 潜伏期短、起病急、来势凶、可造成集体中毒;

② 急性肠胃炎症状:剧烈腹痛、吐、泻频繁;

③ 特异的中毒症状:根据食物而定,如:河豚—神经麻痹;扁豆—生物碱凝、溶血等。

(4)分型:

① 轻度:一般急性胃肠炎表现,如呕吐、腹痛、腹泻等;

② 中度:出现神经、循环、呼吸系统症状;

③ 重度:昏迷、休克、呼吸心跳停止。

(5)预防:

① 认真清洗食物,施工人员养成好的卫生习惯,不吃变质、过期食品;

② 后勤服务部门把住采购关,不采购"三无"、污染食品;

③ 食品要煮熟,合理加工;

④ 剩余食品必须加热处理后才食用。

⑤ 饮用水或饮料必须检验合格才可服用。

(6)急救:

① 排除毒物:主要是催吐、导泻、洗胃、利尿;

② 对症处理:补液,休息;

③ 对毒处理:微生物中毒选用抗生素;亚硝酸盐中毒选用1%美兰静脉注射。

(四)铅中毒

(1)病因:人体内存在超标准的铅($100\mu g/L$),主要原因是焊接、印刷、油漆作业及吸入含铅汽油,使用陶器所致,经呼吸、口进入体内。

(2)机理:铅对人体神经、消化和血液具有毒性作用。

(3)分型:急性中毒和慢性积蓄中毒。

(4)症状:神经系统出现末梢神经炎(典型为腕下垂)、智力下降(儿童明显)、感觉迟钝、神经衰弱等,消化系统出现脐周阵腹痛(绞痛)、消化不良;血液系统出现贫血、苍白无力。

(5)预防:早期铅积蓄、人体无异常表现,但对神经、血液的毒性已经发生(对小儿的影响损害尤大),因此日常应采取预防措施。常见预防办法为:降低场所的铅浓度、通风或减少接触时间、使用劳保用品等,同时长期从事焊接、印刷、油漆作业的人员要定期体检、检测血铅的浓度(国外已经列入常规),做到及时动态观察,及时治疗。

(6)急救:用依地酸二钠驱铅,10%葡萄糖酸钙推注止腹痛。

八、防中暑

中暑是由于高温环境或烈日曝晒,引起认得体温调节中枢功能障碍、汗腺功能衰竭和水、电解质丢失过多,从而导致代谢失常而发病。试油施工作业多在野外,夏季施工天气炎热、烈日曝晒,易发生中暑,应采取措施预防。

(一)中暑分类

(1)热射病;

(2)日射病;

(3)热痉挛;

(4)热衰竭。

(二)预防

(1)施工作业人员不可过于疲劳,禁止疲劳作业;

(2)夏季施工,施工作业现场应准备必要的消暑降温措施,如配备电冰箱、空调、电风扇、饮水机、冷饮或水果等。

(3)夏季施工,中午天气过热的时候,施工人员应暂停施工,进行适度避暑。

(4)夏季酷热,气温35℃以上而无防暑降温条件时,应停止作业。

(三)现场处理

(1)脱离高温环境,移到凉爽、低温处;

(2)积极降温,用凉水、风扇等方法;

(3)休息、安慰病人;

(4)补液、补盐;

(5)危重者送医院抢救。

九、防雷击

(一)雷电的主要危害

(1)人员伤害;

(2)爆炸和火灾;

(3)毁坏设备和设施;

(4)大规模停电。

(二)防雷击措施

(1)下大雨或冰雹时,遇有暴风雨雷电天气时,应停止井下作业施工。

(2)安装避雷装置。

(三)常见避雷装置

(1)直击雷防护装置:由接闪器、引下线和接地装置组成。上部的针、线、网、带都是接闪器。

(2)避雷针分为独立避雷针和附设避雷针。

(3)感应雷防护:

① 为了防止静电感应,应将建筑物内的金属设备、金属管道、金属构架、钢物架、钢窗、电缆金属外皮,以及突出屋面的放散管、风管等金属物件与防雷电感应的接地装置相连。屋面结构钢筋宜绑扎或焊接成闭合回路。

② 为了防止电磁感应,平行敷设的管道、构架、电缆相距不到100mm时,须用金属线跨接;跨接点之间的距离不应超过30m;交叉相距不到100mm时,交叉处也应用金属线跨接。

十、防放射性物质危害

(一)试油作业现场放射物污染源

试油作业中途时,测井公司测井作业,要进行放射性物质作为介质的中子测井,这是可能造成放射性物质污染的主要源头,放射性物质污染在试油现场发生情况有:测井作业时在井口向仪器中装中子源操作失误,中子源掉入井内,放射性测井仪器落井,加之打捞失误使仪器外壳破损,中子源扩散,如果开泵循环钻井液返至地面,钻井液循环系统、固控系统都受到核污染,这个井场事故就严重了,属于特大恶性核污染事故,其后果是不堪设想的。测井公司还发生行车途中丢失中子源,还有测井作业时把中子源桶放在井场一角,现场施工人员通过时会受到伤害。

（二）放射性物质危害

当人体受到放射性物质释放出的射线照射,射线通过电离子激发作用,引起人体细胞分子的结构、性质的改变而造成机体的各种损伤,如造血系统、生殖系统、骨骼系统瘤变等严重后果。放射性物质射线衰变期为300年,之后放射性才消失,防护距离为30m。

（三）放射线预防措施

在井场的放射测井,无论是中子测井还是自然伽马测井,两者都是目前降低石油勘探成本和提高石油产量的必不可少的手段。因此,在井场进行放射测井是必然的。放射测井并不可怕,只要我们能够严格遵守作业规程,采取所有必要的措施,就不会有什么危险了。

放射线预防的三要素是:时间、距离和保护罩。为保证有一个安全与健康的工作环境,在现场应遵循由这三要素所确定的放射线预防措施。

（1）所有现场施工人员在放射源周围工作时应尽可能抓紧时间,无事不要在放射源附近逗留。

（2）当把放射源从保护罩里取出向工具套里放时,不必要人员应撤离工作区。做这项工作的人员必须穿好符合要求的防护用品。

（3）把放射源从保护罩取出向工具里放前要把井口盖好。

（4）放射源应摆放在卡车上,若没有放到卡车上,放射源应在测井公司人员监控之中,如果现场施工人员发现无人看管放射源,他们应将此立即报告测井公司负责人员或测井工程师。

（5）如果测井公司人员离开井场以后,现场施工人员发现了放射源,应立即设法通知测井公司,这时,要尽快隔离放射源。禁止任何人到放射源附近的地方去,放射源暴露时间应尽可能地短。

（6）在打捞装有放射源的测井工具出井口以前,打捞工作应暂时停下来。这时应根据先前计划和打捞过程的具体情况,决定采取什么方法使放射源暴露时间最短。

① 施工作业技术人员应与测井工程师商讨各项措施,在打捞作业之前,做出工作步骤的安全计划。

② 在带有放射性源的测井工具出井以前,打捞工作应暂停下来。这时应根据先前计划和打捞过程的具体情况,决定采取什么方法使放射源暴露时间最短。

③ 无关人员要撤离钻台。

④ 放射源落井后,若没有打捞出井,绝不能钻进、转动、撞击和磨铣。

（7）如果怀疑放射源已破损,反射线的预防三要素就更为重要了。

① 禁止到可能受污染的任何地方去。

② 如果必须进行救援工作,要尽量使救援人员暴露给放射源的时间最短。

③ 采取所谓保护层的方法可以预防放射线污染。

④ 应隔离可能受到污染的人。

⑤ 在进行放射性测井期间一直在井口周围工作的所有人,都应检查是否受到污染。

⑥ 禁止吃、喝及抽烟。

⑦ 如果发现某人已经受到污染,这个人应立即洗澡,身体褶皱处毛发区擦洗至少15min。从安全帽到脚上的靴子,所有衣物及东西都要装入袋内并加上标签封存。

总之,"时间"就是尽可能暴露给放射源的时间最短;"距离"就是尽可能距放射源远些;"保护罩"有两层意思,一是放射源自身要有防止放射扩散的隔离罩,二是操作人员穿戴好防护用品。

第五节 施工现场常见的急症与急救技术

据有关资料证实因多发伤害而死亡的人员中有50%死于创伤现场,30%死于创伤早期,20%死于创伤后期的并发症。由此可看出现场急救和创伤早期妥善处理的重要性。现场急救的第一救护者应是伤员自己和第一目击者。伤员自己在可能的情况下首先要自救,或者第一目击者、现场人员应立即参与互救,并及时向急救部门呼救,这样就会为拯救生命、减少伤残赢得宝贵的时间。

一、常用现场急救技术

(一)心肺复苏

通常将心肺复苏分为三个阶段:基础生命支持(BLS)、进一步生命支持(ALS)和长程生命支持(即脑复苏)。

1. 基础生命支持

基础生命支持又称基础复苏。其目的是迅速恢复循环和呼吸,维持重要器官供氧和供血,维持基础生命活动,为进一步复苏处理创造有利条件。基础生命支持包括心脏骤停或呼吸停止的识别,气道阻塞的处理、建立气道、人工呼吸和循环。

(1)确定病人是否心脏骤停。

发现突然丧失意识的病人时,立即呼唤和摇动病人肩部,观察有无反应,同时触摸病人颈动脉或股动脉有无搏动。

(2)呼唤救助。

如果病人无反应,应立即呼唤救助。

(3)安置病人。

当确定病人意识丧失时,立即将病人置于平坦、坚硬的地面或硬板上,复苏者位于病人右侧,开始心肺复苏。

(4)保持气道畅通。

对意识丧失的病人迅速建立气道,并清除气道内的异物或污物。常用的清除异物的方法有:

① 手指清除法:用于清除气道异物阻塞的通用手势,如图10.5.1所示。

② 海姆利希法,如图10.5.2所示。

图 10.5.1　手指清除法

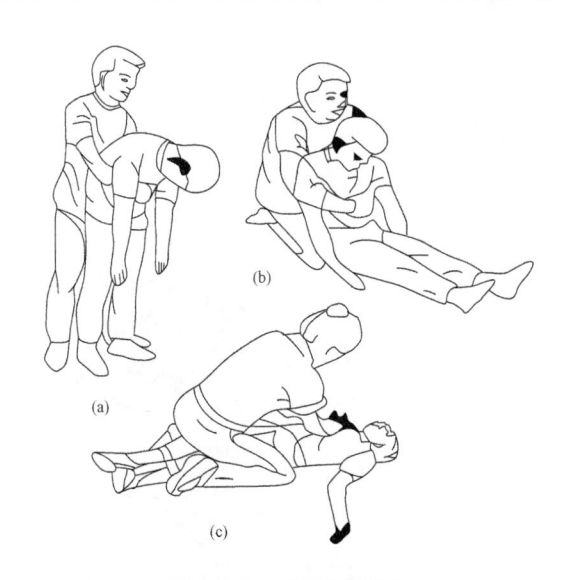

图 10.5.2　海姆利希法

③ 背部叩击法,如图 10.5.3 所示。
常用的开放气道接触梗阻的方法有:

图 10.5.3　背部叩击法

① 头后仰——下颌上提法,如图 10.5.4 所示。
② 头后仰——颈部上提法,如图 10.5.5 所示。
③ 下颌前提法。

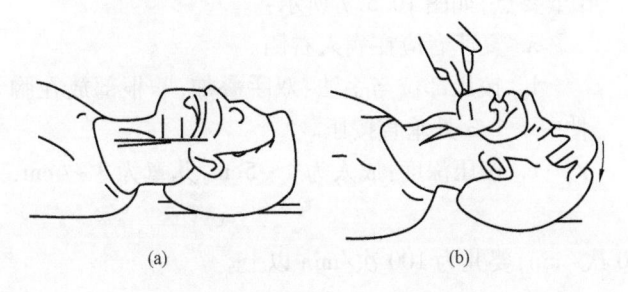

图 10.5.4　头后仰——下颌上提法

图 10.5.5　头后仰——颈部上提法

(5) 人工呼吸。

① 口对口人工呼吸。

复苏者用拇指和食指捏住病人鼻孔,深呼吸后,向口腔吹气2次,每次吹气量为800~1200mL,吹气速度均匀。继而以12次/min的频率继续人工通气,直到获得其他辅助通气装置或病人恢复自主呼吸为止。如图10.5.6所示。

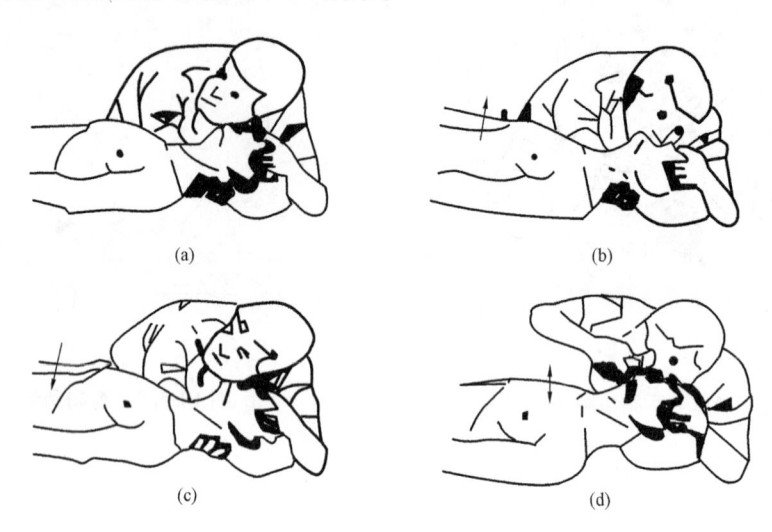

图10.5.6 口对口人工呼吸法

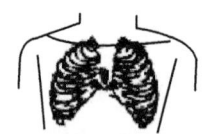

② 口对鼻人工呼吸。

对有严重口部损伤或牙齿紧闭者,采用口对鼻通气法。复苏者一只手前提病人下颌,另一只手封闭病人口唇,进行口对鼻通气。通气量和通气频率同口对口人工呼吸。

(6)建立人工循环。

① 判断病人有无脉搏,人工通气支持时,应随时检查颈动脉有无搏动,5~10s无脉搏,立即开始人工循环。

② 胸外心脏按压。采用胸外心脏按压应掌握6个要点,如图10.5.7所示:

a. 复苏者应在病人右侧。

b. 按压部位与手法:双手叠加,掌根部放在胸骨中下1/3处垂直按压。

心脏按压部位在胸骨下1/3
心脏按压时手的位置的确定
(a) 按压心脏
(b) 抢救者双臂绷直
图10.5.7 胸外心脏按压

c. 按压深度:成人为4~5cm,儿童为3~4cm,婴儿为1.3~2.5cm。

d. 按压频率:成人和儿童为80~100次/min,婴儿为100次/min以上。

e. 按压与放松时间比为1:1。

f. 按压与呼吸频率:单人复苏时为15:2,双人复苏时为5:1。心肺复苏期间,心脏按压中断时间不得超过5s。气道内插管或搬动病人时,中断时间不应超过30s。

2. 进一步生命支持

进一步生命支持是指在医院急诊部门的急救,主要措施是：

(1) 开放气道与通气支持：供氧、开放气道、机械辅助通气。

(2) 人工辅助循环。

(3) 心电监测。

3. 脑复苏

复苏成功并非仅指自主呼吸和循环恢复,智能恢复即脑复苏是最终目的。因此,从现场基础生命开始,即应着眼于脑复苏。脑复苏需要借助检测仪器对病情进行严密观察。这里不再赘述。

(二) 止血技术

(1) 加压包扎止血法,一般用于较小创口的出血;

(2) 指压止血法,主要用于动脉出血的一种临时止血方法;

(3) 抬高肢体止血法,抬高出血的肢体是减缓血液流速的临床应急止血方法;

(4) 屈肢加垫止血法,主要用于无骨折和关节损伤的四肢出血的止血方法;

(5) 填塞止血法,先可用明胶海绵填入伤口,后用大块无菌敷料加压包扎;

(6) 止血带止血法,主要用于四肢大血管出血加压包扎不能有效止血时,在出血部位近心端肢体上选择动脉搏动处,在伤口近心端垫上衬垫,左手在距离止血带一端约10cm处用拇指、食指和中指捏紧止血带,手背下压衬垫,右手将止血带绕伤肢一圈,扎在衬垫上,绕第二圈后把止血带塞入左手食指、中指之间,两指夹紧,向下牵拉,打成一个结,外观呈一个倒置A字形。

(三) 包扎技术

包扎具有保护创面、压迫止血、骨折固定、用药及减轻疼痛的作用。

(1) 包扎用物：绷带、三角巾、多头带、丁字带。

(2) 包扎方法：主要包括绷带和三角巾包扎法。

(四) 固定技术

对于骨折、关节严重损伤、肢体挤压和大面积软组织损伤的伤病员,应采取临时固定的方法,以减轻痛苦、减少并发症、方便转运。

(1) 固定材料：木制夹板、充气夹板、钢丝夹板、可塑性夹板、其他制品。

(2) 固定方法：脊柱骨折固定、上肢骨折固定、下肢骨折固定。

(3) 固定的注意事项。

① 对于各部位骨折,其周围软组织、血管、神经可能有不同程度的损伤,或有体内器官的损伤,应先处理危及生命的伤情、病情、如心肺复苏、抢救休克、止血包扎等,然后才是固定;

② 固定的目的是防止骨折断端移位,而不是复位,对于伤病员,看到受伤部位出现畸形,也不可随便矫正拉直,注意预防并发症;

③ 选择固定材料应长短、宽窄适宜,固定骨折处上下两个关节,以免受伤部位的移动;

④ 对于开放性骨折合并关节脱位应先包扎伤口,用夹板固定时,先固定骨折下部,以防充血;

⑤ 固定时动作应轻巧,固定应牢固,且松紧适度。

(五)转运技术

在转运过程中应正确地搬运病人,根据病情选择合适的搬运方法和搬运工具。

(1)徒手搬运:救护人员不使用工具,而只运用技巧徒手搬运伤病员,包括单人搀扶、背驮、双人搭椅、拉车式及三人搬运等;

(2)担架搬运的种类:

① 铲式担架搬运,适用于脊柱损伤、骨盆骨折的病人;

② 板式担架搬运,适用于心肺复苏及骨折病人;

③ 四轮担架搬运,可以推行、固定于救护车、救生艇、飞机上,也可以与院内担架车对接,而不必搬运病人即可将病人连同担架移至另一辆担架车上;

④ 其他包括帆布担架,可折叠式搬运椅搬运等。

二、常见急症的急救

(一)出血

1. 定义

出血是许多病症的一个急性症状,也是创伤后的主要并发症之一,要及时判断血压是否正常,估计出血量。

2. 判断出血性质

动脉出血者,出血为搏动样喷射,呈现鲜红色;静脉出血者,血液从伤口持续涌出,呈现暗红色;毛细血管出血,血液从伤口渗出或流出,量少,呈红色。

500mL以下的出血,病人常无明显反应。500～1000mL出血,病人可表现口唇苍白或发绀、四肢冰凉、头晕、无力等。1000～2000mL出血,病人可表现心悸、四肢厥冷、脉搏细速、反应冷淡、心率130次/min以上、血压下降。

根据出血性质,采用不同的止血措施,方可达到良好的止血效果。

(二)晕厥

1. 定义

晕厥是突然发生的短暂的、完全的意识丧失。

2. 急救措施

(1)卧床休息;

(2)保持呼吸通道畅通,解开衣领,病人平卧或头低脚高位;

(3)注意环境空气畅通;

(4)注意保暖;

(5)病人清醒后可给热糖水;

(6)安慰病人。

(三)抽搐与惊厥

1. 定义

抽搐是由于各种不同原因引起的一时性脑功能紊乱,伴有或不伴有意识丧失,出现全身或局部强直性或阵挛性收缩,导致关节运动。

惊厥是全身或局部肌肉突然出现的强直性或阵发性痉挛,双眼球上翻并固定,常伴有意识障碍。

2. 急救措施

(1)抽搐与惊厥发作时的救护:

① 平卧,头偏向一侧;

② 开放气道;

③ 安全保护,保持环境安静,避免刺激;

④ 降温、解毒。

(2)发作后的护理:

① 安静、充分休息以恢复体力;

② 安慰病人。

(四)昏迷

1. 定义

昏迷是指高级神经活动对内、外环境的刺激处于抑制状态。

2. 急救措施

(1)使昏迷的人取平卧位,避免搬运,松解衣领、腰带、取出义齿,头偏向一侧,防止舌后坠,或用舌钳将舌拉出,开放气道;

(2)保持呼吸道通畅;

(3)禁食;

(4)针灸,根据病情,可按压或针刺人中,合谷等穴位;

(5)转运,迅速转运到医院进一步救护。

(五)猝死

1. 定义

猝死是指突然意外临床死亡(从发病到死亡不超过1h)。

2. 猝死原因

猝死原因有冠心病、心律失常、脑卒中、胰腺炎、触电、溺水、中毒、创伤等。

3. 猝死的诊断

(1)意识突然丧失;

(2)大动脉(颈动脉和股动脉)搏动消失(或听诊心音消失);

(3)呼吸突然变慢或停止;

(4)皮肤苍白、发绀、全身抽搐;

(5)瞳孔散大。

4. 现场急救

本节心肺脑复苏已详细介绍过了,不再赘述。强调一点就是应在 5～10s 内做出心脏骤停的诊断,不应为诊断而延迟开始复苏的时间。

(六)休克

1. 定义

休克是以突然发生的低灌注导致广泛组织细胞缺氧和重要器官严重功能障碍为特征的临床综合征。

2. 休克的原因、类型

(1)失血大于1000mL引起的休克;
(2)心肌梗死、心衰引起的休克;
(3)过敏引起的休克;
(4)神经源引起的休克;
(5)放射性引起的休克;
(6)烧伤引起的休克;
(7)呕吐、腹泻引起的休克;
(8)感染性休克。

3. 休克的症状与体征

各种原因引起的休克的共同症状与体征表现为:低血压、心动过速、呼吸增快、少尿、意识模糊、皮肤湿冷、四肢末端皮肤出现网状青斑,胸骨部皮肤或甲床按压后毛细血管再充盈时间大于2s等。

4. 休克的急救

(1)据休克原因的不同,采取不同的措施。对最常见的低血容量性休克或神经源性休克,应取仰卧位,下肢抬高200~300mm,心源性休克有呼吸困难者,头部抬高400~450mm;
(2)保暖;
(3)观察病情并及时转院。

(七)软组织扭伤(踝关节扭伤)

1. 定义

软组织扭伤是指踝关节受到外力冲击引起关节周围软组织的损伤。病因如下:
(1)行、跑时足踩到不平地面,受力不平衡;
(2)腾空落地时,足部受力不均匀;
(3)躯体摆动时,足部摆动不平衡。

2. 机理

部分软组织(肌肉、肌腱、韧带)过度牵拉或收缩。

3. 症状

一般表现为:红、肿、热、痛。红即损伤处皮肤发红或瘀斑;肿即局部肿胀、发亮;热即用手触摸受伤部位温度增高;痛即局部疼痛难忍、压痛明显、不敢触摸。

4. 处置

(1)立即休息,受伤踝关节不许活动;

(2)抬高患肢、冷敷(24h 内冷敷、24h 后热敷);

(3)用绷带"8"字缠裹固定;

(4)服药,可服跌打丸、白药等;

(5)怀疑骨折时,应送医院检查治疗;

(6)急性期过后,可按摩治疗。

5. 预防

(1)活动前,踝关节做适宜准备活动;

(2)野外作业,穿高腰鞋(反复扭伤者更应如此)防护。

(八)急性腰扭折

1. 定义

腰部脊柱关节、软组织受到外力冲击引起的损伤。

2. 机理

过重外力、不平衡外力使脊柱关节、软组织过度牵拉或收缩、移位,而使关节结构改变、软组织受伤。

3. 症状

(1)局部撕裂感(响声),立即激烈疼痛;

(2)局部肿胀、僵直、不敢活动(翻身、起床、咳嗽时剧烈疼痛);

(3)明显的压痛点;

(4)椎间盘突出者脊柱侧弯,出现下肢麻木、放射痛。

4. 处理

(1)立即休息,止动;

(2)局部封闭治疗;

(3)急性期后按摩治疗;

(4)怀疑椎间盘突出时应送医院检查、处理。

5. 预防

(1)干活前,腰部做适应活动;

(2)扛重物时,腰、胸挺直、髋、膝弯曲;

(3)提重物时,半蹲位、腰挺直、身体尽量接近物体;

(4)集体扛物时,听指挥、迈步要稳;

(5)负荷不应超过自己的能力。

(6)强劳动(举重、负重)时可用护腰带。

(九)多发伤

1. 定义

多发伤是指在同一伤因的打击下,人体同时或相继有两个或两个以上解剖部位的组织或器官受到严重创伤,其中之一即使单独存在创伤也可能危及生命。

2. 多发伤的急救

(1)立即脱离现场,避免现场不安全因素的再度损害;

(2)保持良好通气,使伤员呼吸道始终保持畅通;

(3)对疑为呼吸、心搏停止者,应立即试行心肺复苏;

(4)止血:压迫、加压包扎、抬高伤肢,四肢大血管撕裂时可用止血带止血等;

(5)包扎:包扎可减轻疼痛,还可以帮助止血和保护创面,减少污染,包扎材料可就地取材,如清洁毛巾、衣服、被单等;

(6)固定:固定可减轻疼痛和休克,并可避免骨折移位,而导致血管和神经损伤,现场固定材料可以是树枝、树皮、树干、木棍、木板、书卷成筒等;

(7)观察病情,及时转入医院。

(十)烧伤

1. 定义

烧伤是由于热力、化学物质、电流及放射线所致引起的皮肤、黏膜及深部组织器官的损伤,一般指热烧伤。

2. 急救

(1)脱离致伤场所(灭掉伤员身上的火),若是酸、碱等化学品所致的伤,应用清水长时间冲洗,最好用中和方法冲洗;

(2)检查危及生命的情况,首先处理和抢救,如大出血、窒息、开放性气胸、严重中毒等,应迅速进行处理和抢救;

(3)镇静、镇痛;

(4)保持呼吸道畅通;

(5)全面处理:防感染,用清洁被单、衣服等简单保护,冬季防寒保暖,急救包扎时,已肯定灭火的衣服可不脱掉,以减少再污染,若为化学烧伤,浸湿衣服必须脱掉;

(6)掌握时机转运医院。

(十一)灾难急救

1. 定义

任何功能引起设施破坏、经济受损、人员伤亡、健康状况及卫生服务条件变化的事件,如其规模已超出事件发生社区的承受能力而不得不向社区外部要求专门援助时,称其为灾难。以上是世界卫生组织对灾难所下的定义。

2. 灾难分类

灾难分为自然灾难、人为灾难。

3. 灾难所致伤病类型

(1)机械损伤所致疾病;

(2)生物因素所致疾病;

(3)气体尘埃所致疾病;

(4)应激性疾病;

(5)灾难性心理障碍。

4. 急救

(1)进入灾区,首先初步将伤员分类,第一类、第二类危重伤员经过适当救治,伤情常能稳定,第三类可推迟数小时而不危及生命。按轻、中、重、死亡分别用红、黄、蓝、黑标志分类标明,将标志置于伤员左胸部或明显部位,便于医护人员到来时辨认并采取相应的急救措施。

(2)检查伤情:注意发现危及生命的病情,如出血、气道堵塞、内脏器官穿孔、发热抽搐、骨折等,都应在转运前处理。

(3)伤情处理:针对不同病情进行适时处理。

(4)掌握好时机转运伤员到附近就医。

第六节　一氧化碳防护知识

一、一氧化碳的物理、化学性质

一氧化碳又称煤气,是无色、无臭、无味、有毒的气体,分子式CO,是含碳物质不完全燃烧的产物。一氧化碳具有氧化性和还原性,微溶于水,可燃烧,空气混合爆炸极限12.5% ~ 74%,具有极强的毒性。

(一)一氧化碳的物理性质

(1)无色、无味、无臭、有毒气体。

(2)密度1.25g/L,比空气轻。

(3)熔点199℃,沸点191.5℃。

(4)在水中的溶解度甚低,一体积水大约能够溶解一体积的一氧化碳,但易溶于氨水。

(5)可燃烧,空气混合爆炸极限为12.5% ~ 74%。

(二)一氧化碳的化学性质

(1)一氧化碳分子中碳元素的化合价是+2,能进一步被氧化成+4价,从而使一氧化碳具有可燃性和还原性。一氧化碳能够在空气中或氧气中燃烧,生成二氧化碳。

$$2CO + O_2 =\!=\!= 2CO_2$$

一氧化碳燃烧时发出蓝色的火焰,放出大量的热。因此一氧化碳可以作为气体燃料。

(2)一氧化碳作为还原剂,高温时能将许多金属氧化物还原成金属单质,因此常用于金属的冶炼。例如:将黑色的氧化铜还原成红色的金属铜,将氧化锌还原成金属锌。

$$CO + CuO =\!=\!= Cu + CO_2$$

$$CO + ZnO =\!=\!= Zn + CO_2$$

一氧化碳在炼铁炉中可发生多步还原反应。

$$CO + 3Fe_2O_3 =\!=\!= 2Fe_3O_4 + CO_2$$

$$Fe_3O_4 + CO =\!=\!= 3FeO + CO_2$$

$$FeO + CO \rightleftharpoons Fe + CO_2$$

（3）一氧化碳还有一个重要性质：在加热和加压的条件下，它能和一些金属单质发生反应，生成分子化合物。如 $Ni(CO)_4$（四碳基镍）、$Fe(CO)_5$（五碳基铁）等，这些物质都不稳定，加热时立即分解成相应的金属和一氧化碳。这是提纯金属和制得纯一氧化碳的方法之一。

二、一氧化碳对人体的危害

一氧化碳（CO）是一种对血液和神经系统毒性很强的污染物。空气中的一氧化碳（CO）通过呼吸系统进入人体血液内，与血液中的血红蛋白（Hemoglobin，Hb）、肌肉中的肌红蛋白、含二价铁的呼吸酶结合，形成可逆性的结合物。

（一）一氧化碳的中毒机理

在正常情况下，经过呼吸系统进入血液的氧，将与血红蛋白（Hb）结合，形成氧血红蛋白（O_2Hb）并被输送到机体的各个器官和组织，参与正常的新陈代谢活动；如果空气中的一氧化碳浓度过高，它进入肺泡后很快会和血红蛋白（Hb）产生很强的亲和力，与血红蛋白形成碳氧血红蛋白（COHb），阻止氧和血红蛋白的结合。血红蛋白与一氧化碳的亲和力要比与氧的亲和力大 200～300 倍，同时碳氧血红蛋白的解离速度却比氧合血红蛋白的解离速度慢 3600 倍。一旦碳氧血红蛋白浓度升高，血红蛋白向机体组织运载氧的功能就会受到阻碍，进而影响到对供氧不足最为敏感的中枢神经（大脑）和心肌功能，造成组织缺氧，从而使人产生中毒症状。当一氧化碳浓度在空气中达到 35ppm（$1ppm = 10^{-6}$，下同），就会对人体产生损害，这称为一氧化碳中毒或煤气中毒。

（二）一氧化碳中毒症状和危害

1. 一氧化碳中毒的症状

急性一氧化碳中毒是吸入高浓度一氧化碳后引起以中枢神经系统损害为主的全身性疾病。中毒起病急、潜伏期短。

（1）轻度中毒。

轻度中毒患者的血中碳氧血红蛋白含量达 10%～20%，可发生如下症状：患者可出现头痛、头晕、失眠、视物模糊、耳鸣、恶心、呕吐、全身乏力、心动过速、短暂昏厥。经脱离现场进行救治后可很快苏醒，无并发症和后遗症。

（2）中度中毒。

中度中毒患者血中碳氧血红蛋白约在 30%～40%，可发生如下症状：除上述轻度中毒症状加重外，口唇、指甲、皮肤黏膜出现樱桃红色，多汗，血压先升高后降低，心率加速，心律失常，烦躁，一时性感觉和运动分离（即尚有思维，但不能行动）；症状继续加重时，可出现嗜睡、昏迷，经及时抢救，可较快清醒，一般无并发症和后遗症。

（3）重度中毒。

重度中毒患者血中碳氧血红蛋白在 40% 以上，其症状如下：迅速进入昏迷状态，初期四肢肌张力增加，或有阵发性强直性痉挛；晚期肌张力显著降低，患者面色苍白或青紫，血压下降，瞳孔散大，最后因呼吸麻痹而死亡。部分患者可并发脑水肿、肺水肿、严重的心肌损害、休克、呼吸衰竭、上消化道出血、皮肤水泡或成片的皮肤红肿、肌肉肿胀坏死、肝、肾损害等。经抢救存活者可有严重并发症及后遗症。

2. 一氧化碳对人体的危害

心脏和大脑是与人的生命最密切的组织和器官,心脏和大脑对机体供氧不足的反应特别敏感;因此,一氧化碳中毒导致的机体组织缺氧,对心脏和大脑的影响最为显著。

一氧化碳对机体的危害程度,主要取决于空气中的一氧化碳的浓度和机体吸收高浓度一氧化碳空气的时间长短。一氧化碳中毒者血液中的碳氧血红蛋白(COHb)的含量与空气中的一氧化碳的浓度成正比关系,中毒的严重程度则与血液中的碳氧血红蛋白(COHb)含量有直接关系。

(1) 一氧化碳对神经系统和大脑的伤害。

如果空气中的一氧化碳浓度达到10ppm,10min过后,人体血液内的碳氧血红蛋白(COHb)可达到2%以上,从而引起神经系统反应,如行动迟缓,意识不清;如果一氧化碳浓度达到30ppm,人体血液内的碳氧血红蛋白(COHb)可达到5%左右,可导致视觉和听力障碍;当血液内的碳氧血红蛋白(COHb)达到10%以上时,机体将出现严重的中毒症状,如头痛、眩晕、恶心、胸闷、乏力、意识模糊等。

一氧化碳中毒对大脑皮层的伤害最为严重,常常导致脑组织软化、坏死。由于一氧化碳在肌肉中的累积效应,即使在停止吸入高浓度的一氧化碳后,在数日之内,人体仍然会感觉到肌肉无力。

(2) 一氧化碳对心脏的伤害。

当碳氧血红蛋白(COHb)达到5%以上时,冠状动脉血流量显著增加;COHb达到10%时,冠状动脉血流量增加25%,心肌摄取氧的数量减少,导致某些组织细胞内的氧化酶系统活动停止。一氧化碳中毒还会引起血管内的脂类物质累积量增加,导致动脉硬化症。动脉硬化症患者,更容易出现一氧化碳中毒,碳氧血红蛋白(COHb)达到2.5%甚至1.7%时,就可能使心绞痛患者的发作时间大大缩短。

(3) 碳氧血红蛋白浓度与对人体危害的关系。

人体内正常水平的COHb含量为0.5%左右,安全阈值约为10%。当COHb含量达到25%~30%时,显示中毒症状,几小时后陷入昏迷;血液中的COHb含量达到30%~40%时,血液呈现樱红色,皮肤、指甲、黏膜及嘴唇均有显示,同时,还出现头痛、恶心、呕吐、心悸等症状,甚至突然昏倒;深度中毒者出现惊厥,脑和肺部出现水肿,心肌受到损害等症状,如不及时抢救,极易导致死亡;当COHb含量达到70%时,会造成人员即刻死亡。

(4) 一氧化碳中毒的后遗症。

中、重度中毒病人抢救成功后,可能有以下后遗症:神经衰弱,帕金森病,偏瘫,偏盲,失语,吞咽困难,智力障碍,中毒性精神病,部分患者可发生继发性脑病。

三、一氧化碳中毒的救治及预防

一氧化碳(CO)无色、无味、无臭、无刺激性,从感观上难以鉴别,一般人常在无意中发生中毒而自己不知道。每年总有一些病例在被发现时,常因中毒太深而无法挽救。因此,一氧化碳中毒的救治及预防应予以重视。

（一）一氧化碳中毒的救治

对急性一氧化碳中毒患者,应立即移至空气新鲜处,松开衣领,保持呼吸道通畅,并注意保暖,密切观察意识状态,迅速给予下列治疗:

1. 脱离现场,紧急救治

(1)因为一氧化碳的相对密度为0.967,比空气轻,发现中毒者后应将患者移离有毒现场,安置在地势低、空气流通的空间,松解衣扣,保持安静并注意保暖。

(2)昏迷初期可针刺人中、少商、十宣、涌泉等穴位,有助于患者苏醒。

(3)现场有条件的,可对轻度中毒者给予氧气吸入;中度及重度中毒者,应积极给予常压口罩吸氧治疗,有条件时给予高压氧治疗。

(4)对呼吸困难者,应立即进行人工呼吸并迅速送医院做进一步的检查和抢救。

2. 针对性治疗

(1)对有昏迷或抽搐者,有条件时可在头部置冰袋,以减轻脑水肿。因为一氧化碳中毒会导致血红蛋白不能携带氧,使组织发生缺氧,出现中枢神经系统、呼吸系统、循环系统等方面的中毒症状。

(2)迅速采取高压氧治疗,高压氧不仅可以降低碳氧血红蛋白的半衰期,增加一氧化碳排出和清除组织中残留的一氧化碳,还能增加氧的溶解量,降低脑水肿和解除对细胞色素化酶的抑制。

(3)对中、重度中毒应尽快向急救中心呼救。在转送医院的途中,一定要严密监测中毒者的神志、面色、呼吸、心率、血压等病情变化,到医院后可注射呼吸兴奋剂,进行输血、换血,以迅速改善组织缺氧;有脑水肿者可给脑脱水剂(20%甘露醇、50%葡萄糖及地塞米松等静脉滴注);对于发生休克、酸中毒、电解质平衡失调均应妥善处理,及早应用抗生素,以防肺部感染。

(4)严密观察病情,防治并发症。治疗期间要加强对患者体温、脉搏、呼吸、血压、瞳孔、神志、尿量、皮肤的观察,并详细记录。

3. 其他治疗

(1)昏迷期间按昏迷常规护理,注意保证维持生命的必需摄入量,给予高热量、高维生素流质饮食。

(2)预防肺部继发感染十分重要,要注意保暖,保持呼吸道通畅,及时清除口腔及咽部分泌物及呕吐物,防止吸入窒息;合理使用抗生素,预防和控制肺部感染。

(3)对皮肤出现水肿、水泡者,应抬高患肢,减少受压,可用无菌注射器抽液后包扎,注意防止因营养和循环障碍而继发皮损及感染。加强皮肤护理,保持清洁、干燥、预防发生褥疮。

4. 对中毒后遗症的治疗

(1)加强精神护理,鼓励或协助患者自动或被动练习四肢功能,或进行肢体按摩,辅以针灸治疗等。

(2)对迟发脑病者,除高压氧治疗外,可用糖皮质激素、血管扩张剂或抗帕金森综合征药物及其他对症和支持治疗。

（二）一氧化碳中毒的预防

(1)加强预防一氧化碳中毒的卫生宣传。

(2)认真执行安全生产制度和操作规程,产生一氧化碳的工作现场必须有良好的通风,并要加强对空气中一氧化碳的监测。

(3)加强个人防护,进入高浓度一氧化碳的环境工作时,要戴好特制的一氧化碳防毒面具;两人同时工作,以便监护和互助。

(4)美国卫生部门把碳氧血红蛋白(COHb)不超过2%作为制定空气中一氧化碳(CO)限值标准的依据。考虑到老人、儿童和心血管疾病患者的安全,我国环境卫生部门规定:空气中的一氧化碳(CO)的日平均质量浓度不得超过1mg/m³(0.8ppm);一次测定最高容许质量浓度为3mg/m³(2.4ppm)。

第七节 硫化氢知识

一、硫化氢的来源

油气井中硫化氢的来源有多种,可能是地层流体中含有硫化氢,也有可能是原地层或外来的含硫物质通过各种化学反应产生硫化氢,具体有以下三个方面。

(一)原地层中的硫化氢

(1)生产过程中,地层流体中溶解的硫化氢随压力的降低逐渐析出,形成气体硫化氢。

(2)上部封闭的含硫化氢地层因套管窜漏等原因,自封闭地层窜入生产层并进入井内,形成气体硫化氢。

(3)热作用于油层时,石油中的有机硫化物分解产生硫化氢。

(4)石油中的烃类和有机质,通过储层水中硫酸盐的高温还原作用而产生硫化氢。

(二)外来物质与地层含硫物质反应生成硫化氢

(1)酸化过程中,施工用酸液与地层产出含硫物质反应,生成硫化氢。

(2)在热力采油过程中,地层流体受热,其中的有机硫化物分解,生成硫化氢。

(三)外来含硫物质在井内发生反应生成硫化氢

(1)压井液中的添加剂在高温或细菌作用下,分解产生硫化氢。

(2)被无水石膏侵污了的压井液中的硫酸盐类,被生物分解后产生硫化氢。

(3)某些含硫原油或含硫水被用于压井液系统,在施工过程中分离出硫化氢。

H_2S气田在区域分布上,多存在于碳酸盐岩—蒸发岩地层中,其含量随地层埋深增加而增大。

二、术语与定义

(1)含硫化氢天然气是指天然气的总压力等于或大于0.4MPa,而且该天然气中硫化氢分压等于或大于0.0003MPa,或硫化氢含量大于75mg/m³的天然气。

(2)描述某种流体中的硫化氢浓度有三种方式,即体积分数、质量浓度和硫化氢分压。

① 体积分数是指硫化氢在某种流体中的体积比,单位为%或mL/m³,现场所用硫化氢监测仪器通常采用的单位是ppm,1ppm=1mL/m³。

② 质量浓度是指在1m³流体中的质量,常用mg/m³或g/m³表示,该单位为我国的法定

单位。

③ 硫化氢分压是指在相同温度下，一定体积天然气中所含硫化氢单独占有该体积时所具有的压力。

④ 硫化氢浓度单位之间的换算关系：

a. $1\% = 14414\text{mg/m}^3$；

b. $1\text{ppm} = 1.4414\text{mg/m}^3$；

c. 硫化氢分压 = 硫化氢体积分数(%) × 总压力。

(3) 阈限值是指几乎所有工作人员长期暴露都不会产生不利影响的有毒有害物质在空气中的最大浓度。硫化氢的阈限值为 15mg/m^3（10ppm），二氧化硫的阈限值为 5.4mg/m^3（2ppm）。阈限值为硫化氢检测的一级报警值。

(4) 安全临界浓度是指工作人员在露天 8h 安全可接受硫化氢最高浓度。硫化氢安全临界浓度为 30mg/m^3（20ppm）。此浓度为硫化氢气体检测的二级报警值。达到这个浓度时，现场作业人员应佩戴正压式空气呼吸器。

(5) 危险临界浓度是指达到这个浓度时，对生命和健康会产生不可逆转的或延迟性的影响。硫化氢的危险临界浓度是 150mg/m^3（100ppm）。此浓度为硫化氢气体检测的三级报警值。警示立即组织现场人员撤离。

(6) 对生命或健康有即时危险的浓度：任何有毒、腐蚀性或窒息气体在大气中的浓度，达到此浓度会立刻对生命造成威胁，或对健康造成不可逆转或滞后的不良影响，或将影响人员撤离危险环境的能力。硫化氢对生命或健康有即时危险的浓度为 450mg/m^3（300ppm），二氧化硫对生命或健康有即时危险的浓度为 270mg/m^3（100ppm）。氧气含量低于 19.5% 为缺氧，氧气含量低于 16% 为对生命或健康有即时危险的浓度。

(7) 中国石油天然气集团公司，中油工程字[2006]274 号《关于进一步加强井控工作的实施意见》的规定中对"三高"油气井做出了明确的定义（界定）。"三高"油气井具体定义（界定）如下：

① 高含硫油气井是指地层天然气中硫化氢含量高于 150mg/m^3（100ppm）的井。

② 高危地区油气井是指在井口周围 500m 范围内有村庄、学校、医院、工厂、集市等人员集聚场所，油库、炸药库等易燃易爆物品存放点，地面水资源及工业、农业、国防设施（包括开采地下资源的作业坑道），或位于江河、湖泊、滩海和海上的含有硫化氢[地层天然气中硫化氢含量高于 15mg/m^3（10ppm）]和一氧化碳等有毒有害气体的井。

③ 高压油气井是指以地质设计提供的地层压力为依据，当地层流体充满井筒时，预测井口关井压力可能达到或超过 35MPa 的井。

(8) 基本人员：进行正确的、谨慎的安全操作所需要的人员以及对硫化氢和二氧化硫状况进行有效控制所需的人员。

(9) 不良通风是指通风（自然或人工）无法有效地防止大量有毒或惰性气体聚集，从而形成危险。

三、硫化氢的物理化学性质

硫化氢是一种无色、有臭鸡蛋味、剧毒、可燃和具有爆炸性的气体，其主要的物理化学性质如下：

(1)一种无色气体，沸点为 -60.2℃(-76.4 ℉)。

(2)在 0.3~4.6ppm(1ppm = 10^{-6})的低浓度时，可闻到臭鸡蛋味；当浓度高于 4.6ppm(1ppm = 10^{-6})，人的嗅觉迅速钝化而感觉不出它的存在，因此气味不能用作警示措施。

(3)毒性较一氧化碳大 5~6 倍，几乎与氰化物的毒性相同。

(4)燃点为 260℃，燃烧时呈蓝色火焰，产生有毒的二氧化硫，危害人的眼睛和肺部。

(5)硫化氢在 15℃(59 ℉)、0.10133MPa(1atm)下相对密度为 1.189。比空气略重，极易在低洼处聚集。

(6)硫化氢与空气混合浓度达到 4.3%~46% 时，将形成一种爆炸混合物。

(7)易溶于水和油，在 20℃、1 个大气压下，1 体积的水可溶解 2.9 体积的硫化氢。溶解度随着溶液温度升高而降低。

(8)含硫化氢的水溶液对金属具有较强的腐蚀作用。

四、硫化氢对人体的危害

(一)危害的生理过程

硫化氢只有进入人体并在人体的新陈代谢发生作用后，才会对人体造成伤害。硫化氢侵入人体的途径有三条：

(1)通过呼吸道吸入；

(2)通过皮肤吸收；

(3)通过消化道吸收。

硫化氢主要通过人的呼吸器官对人产生伤害，只有少量经过皮肤和胃进入人的肌体。吸入的硫化氢大部分滞留在呼吸道里。硫化氢与呼吸道黏膜的表面接触时与碱反应生成 Na_2S，Na_2S 具有刺激和腐蚀作用。但硫化氢对人体的危害主要在于对肌体总的伤害上。

硫化氢是一种神经毒剂，亦为窒息性和刺激性气体，可与人体内部某些酶发生作用，抑制细胞呼吸，造成组织缺氧。硫化氢进入人体，将与血液中的溶解氧发生化学反应。当硫化氢浓度极低时，它将被氧化，会压迫中枢神经系统，对人体威胁不大；中等浓度硫化氢会刺激神经；而硫化氢浓度较高时，将夺去血液中的氧，会引起神经麻痹，使人体器官缺氧，造成人中毒，甚至死亡。

硫化氢对血液的氧化作用最初表现为红细胞数量升高然后下降，血红蛋白的含量下降，血液的凝固性和黏度上升。硫化氢中毒时，人体血蛋白对氧气的呼吸能力将大幅下降，致使血液中氧气的饱和能力降低。

硫化氢被吸入人体，通过呼吸道，经肺部，由血液运送到人体各个器官。首先刺激呼吸道，使嗅觉钝化，引发咳嗽，严重时呼吸道被灼伤；接着眼睛被刺痛，严重时将失明；刺激神经系统，导致头晕，丧失平衡，呼吸困难；心脏跳动加速，严重时心脏缺氧导致死亡。

(二)硫化氢中毒发病机理

(1)血液中高浓度硫化氢可直接刺激颈动脉窦和主动脉区的化学感受器，导致反射性呼吸抑制。

(2)硫化氢可直接作用于脑，低浓度时起兴奋作用；高浓度时起抑制作用，引起呼吸中枢和血管运动中枢麻痹。

（3）硫化氢引起呼吸暂停、肺水肿以及血氧含量降低，可致继发性缺氧，从而导致中毒人员发生多器官功能衰竭。

（4）硫化氢遇到眼睛和呼吸道黏膜表面的水分后分解，对黏膜有强刺激和腐蚀作用，引起不同程度的化学性炎症反应；对组织损伤最重，易引起肺水肿。

（5）硫化氢可使冠状血管痉挛、心肌缺血、水肿、炎性浸润及心肌细胞内氧化，造成心肌损害。

五、硫化氢中毒症状

（一）慢性中毒

人体暴露在低浓度硫化氢环境（如 50～100mL/m³）下，将会慢性中毒，症状是：头痛、晕眩、兴奋、恶心、口干、昏睡、眼睛剧痛、连续咳嗽、胸闷及皮肤过敏等。长时间在低浓度硫化氢条件下工作，也可能造成人员窒息死亡。

长期与低浓度硫化氢气体接触，常出现神经衰弱综合征和自主神经功能紊乱。硫化氢主要作用于中枢神经系统和呼吸系统，亦可伴有心脏等多器官损害。

（二）急性中毒

呼入高浓度的硫化氢气体会导致气喘、脸色苍白、肌肉痉挛；当硫化氢浓度大于700mL/m³时，人很快失去知觉，几秒后就会窒息，心脏停止工作，如果未及时抢救，会迅速死亡。而当硫化氢浓度大于2000mL/m³时，只要吸一口气，就会立即死亡。

硫化氢急性中毒后，会引起肺炎、肺水肿、脑膜炎和脑炎等疾病。经硫化氢中毒后，人对其敏感性将提高，如人的肺在硫化氢中毒后，即使空气中硫化氢浓度较低时，也会引起新的中毒。

六、人体对不同浓度硫化氢的反应

硫化氢浓度对人体危害程度关系见表10.7.1（本表引自SY/T 6610—2005《含硫化氢油气井井下作业推荐作法》）。

表10.7.1 硫化氢浓度与对人体危害程度关系

硫化氢在空气中的浓度			暴露于硫化氢中的典型表现
体积分数（%）	(10⁻⁶)	质量浓度（mg/m³）	
0.000013	0.13	0.18	通常，硫化氢在大气中含量为0.195mg/m³(0.13ppm)时，有明显和令人讨厌的气味，在大气中含量为6.9mg/m³(4.6ppm)时气味就相当显著易见；随着浓度的增加，嗅觉就会疲劳，气体不再能通过气味来辨别
0.001	10	14.41	有令人讨厌的气味；眼睛可能受到刺激；美国政府工业卫生专家公会推荐的阈限值（8h加权平均值）
0.0015	15	21.61	美国政府工业卫生专家公会推荐的15min短期暴露范围平均值

续表

硫化氢在空气中的浓度		质量浓度	暴露于硫化氢中的典型表现
体积分数（%）	（10⁻⁶）	（mg/m³）	
0.0022	20	28.83	在暴露1h或更长时间后,眼睛有灼烧感,呼吸道受到刺激;美国职业安全和健康局的可接受上限值
0.005	50	72.07	暴露15min或15min以上的时间后嗅觉就会丧失,如果时间超过1h,可能导致头痛、头晕和(或)摇晃;超过75mg/m³（50ppm）将会出现肺水肿,也会对人员的眼睛产生严重刺激或伤害
0.01	100	144.14	3~5min就会咳嗽、眼睛受刺激和失去嗅觉;在5~20min过后,呼吸就会受阻、眼睛就会疼痛并昏昏欲睡,在1h后就会刺激喉道。延长暴露时间将逐渐加重这些症状
0.03	300	432.40	出现明显的结膜炎和呼吸道刺激
0.05	500	720.49	短期暴露后就会不省人事,如不迅速处理就会停止呼吸;头晕、失去理智和平衡感;患者需要迅速进行人工呼吸和(或)心肺复苏技术
0.07	700	1008.55	意识快速丧失,如果不迅速营救,呼吸就会停止并导致死亡;必须立即采取人工呼吸和(或)心肺复苏技术
0.10以上	1000以上	1440.98以上	立即丧失知觉,结果将会产生永久性的脑伤害或脑死亡;必须迅速进行营救,应用人工呼吸和(或)心肺复苏技术

硫化氢燃烧生成二氧化硫。在一定的条件下,二氧化硫(SO_2)和硫化氢(H_2S)一样危险,因此不能设想,一旦火炬点燃就平安无事。二氧化硫是一种刺鼻的,具有窒息性的无色气体。其浓度在400mL/m³以上时,即使是瞬间接触,也被认为是危险的。硫化氢和二氧化硫毒性的危险极限与致命浓度见表10.7.2。

表10.7.2　硫化氢和二氧化硫毒性的危险极限与致命浓度

名称	相对密度	LTV[①]	危险极限[②][mL/(m³·h)]	致命浓度[③]（mL/m³）	备注
H_2S	1.18	10	250	600	
SO_2	2.21	5	50	1000	

① LTV——意识极限值,全天时间加权浓度,通常为8h。
② 危险极限——短期接触会引起死亡的浓度。
③ 致命浓度——仅仅吸几口就将引起死亡的浓度。

七、中毒者的搬运方式

将一个中毒者从硫化氢毒气中撤离出来有以下3种搬运方法。

（一）拖两臂

这种技术可以用来抢救有知觉或无知觉的个体中毒者。如果中毒者无严重受伤,即可用拖两臂的方法（图10.7.1和图10.7.2）。

图 10.7.1　拖两臂(一)

图 10.7.2　拖两臂(二)

(二)拖衣服

这种救护法的好处是不用弯曲中毒者的身体,就可以立刻将中毒者移开(图 10.7.3、图 10.7.4 和图 10.7.5)。

图 10.7.3　拖衣服(一)

图 10.7.4　拖衣服(二)

(三)两人抬四肢

当有几个救护人员时,就可使用这种方法。中毒者可以是有知觉的,也可以是神志不清的。这种救护方法可以在一些受限的情况下采用(图 10.7.6 和图 10.7.7)。

图 10.7.5　拖衣服(三)　　　　　　　　图 10.7.6　两人抬四肢

八、硫化氢中毒的早期抢救措施与一般护理知识

(一)硫化氢中毒的早期抢救措施

(1)进入毒气区抢救中毒者,必须先戴上空气呼吸器;

(2)迅速将中毒者从毒气区抬到通风且空气新鲜的上风地区,其间不能乱抬乱背,应将中毒者放于平坦干燥的地方;

(3)如果中毒者没有停止呼吸,应使中毒者处于放松状态,解开其衣扣,保持其呼吸道的通畅,并给予输氧,随时保持中毒者的体温见表10.7.3。

表 10.7.3　测硫化氢中毒者体温

测量部位	正常温度(℃)	安放部位	测量时间(min)	使用对象
口腔	36.5~37.5	舌下闭口	3	神志清醒成人
腋下	36~37	腋下深处	5~10	昏迷者
肛门	37~38	1/2插入肛门内	3	婴幼儿

(4)如果中毒者已经停止呼吸和心跳,应立即进行人工呼吸和胸外按压,有条件的可使用呼吸器代替人工呼吸,直至呼吸和心跳恢复正常。

正常人一般脉搏为60~100次/min,大部分为70~80次/min之间,每分钟快于100次为过快,慢于60次为过慢;正常成人呼吸频率为10~20次/min。

(二)硫化氢中毒一般护理知识

(1)若中毒者被转移到新鲜空气区后能立即恢复正常呼吸,可认为其已迅速恢复正常;

(2)当呼吸和心跳完全恢复后,可给中毒者饮些兴奋性饮料,如浓茶、浓咖啡等;

(3)如果中毒者眼睛受到轻微损害,可用清水或冷敷,并给予抗生素眼膏或眼药水,或用

醋酸可的松眼药水滴眼,每日数次,直至炎症好转;

(4)哪怕是轻微中毒,也要休息1~2d,不得再度受硫化氢伤害;因为被硫化氢伤害过的人,对硫化氢的抵抗力变得更低了。

九、人身安全防护措施

(1)人身安全防护除参照执行《新疆油田试油作业井控实施细则》第36条规定配备的防护设施外,重点还应考虑以下人身安全防护措施。

① 操作时应按要求配备基本人员,采用必要设备进行安全施工。现场应配置呼吸保护设备且基本人员能迅速而方便地取用。采用适当的硫化氢检测设备实时监测空气状况。

② 作业人员应只使用受过培训并取得操作合格证的人员。进行操作前,应召开全体员工安全会议,强调呼吸保护设备的使用方法、急救程序和响应程序等。

③ 所有产出气体都应以确保人身安全的方式排放或燃烧。储罐中测试液分离出的气体也应进行安全排放。

④ 严格执行"禁止吸烟"的规定。

⑤ 试油测试井,从已知或可能含硫化氢区域取样的人员在作业过程中,应随时保持警惕。含硫化氢气体的取样和运输都宜采取适当防护措施。取样瓶应选用抗硫化氢腐蚀材料,外包装上应标识警示标签。

(2)每天开始作业之前,应由指定的现场安全监督负责日常安全检查。主要检查项目宜包括:

① 作业现场是否有硫化氢存在。

② 风向标:根据风向可重新确定临时安全区。

③ 测试硫化氢监测或检测设备及报警仪。

④ 个人呼吸保护设备的布置。

⑤ 消防装置的布置。

⑥ 急救设备。

(3)在作业现场,应遵循有关风向标的规定,设置风向袋、彩带、旗帜或其他相应的装置以指示风向。风向标应置于人员在现场作业或进入现场时容易看见的地方。风向标安装的位置可为绷绳、井场周围的竖杆、临时安全区和道路入口。风向标宜在照明区设置,确保每个人在任何时候都能清楚地知道风的方向。

(4)在井场设立临时安全区至少两个,均应考虑位于主导风向上一定安全距离或与主导风向成90°以防主导风向改变。当风向为主导风向时,所有临时安全区应都是可以进入的,如果风从斜侧方向吹来,应总有一个是可以进入的。

(5)严格执行油气田井控实施细则。这里强调的是:在井口、计量罐或放喷池等可能出现硫化氢的地方,应安装防爆排风扇,确保通风处于良好状态;在施工作业区域内经常有人员操作的地方,放置一些较灵敏的动物,如鸡、老鼠等进行生物检测,禁止现场员工用鼻嗅方法鉴别硫化氢的存在。

(6)禁止作业员工在带压管线上行走或跨越。

(7)含硫化氢油气井重要工序,如放喷、测试求产、压井(解封起钻)、压裂酸化等,应尽可能安排在白班进行。施工作业期间,要加强外围值班警戒,禁止非工作人员或百姓的牲畜进入工作区域。

(8) 一旦作业过程中硫化氢监测系统报警,应立即启动应急预案。

(9) 当硫化氢浓度高于 $15mg/m^3$（10ppm）或二氧化硫浓度高于 $5.4mg/m^3$（2ppm）时,未佩戴任何呼吸保护装置者不得再次进入工作区。如需救助遇险人员,救援人员应佩戴正压式空气呼吸保护设备直到进入安全区域。

(10) 如果仍需进行作业,而空气中的硫化氢浓度仍然高于 $15mg/m^3$（10ppm）或二氧化硫浓度仍然高于 $5.4mg/m^3$（2ppm）,所有留在该区域的工作人员都应佩戴个人呼吸保护设备。

(11) 如发现有硫化氢中毒者,应立即在安全区内进行抢救。必要时,迅速送附近医院救治。

十、现场抢救人员注意事项

(1) 进入硫化氢气体泄漏区域或抢救急性硫化氢中毒患者,必须佩戴检验过的有效呼吸防护器,并有专人监护。远距离可用无线电话联络。

(2) 在没有抢救防护用品的紧急情况下,必须保持清醒的头脑,将现场人员组织好进行有序抢救。

(3) 抢救人员要有自我安全保障意识,监护人员职责明确,认真坚守岗位,不得擅离职守。

(4) 如果发现中毒反应,应立即将患者撤离现场,移至新鲜空气处,解开衣扣,保持其呼吸道的通畅。有条件的还应给予氧气吸入。

(5) 有眼部损伤者,应尽快用清水反复冲洗,并给以抗生素眼膏或眼药水点眼,或用醋酸可的松眼药水滴眼。每日数次,直至炎症好转。

(6) 对呼吸停止者,应立即行人工呼吸;对休克者应让其取平卧位,头稍低;对昏迷者应及时清除口腔内异物,保持呼吸道畅通。

十一、含硫化氢油气田井场布置

(1) 井场应选择在空气流通的地方,作业前,应从气象资料了解当地季风的风向。

(2) 井场及作业设备的安放位置应考虑季风的风向,尽量在前后或左右方向能让季风畅通。

(3) 井架上和安全保护区都要安装"风飘带"或风向标,工作人员应养成随时转移到上风口方向的工作习惯。一旦发生紧急情况（如硫化氢浓度超过安全临界浓度）,作业人员可向上风口方向疏散。当空气中硫化氢浓度可能超过 $75mg/m^3$（50ppm）,会危及公众时,应急预案中宜包括公众警示与保护计划。

(4) 井场的值班房等要设置在井场季风的上风方向。

(5) 井口附近等可能聚集硫化氢的地方,应装有大的防爆风机,以驱散工作场所弥漫的硫化氢,并定时用滤纸沾上醋酸铅溶液来做简易检查。如发现黑色则说明空气中含有硫化氢。

(6) 测井车等辅助生产设备和机动车辆,应尽量远离井口,至少在25m以外。

(7) 消防器材、正压呼吸器准备充足,并设置在季风上风方向。所有防护用具应存放在取用方便、清洁卫生的地方,并定期进行检查并做好记录以确保这些器具灵活、好用。

(8)确保通信系统畅通,可及时与项目部、公司应急部门取得联系。

十二、含硫化氢油气井井控设备的布置

(1)根据地层和压力梯度配备相应压力等级的防喷器组合及井控管汇等设备,并按要求进行安装、固定和试压;

(2)井控设备(和管线)在安装、使用前应进行无损探伤;

(3)井控设备和管线及其配件在储运过程中,需要采取措施避免碰撞和被敲打,应注明钢级、严格分类保管,并带有产品合格证和说明书。

十三、在含硫油气田修井作业设计的特殊要求

(1)在含硫地区的修井作业设计中,应注明含硫地层及其深度和预计含量。

(2)如预计硫化氢压力大于 0.21kPa 时,必须使用抗硫套管、管柱等其他管材。

(3)当井下温度高于 93℃时,管柱和作业工具可不考虑抗硫性能。

(4)高压含硫地区可采用厚壁低钢级套管、油管。

(5)含硫地层的设计压井液密度,即在流体当量密度(地层压力当量密度)基础上,再加一个安全附加值。具体要求如下:

① 油、水井为 0.05~0.10g/cm³(选用上限值),或增加 1.5~3.5MPa 的井底压差(选用上限值);

② 气井为 0.07~0.15g/cm³(选用上限值),或增加 3.0~5.0MPa 的井底压差(选用上限值)。

(6)施工作业队必须有足量的高密度的压井液(超过钻井用钻井液密度 0.1g/cm³ 以上)和加重材料储备。高密度压井液的储存量一般是井筒容积的 1~2 倍。

(7)在含硫地层作业,要求压井液密度的 pH 值始终控制在 9 以上,并选用相应的加重材料。如采用铝制下井工具及管柱,pH 值不得超过 10.5。

(8)严格限制在含硫地层使用常规中途测试工具进行地层测试工作,若必须进行,应减少管柱在硫化氢中的浸泡时间。

(9)必须对井场周围 2km 以内的居民住宅、学校、厂矿等进行勘测,并在设计书上标明位置。在有硫化氢溢出井口的危险情况下,应通知上述人员迅速撤离。

十四、含硫油气田试油作业的安全措施与安全操作

(1)在可能有硫化氢的地区的试油设计中,应尽可能指明含硫化氢的深度,并估计硫化氢的可能含量。提醒作业人员注意,预先采取必要的措施。

(2)必须制定一个完整的对作业队进行救援的计划,有相应的应急处置预案,充分考虑到施工现场周边 2km 以内村庄、学校、厂矿等地区的人员安全及安全撤离。

(3)在作业施工前,应对作业班组人员进行一次防硫化氢的安全培训,并向当班的各岗位人员发出警告信号;对新增职工和转岗职工进行硫化氢知识教育,确保安全方可上岗,进行施工。

(4)根据不同作业环境配备相应的硫化氢检测以及防护装置、灭火器材、无线电通信设备等,指派专人管理,确保硫化氢检测以及防护装置处于备用状态。

(5)施工作业现场按规定配备和使用正压呼吸器,并放置在上风口,每个人易取到的地方。

(6)当空气中硫化氢含量达到安全临界浓度时,有关在岗工作人员迅速佩戴正压呼吸器,非工作人员撤离到安全区。

(7)在高含硫地区作业进入油气层井段以及发生井涌、井喷后,应有医生、救护车、技术安全人员在井场值班。

(8)严格按设计压井液密度配置压井液。未经批准,不得随意修改设计压井液密度。发现地层压力异常时,应及时调整压井液密度以保持井内压力平衡。

(9)做到及时发现溢流显示,迅速控制井口,并尽快调整压井液密度压井。

(10)在现场应有适量的净化剂、添加剂、防腐蚀剂储备,尽量清除修井液中的硫化氢,将硫化氢含量控制在75mg/L以下,以保护金属器材。并随时对压井液的pH值进行监测,通常pH值应保持在9以上。

(11)在油气层和油气层以上起管柱时,前10根管柱起钻速度应控制在0.5m/s以内。

(12)在油气层和通过油气层进行下管柱作业时,必须进行短程起下管柱。

(13)在硫化氢含量超过安全临界浓度的污染区进行必要的作业时,必须佩戴正压呼吸器,而且至少要两人同在一起工作,以便相互救护。

(14)当现场出现硫化氢浓度超标时,人员撤出,抢险人员进入紧急状态,并立即启动应急预案,迅速查找原因,组织技术骨干,控制泄漏。

(15)钢材(尤其是管杆)使用拉应力需控制在屈服极限的60%以下。

(16)作业队在现有条件下不能实施井控作业而决定放喷点火时,点火人员应佩戴防护器具,并在上风方向,离火口距离不得小于10m,用点火枪远程射击。

(17)控制住井喷后,应对井场各个岗位和可能积聚硫化氢的地方进行浓度检测,只有在安全临界浓度以下时,人员才能进入。

十五、硫化氢的监测、检测与施工现场人员疏散及有效避免硫化氢中毒

(一)硫化氢的监测、检测

(1)在井场硫化氢容易聚集的地方,特别是作业平台等常有人的地方,应安装硫化氢检测仪及音响报警系统,且能同时开启使用。

(2)当空气中硫化氢含量超过安全临界浓度时,检测仪能自动报警,其音响应使所有井场施工人员能听到。

(3)含硫地区的作业施工人员必须配备便携式硫化氢监测仪。

(4)对硫化氢监测仪应进行周期强检。

(5)检测硫化氢气体的方法有几种。当空气中硫化氢含量为0.13mg/L时,有明显的和令人讨厌的气味。当硫化氢浓度达到4.6mg/L时,会使人的嗅觉钝化。如果硫化氢在空气中的含量达到100mg/L以上,嗅觉会迅速钝化,而得出空气中不含硫化氢的不可靠的嗅觉。因此根据嗅觉器官来测定硫化氢的存在是极不可靠的、十分危险的,应该采用化学试剂或测量仪器来确定硫化氢的存在及含量。

（二）人员疏散

现场施工人员一旦听到硫化氢报警器的声音，HSE 监督将对情况做出评价，并决定采取的行动。

(1)一旦收到 HSE 监督的疏散通知，所有不必要的人员应迅速撤离井场；

(2)只要认为井场没有别的事情可做，则所有必要人员应转移到安全区域并疏散；

(3)HSE 监督必须通知紧急情况管理部门，必要时，应协助危险区域的居民疏散；

(4)为保护井场安全，未经需要，无关人员不得进入井场。

（三）有效防护硫化氢中毒"四个避免"

(1)要避免在有毒的区域停留，尽量躲避在毒气上风或上侧风方向的安全带。

(2)要尽量避免口鼻直接接触毒气，在转移时最好用湿毛巾掩住口鼻或戴上防毒面具。

(3)要尽量避免在低洼处、通风不好等硫化氢易于积聚的地方停留。

(4)要避免接触火种，以防发生爆炸和火灾。

十六、便携式硫化氢检测仪器与正压呼吸器操作规程

（一）Toxi Pro 单通道气体检测仪操作规程

(1)在新鲜的空气下将仪器打开(一键式操作，且不可按键时间过长)，进行清零操作。

(2)将仪器带入现场测量(仪器为扩散式勿将仪器探头正对套管气出口)，并做好记录。

(3)测量完毕后将仪器置于新鲜空气下清零。

(4)保持仪器探头清洁，按要求保存好仪器并做好交接。

（二）正压式空气呼吸器(C900)操作规程

1. 检查

(1)工作压力不足 28MPa 时，应立即进行充气，保证气瓶工作压力在 28~30MPa 之间。

(2)打开瓶阀(逆时针开，至少两圈)，压力表读数不小于 28MPa 视为正常，可用时间约为 60min；压力低于 5MPa 不得使用，压力为 6MPa 时，一般只能使用 5min 左右。

(3)关闭瓶阀(顺时针关，不要太紧)，缓慢按下供气阀上黄色按钮同时观测压力表下降到 5MPa 处，报警哨是否报警。

2. 穿戴

(1)双手反向抓起肩带，将装具穿在身上，向后下方拉紧肩带，在腹部扣上腰带，并收紧腰带。

(2)将下颚扣住面罩底部，套上束带，由上至下调紧，不要太紧，面部感觉舒适，无明显的压迫感及头痛。

(3)手掌捂住面罩口测试面罩气密性，深吸气应感到有紧迫感，确保全面罩软质侧缘和人体面部的充分结合。

(4)打开气瓶阀，连接好快速插头，然后做 2~3 次深呼吸，感觉供气舒畅无憋闷，能够正常呼吸视为正常。并由他人检查连接是否正确，快速接口的两个按钮是否正确连接在面罩上，有无错扣、卡扣现象。

(5)在使用过程中要随时观察压力表的指示值，当压力下降到 5MPa 或听到报警声时，佩

戴者应立即停止作业、安全撤离现场。

3. 脱卸

（1）用完毕并撤离到安全地带后，拔开快速插头，放松面罩系带卡子，扳松束带，由上至下取下面罩，关闭气瓶阀；松开腰扣，下上扳肩带扣，松开肩带，卸下呼吸器。

（2）取下装具后，按住供气阀按钮，排除供气管路中的残气，直至压力表指针归零。

十七、硫化氢中毒应急预案

对于含硫化氢气体的井在试油之前，应配备足够的防护设施和可靠的硫化氢监测仪器，由队长或班长对井场周围居民的人数，居住的地理位置，道路，井场等情况进行勘察，摸底。进入施工现场，应对现场硫化氢气体进行监测，如果监测浓度在 15mg/m^3（10ppm）或者以上时，不得进入井场，应立即电话报告公司调度室，请求支援，并做好协助周围居民的疏散工作。

如果监测浓度在 15mg/m^3（10ppm）以下时方可进入现场，然后在远离井口的制高点上风口设置安全区域，制定出安全可靠。切实可行的逃生路线，并在井场入口处张贴"告周围居民书"，让周围居民了解硫化氢有毒气体的危害。

（1）作业过程中，井口操作人员必须佩戴硫化氢检测仪器，当现场任何人员听到硫化氢报警器发出报警时，应立即打手势并喊叫大家"停止作业"。

（2）施工人员在得到班长（或作业机司机）发出的信号时（两短一长）立即停止作业，至少两人一组闭气沿逃生路线往上风方向撤离至安全区域。

（3）班长立即清点人员，并将紧急情况电话报告项目部调度室及当地消防部门。现场一旦发现中毒，一岗 1 号、2 号人员应戴上正压式呼吸器活质防毒面具在 1~2min 内将中毒者抬到安全区域，进行现场急救。（见急救方法）

（4）井口操作人员和班长（或作业机司机）立即戴上正压式呼吸器，抢坐井口，关闭阀门，然后由班长（或作业机司机）负责关掉现场所有电源。如果现场正压式呼吸器数量不够，则在安全区域等待救援，禁止再次进入危险区。

（5）封锁井场大门，进行巡逻，的等待救援，并随时向调度室报告现场情况。严禁人员进入危险区，并告知附近的居民有极度的危险。必要时应协助危险区域内的居民疏散。

（6）班长、一岗、二岗位、作业机司机连接管线，并由班长用放喷管线对放出的硫化氢气体进行点燃。

（7）由跟班干部或班长向作业机司机示意发出解除信号（一短一长，长鸣 20s）。

十八、防硫化氢演习

由于硫化氢的危险性严重，对含硫气藏进行试油作业，为使在现场进行施工的所有作业人员都能高效地应对硫化氢紧急情况，应每天进行一次硫化氢防护演习，如所有人员的演习都令人满意，可考虑每周进行一次。当硫化氢报警器发出警报后，现场施工人员应采取如下措施：

（1）所有必要人员必须快速戴好呼吸器，作业队的健康、安全与环境监督员应检查管道空气系统上的呼吸空气供应阀，作业人员按应急计划采取必要的措施。

（2）各处防爆风机工作良好，所有明火都要熄灭。

（3）至少两个人一起工作，防止任何人单独出入硫化氢污染区。

（4）如果有不必要的人员在井场，他们必须戴上呼吸器，离开现场。

(5)封锁井场大门,并派人巡查,在大门口插上红旗,警告在井场附近有极度危险。为保持井场安全,未经许可,无关人员禁止进入井场。

(6)发出硫化氢情况解除信号后,应做到如下几点:

① 检查呼吸器、空气软管等,并判断可能出现的故障,进行必要的整改。

② 给自持式呼吸器充气,以供下次使用;检查无故障损坏,必要时进行整改,将其存放在取用方便、清洁卫生的地方。

③ 检查硫化氢传感器等监测、检测设备,发现故障及时整改。

④ 用手提式检查仪检查低注区、空气不通畅区,以及作业机周围等硫化氢易于积聚的地方,确认是否有硫化氢积聚。

⑤ 汇报各硫化氢检测设备、防护设备有无破损情况。

(7)做好硫化氢防护演练记录。

① 日期。

② 参加演练人员名单。

③ 天气情况。

④ 出现紧急情况作业进度:如作业工序、管柱深度等。

⑤ 演练所用时间。

⑥ 演练过程的简单描述。

⑦ 详细记录在演练过程中队员的不规范操作和设备故障情况。

⑧ 演练后,对应急预案进行讨论,持续改进。

下 篇

第十一章　试油井控装置

第一节　防　喷　器

一、用途

防喷器是试油井控装置的关键部分,主要用途是在试油过程中控制井口压力,有效防止井喷事故的发生,实现安全施工。具体可完成以下作业:

(1)当井内有管柱、电缆时,能封闭环空空间。

(2)当井内无管柱、电缆时,能全封闭井口。

(3)在封闭井口的情况下,可以压井、洗井、环空加压等作业。

二、工作原理和组成

试油作业中常用的防喷器主要是闸板防喷器,闸板防喷器按闸板室的数量可分为单闸板防喷器、双闸板防喷器和三闸板防喷器,按操作形式分手动和液动两种。

（一）手动闸板防喷器

试油常用的手动闸板防喷器有:SFZ16-21、SFZ18-35、2SFZ18-35三种。手动闸板防喷器主要由壳体、闸板总成、拉杆、丝杆、端盖、手柄组成。

(1)工作原理:当需要封井时,同时右旋转动左、右手柄,旋转丝杆推动两闸板向井眼中心运动,左右闸板在外力的作用下,胶芯被挤压变形起到密封作用,达到封井的目的。左旋手柄,即可打开闸板,胶芯去掉外力可复原。

(2)结构(SFZ18-35防喷器)。

① 壳体:上下部为法兰,内腔为圆筒形闸板室,其作用是内腔装闸板,外部连接井口。壳体上装有导向限位销,其作用防止闸板在壳体内径向转动,而只能轴向移动,壳体上设有箭头符号,安装时箭头向上。

② 闸板总成:主要由闸板体、前密封、顶密封、导向块组成。闸板体前部装前密封和导向块,上部装顶密封,后面有拉杆座,下面设有导向限位槽,其作用:连接拉杆,通过拉杆推动闸板总成在壳体内作轴向运动。导向块主要起扶正作用。限位槽作用:一是导向限位,二是井内压力通过键槽进入闸板室推动闸板,起到井压助封作用。

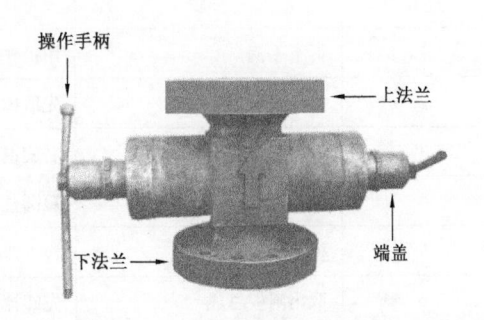

图11.1.1　单闸板手动防喷器(SFZ18-35)

③ 拉杆:前端连接闸板,后端连接丝杆。其作用推动闸板。

④丝杆:前端与拉杆连接,后端与手柄连接,丝杆上安装有2套推力滚子轴承,使得开关闸板轻便、灵活。

⑤端盖:端盖为圆筒形与壳体连接,扣型为矩齿梯形螺纹。

(3)技术要求。

①防喷器需要关闭时,两边手轮应同时关,以免将导向限位键剪断。

②在打开或关闭闸板时,应一次开关到位,以防钻具损伤闸板。

③井内有钻具时,严禁关闭全封闸板。

④严禁用打开闸板来泄井内压力,以免刺伤闸板橡胶件。

⑤每次施工作业时,应开关闸板一次,检查开关是否灵活。

(4)技术参数(表11.1.1)。

表11.1.1 技术参数表

型号	SFZ16-21	SFZ18-35	2SFZ18-35
垂直通径(mm)	165	180	180
额定工作压力(MPa)	21	35	35
操作方式	手动	手动	手动
端面O形圈规格(mm)	$\phi 185 \times 6.4$	$\phi 210 \times 5.7$	$\phi 210 \times 5.7$
钢圈规格	R45	BX156	BX156
螺孔中心距(mm)	310	403	403
连接螺栓规格(mm)	M30×3×185	M36×3×275	M36×3×275
螺孔直径(mm)	33	40	40
外形尺寸(mm×mm×mm)	1050×380×380	1187×480×585	1200×480×861
主机质量(kg)	260	587	764

(5)维护保养(表11.1.2)。

表11.1.2 维护保养表

序号	步骤	检查保养
1	拆下手柄	用操作手柄将闸板拉到开全位置后,去掉手柄
2	拆下轴承套	先取掉两个轴承套调节固定螺栓
3	旋出丝杆	右旋退出丝杆,检查梯形螺纹是否完好
4	拆掉轴承	短圆柱滚子有无磨损,清洗涂油
5	拆下端盖	检查清洗螺纹,更换O形圈
6	取出闸板总成	先卸掉闸板两个内限位螺钉,取出内密封,撬出外密封
7	拆掉拉杆	清洗、涂黄油
8	拆掉孔用弹簧挡圈	更换
9	取出Y形密封圈	更换

组装要求：更换所有O形橡胶密封圈、Y形密封圈,装Y形密封圈唇口应正对压力来源的方向,密封件、螺纹、轴承、闸板室内腔应涂黄油,配合表面涂机油。组装完后,检查开关是否轻便灵活,有无卡阻现象。

(6)常见故障及排除方法(表11.1.3)。

表11.1.3 常见故障及排除方法

序号	故障	原因	排除方法
1	闸板关闭后,不能完全合拢	有钻井液、砂子等污物堆积、结块,使闸板前密封不能完全合拢接触,造成密封失效	可清除堆积污物
2	闸板关闭后,封不住井口	顶密封、前密封受损有撕裂、老化、掉胶等现象	检查后应予以更换
3	侧门和壳体之间有滴漏	(1)壳体与侧门之间有赃物,造成关不平 (2)O形密封圈有缺损、老化	拆开侧门,清洗壳体和侧门的接触面,并检查O形圈是否有缺陷,若存在缺陷,予以更换即可
4	侧门和闸板轴之间有油、水、钻井液等渗出	这可能是Y形密封、O形密封圈失效而造成的	应拆开侧门,取出闸板轴,检查密封圈,若失效予以更换,再组装并进行压力实验

(二)液动闸板防喷器

液动闸板防喷器是由壳体、闸板总成、中间法兰、油缸总成、锁紧装置等组成。

1. 工作原理

防喷器远控台与闸板防喷器进出口油路用1in高压耐火软管连接,需要封井时操作远控台上的三位四通换向阀,扳至关位,液压油进入关闭腔油缸,推动活塞并带动闸板向井口中心移动,依靠前密封和顶密封胶皮的联合作用,达到密封井口的目的。

2. 结构(FZ18-70防喷器)

(1)闸板总成如图11.1.2所示。

(2)壳体为合金钢锻件,结构如图11.1.3所示。

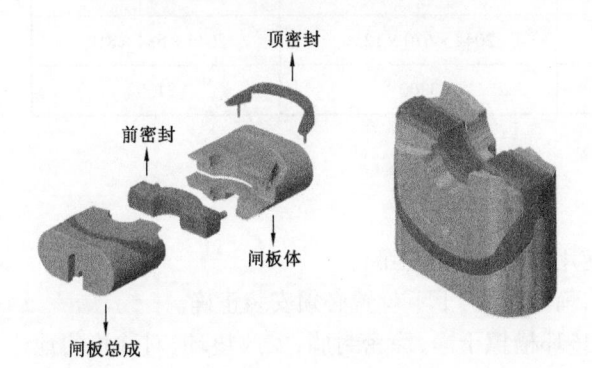

图11.1.2 闸板总成结构图　　图11.1.3 闸板防喷器壳体(FZ18-70)

(3)油缸总成剖面图如图 11.1.4 所示。

3. 技术要求

(1)按防喷器上的标牌指示,安装液控管线到开关油口,切勿接错。

(2)打开和关闭闸板的额定压力值为 8.4～10.5MPa。

(3)防喷器闸板关闭后,应用手动锁紧,锁定闸板,无液压时,也能正常封井。

图 11.1.4　油缸总成剖面图

(4)打开液压闸板防喷器时,只能用液压才能打开,打开前,松开手动锁紧。

(5)更换闸板时,打开或关闭侧盖的额定油压为 2.1～3.5MPa。

(6)手动锁紧装置处于安全解锁状态,二次密封脂装好。

4. 技术参数

技术参数见表 11.1.4。

表 11.1.4　技术参数表

型号	FZ18-70	2FZ18-70	FZ18-105
垂直通径(mm)	185	185	185
最大工作压力(MPa)	70	70	105
强度试验压力(MPa)	105	105	157.5
操作形式	液动	液动	液动
手动关井圈数	21 圈	21 圈	21 圈
钢圈尺寸	BX156	BX156	BX156
螺孔中心距(mm)	403	403	429
连接螺栓(mm)	M39×3×300	M39×3×300	M39×3×325
螺孔直径(mm)	42	42	42
外形尺寸(mm×mm×mm)	2044×670×775	2044×670×1235	2044×684×810
主机质量(kg)	2000	3300	2100

5. 安装要求

(1)防喷器法兰与井口法兰一致。

(2)闸板防喷器内安装的闸板应与井内使用的管柱尺寸匹配。

(3)安装方向:应按闸板防喷器箭头指向,箭头向上,上下位置必须安装正确。

(4)防喷器与井口法兰连接时,用棉纱将垫环槽擦干净,涂密封脂,安放垫环,对称均匀地拧紧螺母。

(5)防喷器的操作手轮应位于井架正面的两侧。

(6)确认防喷器处于开启状态。

(7)双闸板防喷器要挂牌标明上、下闸板尺寸。

(8)安装并检查合格后,应进行密封试压,试压合格后方可投入使用。

6. 液动闸板防喷器的维护保养

(1)首先拆卸掉缸盖的四根大螺栓,操纵液控手柄关闭闸板,油压控制在3.5MPa以下,此时,缸盖和中间法兰与壳体间分开。

(2)取出左右两个闸板总成,从闸板体上撬出顶密封件,再取出前密封件。

(3)松开中间法兰与缸盖的连接螺栓,取掉缸盖和活塞。

(4)卸掉开启杆,关闭杆,取出各零部件及密封件。

(5)清洗干净壳体内腔,检查内腔上密封面,腐蚀或有沟槽时,修复上密封面。

(6)检查开启杆或关闭杆的镀层有无缺口和剥落。

(7)检查活塞有无变形和表面拉伤。

(8)各零部件经检验合格后,方可按组装顺序进行组装,组装时,壳体内腔、各密封件应均匀地在其表面涂润滑脂。

(9)组装完毕后,应进行密封试压,合格后方可使用。

7. 常见故障及排除方法

常见故障及排除方法见表11.1.5。

表11.1.5 常见故障及排除方法

序号	故障	原因	排除方法
1	井内介质从壳体和中间法兰连接处流出	壳体密封圈损坏	更换损坏的密封圈
2	闸板移动方向与控制阀铭牌不符	控制台防喷器连接管线接错	倒换防喷器本身的油路管线位置
3	液控系统正常,闸板关不到位	闸板室内堆积钻井液,砂子过多	清洗干净即可
4	井内介质窜入油缸,使液压油中含水、气等	活塞杆密封圈损坏,活塞杆变形或表面拉伤等	修复或更换
5	闸板可以关闭,但封不住压	(1)闸板胶芯损坏; (2)闸板室上密封面腐蚀或有沟槽	(1)更换胶芯; (2)修复上密封面
6	控制油路正常,用液压打不开闸板	闸板被泥沙卡住	(1)清洗泥沙; (2)加大控制压力
7	液压油从壳体和中间法兰之间渗漏	(1)开启和关闭杆与壳体的密封圈损坏; (2)开启或关闭杆与中间法兰的密封圈损坏	更换损坏的密封圈
8	更换闸板时,发现开启或关闭杆的镀层有缺口和剥落	磨损	对损坏的部件进行修复和更换

三、主要风险提示及预防措施

主要风险提示及预防措施见表11.1.6。

表11.1.6 主要风险提示及预防措施

主要风险提示	预 防 措 施
防喷器无法有效封井	防喷器在井上安装好,必须进行试压,合格后方可使用
提下油管时,造成防喷器上法兰面损坏	防喷器在使用时,上法兰面必须装法兰护板
开关闸板时,压力泄漏伤人	手动防喷器在开关闸板时,操作人员应站在手轮一侧操作
拆卸液压管线时,造成伤人事故	液动防喷器拆卸液压管线时,应先将管线压力放掉后,再进行拆卸作业
环境污染	液动防喷器液压管线完好无损,无漏油现象

第二节 远程控制台

一、用途

防喷器控制装置是开关液动防喷器的装置。平时,它可储存一定压力一定数量的液压油,需要时,可以提供足够压力和排量的液压油,通过操作控制阀将液压油迅速地提供给防喷器,从而达到开关的目的。

二、构成

防喷器控制装置有两部分组成(图11.2.1):防喷器远程控制台和连接管线。以下主要介绍防喷器远程控制台的构成。

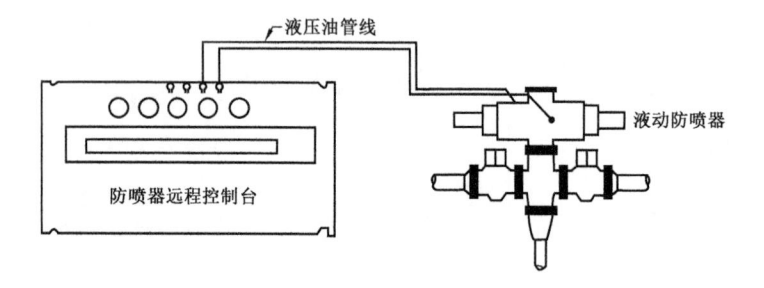

图11.2.1 防喷器远程控制装置示意图

(一)远程控制台

远程控制台是制备、储存与控制液压油的液压装置,由电泵、储能器、阀件、管线、油箱等元件等组成。

1. 电泵

(1)用途。

电泵用来提高液压油的压力,往储能器里输入与补充液压油。电泵在控制装置中作为主泵使用。

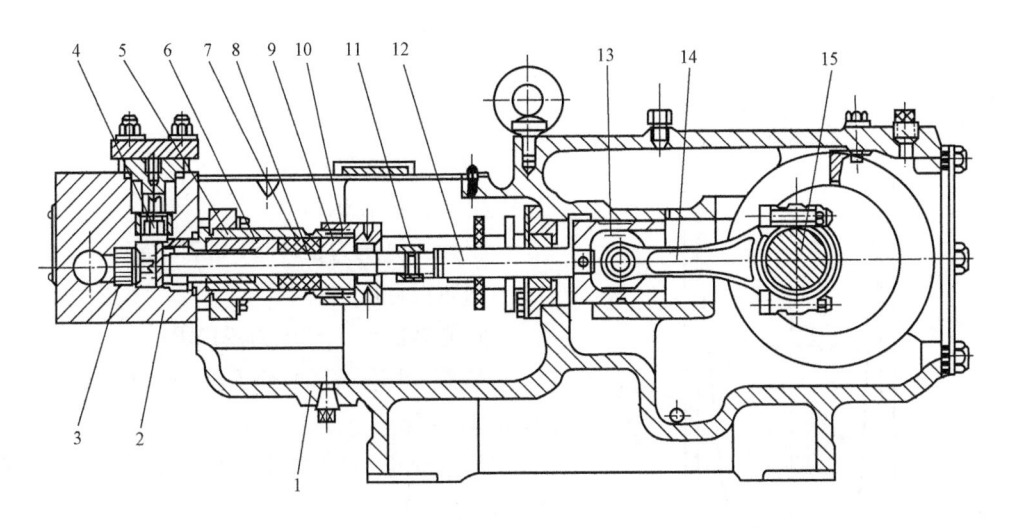

图 11.2.2　电泵示意图

1—动力端;2—液力端;3—吸入阀;4—排出阀;5—密封圈套筒;6—衬套;7—密封圈;8—柱塞;
9—压套;10—压紧螺帽;11—连接螺帽;12—拉杆;13—十字头;14—连杆;15—曲轴

(2)结构。

电泵为三柱塞卧式往复油泵,由三相异步防爆电动机驱动。

电泵电源由井场提供并由压力继电器实现自动控制,压力继电器上限压力调定为21MPa,下限压力调定为17.5MPa。当储能器压力升到21MPa时,压力继电器自动切断电源,电泵停止工作;当储能器油压降到17.5MPa时,压力继电器自动接通电源,电泵启动。储能器液液压油始终在17.5~21MPa范围内。

(3)现场使用注意事项。

① 电源不应与井场电源混淆,应专线供电,以免在紧急情况下井场电源被切断而影响电泵正常工作。

② 电源电压应保持380V。

③ 电泵往储能器里补充液压油时,储能器油压应降至17.5MPa以下,以保护电泵与电动机。

④ 控制装置投入工作时,电泵的启停应由压力继电器控制,即电控箱旋钮应旋至自动位。压力继电器上限压力调定为21MPa;下限压力调定为17.5MPa。

⑤ 电动机接线时应保证曲轴按逆时针方向旋转,即链条箱护罩上标志的红色箭头旋向。

⑥ 曲轴箱、链条箱注入机油并经常检查油标高度,机油不足时应及时补充。半年换油一次。

⑦ 柱塞密封装置中密封圈应松紧适度。密封圈不应压得过紧,以有油微溢为宜。通常调节压紧螺帽,使该处每分钟滴油5~8滴。

⑧ 拉杆与柱塞应正确连接,当钢丝挡圈折断须在现场拆换时,应保证拉杆与柱塞端部相互顶紧勿留间隙,否则将导致新换钢丝挡圈过早疲劳破坏。

2. 储能器

(1)用途。

储能器用于储存足量的高压油，为防喷器动作提供可靠油源。

（2）结构如图11.2.3所示。

（3）主要技术规范。

单瓶公称容积：25L

胶囊充氮压力：7MPa±0.7MPa

钢瓶设计压力：32MPa

储能器额定工作压力：21MPa

单瓶理论充油量（油压由7MPa升至21MPa）：17L

单瓶理论有效排油量（油压由21MPa降至8.4MPa）：12.5L

单瓶实际有效排油量（油压由21MPa降至8.4MPa）：约11L

控制系统采用多个圆柱形瓶式储能器，一旦个别储能器胶囊损坏，不致影响整个系统的正常工作。

泵及储能器的工作压力高（21MPa），常用控制压力只需10.5MPa，相应提供了能量的贮备。

储能器充氮气工具如图11.2.4所示。

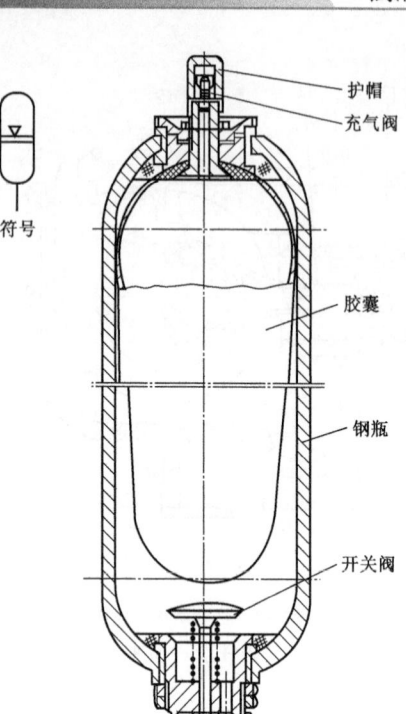

图11.2.3 储能器示意图

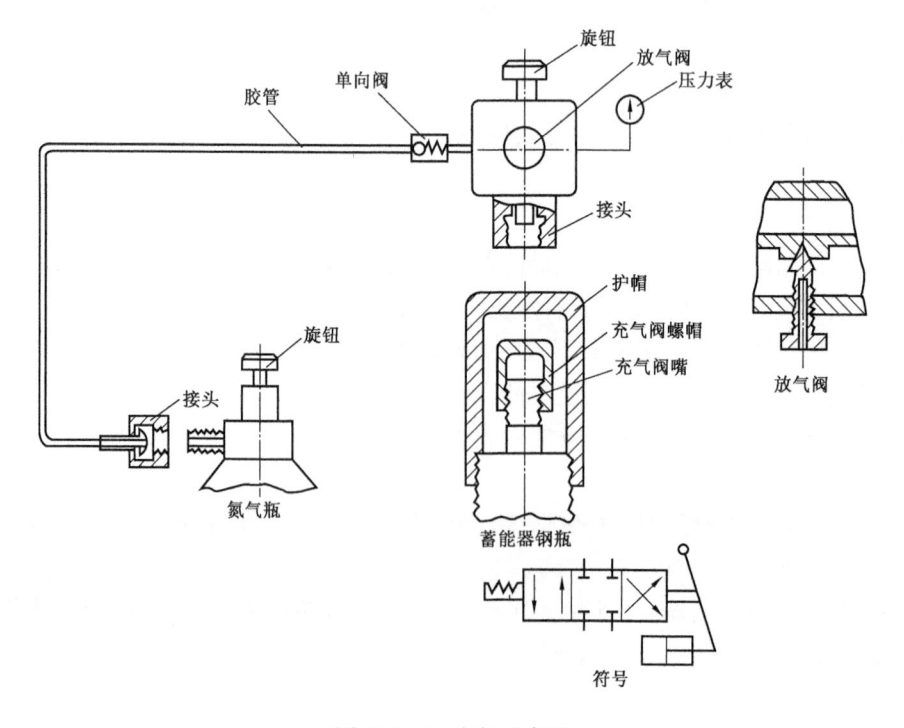

图11.2.4 充气示意图

3. 换向阀

（1）用途：储能器装置上的换向阀用来控制液压油流入防喷器的关井油腔或开井油腔，使井口防喷器迅速关井或开井。

（2）内部结构如图11.2.5所示。

三位四通换向阀的工作原理如图11.2.6所示。当三位四通换向阀手柄处于中位时，阀体上四个孔被阀盘封盖堵死，互不相通。当手柄处于关位时，阀盘使P与A；B与O连通，液压油由P经A再沿管路进入防喷器的关井油腔，防喷器关井动作，与此同时防喷器开井油腔里的存油则沿管路由B经O流回油箱。手柄处于开位时，阀盘使P与B；A与O相通，防喷器实现开井动作。

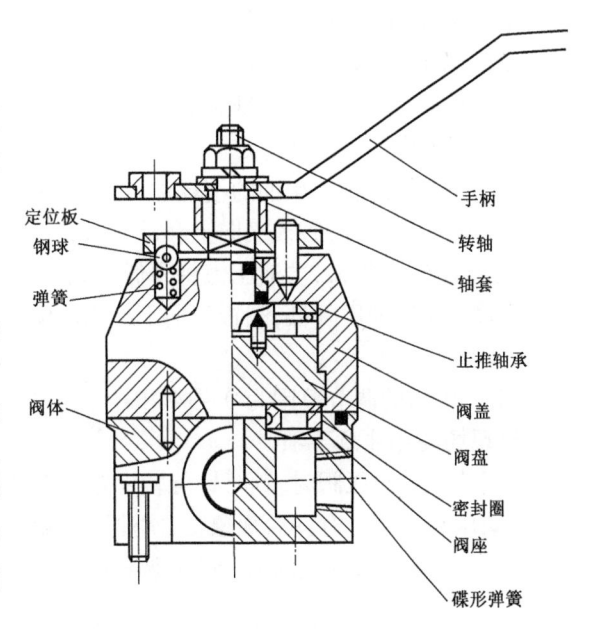

图 11.2.5　换向阀

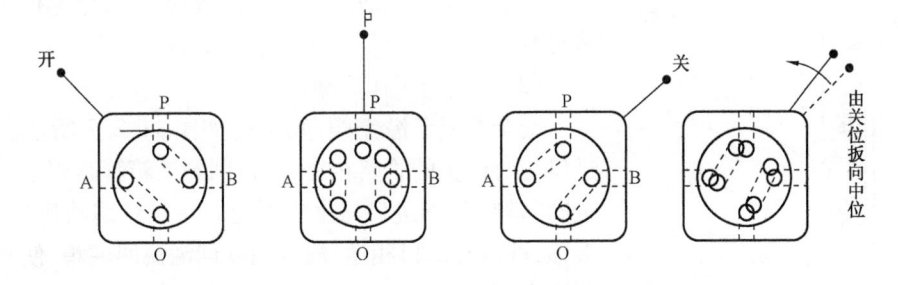

图 11.2.6　三位四通换向阀结构示意图

4. 旁通阀

（1）用途。

储能器装置上的旁通阀用来将储能器与闸板防喷器供油管路连通或切断。

当闸板防喷器使用10.5MPa的正常油压无法推动闸板封井时，须打开旁通阀利用储能器里的高压油实现封井作业。

（2）结构与工作原理：旁通阀为二位四通转阀，其结构、工作原理与前述三位四通换向阀类似。

5. 减压阀

（1）用途。

减压阀用来将储能器的高压油降低为防喷器所需的合理油压。

（2）结构与工作原理。

减压阀有3个油口，入口与储能器油路相接；出口与三位四通换向阀P口连接；溢流口与回油管路相连。高压油从入口流入称为一次油，减压后的液压油从出口输出称为二次油。

顺时针旋转手轮,压缩弹簧,迫使阀杆与阀板下移,入口打开,一次油从入口进入阀腔。阀腔里的油压作用在阀板与阀杆上其合力等于油压作用在阀杆横截面上的上举力。上举力推动阀板与阀杆向上移动,压缩上部弹簧,直到阀板将入口关闭为止,此时油压上举力与弹簧下推力相平衡,阀腔中油压随即稳定。减压阀出口输出的二次油其油压与弹簧力相对应。防喷器开关动作用油时,随着二次油的消耗油压降低,弹簧将阀板推下,减压阀入口打开,一次油进入阀腔,阀腔内油压回升,阀板又向上移动,入口关闭,二次油压又趋稳定。

逆时针旋转手轮,二次油压力将降低。此时弹簧力减弱,阀板上移,溢流口打开,阀腔液压油流回油箱,阀腔油压降低,阀板又向下移动将溢流口关闭,阀腔油压复又稳定,二次油压也已降低。

二次油压力的调节范围为 0～14MPa。

(3)现场使用注意事项。

① 调节手动减压阀时,顺时针旋转手轮二次油压调高,逆时针旋转手轮二次油压调低。

② 减压阀调节时有滞后现象,二次油压不随手柄的调节立即连续变化,而呈阶梯性跳跃,二次油压最大跳跃值可达到 1.5MPa,调试完毕上紧锁紧手柄。

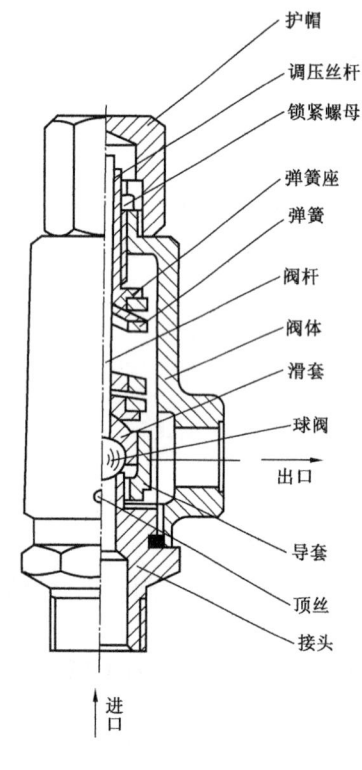

图 11.2.7 安全阀示意图

6. 安全阀

(1)用途。

用来防止液控油压过高,对设备进行安全保护。储能器装置及连接管汇上各安装1个安全阀。

(2)结构与工作原理。

安全阀属于溢流阀,其结构如图 11.2.7 所示。安全阀进口与所保护的管路相接,出口则与油箱管路相接。平时安全阀"常闭",即进口与出口不通。一旦管路油压过高,钢球上移,进口与出口相通,液压油立即溢流回油箱,使管路油压不再升高,管路油压恢复正常时,钢球被弹簧压下,进口与出口切断。安全阀开启溢流的油压值由上部调压丝杆调节。

7. 单向阀

(1)用途。

单向阀用来控制液压油单向流动,防止倒流。

电泵、气泵的输出管路上都装有单向阀。液压油可以通过单向阀流向储能器,但在停泵时,液压油却不能回流到泵里。这样使泵免遭高压油的冲击。

(2)结构。

单向阀的结构如图 11.2.8 所示。单向阀在现场无须调节与维修。

8. 压力继电器

压力继电器用于自动控制电泵的启动与停止以维持储能器的油压在适用范围内(17.5～21MPa)。储能器的油压达到上限值 21MPa 时,压力继电器自动切断电泵电源,电泵停止运转,储能器油压不再上升。储能器油压降至下限值 17.5MPa 时,压力继电器自动接通电泵电源,电泵启动补油。

自动控制工况,当储能器油压达到 21MPa 时,电接点压力表的液压针顺旋至 21MPa 刻度位置,液压针与上限针重叠,电动机主电路断开,电泵停止运转。当储能器油压降至 17.5MPa 时,液压针逆旋至 17.5MPa 刻度位置,液压针与下限针重叠,电动机主电路接通,电泵启动运转。

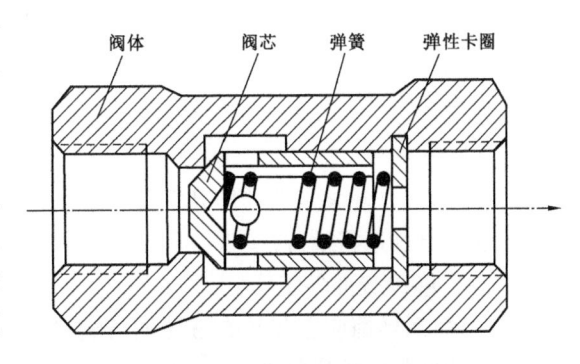

图 11.2.8 单向阀示意图

若将电控箱上旋钮转至"手动"位置,电动机主电路立即接通,电泵启动运转。此时电动机主电路不受电接点压力表控制电路的干预,电泵连续运转不会自动停止。如欲使电泵停止运转,必须将电控箱上旋钮转至"停"位,使主电路断开。

9. 油箱

油箱用来储存液压油。液压油选用抗磨液压油。

(二)连接管线

远程控制台与井口防喷器组之间需要用一组液压管线将它们连接起来。一般采用规格为 $\phi 25mm \times 10m \times 35MPa$ 的高压耐火软管线连接。远程控制台安装距井口不少于 25m。

三、工作原理

远程控制台的控制系统预先制备与储存足量的液压油,并控制液压油的流动方向,迅速开关液压防喷器。当液压油使用消耗,油量减少,油压降低到一定程度时,控制系统能自动补充储油量,使液压油始终保持在一定的高压范围内。操作换向阀控制液压油输入防喷器油腔,直接使井口防喷器实现开关动作。

四、参数

常用的 FK125-2 型防喷器控制装置技术参数:
(1)控制对象数量为 2 个。
(2)控制压力:液动闸板防喷器。
正常情况下为 10.5MPa。
特殊情况下为 10.5~21MPa。
(3)电动三缸泵升压时间。
压力由 0 升至 21MPa,11min 内。
(4)溢流阀开启压力。
管汇溢流阀最大开启压力:31.5MPa
(5)压力继电器:17.5~21MPa。
(6)电动机功率:7.5kW。
(7)储能器容积:25L。

五、操作方法

（一）现场调试

1. 空负荷运转

空负荷运转是使泵组在油压几乎等于零的工况下运转。目的是疏通油路；排除管路中空气；检查电泵空载运行情况。

（1）运转前检查准备工作。

在空负荷运转前应首先检查液压油与润滑情况；电源情况；各阀的开关工况。

① 检查油面是否符合要求。

② 检查电泵曲轴箱、链条箱液压油油标高度。

③ 电源总开关合上，电压保证380V。

④ 检查储能器进出油截止阀开启。储能器钢瓶下部截止阀全开。

⑤ 电泵进油阀全开。

⑥ 三位四通换向阀手柄处于中位。

⑦ 旁通阀手柄处于开位。

⑧ 打开泄压阀。

（2）空负荷运转的操作步骤。

① 电控箱旋钮转至手动位置启动电泵。检查电泵链条的旋转方向；柱塞密封装置的松紧程度；柱塞运动的平稳状况。电泵运转10min后手动停泵。

② 关闭泄压阀。旁通阀手柄扳至关位。

2. 带负荷运转

带负荷运转是使泵组在正常油压下运转，目的是检查管路密封情况及部件的技术指标。操作内容与顺序简述于下。

（1）手动启动电泵。从储能器压力表上可以看出油压迅速升至7MPa，然后缓慢升至21MPa。手动停泵，稳压15min。检查管路密封情况，储能器压力表降不超过0.5MPa为合格。

（2）观察闸板防喷器供油压力表，二次油压为10.5MPa。

（3）开、关泄压阀，使储能器油压降至17.5MPa以下，手动启动电泵，使油压升至储能器安全阀调定值，检查或调节储能器安全阀的开启压力。手动停泵。

（4）开、关泄压阀，使储能器油压降至17.5MPa以下，自动位启动电泵（电控箱旋钮转至自动位置）。检查压力继电器的工作效能，即处于上限油压与下限油压之间，否则重新调定。务必保证电泵自动启停，工作可靠。最后，将电控箱旋钮旋至停位、停泵。

3. 液控性能、管路试压及停机调试

（1）在储能器装置上操作三位四通换向阀，使井口控制对象开关各两次，确认防喷器开关与操作一致。

（2）液控管路试压。

测试压力为21MPa，稳压3min以上，联结管路无渗漏，压力不降为合格。

(3)远程控制台的停机。

电控箱旋扭转至停位;开泄压阀排掉储能器压力;拉下电源空气开关;三位四通换向阀手柄扳至中位。

(二)远程控制台的操作

(1)电源空气开关合上,电控箱旋钮转至自动位;

(2)电动泵进油阀全开和储能器进出油截止阀打开;

(3)泄压阀关闭;

(4)旁通阀手柄处于关位;

(5)换向阀手柄与防喷器开关位置一致;

(6)储能器压力表显示 17.5~21MPa;

(7)闸板防喷器供油压力表显示 10.5MPa。

六、维护保养和常见故障与处理

(一)维护保养

(1)电动泵吸入口的低压滤清器和高压滤清器应每月拆检一次,取出滤网,认真清洗,防止污物堵塞滤网。

(2)润滑维护内容。

① 每月检查一次电泵曲轴箱内的润滑油液位,及时加以补充。

② 每月检查链条箱润滑油情况,不足时适当增加油液,保持正常运转。

③ 储能器最初使用时,每周检查一次氮气压力,以后在正常使用过程中,每月检查一次,氮气压力不足 6.3MPa 应及时补充。

④ 定期检查曲轴柱塞泵密封装置,密封装置不宜过紧,只要不明显漏油即可。

⑤ 一年检查一次液压油油品质量,达不到使用要求的,应及时更换。

(二)常见问题及故障处理

(1)电泵启动后储能器压力表升压很慢。

当启动电泵往储能器里充油时,充油时耗大大超过估算时间,这就表明储能器装置不正常。产生这种现象的原因与处理方法见表 11.2.1。

表 11.2.1 储能器升压很慢的原因与处理方法

故障原因	处理方法
电泵柱塞密封装置过松或磨损	上紧压紧螺母或更换密封圈
进油阀微开	全开进油阀
泄压阀微开	关闭泄压阀
三位四能换向阀手柄未扳到位	换向阀手柄扳到位
管路漏	检修
吸入滤清器不通	清洗滤清器
油箱油量极少或无油	加油

(2)电泵启动后,储能器压力表不升压,其原因和处理方法见表11.2.2。

表11.2.2 储能器不升压的原因和处理方法

故障原因	处理方法
进油阀关死,未开	全开进油阀
吸入滤清器堵死,不通	清洗滤清器
油箱油量极少或无油	加油
泄压阀全开,未关	关闭泄压阀

(3)储能器充油升压后,油压稳不住,储能器压力表不断降压。其故障原因及处理方法见表11.2.3。

表11.2.3 储能器压力不断降低原因和处理方法

故障原因	处理方法
管路活接头、弯头泄漏	检修
三位四通换向阀手柄未扳到位	换向阀手柄扳到位
泄压阀、换向阀、安全阀等元件磨损,内部漏油	修换阀件(可从油箱上部侧孔观察到阀件的泄漏现象)
泄压阀未关死	关紧泄压阀

(4)电泵电动机不启动。

柱塞密封装置的密封圈如果压得过紧,可能导致电泵启动困难。应适当放松压紧螺帽。电源电压过低时,电泵补油启动困难,电压低于320V时电动机无法启动补油。应调整井场发电机组电压,保证供电电压380V±19V。

七、主要风险提示及预防措施

主要风险提示及预防措施见表11.2.4。

表11.2.4 主要风险提示及预防措施

主要风险提示	预防措施
高压液压油泄漏伤人	严禁无关人员在高压耐火管线处停留。同时注意保护好高压耐火软管,严禁施工车辆从管线上通过
更换闸板时,防喷器动作伤人	使用防喷器控制装置控制防喷器更换闸板时,防喷器控制装置应留有专人看护,防止他人随意操作
拆卸联结管线,压力泄漏伤人	拆卸联结管线时,应先将管线压力放掉后,再进行拆卸作业
环境污染	联结管线完好无损,无漏油,拆装管线不得有液压油流出

第三节　油管旋塞阀

一、用途

油管旋塞阀是油管管柱中的手动控制阀,是防止井喷的有效工具之一。

二、结构

其结构主要由本体、球阀、上下阀座、上下拼合环、支撑套、弹簧和旋转销等组成。如图11.3.1所示。

三、工作原理

旋塞阀处于打开状态时,球阀通径与本体通径重合,关闭时,用专用工具将旋塞阀旋转销顺时针旋转90°,带动球阀一起转动90°,使球阀的通径和阀体通径正交,达到了截断和密封油管内通道的目的。

四、试油常用旋塞阀的技术参数和机械性能

试油常用旋塞阀的技术参数和机械性能见表11.3.1和表11.3.2。

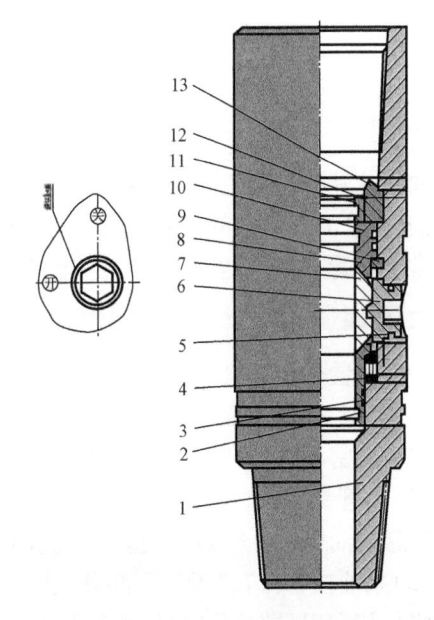

图11.3.1　旋塞阀示意图
1—本体;2—下阀座;3、5、10—O形圈;4—弹簧;6—旋转销;7—球阀;8—上阀座;9—下拼合环;11—支撑套;12—卡簧;13—上拼合环

表11.3.1　主要技术参数

型号	外径(mm)	扣型	内径(mm)	长度(mm)	最大工作压力(MPa)
XSF93/35	93	2⅞in UPTBG	31	340	35
XSF93/70	93	2⅞in UPTBG	31	340	70
XSF114/70	114	3½in UPTBG	40	400	70
XSF134/70	134	2⅞in UPTBG	61	540	70

表11.3.2　机械性能

抗拉强度(MPa)	屈服强度(MPa)	伸长率(%)	冲击功(J)	硬度(HB)
1050	820	14	65	320

五、操作注意事项

(1)旋塞阀必须在检验有效期内使用。
(2)上扣时,应注意管钳咬合部位要离开接头阀芯轴旋转部位。
(3)旋塞阀在使用过程中,旋塞阀的开关一定要到位,严禁处于半开半关状态。
(4)旋塞阀在连续使用72小时后应旋转"开""关"二至三次,以保持阀芯轴灵活。

(5)使用完毕后应清洗干净,确认各部位完好,开关灵活,并注油进行润滑,套上护套,妥善保管。

第四节　试油井口装置

一、用途

油气井井口装置主要由套管头、油管头和采油树三部分组成,主要用于悬挂井内的管柱,密封油、套管的环形空间,控制和调节油井生产,保证作业施工录取油、套压资料、测试及清蜡的日常生产管理,它是安全生产的关键设备。

二、结构

井口装置是由套管头、油管头和采油树三部分组成。

(1)套管头:井口装置的下部分叫套管头,其作用是用来悬挂技术套管和油层套管,并使管外空间严密不漏,为安装油管头等上部井口装置提供过渡连接。

(2)油管头:井口装置的中间部分叫油管头,油管头是由油管悬挂器和套管四通组成,其作用是悬挂油管柱。密封油、套管环形空间,下接套管头、上接采油树提供过渡连接。

(3)采油树:井口装置的上部分,装在油管头的上面。采油树是由阀门、四通、油嘴、短节等组成。其作用是控制井口压力和调节油气产量,引导油井喷出的油气通向井场的出油管线。井口采油树示意图如图11.4.1所示。

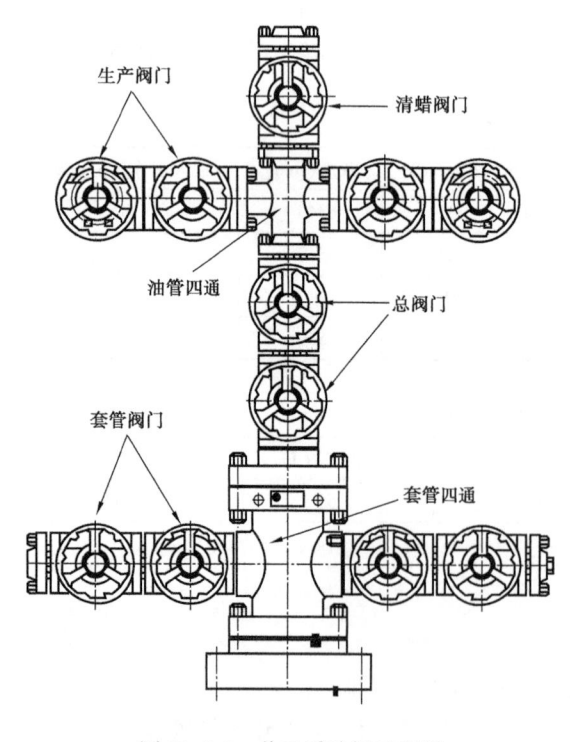

图11.4.1　井口采油树示意图

三、井口采油树各阀门及附件的作用

总阀门:控制油、气流入采油树的主要通道。

生产阀门:控制油、气流向出油管线。

套管阀门:控制油套环形空间,录取套管压力。

清蜡阀门(测试阀门):用于连接防喷管,便于测压、清蜡、试井等工作。

油嘴:控制油层的生产压差,调节油井产量。

油管四通(小四通):用以连接测试阀门与总阀门及左右生产阀门。

套管四通(大四通):是油管套管汇集分流的主要部件。通过它实现密封油套环空,油套分流。其外部是套管压力,内部是油管压力,下部连接套管短节。

套管短节:上部与四通下法兰螺纹连接,下部与套管连接,可根据井场的高低,在作业施工时,调整套管短节来达到提高或降低的要求。

四、采油树选择依据

采油树的安装和使用必须考虑所要进行作业的各项要求,最主要是根据预测的井口压力予以选择,其次应考虑施工允许的最大通径要求。

五、采油树安装及使用

(1)采油树运送到井场后,要对采油树进行验收,检查零部件是否齐全,阀门开关是否灵活好用。

(2)先从套管四通底法兰卸开,与套管连接前必须把套管短节清洗干净,缠上密封带或涂上密封脂,对正扣上紧,两端余扣相同。上齐采油树各部件并调整方向,使采油树手轮方向一致,在一个垂直平面。对于卡箍连接的采油树要求卡箍方向一致。

(3)双阀门采油树在正常情况下使用外阀门,有两个总阀门的,先用上面的阀门,备用阀门保持全开状态。

(4)开关井时,应在阀门侧面操作手轮。

(5)操作手动平板阀时,使平板阀处于全开或全关的位置,不允许处于半开半关位置,严禁用平板阀控制放喷和节流循环。

(6)对采油树进行密封性试压,一般油(气、水)井采油树用清水试压,其试压压力为采油树的额定工作压力,稳压10min以上,压降小于0.7MPa,密封部位无渗漏为合格。

六、采油树技术参数

采油树技术参数见表11.4.1。

表11.4.1 采油树技术参数

名称	工作压力 (MPa)	强度试压 (MPa)	公称通径 (mm)	工作温度 (℃)	工作介质	连接形式	密封垫环
KQY25-65	25	50	ϕ65	-29~121	天然气、原油、水	法兰	R45
KQY35-65	35	60	ϕ65	-29~121	天然气、原油、水	法兰	BX-156
KQY60-65	60	90	ϕ65	-29~121	天然气、原油、水	法兰	BX-156
KQY70-65	70	105	ϕ65	-29~121	天然气、原油、水	法兰	BX-156
KQY105-78	105	157.5	ϕ78	-29~121	天然气、原油、水	法兰	BX-156

七、风险提示及防范措施

(1)机械伤害:设备设施定期保养检修,开关阀门、更换压力表、装卸油嘴时人站侧面,防止在压力作用下零部件脱出伤人。

(2)防中毒:井口操作可能遇到硫化氢及其他有毒气体中毒,检查各阀门、管线及连接部位无渗漏,井口操作时,人站上风处,确保空气流通。

(3)环境污染:正确切换流程,以免憋压造成泄漏。

第五节　防喷和放喷管线

一、安装

防喷、放喷管线在射孔前连接于套管四通的一侧。

二、试压

防喷、放喷管线安装后应试压检验:防喷管线试压与防喷器一致;放喷管线试压压力不低于10MPa,稳压不少于10min,允许压降不大于0.7MPa,密封部位无渗漏为合格。

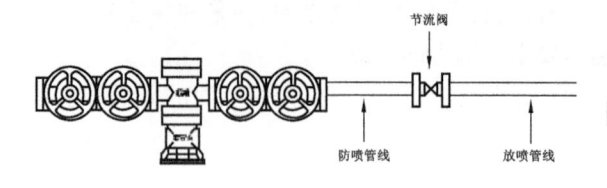

图11.5.1　防喷及放喷管线连接示意图一

三、技术要求及注意事项

防喷及放喷管线连接示意图如图11.5.1和图11.5.2所示。

(1)每班作业前应有专人确认闸阀开关灵活,管线畅通,节流阀处于常开状态。

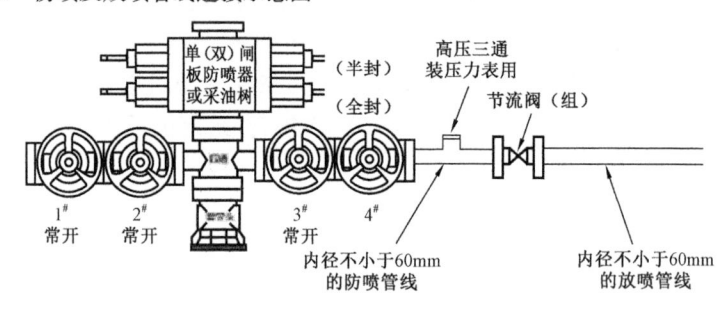

图11.5.2　防喷及放喷管线连接示意图二

(2)冬季作业时,对防喷、放喷管线根据不同情况有不同的防冻保温措施,保证管线和流程畅通。

(3)Ⅰ类风险井的防喷、放喷管线:防喷、放喷管线采取相应等级的针阀或油嘴管汇控制,放喷管线出口距井口45m以远(硫化氢含量不小于20mL/m³的试油层、高压气井100m以远),管线通径不小于60mm,放喷控制阀门距井口3m以远,压力表在井口与放喷阀门之间,管线与闸阀间的连接采取高压活接头或螺纹、法兰方式连接。

(4)Ⅱ、Ⅲ类风险井放喷管线出口距井口35m以远(相邻井层日产气量不小于$10\times10^4 m^3$的气井、含硫井75m以远);其他同Ⅰ类风险井。

(5)防喷、放喷管线每8~10m用质量不小于400kg(装沙后)的标准沙箱固定;放喷管线需转弯的,用夹角大于120°的锻造钢制弯头,转弯前后须用标准沙箱固定,沙箱与转弯处距离不大于2m;出口用双沙箱固定,距出口小于1.5m。出口沿轴线左右各45°夹角的50m范围内不得有道路、桥梁、河沟、湖泊、农用及工用各类设施等。

(6)冬季作业时,对防喷、放喷管线根据不同情况有不同的防冻保温措施,保证管线和流程畅通。

第十二章 试油工具

第一节 常用手动工具

一、管钳的使用

(一)用途

管钳是用来转动金属管材或其他圆柱形工件,是管线安装和维修时的常用工具。

(二)结构

管钳是由管钳头、调节环、管钳体、牙块、弹簧片等组成(图12.1.1)。

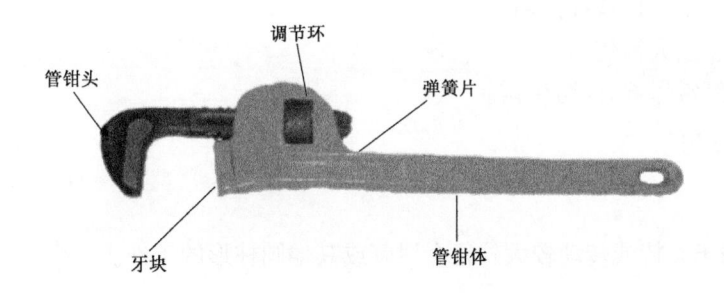

图 12.1.1 管钳结构示意图

(三)规格

管钳的规格是指管钳开到最大开口时,从尾部到顶部的长度及开口宽度(表12.1.1)。

表 12.1.1 管钳的规格表

长度	公制(mm)	150	200	250	300	350	450	600	900	1200
	英制(in)	6	8	10	12	14	18	24	36	48
夹持管子最大直径	公制(mm)	20	25	30	40	50	60	75	85	110
额定弯扭矩	英制(Nm)	100	200	330	500	600	850	1200	2000	2700

例如:管钳把上标字"900×85",900表示钳头到钳尾的全长900mm,85表示最大有效开口85mm。

(四)操作使用

(1)根据管子外径选用合适的管钳(按管钳规格去选用)。

(2)检查管钳固定件是否固定牢固。销柄有无裂纹。

(3)按管子外径打开钳口,咬到管子上,不要过紧或过松。

(4)用左手扶钳头,右手握管钳柄尾端,用力下压。

(5)当接近地面或与其他物体较近时,压管钳钳柄的手指要伸开,以防管钳打滑,手指碰伤。

(6)当工件较紧,要双手用力时,应在管钳头卡紧工件后,慢慢下压钳柄,防管钳打滑伤人。

(7)如作业空间过小或有障碍需要推管钳时,将管钳开口反转180°,卡紧后手掌用力,向前推钳柄。

(8)高空操作管钳时,管钳要加尾绳,只能拉,不能推,一只手操作管钳,另一只手必须有固定物体作为支撑才能操作。

(五)注意事项

(1)不能用重物敲击钳柄。

(2)规格为600mm以下的管钳禁止使用加力管,规格为600mm以上的管钳所用加力管,加力管长度不得大于钳柄长度的0.5倍。

(3)禁止将管钳当作撬杠使用。

(4)管钳禁止当大锤使用。

(5)管钳要经常保养,以防生锈。

二、链钳的使用

(一)用途

链钳主要用于夹持或转动较大外径金属管或其他圆柱形的工件。

(二)结构

链钳主要由钳柄、夹板和链条组成(图12.1.2)。

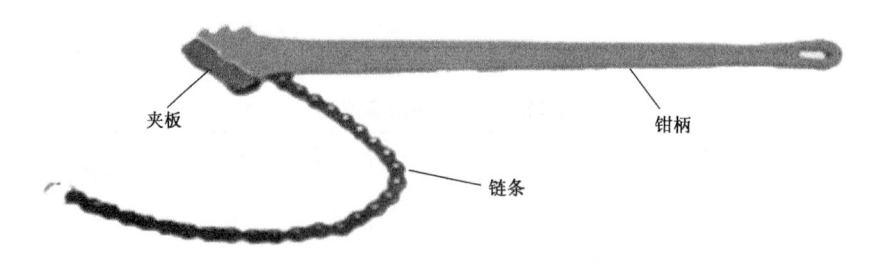

图12.1.2 链钳结构示意图

(三)规格

以钳头至钳尾端最大长度尺寸为准(表12.1.2)。

表12.1.2 链钳规格表

规格(mm)	900	1000	1200
最大使用开口(mm)	50~150	50~200	50~250

（四）操作使用

1. 平躺管线上扣，卸扣

（1）将管体垫平，使链钳头与管体成直角，将钳头放在管体上（钳头方向与旋转方向相同），从管体的下面将链条拉出，包紧管体，将链条卡在两夹板的锁紧部位。

（2）将钳柄向尾部拉一下，使夹板顶部顶住管体，用双手抬起钳柄，向上转过60°左右时，再压钳柄，使咬合处放松，同时稍用力将钳柄后拉，再次夹紧，上下往复运动，即可上扣或卸扣。

（3）完成上、卸扣作业退出链钳时，只需下压钳柄，使包合管体的链条松动，将链条从夹板内取出即可。

2. 竖直或倾斜管线上扣，卸扣

（1）面对管体站立，两脚与肩同宽。对顺时针方向紧扣的管材，使钳头方向与旋转方向一致，把链条逆时针方向绕管体一周，使链钳所在平面与管体成直角，拉紧链条扣到两夹板的锁紧部位，将钳头梯形齿压在管体面上，即可进行上扣操作。

（2）逆时针旋转卸扣时，将链钳反转180°，其他操作与上扣相同。

（五）注意事项

（1）链钳不能当撬杠使用。

（2）在使用链钳时，不能加加力管。

（3）定期对链条各销孔及轴滴注机油，其他部位保持清洁无污垢。

三、黄油枪的使用

（一）作用

黄油枪是用来给轴承等润滑部位加注润滑油的专用工具。

（二）结构

主要由出油嘴、钢球、柱塞、进油孔、活塞、压油手柄、弹簧、活塞杆、储油筒、后盖、丝堵、前端盖等到组成（图12.1.3）。

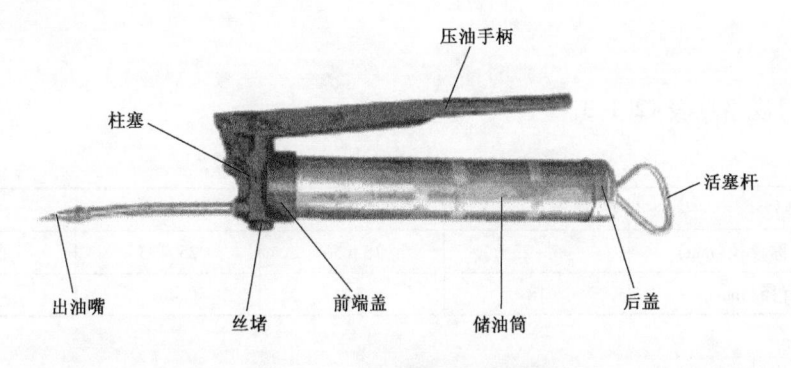

图12.1.3　黄油枪结构示意图

（三）使用与操作

（1）向后拉活塞杆，将活塞杆上的槽卡在后盖的侧孔内。

(2)左手握储油筒,右手握前端盖,将端盖卸下来。
(3)将清洁的润滑脂装入储油筒内,压实,不留空隙。
(4)装好黄油枪前端盖,将活塞杆退出侧孔,恢复工作状态,将黄油枪外部擦干净。
(5)把黄油枪的油嘴对准润滑部位的油嘴插入,上下或左右掀动压油手柄,使润滑脂压进润滑部位,操作完成后,将黄油枪拔出。插入和拔出时,应使两嘴对准,以防损坏黄油枪嘴。

（四）注意事项

(1)装入黄油枪的润滑脂一定要清洁。
(2)使用完润滑部位及黄油枪应擦干净,保持清洁。
(3)清理工作现场。

四、管子割刀的使用

（一）用途

管子割刀是用来切割各种金属管材的工具。

（二）结构

管子割刀是由割轮(刀片)、割轮销子、进退刀滑块、主体导轨、割刀体、螺杆、手柄、滚轮等组成(图12.1.4)。

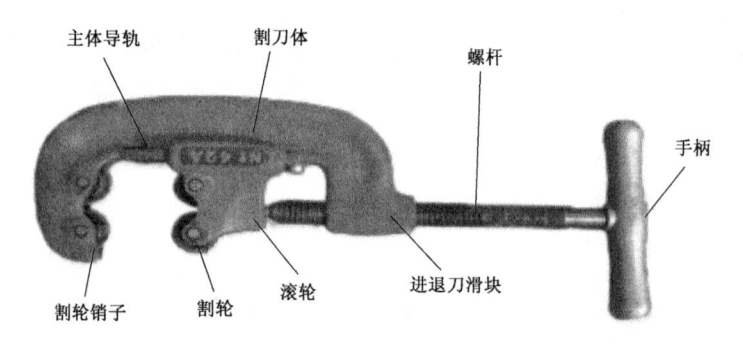

图12.1.4　管子割刀结构

（三）规格

管子割刀规格见表12.1.3。

表12.1.3　管子割刀规格表

型号	1	2	3	4
切割管子公称直径(mm)	5~25	15~50	25~75	50~100
割刀片直径(mm)	18	32	40	45

（四）使用与操作

(1)根据管子外径选择合适的割刀。
(2)检查刀片、滚轮、螺杆有无损坏,转动是否灵活,必要时滴注润滑油。
(3)将被割管材用压力钳夹牢,并根据要求用钢板尺量好尺寸,画好线。

第十二章 试油工具

（4）操作时站在压力钳左侧，右手握割刀手柄，左手心向上，托住割刀体，刀刃朝上。

（5）调节螺杆，使刀刃对准划线，将割刀卡在管子上，被割管子表面涂上少许润滑油。

（6）稍用力拧紧螺杆，使刀片吃入管材表面，顺时针绕管子转动割刀一圈，使割线的始线与终线应当重合，每次进刀用力不可过猛，进刀量每次不超过螺杆的1/4周。

（五）注意事项

（1）操作用力均匀进刀，不得太猛，以免损坏刀片。

（2）管子快割掉时，拿稳防止掉下伤人。

五、台虎钳的使用

（一）用途

台虎钳用于夹持工件进行切割、锉削以及弯曲等加工。分为固定式和转盘式两种。

（二）结构

固定式台虎钳由固定部分和活动部分组成，固定钳口用螺栓固定在钳工台（桌）上，转动手柄可带动活动钳口前后移动，紧固或松开工件。转盘式台虎钳（图12.1.5）钳体可以旋转，把被夹持工件旋转到更适合的加工位置，使用方便，应用较广。

（三）规格

台虎钳的规格按钳口长度表示，有75mm、100mm、125mm、150mm和200mm 5种规格。

（四）使用方法及注意事项

（1）有砧面的虎钳，允许将工件放在上面做轻微的敲打。

（2）丝杠和导轨应保持清洁和润滑。

（3）工件尺寸超过钳口长度时，应使用支架或垫铁垫实。

图12.1.5 转盘式台虎钳
1—导轨体；2—砧面；3—固定螺栓；4—固定钳口；5—活动钳口；6—进退丝杆；7—手柄

（4）台虎钳体要紧固平稳，角度要适当，工件要夹牢，防止加工时脱落。

（5）夹持工件时要保护好工件的加工面，夹紧度要适当，不能夹扁工件。

（6）车制过的工件夹在台虎钳上时，钳口要垫一层软金属垫，防止将车制件夹坏。

第二节　试油井口工具

一、液压油管钳

（一）用途

液压油管钳是钻井、试油、修井作业中用来快速上卸油管、钻杆、套管的专用设备。

（二）结构

液压油管钳主要由主钳、背钳、前导杆总成、后导杆总成、吊筒总成等组成。不同型号的液压油管钳结构基本相同。下面以常用的 XQ89/3YC 型液压油管钳为例,介绍液压油管钳的结构(图 12.2.1)。

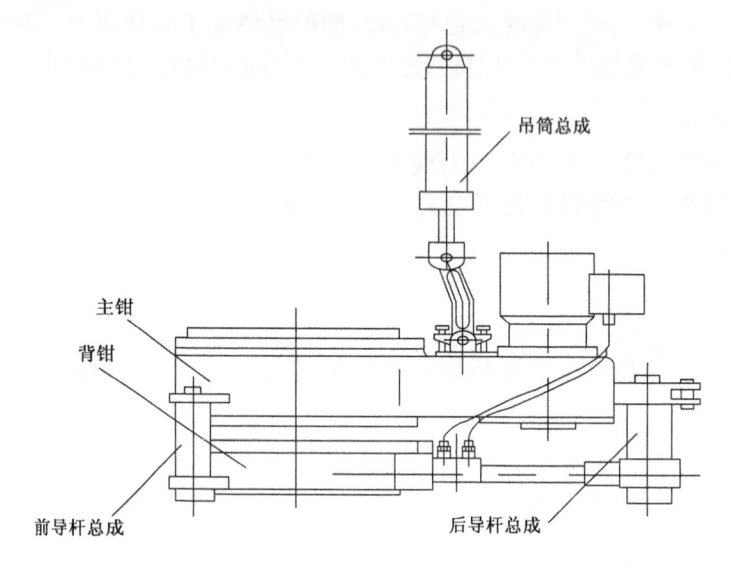

图 12.2.1 液压油管钳结构示意图

1. 主钳

主钳由钳头夹紧机构、颚板架制动机构、开口齿轮总成扶正机构、齿轮传动机构、挂挡机构、液压马达与阀件、悬吊机构与壳体组成。

(1)钳头夹紧机构——内曲面滚子爬坡式双向夹紧固定在开口齿轮内侧的四块坡板,各有两段不同的工作曲面,颚板滚子两次爬坡,分别夹紧两种管径。

(2)颚板架制动机构——颚板架通过花键与制动钢片连接,制动钢片两平面与摩擦片接触,由 11 个弹簧压紧,调整弹簧的压紧力,取得适度的制动力矩,作用是对颚板架制动,辅助滚子爬坡。

调整方法:将 11 个弹簧压平,再回转半圈(180°),用铁丝穿好,以防退扣。

(3)开口齿轮总成扶正机构——开口齿轮上下有轨道槽,扶正滚子对开口齿轮总成上下内外扶正,开口齿轮受力趋于合理,起到扶正的效果。

(4)齿轮传动机构——直齿圆柱齿轮,有挂挡齿轮,花键齿轮,离合齿轮,双联齿轮,介轮,开口齿轮。低速为两级齿轮减速,高速为一级齿轮减速,介轮同时与开口齿轮。双联齿轮的小齿轮构成封闭啮合。

(5)挂挡机构——有挂挡手柄通过拨叉提动内齿套,将主动齿轮与上面或下面的被动轮连接起来传递扭矩,由弹簧通过定位块斜边紧推滚子,使其挂挡定位,如果脱挡,是弹簧压力不足,定位块尖端磨损严重或固定螺栓松动,紧固或更换。

(6)液压马达与阀件——马达和手动换向阀相连,使手动换向阀同时控制主钳和背钳液马达。阀件是指溢流阀、节流阀等。

(7)悬吊机构与壳体——悬吊机构是由悬吊筒和悬吊杆组成,吊筒的作用是补偿上卸扣产生的轴向位移。悬吊杆的作用是调节螺钉使钳子保持水平,如不平会使夹紧失效。壳体把各个部分连接成整体。

2. 背钳

背钳是由钳头夹紧机构、颚板架驱动机构等组成。

(1)钳头夹紧机构——为内曲面滚子爬坡双向夹紧钳头,壳体内侧固定有四块内曲面坡板,当颚板架转动某一角度时,颚板滚子爬坡,使颚板对管柱接箍夹紧,主钳上卸扣时带动背钳颚板继续爬坡,使背钳牢牢地背紧接箍。

(2)颚板架驱动机构——颚板架上固定有大锥齿轮块与锥齿轮轴相啮合,锥齿轮轴由固定在壳体上的小型液压马达驱动。

背钳通过支柱导杆浮动于主钳之下,上扣时,主钳向背钳靠拢,主背钳距离缩小,卸扣时,主背钳距离增大,支柱导杆具有导向性。

3. 前导杆总成

前导杆总成是由前导杆座、前导杆套总成、弹簧、前导杆、销轴等组成。

4. 后导杆总成

后导杆总成是由后导杆座、后导杆套总成、弹簧、后导杆、销轴等组成。

5. 吊筒总成

吊筒总成是由吊杆耳环、吊筒端盖、吊杆总成、吊筒大弹簧、吊筒主体总成等组成。

(三)工作原理

液压油管钳是靠液压动力源提供动力,经多挡减速,输出不同的转速和扭矩,再通过主钳、背钳夹紧机构,使钳牙夹紧管子,转动管柱、实现上、卸扣的目的。

(四)液压油管钳的技术参数

试油常用的液压油管钳有三种:XQ89/3YC,XQ114/6YB,XQ140/12YA(表12.2.1)。

表12.2.1 技术参数表

型号	XQ89/3YC	XQ114/6YB	XQ140/12YA
适用范围(in)	$2\frac{3}{8} \sim 3\frac{1}{2}$	$2\frac{3}{8} \sim 4\frac{1}{2}$	$2\frac{7}{8} \sim 5\frac{1}{2}$
低挡扭矩(kN·m)	3	6	12
次低挡扭矩(kN·m)			7.8
次高挡扭矩(kN·m)			4.2
高挡扭矩(kN·m)	1.1	1.5	2.6
额定压力(MPa)	10	11	12
最大供油量(L/min)	80	100	120
高挡转速(r/min)	100	85	72
次高挡转速(r/min)			42
次低挡转速(r/min)			24
低挡转速(r/min)	30	20	14
移运质量(kg)	158	220	480
外形尺寸(mm×mm×mm)	650×430×550	750×500×600	1024×582×539

液压油管钳的型号表示法见以下示例：

XQ114/6YB型液压油管钳表示为适用最大管径为114mm,最大扭矩为6kN·m,钳头形式为开口型,钳头夹紧方式为内爬坡夹紧,驱动方式为液动。

（五）操作方法

1. 安装

(1)准备工作。

钢丝绳:ϕ10mm×15m 1根,ϕ10mm×3m 1根,绳卡:ϕ10mm 8个,提升设备1套,液压油管钳1台,安全带1条,活动扳手2把等工具。

(2)操作程序。

将15m长吊绳的一端挽一个ϕ15cm的绳圈,两个绳卡卡死,把带绳圈的一端拴在距地面15m高的井架横梁上,另一端垂到井口。用游动滑车平稳吊起液压油管钳,其高度以背钳卡住接箍为准,把垂下来的钢丝绳穿过液压油管钳吊筒吊环,用两只绳卡卡住,下放大钩,检查液压油管钳的高度是否合适,如不合适,调整至合适位置,结尾绳,一端穿过液压油管钳尾绳连接螺栓,用两个绳卡卡死,另一端拴在井架腿上,用两个绳卡卡死,尾绳的长度,应是液压油管钳在上扣状态时,尾绳与钳子保持垂直。

(3)技术要求。

吊绳的悬吊点距地面15m以上,在自由悬吊状态下,钳头中心距井口约0.5m,尾绳与钳头保持垂直,钳体保持水平,绳卡卡紧要牢固。

(4)正确使用工具,劳保穿戴齐全。

2. 操作

(1)按高进低出接好两根高压胶管,接头要保持清洁,推手柄钳头正转,拉手柄钳头反转,为接法正确,如果接反了,换向阀容易漏油。

(2)校对压力表,按液压油管钳技术参数,调至额定的压力值。

(3)先试转,看主钳与背钳方向是否一致,如果不一致调换背钳两胶管位置,接反了会出现背钳打滑现象。

(4)检查主背钳牙是否正确,3型钳牙有厚薄两种(ϕ73mm、ϕ89mm),6型钳牙分大圆弧(ϕ89~ϕ141mm)和小圆弧(ϕ60~ϕ78mm)两种,12型钳牙分小弧形(ϕ60~ϕ78mm),中弧形(ϕ89~ϕ114mm),大弧形(ϕ114mm以上)三种,3型换钳牙,6型换颚板,12型换牙座。

(5)操作时,手柄要推拉到最大位置,否则换向阀节流得不到最大的转速。

(6)换挡要在较慢的转速下进行,以防损坏齿轮。

(7)上扣时,根据管子的最佳扭矩值,选择相应型号的液压油管钳,并选择合适的挡位。

(8)不要超负荷运行。

(9)更换钳牙、颚板、牙座,清除钳体内油泥赃物以及润滑保养时,必须将安全手柄锁定或停泵,并且单人操作,确保安全生产。

3. 现场维护

(1)每班工作前,检查钳体,紧固各松动的螺栓。

(2)检查钳体,及时清除钳体内油泥及污物。

(3)每工作3井次,各滑动面加注机油。

(4) 每工作5井次,给机体各黄油嘴、开口齿轮加注黄油。

(5) 管线接头要保持清洁,保护好快速接头。

(6) 现场维护时,必须在手柄锁定或停泵的情况下进行。

(六) 维修保养及常见故障和排除方法

1. 维修保养

(1) 清洗——拆开主背钳体各零部件,用柴油把零部件清洗干净。

(2) 检查——主要检查制动盘弹簧、摩擦片、支承片、颚板、颚板架,以及各零部件的损伤情况。

(3) 修配——对变形损伤的零部件进行修复或更换。

(4) 润滑——装配时,给机体黄油嘴,开口齿轮,颚板、颚板架注黄油,各转动销轴和扶正滚子及各滑动,摩擦面加注机油,组装时,密封圈,连接螺栓涂黄油。

(5) 调试——组装完后,应对钳子进行调试,看制动力矩是否合适,正反转复位是否正常,无碰撞、卡住、无漏油、无异常声音,卡紧油管不打滑为合格。

(6) 技术要求:应达到液压油管钳技术参数的要求。

(7) 安全文明生产:组装过程中严禁损伤零部件,穿带劳保齐全。

2. 常见故障和排除方法

常见故障和排除方法见表12.2.2。

表12.2.2 常见故障和排除方法

常见故障	原因	排除方法
钳牙打滑	钳牙沟槽硬物充填	清除杂物
	钳牙过度磨损	更换新钳牙
	制动力不足	调紧制动弹簧
	钳体不水平	调平钳体
主钳或背钳对不齐缺口	挡销不到位	扳转复位旋扭180°后再复位
主钳卡紧背钳打滑	主背钳转向相反	调换背钳两胶管位置
挂挡不牢固,易脱挡	锁紧力偏小	加调整垫,适当增大弹簧的压力

(七) 常用油管的上紧扭矩

常用油管的上紧扭矩见表12.2.3。

表12.2.3 常用油管的上紧扭矩

外径	壁厚(mm)	钢级	扭矩(N·m)		
			最小	最佳	最大
2⅞in (73mm)	5.51	H—40	850	1100	1400
		J—55	1100	1450	1800
		C—75	1450	1900	2400
		N—80	1500	2050	2550
		P—105	1900	2550	3200

续表

外径	壁厚(mm)	钢级	扭矩(N·m) 最小	扭矩(N·m) 最佳	扭矩(N·m) 最大
2⅞in (73mm)	7.82	C—75	2150	2900	3600
		N—105	2300	3050	3800
		P—105	2900	3850	4850
3½in (88.9mm)	6.45	H—40	1150	1550	19500
		J—55	1550	2050	2550
		C—75	2000	2700	3350
		N—80	2150	2850	3600
		P—105	2700	3600	4550
	7.34	H—40	1350	1800	2250
		J—55	1800	2400	2950
3½in (88.9mm)	7.34	C—75	2350	3150	3950
		N—80	2500	3350	4150

（八）HSE 注意事项及要求

（1）操作人员由设备单位培训后上岗，并有培训记录。工作期间，必须着装劳保用品。

（2）做到对液压钳的勤检查，勤紧固，勤润滑，使液压钳保持良好的运转状态。

（3）不要超负荷运行。

（4）在运行过程中，禁止用手触摸运动部件，或将手放在钳口处；液压油管钳出现故障需要检修时，应切断动力进行。

（5）更换钳牙、颚板时，必须将操纵手动换向阀用安全锁定装置锁定，确保安全。

（6）拆装液压管线时，应避免有液压油流出，污染井场。

二、无牙痕液压动力钳

（一）用途

无牙痕液压动力钳是特殊油管上、卸扣的专用设备，适用于 FOX、VAM TOP、3SB 等特殊扣型，特别对 Cr 管和带内外涂层保护的特殊材质的油管上扣能起到有效的保护作用。下面主要以 NXQ140 - 20Y 型无牙痕液压动力钳为例进行介绍（图 12.2.2）。

（二）结构

无牙痕液压动力钳主要由主钳、背钳、前导杆总成、后导杆总成、弹簧吊筒组成。

（三）工作原理

无牙痕液压动力钳同样是靠液压动力源提供动力，经多挡减速，输出不同的转速和扭矩，再通过主钳、背钳夹紧机构，使钳牙夹紧管子，转动管柱，实现上、卸扣的。

与普通液压动力钳不同的是，无牙痕液压动力钳夹持不同规格的油管或接箍时，选用相应规格的大包角弧形牙板，采用新型浮动夹紧机构，确保了弧形牙板与所夹持油管或接箍完全

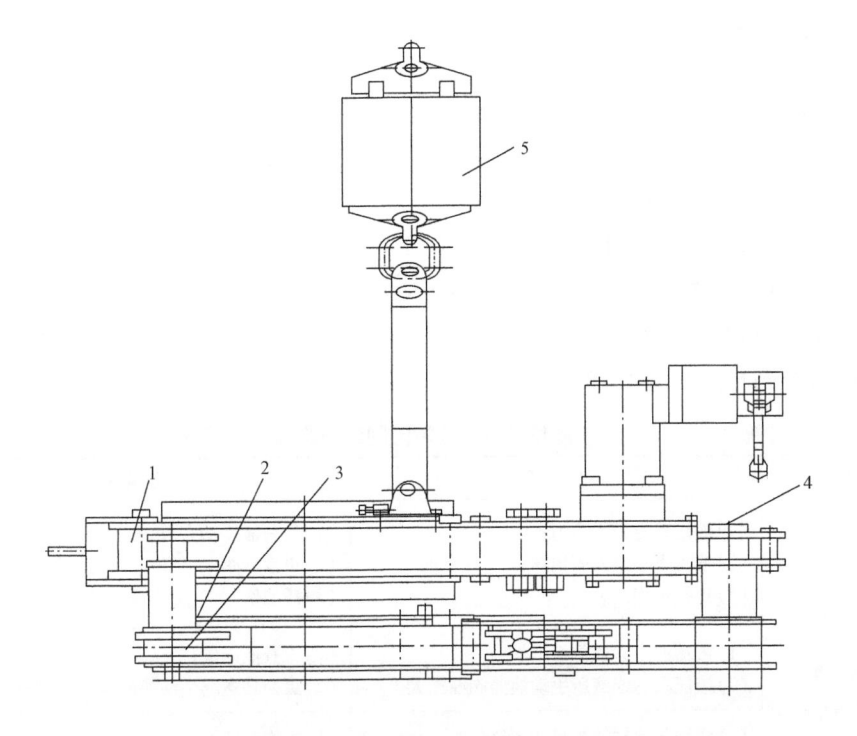

图 12.2.2 无牙痕液压动力钳示意图
1—主钳;2—背钳;3—前导杆总成;4—后导杆总成;5—弹簧吊筒

吻合,从而加大了夹持包角及牙板与油管或接箍的接触面积,显著地减小了所夹持管件的表面损伤(牙印宽度不大于0.2mm且均匀)和变形。

(四)技术参数

(1)适用管径范围。

主钳:ϕ73~139.7mm(2$\frac{7}{8}$in~5$\frac{1}{2}$in 油管)

背钳:ϕ89~153.7mm(2$\frac{7}{8}$in~5$\frac{1}{2}$in 油管接箍)

(2)钳头转速。

快挡:25r/min。

慢挡:5.2r/min。

(3)最大扭矩。

快挡:4.5kN·m

慢挡:20kN·m

(4)额定压力:14MPa。

(5)额定流量:63L/min。

(6)外形尺寸:1360mm×720mm×1200mm(长×宽×高)。

(7)质量:1030kg。

(五)操作方法

(1)安装相应油管尺寸的颚板。

(2)接上进、回油胶管。
(3)启动液压动力源。
(4)调整刹带的松紧。
(5)将开口齿轮的缺口与颚板架缺口对正。
(6)根据上、卸扣要求相应转动换向旋钮。
(7)将开口齿轮缺口与壳体缺口对正。
(8)拉开安全门将钳子推入油管,关好安全门。

(六)故障的判断与排除

故障的判断与排除见表12.2.4。

表12.2.4 故障的判断与排除

故障现象	原　因	排除措施
钳头不转	(1)液压动力源无压力; (2)液压手动换向阀损坏; (3)换挡机构失灵	(1)检查液压动力源; (2)更换新阀; (3)需检修
钳头转速不够	(1)液压源压力或排量不够; (2)液压马达或液压手动换向阀漏损大	(1)检查液压源; (2)更换马达或手动换向阀
钳头打滑	(1)颚板尺寸与油管尺寸不符; (2)钳子没有调平; (3)钳牙磨损; (4)钳牙齿槽内塞满油泥污物; (5)刹带太松或刹带磨损; (6)颚板滚子不转	(1)更换合适的颚板; (2)调整钳子的水平; (3)更换新钳牙; (4)用钢丝刷剔除油泥污物; (5)调整刹带或更换新刹带; (6)对颚板滚子及销轴检修加油

(七)HSE注意事项及要求

(1)做到对液压钳的勤检查,勤紧固,勤润滑,使液压钳保持良好的运转状态。
(2)不要超负荷运行。
(3)在运行过程中,禁止用手触摸运动部件,或将手放在钳口处;液压油管钳出现故障需要检修时,应切断动力源进行。
(4)拆装颚板时,一定要将动力源关闭以免发生意外。
(5)要随时检查吊绳和尾绳的安全可靠性。
(6)拆装液压管线时,应避免有液压油流出,污染井场。

三、吊卡的类型、结构及使用

(一)用途

吊卡是用来卡住并起吊油管、钻杆、套管等的专用工具,在起下管柱时,用吊环将吊卡悬吊在游动滑车大钩上,吊卡再将油管、钻杆、套管等卡住便可进行起下作业,试油、修井常用的吊卡一般有活门式和月牙式两种类型吊卡。

（二）结构

（1）活门式吊卡由本体、锁销手柄、活门等组成，主要承受负荷大，适用于较深井的钻杆柱的起下（图12.2.3）。

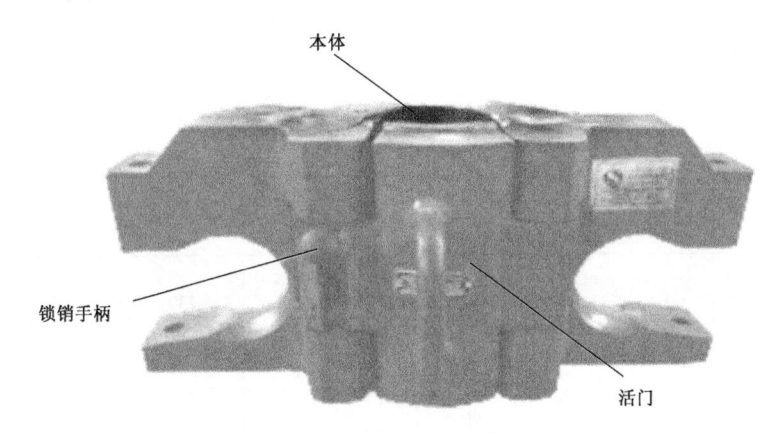

图12.2.3　活门式吊卡结构

（2）月牙式吊卡是由本体、凹槽、月牙闭锁环、手柄和弹簧等组成，特点是较轻、灵活、适用于油管柱或较浅井钻杆柱的起下（图12.2.4）。

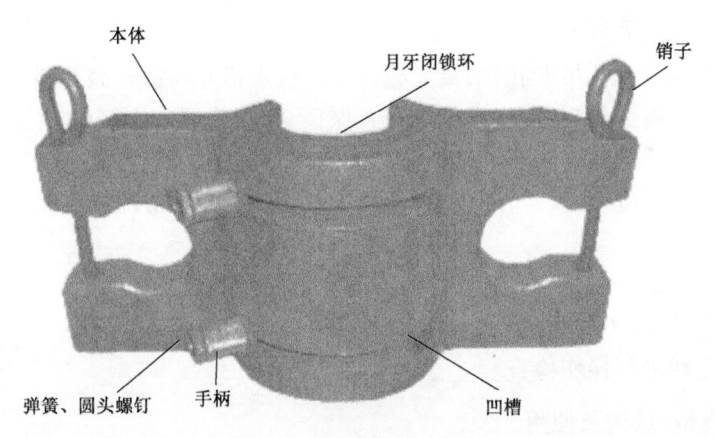

图12.2.4　月牙式吊卡结构

（三）规格

吊卡的规格见表12.2.5。

表12.2.5　吊卡的规格

吊卡形式	名义尺寸 英制(in)	名义尺寸 公制(mm)	外形尺寸 开口直径(mm)	外形尺寸 宽(mm)	外形尺寸 高(mm)	承重(kgf)	质量(kg)	用途
活门式	2³⁄₈	60	62	450	205	230	40.5	油管
活门式	2⁷⁄₈	73	77.76	440	210	300	40.3	油管、钻杆
活门式	3½	89	92.91	495	230	350	52	油管、钻杆
活门式	4½	114	116.115	525	250	400	69	油管、钻杆

续表

吊卡形式	名义尺寸 英制(in)	名义尺寸 公制(mm)	外形尺寸 开口直径(mm)	外形尺寸 宽(mm)	外形尺寸 高(mm)	承重(kgf)	质量(kg)	用途
月牙式	2 3/8	60	62	435	205	230	23	油管
月牙式	2 7/8	73	77	480	205	300	54	油管、钻杆
月牙式	3 1/2	89	92	600	205	420	74	油管、钻杆
月牙式	4 1/2	114	116	600	280	650	121	油管
月牙轻便两用	2 3/8	60	62 66	450	205	230	41	平式油管 加厚油管
月牙轻便两用	2 7/8	73	76 83	440	210	300	40	平式油管 加厚油管
月牙轻便两用	3 1/2	89	91 96	495	230	350	53	平式油管 加厚油管

(四)使用与注意事项

(1)吊卡使用前应确认吊卡孔径,最大载荷与管柱规格并与提升载荷相同。

(2)使用时,检查各转动部分灵活,吊卡保险安全装置(各部位销子、弹簧)应安全可靠。

(3)吊卡保险销长度合适,工作时用麻绳固定在吊环上,当吊环推上吊卡耳钩后,必须插上吊卡保险销。

(4)吊卡卡在油管上时,锁好锁销并确认,月牙必须面向前井场。

(5)不准锤击吊卡,不准在吊卡上砸钢丝绳。

(6)吊卡要定期进行探伤检查。

四、吊环的类型、结构及使用

(一)用途

吊环是连接大钩与吊卡的工具,其作用是悬挂吊卡,完成起下管柱和吊升重物等工作。

(二)结构

按结构形式分为单臂式和双臂式两种类型(图 12.2.5 和图 12.2.6)。

图 12.2.5　单臂吊环

图 12.2.6　双臂吊环

(三)规格

吊环的规格见表12.2.6。

表12.2.6 吊环的规格

类型	型号	1对吊环负荷（kN）	1对吊环质量（kg）	直径（mm）	长度（mm）
双臂	SH-20	200	9.9	22	750
	SH-30	300	34	34	1100
	SH-50	500	54	40	1100
	SH-75	750	78	45	1300
	SH-150	1500	170	60	1750
单臂	DH-50	500	40	38	1300
	DH-75	750	62	45	1300
	DH-150	1500	104	54	1700
	DH-250	2500	172	65	2100
	DH-350	3500	300	80	2400

(四)使用与注意事项

(1)吊环应选用大于井内钻具最大负荷1.5~2倍载荷能力。

(2)吊环应配套使用。

(3)使用中常检查吊环直径、长度变化情况,长度不同,不得使用。

(4)使用中每次与吊卡卡好,不得挂单环使用。

(5)吊环在大钩内应有一定的摆动自由度,不应有阻卡现象。

(6)不得用重物击打吊环,保持吊环清洁。

五、安全卡瓦结构及使用操作

(一)用途

安全卡瓦是一种结构特殊的锁紧工具,它能够在片式卡瓦失灵时,自动锁紧钻铤、钻杆,从而起到安全保护作用。

(二)结构

安全卡瓦是由把手、调节螺杆、牙板、牙板座等组成。主要是由若干节卡瓦通过销孔穿锁,连接成一个整体,其两端又通过销孔的销柱与丝杆连成一个可调性卡瓦,它的卡瓦牙较多,几乎将钻铤外径包合一圈,再旋紧丝杆,包咬效果更佳(图12.2.7)。

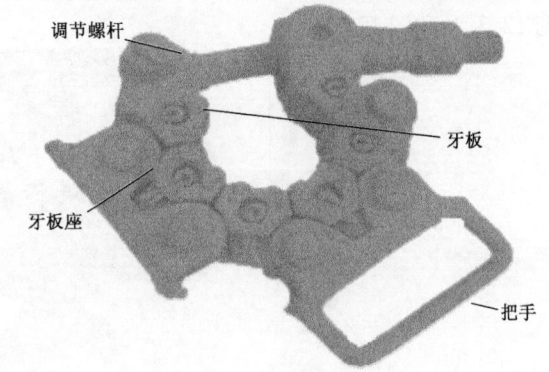

图12.2.7 安全卡瓦结构

(三)规格

安全卡瓦的规格见表12.2.7。

表12.2.7 安全卡瓦的规格

卡瓦外径		卡瓦节数
公制(mm)	英制(in)	
95～117	3¾～4⅝	7
114～142	4½～5⅝	8
140～168	5½～6⅝	9
165～193	6½～7⅝	10
190～219	7½～8⅝	11
215～244	8½～9⅝	12
241～269	9½～10⅝	13

(四)使用与注意事项

(1)使用时,检查安全卡瓦各连接销应在允许范围内转动灵活,无阻卡现象。

(2)按被卡管柱选择合适尺寸的安全卡瓦。

(3)丝杆上紧后,各卡瓦应均匀将钻具咬紧。

(4)丝杆的插销用细链连接好,防止丢失或落井。

第三节 试油常用器材

一、平板阀的使用

(一)用途

阀门是流体输送系统中的控制部件,具有导流、截流、调节、节流、防止倒流、分流或溢流卸压等功能。平板阀主要用于采油树、油管头、套管头、管汇上,起到"通流"或"断流"作用。

(二)结构

平板阀主要是由阀体、阀板、阀杆、阀座、阀盖、轴承、轴承套、丝套、尾杆、手轮及护罩等组成(图12.3.1和图12.3.2)。

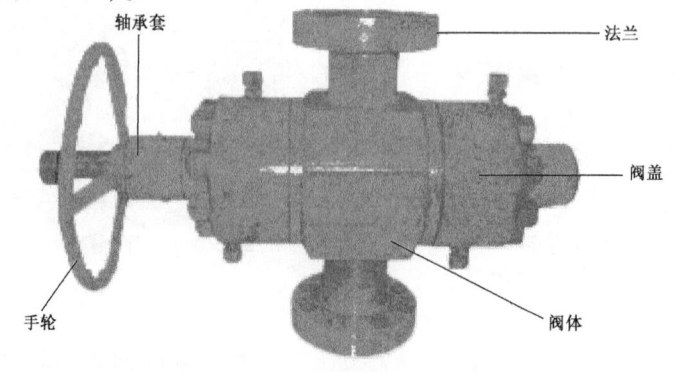

图12.3.1 PFF35-65平板阀的结构示意图

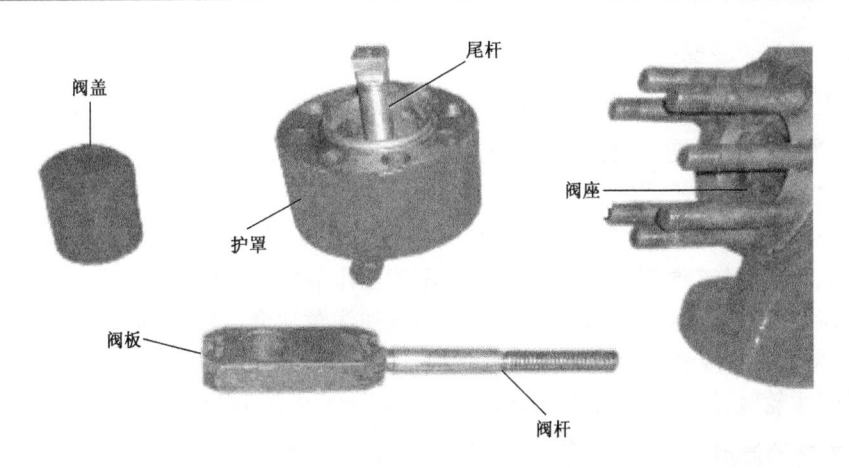

图 12.3.2　PFF35-65 平板阀的分体图

1. 原理

丝套与阀杆以左旋螺纹(反扣)连接,阀板与阀杆利用 T 型榫槽挂接。阀板与阀座靠波形弹簧相互自由贴紧。阀板与阀杆,阀板与阀座的这种结合形式,保证了阀板"浮动",阀杆上端护罩上开有长槽,可以从外面观察到阀杆的位移情况,阀板下方连接尾杆。

2. 类型

平板阀按操作方式可分为手动平板阀和液动平板阀。平板阀的阀板和阀座表面喷(堆)焊硬质合金,使之具有良好的耐磨和抗腐蚀能力。阀座上密封件采用 O 形密封圈,使其在高、低压状态都能更好地密封,并利用波形弹簧调节使阀板、阀座低压密封。

3. 型号表示

例如:PFF35——103 表示法兰式连接,工作压力为 35MPa。公称通径为 103mm 的手动平板阀。

例如:PFFY35——103 表示法兰式连接,工作压力为 35MPa。公称通径为 103mm 的液动平板阀。

(三)规格

平板阀的规格见表 12.3.1。

表 12.3.1　平板阀的规格

型号	PFF21-103	PFF35-52	PFF35-65	PFF60-65	PFF70-65	PFF70-78	PFF105-65
公称压力(MPa)	21	35	35	60	70	70	105
公称通径(mm)	ϕ103	ϕ52	ϕ65	ϕ65	ϕ65	ϕ78	ϕ65
法兰外径(mm)	ϕ292	ϕ215	ϕ245	ϕ245	ϕ232	ϕ270	ϕ255
手轮直径(mm)	ϕ400	ϕ320	ϕ320	ϕ360	ϕ400	ϕ450	ϕ450
垫环号	R37	R24	R27	Bx-130	Bx-153	Bx-154	Bx-153

(四)使用及注意事项

(1)操作时手轮带动丝套旋转,阀杆上下移动,阀板上行或下行,平板阀即打开或关闭。

(2)开启平板阀:逆旋手轮,阀板上行到位,回旋手轮 1/4~1/2 圈。

(3)关闭平板阀:顺旋手轮,阀板下行到位,回旋手轮 1/4~1/2 圈。

(4)平板阀只能全开或全关,不允许半开或半关。

(5)平板阀只能作"通流"或"断流"使用,不能当作节流阀使用。

(6)阀体上设有黄油嘴,定期(一年)用黄油枪加注黄油润滑轴承,向阀腔注密封润滑脂,润滑阀板与阀座间的接触面。

(7)操作手轮时,操作者应站在侧面。

二、节流阀的使用

(一)用途

节流阀主要用在实施油气井压力控制技术时,借助它的开启和关闭维持一定的套压。将井底压力变化稳定在一定窄小的范围内,节流阀是节流管汇核心部件,它是利用改变流体通孔大小,从而达到节流的目的。

(二)结构

节流阀主要由阀体、阀芯(锥形)、阀盖、密封件、手轮等组成,节流阀阀杆的头部为锥形和阀杆成整体,节流阀的控制各有不同,分固定式和可调式(图12.3.3 和图12.3.4)。

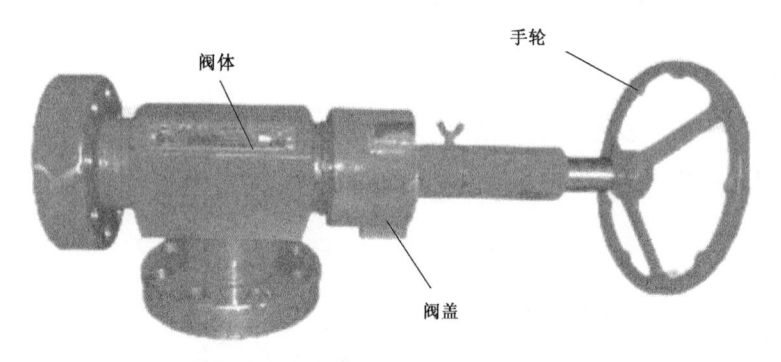

图 12.3.3 节流阀(针形阀)的结构

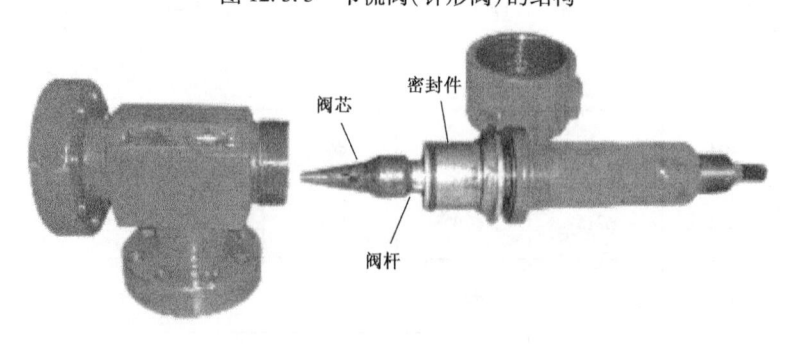

图 12.3.4 节流阀(针形阀)的分体图

(三)节流阀的规格

节流阀的规格型号有:JLF35—52、JLF35—65、JLF60—65、JLF70—65、JLF70—78、JLF105—65。

(四)使用及注意事项

(1)检查节流阀(针形阀)合格证是否符合使用要求。

(2)按阀门上的标识,连接进口与出口管线。

(3)法兰垫环槽与垫环清洗干净并涂黄油,连接螺栓对角均匀上紧。

(4)装有黄油嘴的阀门,每使用一年加注一次黄油。

三、活接头的使用

(一)用途

活接头主要用于泵车、压裂车、各种管汇及其他高压设备管线上,是输送油、水、压裂液、洗井液及混合液体的重要部件。它的特点是:密封性能好,拆装快速,方便灵活。

(二)结构

活接头主要由活接头、连接接箍组成,如图12.3.5所示。

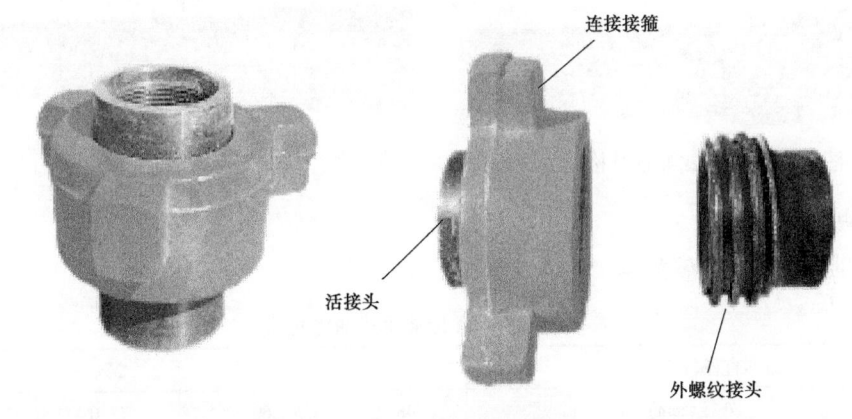

图 12.3.5　活接头的结构

(三)技术参数

活接头的技术参数见表12.3.2。

表 12.3.2　活接头的技术参数

型号	YR1in	YR2in	YR2$\frac{1}{2}$in	YR3in	YR4in
工作压力(MPa)	35				
通径(mm)	ϕ27.5	ϕ54.5	ϕ65	ϕ80	ϕ94
连接尺寸	Tr$\frac{3}{8}$in×6.35	Tr100×12	Tr130×6	Tr150×6	Tr188×8

(四)使用及注意事项

(1)使用时检查活接头内外螺纹无断裂、错扣。

(2)检查密封面、密封胶皮完好,并涂黄油。

(3)清洗活接头内外螺,涂黄油与转换接头或管线连接,用管钳上紧,然后用大锤砸紧连接接箍。

(4)使用大锤时,用力不宜过猛,注意安全。

(5)活接头使用后,及时清洁内外扣、涂油、放在干燥的货架上保管。

四、油管的使用

(一)用途

油管是将油气自地下产层采至地面处理设备的通道,油管必须有足够的强度,以承受因试油生产和修井作业所产生的负荷及变形。

(二)结构

主要由油管接箍、管体组成,分平式和加厚。

(1)平式油管图(图12.3.6)。

(2)加厚油管图(图12.3.7)。

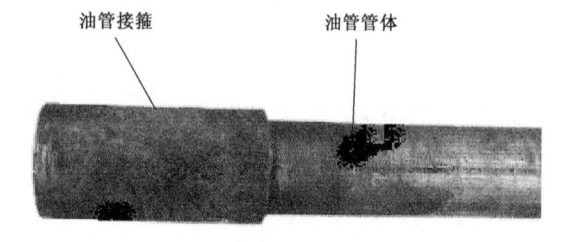

图12.3.6 平式油管结构

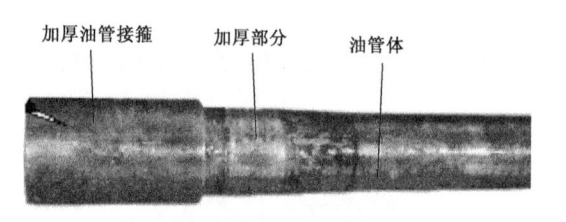

图12.3.7 加厚油管结构

(三)油管的规格

(1)API标准平式油管规格(表12.3.3)。

表12.3.3 API标准平式油管规格

	通称直径(in)		2	2⅜	2⅞	3½
油管	外径(mm)		48.3	60.3	73.0	88.9
	管端螺纹直径(mm)	外径	46.870	58.539	70.544	86.022
		内径	44.046	55.715	67.720	83.198
	螺纹总长度(mm)		34.92	41.28	52.40	58.75
	管端至基面长度(mm)		18.52	24.87	35.99	42.34
	基面螺纹平均节径(mm)		46.692	58.757	71.457	87.332
	每英寸螺纹扣数		10	10	10	10
接箍	外径(mm)		55.9	73.0	88.9	108.0
	螺纹总深度(mm)		47.6	54.0	65.1	71.4
	镗孔部分	直径(mm)	49.9	61.9	74.6	90.5
		深度(mm)	7.9	7.9	7.9	7.9
	基面至端面长度(mm)		11.33	11.33	11.33	11.3
	端面螺纹直径(内径)(mm)		46.064	58.129	70.829	86.704

(2)API 标准加厚油管规格(表 12.3.4)。

表 12.3.4　API 标准加厚油管规格

	通称直径(in)		2	2³⁄₈	2⁷⁄₈	3½
油管	外径(mm)		48.3	60.3	73.0	88.9
	管端螺纹直径(mm)	外径	51.692	63.709	76.002	92.272
		内径	48.868	60.089	72.382	88.652
	加厚部分外径(mm)		53.2	65.9	78.6	95.2
	螺纹总长度(mm)		36.53	49.23	53.98	60.32
	管端至基面度(mm)		20.12	29.31	34.06	40.41
	基面螺纹平均节径(mm)		51.614	63.697	76.397	93.064
	每英寸螺纹扣数		10	8	8	8
接箍	外径(mm)		63.5	77.8	93.2	114.3
	螺纹总深度(mm)		49.2	61.9	66.7	73.0
	镗孔部分	直径(mm)	54.8	67.5	80.2	.96.9
		深度(mm)	7.9	9.5	9.5	9.5
	基面至端面长度(mm)		11.33	13.56	13.56	13.56
	端面螺纹直径(内径)(mm)		50.986	62.811	75.511	92.178

(四)油管使用及注意事项

(1)油管在使用前用钢丝刷将油管螺纹上的污物刷掉,同时检查螺纹有无损坏。

(2)在油管接箍内螺纹处均匀涂上螺纹密封脂。

(3)油管上扣所用的液压油管钳应有上扣扭矩显示装置,避免上扣扭矩过大或过小,损坏油管或不密封造成返工。

(4)油管从油管桥上被吊起或放入的过程中,油管外螺纹应有保护装置,避免损坏螺纹。

(5)对于特殊井所用油管的上扣方法和上扣扭矩,应按照油管生产厂家的要求进行,如 H_2S 井所用油管不准用液压油管钳上卸扣等。

(6)作为试油抽汲油管柱时,注意在抽子下入的最大深度以上,要保护内通径的一致,避免出现台肩,给抽汲排液带来不必要的困难。

(7)若油管下入深度较深时,应考虑油管的抗拉强度,使用复合油管等,避免油管的断脱。

五、钻杆的使用

(一)用途

钻杆是组成试油管柱的基本部分,主要用途是连接工具,传递扭矩,提供从井口到井底的流体通道。

(二)结构

钻杆分为管体和接头两个部分,两部分采用对焊方法连接在一起,为了增加管体与接头连接处的强度(图12.3.8)。管体两端对焊部分是加厚的。加厚形式有内加厚(贯眼式),外加厚(内平式)及内外加厚(正规式)三种。

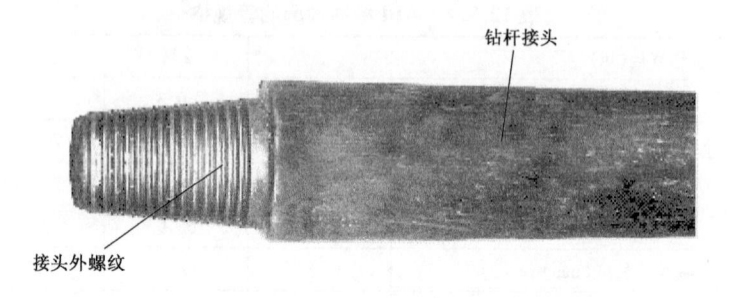

图 12.3.8 钻杆结构图

(1)内加厚钻杆(贯眼式):缩小管体两端的内径以增加管壁厚度,钻杆外径是一致的。在井内旋转时,接头与井壁接触较少,磨损也少,由于管端内径小,增加了流体循环时的流动阻力,管内下入工具外径受限制。

(2)外加厚钻杆(内平式):钻杆内径是一致的,管体两端外径加大,以增加其管壁厚度,钻杆接头的外径比同尺寸钻杆接头的外径大,钻杆内径与管体内径一致,循环流动的阻力较小,但增加了接头与井壁的接触,易磨损。

(3)内外加厚钻杆(正规式):钻杆将管体两端的内径缩小,外径加大,以增加管壁厚度,这种综合了以上两种结构的特点。

接头螺纹:钻杆接头螺纹为带有密封台肩的锥管螺纹,又称为旋转台肩式连接螺纹,台肩面是其唯一的密封部位,螺纹只起连接作用,而不具备密封性能,螺纹类型按其牙型的不同,分为数字式(NC)、正规式(REG)、贯眼式(FH)和内平式(IF)四种。

(三)API 对焊钻杆参数

API 对焊钻杆参数见表12.3.5。

表 12.3.5 API 对焊钻杆参数(API – 66.69 标准)

类型	公称直径(in)	2⅞		3½			4		4½	
内加厚	外径(mm)	73		88.9			101.6		114.3	
	壁厚(mm)	5.51	9.19	6.45	9.35	11.40	6.65	8.38	6.88	8.56
	内径(mm)	62.0	54.6	76.0	70.2	66.10	88.3	84.8	100.5	97.2
	加厚内径(mm)	47.6	33.3	57.2	49.2	49.2	74.6	69.8	85.7	80.2
	加厚外径(mm)	73		88.9			101.6		114.3	
	加厚长度(mm)	44.4		44.4			44.4		44.4	
外加厚	外径(mm)	73		88.9			101.6		114.3	
	壁厚(mm)	5.51	9.19	6.45	9.35	11.40	6.65	8.38	6.88	8.56
	内径(mm)	62.0	54.6	76.0	70.2	66.1	88.3	84.8	100.5	97.2
	加厚外径(mm)	81.8		97.1			114.3		127.0	
	加厚长度(mm)	38.1		38.1			38.1		38.1	

(四)钻杆接头的参数

钻杆接头的参数见表12.3.6。

表12.3.6 钻杆接头的参数

序号	代号代码 外螺纹	代号代码 内螺纹	螺纹类型	螺纹规范（牙/in）	外螺纹 大径 DS	内螺纹 镗孔 QF
1	2A1	2A0	NC26($2\frac{3}{8}$in IF)	4	73	74.6
2	2A3	2A0	$2\frac{3}{8}$in REG	5	66.67	68.3
3	211	210	NC31($2\frac{7}{8}$in IF)	4	86.13	87.7
4	231	230	$2\frac{7}{8}$in REG	5	76.2	77.8
5	311	310	NC38($3\frac{1}{2}$in IF)	4	102	103.6
6	321	320	$3\frac{1}{2}$in FH	5	101.45	102.8
7	331	330	$3\frac{1}{2}$in REG	5	88.9	90.5
8	411	410	NC50($4\frac{1}{2}$in IF)	4	133.35	134.9
9	4A1	4A0	NC46(4in IF)	4	122.78	124.6
10	421	420	$4\frac{1}{2}$in FH	5	121.72	123.8
11	431	430	$4\frac{1}{2}$in REG	5	117.47	119.1
12	511	510	$5\frac{1}{2}$in IF	4	162.48	163.9
13	521	520	$5\frac{1}{2}$in FH	4	147.96	150
14	621	620	$6\frac{5}{8}$in FH	4	171.5	173.8
15	631	630	$6\frac{5}{8}$in REG	4	152.2	154
16	731	730	$7\frac{5}{8}$in REG	4	177.8	180.2
17	831	830	$8\frac{5}{8}$in REG	4	201.98	204.4

(五)钻杆的使用及注意事项

(1)下井钻杆螺纹必须涂抹螺纹密封脂,旋紧扭矩不低于3800N·m。

(2)钻杆需要按顺序编号,每使用3~5口井需调下井顺序,以免在同一深度同一钻杆过度疲劳磨损。

(3)入井钻杆不得弯曲、变形、夹扁。

(4)保持钻杆的清洁、通畅、螺纹完好无损伤。

(5)钻杆螺纹处应套有螺纹保护器。

(6)定期对钻杆进行无损伤探伤检查。

六、钢丝绳的使用

(一)用途

在试油、修井作业中,钢丝绳用作滚筒与游动滑车之间的连接大绳成为吊升系统。钢丝绳还用于井架绷绳,固定稳定井架,用作绳套,牵引、拖拉起吊设备。

(二)结构

钢丝绳主要由钢丝、纤维绳芯组成。

(1) 钢丝绳的构成(图12.3.9)。

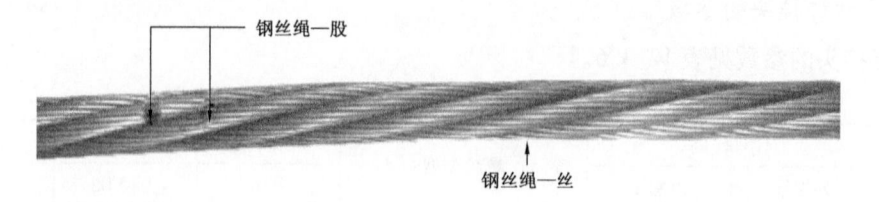

图12.3.9 左交互捻钢丝绳

(2) 钢丝绳的纤维绳芯及钢丝(图12.3.10)。
(3) 钢丝绳卡法 a(副绳卡、主绳压——错误,如图12.3.11所示)。
(4) 钢丝绳卡法 b(绳卡一正一反——错误,如图12.3.12所示)。
(5) 钢丝绳卡法 c(主绳卡、副绳压——正确,如图12.3.13所示)。

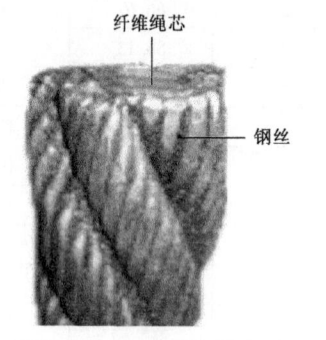

图12.3.10 钢丝绳的组成

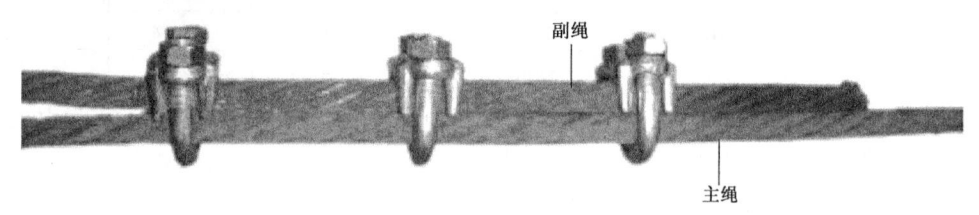

图12.3.11 钢丝绳卡错误卡法一

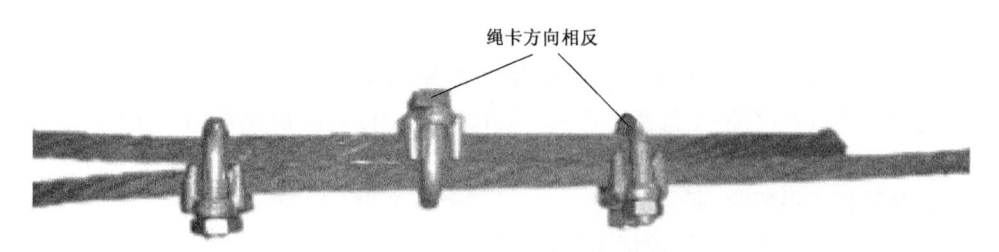

图12.3.12 钢丝绳卡错误卡法二

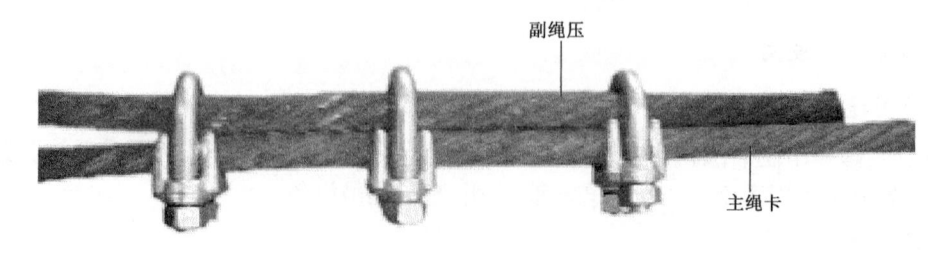

图12.3.13 钢丝绳卡正确卡法

(三)钢丝绳的分类

(1)按钢丝绳捻制方法分:

① 左交互捻。

② 右交互捻。

常用的钢丝绳是左交互捻,即绳是左捻向,股是右捻向。

(2)按钢丝绳截面形式分类:

① 西鲁式(S)。

② 填充式(Fi)。

③ 纤维绳芯式(NF)。

④ 绳式钢芯式(LWR)。

试油、修井施工中的吊升用钢丝绳(大绳),一般选用6股×19丝,左交互捻制成的西鲁式纤维绳芯钢丝绳。

(四)钢丝绳的强度

钢丝绳的强度一般分为三级。即普通级(P),高强度(G),特高强度(T)三级。

(五)常用钢丝绳(6×19S+NF)的参数

常用钢丝绳的参数见表12.3.7。

表12.3.7 常用钢丝绳(6×19S+NF)的参数

公称直径		每米质量	公称破断拉力(kN)		
(mm)	(in)	(kg/m)	P	G	T
13	1/2	0.63	83.2	95.2	105
14.5	9/16	0.79	105	120	132
16	5/8	0.98	129	149	170.5
19	3/4	1.41	184	212	242.5
22	7/8	1.92	249	286	327.2
26	1	2.50	324	372	425.3

(六)钢丝绳强度安全系数

钢丝绳强度安全系数见表12.3.8。

表12.3.8 钢丝绳强度安全系数

钢丝绳用途	强度安全系数
手传动起重用钢丝绳	4
机械传动起重用钢丝绳	5
绳套用钢丝绳	8
绷绳	3

(1)钢丝绳的破断拉力:钢丝绳能承受的最大极限拉力。

(2)钢丝绳的允许安全拉力:钢丝绳在绝对安全条件下工作所能承受的最大允许安全

拉力。

安全系数的计算式：

安全系数＝钢丝绳的破断拉力÷钢丝绳允许承受的最大拉力

允许安全拉力＝破断拉力÷安全系数

如现场用 $\phi 22mm$ 钢丝绳($6 \times 19S + NF$)，钢级为 G 级，安全系数取 5，(见强度安全系数表)。

则钢丝绳的最大允许拉力为：$28.6 \div 5 = 5.72tf = 57.2kN$。

（七）钢丝绳的使用

(1)井架提升钢丝绳的正确选用(表12.3.9)。

表12.3.9　井架提升钢丝绳的正确选用

井架负荷	提升钢丝绳直径	井架前后绷绳直径
BJ－120t/31m	$\phi 25mm(1in)$	$\phi 22mm(7/8in)$
BJ－80t/29m	$\phi 22mm(7/8in)$	$\phi 22mm(7/8in)$
BJ－50t/29m	$\phi 22mm(7/8in)$	$\phi 19mm(3/4in)$
BJ－30t/18m	$\phi 19mm(3/4in)$	$\phi 19mm(3/4in)$

(2)绳套用钢丝绳一定按强度安全系数选用。

(3)井架提升钢丝绳必须选用清洁、润滑、无锈蚀、无变形、无断丝、断股、无磨损、完好的钢丝绳。

(4)井架活绳端头钢丝必须焊接成一体，防止散股滑脱。

(5)作业车滚筒上的钢丝绳排列要整齐。

(6)提升钢丝绳使用5~8井次，应倒换绳头一次。

(7)钢丝绳投入使用后，须定期进行涂油，以保护外部钢丝不锈蚀。

(8)任何用途的钢丝绳不得打结、接结、不应有夹扁等缺陷。

(9)任何用途的钢丝绳，均不得有断股现象。

(10)严禁用大锤及其他锐器敲打钢丝绳。

(11)长期停用的钢丝绳应该盘好、垫起、做好防腐工作。

（八）钢丝绳的常见缺陷

(1)断丝：钢丝绳的断丝一般可分为疲劳断丝、磨损断丝、锈蚀断丝、剪切断丝、过载断丝和扭结断丝等。

(2)磨损：钢丝绳在使用一段时间后会出现磨损，即绳径变细，导致钢丝破断拉力下降。磨损一般分为外部均匀磨损，变形磨损和内部磨损。

(3)弯曲疲劳：钢丝绳由于受到反复弯曲的作用，钢丝绳在磨损量不大的情况下，突然产生断丝，疲劳断丝与钢丝绳所受的载荷及弯曲半径相关，载荷越大，弯曲半径越小，疲劳断丝出现越早。

(4)锈蚀：钢丝绳在存放或使用过程中受到湿气、雪雨等有害气体及日晒的影响，会使钢丝绳受到侵蚀破坏产生锈蚀。钢丝绳的锈蚀分为外部锈蚀和内部锈蚀两种。

(5)变形:钢丝绳由于受到挤压或突然的冲撞,使之不能保持钢丝绳原有形貌的损坏形式,称为变形。

常见的形式有:压扁、股松弛、波浪形、扭结、起壳、弯折,股中钢丝飞出,钢丝绳的麻芯飞出等。

(九)钢丝绳的使用注意事项

(1)作业人员在安装、使用钢丝绳时,应戴安全帽,穿工作服,穿劳保鞋。

(2)严格按工作负荷及强度安全系数选用钢丝绳。

(3)严禁超负荷使用钢丝绳。

(4)严禁使用插接的钢丝绳。

(5)在松钢丝绳扭劲时,注意安全,以防扭劲过大弹起伤人。

(6)定期使用钢丝绳无损探伤仪,对钢丝绳进行检测、准确评价钢丝绳的剩余承载能力、安全性能和使用寿命。

(7)钢丝绳若出现一个捻距内断丝超过6丝、断股、锈蚀、磨损严重、压扁、股松弛、扭结、压扁、弯折等现象应根据相关规定及时更换。

七、汽油的使用

(一)汽油的用途

汽油主要用作汽车、发电机及车用的燃料,汽油分为车用汽油和航空汽油两种。

(二)汽油的物理化学性质

汽油是一种碳氢化合物,汽油具有蒸发性强,点燃温度低(-10℃)自燃温度高(380℃左右)等特点。车用汽油的牌号是按辛烷值大小来区分的,牌号数值就相应表示这种汽油的辛烷大小,辛烷值越高,表示汽油的抗爆性能越好。

(三)汽油种类有三种

汽油种类有90号、93号、97号三种,这三种标号的都是无铅汽油(表12.3.10)。

表12.3.10 车用汽油的规格

项目		质量指标		
		90	93	97
抗爆性	辛烷值(RON)不小于	90	93	97
	抗爆指数[(RON+MON)/2]不小于	85	89	92
铅含量(g/L)不大于		0.35	0.45	0.45
机械杂质及水分		无		

(四)汽油的质量要求

(1)良好的抗爆性。

(2)适当的蒸发性。

(3)良好的抗氧化安定性。

(4)良好的抗腐蚀性及一定的环保要求。

(5)注意事项:

① 汽油是易燃品,在使用时严格遵守防火规定。

② 现场使用汽油用铁桶装好储存,严禁用塑料桶存放汽油。

③ 汽油存放在阴凉通风处,使油蒸汽容易逸散。

④ 灌装汽油时,附近严禁烟火。

⑤ 在使用汽油设备的地方,应配备足够的消防器材。

八、柴油的使用

(一)柴油的用途

柴油主要用于柴油发动机车,试油作业设备的高速柴油机及井场发电机作燃料。

(二)柴油的性质

(1)冷滤点:柴油冷滤点是保证柴油输送和过滤性的指标,冷滤点反映柴油低温实际使用性能。

(2)十六烷值:十六烷值表示柴油燃烧性能,柴油的十六烷值不宜过高,否则,不能完全燃烧,排气管会冒黑烟,耗油量增大。一般控制在 40～60 之间。

(3)馏程:馏程表示柴油的蒸发性,馏分轻的燃料,启动性能好,蒸发性和燃烧速度快。

(4)闪点和自燃点。

闪点:能够发生闪火的最低温度叫闪点。重柴油的闪点为 60～70℃,轻柴油的闪点为 50℃左右。

自燃点:柴油在没有火源的情况下自己开始着火燃烧的最低温度,柴油的自燃点通常是 350～450℃。

(三)柴油的规格

(1)轻柴油的规格:按凝点分为 10 号、0 号、-10 号、-20 号、-35 号和 -50 号六个牌号(表 12.3.11)。

表 12.3.11 轻柴油的技术标准

项目	10 号	0 号	-10 号	-20 号	-35 号	-50 号
运动黏度(20℃)(mm²/s)	3.0~8.0	3.0~8.0	3.0~8.0	2.5~8.0	1.8~7.0	1.8~7.0
凝点(℃)不高于	10	0	-10	-20	-35	-50
冷滤点(℃)不高于	12	4	-5	-14	-29	-44
闪点不低于	65				45	
十六烷值不小于	45					
馏程 50% 馏出温度(℃)不高于	300					
馏程 50% 馏出温度(℃)不高于	355					
馏程 95% 馏出温度(℃)不高于	365					

(2)重柴油的规格:重柴油按凝点分为 10 号、20 号、30 号三个牌号(表 12.3.12)。

表 12.3.12 重柴油的技术标准

项目	10 号	20 号	30 号
运动黏度(50℃)(mm^2/s)不大于	13.5	20.5	36.5
残碳(%)不大于	0.5	0.5	1.5
灰分(%)不大于	0.04	0.06	0.08
硫含量(%)不大于	0.5	0.5	1.5
机械杂质(%)不大于	0.1	0.1	0.5
水分(%)不大于	0.5	1.0	1.5
闪点(闭口)(℃)不大于	65	65	65
凝点(℃)不高于	13	23	33
水溶性酸碱	无	无	无

(四)柴油的使用范围

(1)轻柴油:使用范围为转速在 1000r/min 以上的柴油机。

10 号轻柴油适用于有预热设备的高速柴油机使用。

0 号轻柴油在最低气温 4℃ 以上的地区使用。

-10 号轻柴油在最低气温 -5℃ 以上的地区使用。

-20 号轻柴油在最低气温 -14 ~ -5℃ 的地区使用。

-35 号轻柴油在最低气温 -29 ~ -14℃ 的地区使用。

-50 号轻柴油在最低气温 -44 ~ -29℃ 的地区使用。

(2)重柴油:使用范围为中、低速柴油机。

10 号重柴油适用于 500 ~ 1000r/min 的中速柴油机。

20 号重柴油适用于 300 ~ 700r/min 的中速柴油机。

30 号重柴油适用于 300r/min 以上的低速柴油机。

(五)柴油的质量要求

(1)轻柴油。

① 燃烧性好,十六烷值适宜,自燃点低,燃烧完全,发动机工作稳定,不易发生爆震现象。

② 蒸发性好,蒸发速度要合适,馏分应轻些,否则会使发动机油耗增大,磨损加剧,功率下降。

③ 有合适的黏度,以保证高压油泵的润滑和雾化的质量。

④ 含硫量小,以保证不腐蚀发动机。

⑤ 安定性好,在存储中生胶及燃烧后生成积炭的倾向较小。

(2)重柴油。

① 适宜的黏度,以保证泵压力正常,喷油雾化良好,燃烧完全,对高压油泵和油嘴的磨损较小。

② 含硫量小,以保证不腐蚀发动机。

（六）使用注意事项

（1）轻柴油。

① 在加入油箱前要充分沉淀、过滤，除去杂质，切实做好净化工作，以保证柴油机燃料供给系统精密零件不出故障。

② 冬季使用桶装高凝点柴油时，不要用明火加热，以免引起爆炸。

（2）重柴油。

① 使用前采用离心沉淀，加热沉淀或者过滤等净化方法除去水分和机械杂质，以免堵塞滤清器和喷嘴。

② 重柴油凝点高，黏度大，使用时需要用蒸汽或柴油机排出的废气进行预热。

③ 应定期清洗柴油机的油箱，供油系统及预热设备，以保证重柴油的清洁。

九、润滑油的使用

（一）润滑油的用途

润滑油是用在各种类型的机械上以减少摩擦，保护机械及加工件的液体润滑剂，主要起润滑、冷却、防锈、清洁、密封和缓冲等作用。

（二）润滑油的组成

润滑油一般由基础油和添加剂两部分组成，基础油是润滑油的主要成分，决定着润滑油的基本性质，添加剂则可弥补和改善基础油性能方面的不足，赋予某些新的性能，是润滑油的重要组成部分。

（三）润滑油的分类

（1）按美国 SAE 黏度分类法：内燃机油分为两组黏度等级系列。

① W 组黏度等级系列有：0W、5W、10W、15W、20W、25W，六个低温黏度等级。

② 非 W 组黏度等级系列有：20、30、40、50 和 60 五个高温黏度等级。如 15W 级油在 -15℃时，其动力黏度不大于 $3500 mPa·s$，这是保证一般发动机在低温下顺利启动所要求的黏度界限，低于 -15℃时，黏度就可能太大。

如果内燃机机油中加入了一定的添加剂，使油的黏度随温度变化而变化的特性得到改善，这种油便是多级油，如 10W/30，15W/40 等，多级油在一定的地区冬夏通用。

（2）按 API 使用分类法将内燃机油分为 Q、C 两个系列。

① Q 系列（汽油机油）有 QB、QC、QD、QE、QF、QG 和 QH 七个级别。

② C 系列（柴油机油）有 CA、CB、CC、CD、CH 和 CE 等。

（四）对润滑油的要求

（1）减摩抗磨，降低摩擦阻力以节约能源，减少磨损以延长机械寿命，提高经济效益。

（2）冷却，要求随时将摩擦热排出机外。

（3）密封，要求防泄漏、防尘、防窜气。

（4）清净冲洗，要求把摩擦面积垢清洗排除。

（5）应力分散缓冲，分散负荷和缓和冲击及减震。

（6）动力传递，液压系统和遥控马达及摩擦无级变速等。

十、润滑脂的使用

(一)润滑脂的用途

润滑脂用于汽车、作业机、发电机等机械设备的润滑。

(二)润滑脂的组成

润滑脂主要由稠化剂、液体润滑剂、添加剂组成。

(三)润滑脂的种类

(1)钙基润滑脂;(2)钠基润滑脂;(3)钙钠基润滑脂;(4)复合钙基润滑脂;(5)石墨钙基润滑脂;(6)锂基润滑脂。

(四)使用润滑脂的注意事项

(1)按设备使用润滑脂要求,选择好润滑脂,一般推荐使用锂基润滑脂,锂基脂外观是发亮的奶油状油膏,滴点高、使用范围广,并有良好的低温性、抗磨性、抗水性、抗腐蚀性和热氧化安定性,是目前最常用的一种多功能的润滑脂。

(2)保持清洁,涂脂前零部件必须经溶剂油洗干净,并吹干,然后重新加注润滑脂,更换润滑脂时,不同种类的润滑脂不能混用,新旧润滑脂也不能混合使用。

(3)润滑脂存放在阴凉通风处。

第四节 试油常用量具和仪表

一、量具

量具是在生产过程中用来测量各种工件的尺寸、角度和形状的工具。

(一)钢板尺

(1)钢板尺又称钢直尺(图12.4.1),是用薄钢板制成,它用于测量工件上两点之间直线尺寸的长短,是一种精度较低的测量工具。

图 12.4.1　钢板尺

(2)钢板尺长度有150mm、300mm、500mm、1000mm四种,用眼判定两刻线间的距离时,测量精度误差可达到0.25mm。钢板尺的分度值为0.5mm或1mm。钢板尺除一面刻有公制单位刻度线条外,另一面还刻有英制刻度线条,150mm规格的钢板尺背面还刻有公英制长度换算表。

(3)使用方法及注意事项:

① 测量时必须保证钢板尺的平直度。

② 连续测量时,必须使首尾测线相接,并在一条直线上。

③ 用钢板尺画线时,注意保护钢板尺的刻度和边缘。

（二）钢卷尺

(1)钢卷尺(图12.4.2)是常用的精度较低的测量工具。

(2)钢卷尺长度有 1m、2m、3m、5m、10m、15m、20m、30m 和 50m 等规格。常用规格是 2m、3m、5m 三种。

(3)使用方法及注意事项：

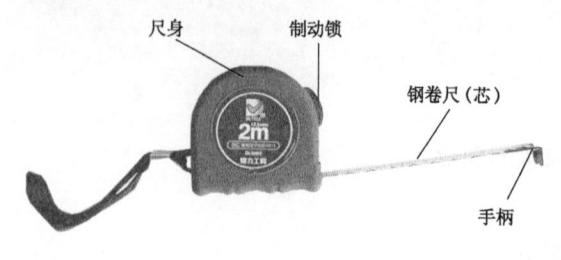

图 12.4.2　钢卷尺

① 拉伸钢卷尺要平稳,不能速度过快,拉出时尺面与出口断面相吻合,防止扭卷。

② 测量时必须保持测量卡点在被测工件的垂直截面上。

（三）卡钳

(1)卡钳是一种间接测量工具,用它来度量尺寸时要在工件上测量,再与量具比较,才可得出数据。

(2)卡钳(图12.4.3)又分为内卡和外卡,内卡用来测量工件的孔和槽；外卡用来测量工件的外径、厚度、宽度。

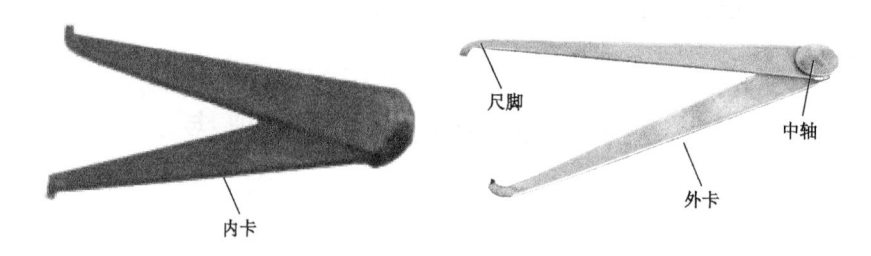

图 12.4.3　卡钳

(3)使用方法及注意事项：

① 调整卡钳的开度,要轻敲卡钳脚,不要敲击或扭歪钳口。

② 测量工件外径时,工件与卡钳应成直角,中、食指捏住卡钳腿,卡钳的松紧程度适中。

③ 度量尺寸时,将卡钳一脚靠在钢尺刻度线上,另一脚顺钢尺边缘对在尺面的刻线上,眼睛对正钳口,该脚所指的刻度尺寸为度量尺寸。

④ 用内卡钳测量内孔时,应先把卡钳的一脚靠在孔壁上作为支撑点,将另一卡脚前后左右摆动测试,以测得接近孔径的最大尺寸。

⑤ 卡钳的中轴不能随意松动。

（四）水平尺

(1)水平尺(图12.4.4)又称水平仪,是一种常用的精度不高的平面测量仪器,用于检验平面对水平或垂直位置的偏差。条形水平尺的主水准器用来测量纵向水平度,小水准器则用来确定水平尺本身横向水平位置,其测量规格见表12.4.1。

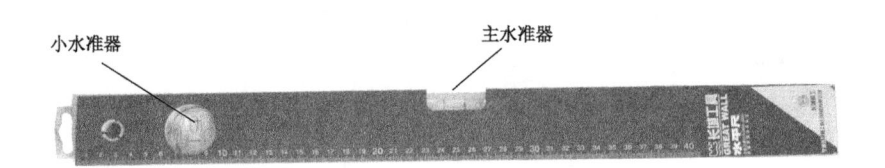

图 12.4.4　水平尺

表 12.4.1　水平尺规格

水平尺长度(mm)	150	200、250、300、350、400、450、500、550、600
主水准刻度值(mm/m)	0.5	2

(2)水平尺的底平面为工作面,中间制成 V 形槽,以便安装在圆柱面上测量水平。水平尺封闭的玻璃管内装有乙醚或酒精,但不装满留有气泡,当水准器内的气泡处于中间位置时,水平尺便处于水平状态;当气泡偏向一端时,表示气泡靠近一端的位置较高,即可在水准器刻度上读出两端高低相差值。

(3)使用方法及注意事项:

① 测量前应检查水平尺的零位是否正确。

② 被测表面必须清洁。

③ 必须在水准器内的气泡完全稳定时才可读数。

④ 水平尺的示值,应在垂直于水准器的位置上读取。

⑤ 使用水平尺时应轻拿轻放,不得碰击或跌落,保护好玻璃管。

⑥ 被测工件两点的高度差可按下式计算:

$$H = ALa$$

式中　H——两支点间在垂直面内的高度差,mm;

　　　A——气泡偏移格数;

　　　L——被测工件的长度,mm;

　　　a——水平仪精度。

(五)塞尺

塞尺(图 12.4.5)又称测微片或厚薄规,它由许多不同厚度的钢片组成,用来测量两个零件配合表面的间隙。规格按长度分为 50mm、100mm、200mm 等。

使用方法及注意事项:

(1)测量前应清除塞尺和工件上的污垢。

(2)测量时可用一片或数片重叠插入间隙,但不允许硬插,也不允许测量温度较高的零件。

图 12.4.5　塞尺

(六)游标卡尺

(1)游标卡尺是一种中等精度的量具,可以直接测出工件的内外尺寸。游标卡尺的国家标准(GB 1214—85)和国家计量检定规程(JJG 30—84)中规定,测量范围为 0 ~ 150mm 的游标卡尺的分度值分别为 0.02mm、0.05mm、0.1mm,对应的示值误差分别为 ±0.02mm、±0.05mm、±0.1mm。

（2）游标卡尺(图12.4.6)结构由上量爪、下量爪、固定螺栓、主尺、副尺、深度测杆、指挂等组成。

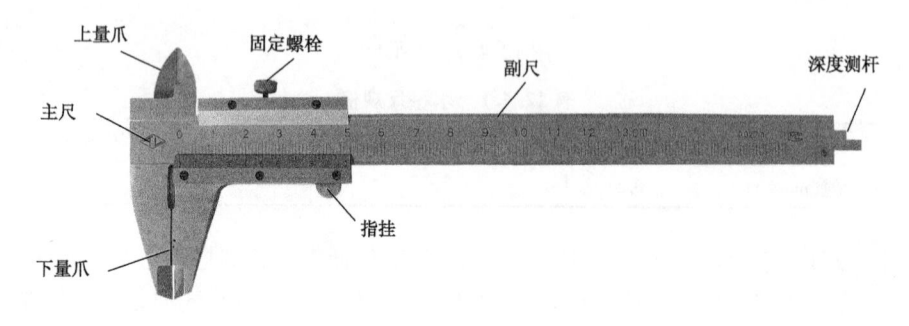

图12.4.6 游标卡尺

（3）使用方法及注意事项：

① 使用游标卡尺测量工件的尺寸时,应先检查尺况,再校准零位,即主副两个尺上的零刻度线同时对正,即为合格,这样才可以使用。

② 测量工件外径时,应先将两卡脚张开得比被测尺寸大些,而测量工件的内尺寸时,则应将两卡脚张开得比被测工件尺寸小些,然后使固定卡脚的测量面贴靠工件,轻轻用力使副尺上活动卡脚的测量面也贴紧工件,并使两卡脚测量面的连线与所测工件表面垂直,再拧紧固定螺栓。

③ 用带微动游框卡尺测量工件时,应先拧紧微动游框紧固螺钉,再转动微动螺母使游标量爪轻轻与工件接触。如果读数不便,也可将游框固定,取下卡尺进行读数。

④ 测量时,推力或拉力不宜过猛,过猛会使游框摆动,造成测量结果不准。

⑤ 测量时,要注意被测长度与游标卡尺的卡爪不得歪斜,否则会增大测量误差。

⑥ 在主尺上读出副尺零位的读数,再在副尺上找到和主尺相重合的读数,将此读数除100即为毫米数,将上述两数值相加,即为游标卡尺测得的尺寸。

⑦ 应在足够的光线下读数,并使卡尺处于水平位置,两眼的视线与卡尺的刻线表面垂直,以减小读数误差。

⑧ 使用完毕后清理现场,将测量面擦干净,加润滑油保养存放。

（七）千分尺

（1）千分尺是比游标卡尺更精密的测量仪器,按其外形、结构和用途不同,可分为外径千分尺、内径千分尺、深度千分尺等。常用的是外径千分尺,其规格有0~25mm、25~50mm、50~75mm、75~100mm等。

（2）外径千分尺(图12.4.7)简称为千分尺,其结构由尺架、固定砧、测微螺杆、固定套管、隔热装置、微分筒、锁紧装置、棘轮等组成。

（3）千分尺的读数原理：在固定套管上刻有轴向中线,作为微分筒读数的基准线。在中线两侧刻有两排刻线,每排刻线间距为1mm,上下两排互相错开0.5mm,标注数字的一侧表示

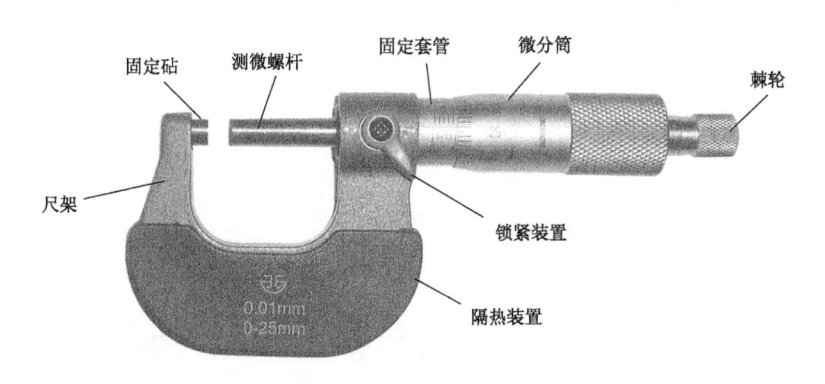

图 12.4.7　外径千分尺

1mm,未标注数字的一侧表示 0.5mm。微分筒的外圆周刻有 50 条等分刻线,测微螺杆的螺距为 0.5mm。根据螺旋运动原理,当微分筒(又称可动刻度筒)旋转一周时,测微螺杆前进或后退 0.5mm,当微分筒旋转一格时,则测微螺杆就轴向移动 0.5mm/50 = 0.01mm,所以 0.01mm 就是千分尺的读数值。

(4)使用方法及注意事项:

① 千分尺是一种精密的量具,使用时应小心谨慎,动作轻缓,防止打击和碰撞。

② 千分尺内的螺纹非常精密,使用时旋钮和测力装置在转动时都不能过分用力。

③ 当转动微分筒使测微螺杆靠近被测物时,一定要改旋测力装置使测微螺杆接触被测物。

④ 当测微螺杆与固定砧已将被测物卡住或旋紧锁紧装置的情况下,决不能强行转动旋钮。

⑤ 有些千分尺为了防止手温使尺架膨胀引起微小的误差,在尺架上装有隔热装置。操作时应手握隔热装置,尽量少接触尺架的金属部分。

⑥ 千分尺用毕后,应用纱布擦干净,在固定砧与测微螺杆之间留出一点空隙,放入盒中。如长期不用可抹上黄油或机油,放置在干燥的地方,注意不要让它接触腐蚀性的气体。

⑦ 测量大直径工件尺寸时,千分尺两测量头应垂直于工件轴线或工件表面。测量时,左手握住尺架,右手转动测力装置,靠微量波动测微螺杆找出测量点。

⑧ 千分尺测量轴的中心线要与工件被测长度方向相一致,不要歪斜。

⑨ 测量安装在设备上的运动零部件尺寸时,应在停机状态下进行。严禁在零件运动时测量。

二、仪表

(一)压力表

1. 用途

压力表主要用于井下作业设备、油气井上,录取压力资料。

2. 结构

现场常用压力表是扁曲弹簧管式压力表,它的结构是由扁曲弹簧管、连杆、扇形齿轮机构、中芯轴、指针、表盘及接头组成(图 12.4.8)。压力表分普通压力表、耐震压力表两种。

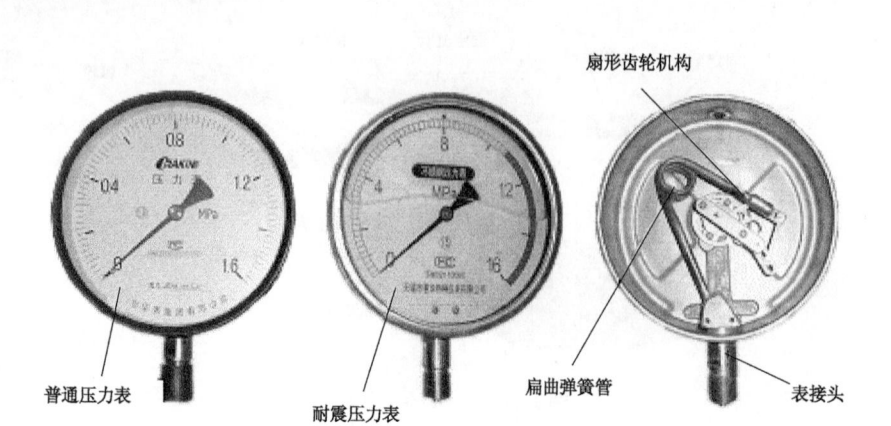

图 12.4.8 压力表的结构

3. 原理及参数

(1)原理:扁曲弹簧管固定的一端与压力表的接头连通,另一端通过连杆齿轮机构与指针连接,当压力通过表接头传入弹簧管时,弹簧管受压伸直,压力越大伸长越多,经连杆、齿轮机构的传动,指针转动指示压力值。

扁曲弹簧管对应的角度是270°,正常工作的压力可使扁曲弹簧管旋转5°~7°,此时压力表指针恰好在最大量程的1/3~2/3之间的范围内,所测量的压力准确。在实际工作中要求压力要在压力表最大量程的1/3~2/3范围之间。

(2)压力表的精度有0.5、1.0、1.6、2.0、2.5、3.0、4.0等七个等级。

(3)压力表的规格有1.6MPa、2.5MPa、4MPa、6MPa、10MPa、16MPa、25MPa、40MPa、60MPa、100MPa、160MPa、250MPa。

(4)压力表的型号表示:

普通压力表:Y-60、Y-100、Y-150、Y-200、Y-250。

耐震压力表:YN-60、YN-100、YN-150、YN-200、YN-250。

字母Y表示普通压力表,字母YN表示耐震压力表,数字表示压力表表盘直径,单位:mm。

(5)压力表接头扣型:压力表表盘直径大于150mm的扣型为M20×1.5。

压力表表盘直径小于150mm的扣型为M14×1.5。

油气井及井下作业常用的压力表精度为1.0~2.5级。压力表精度等级是指它的最大量程的误差百分数(即压力表最大量程时的误差值除以最大量程值再乘以100%)。

4. 使用及注意事项

(1)压力表在使用前,检查压力表外壳及表接头螺纹完好。

(2)检查压力表检验合格证在有效期内。

(3)根据被测量的压力值,选择压力表,使被测压力数值落在压力表量程的2/3范围内。

(4)当被测介质急剧变化或机械振动影响时选用耐震压力表。

(5)看压力表指针读数时,应使眼睛、指针、表盘刻度成一条垂直于表盘的直线。

(6)安装压力表时,应垂直安装,必须有接头,先将压力表装在表接头上,旋转四、五扣后用扳手咬住接头的方形部分转动上紧。

(7)卸压力表时,必须先关压力表进液(气)阀门,放空压力后再卸压力表,严禁不放压卸压力表。

(8)压力表在运输过程中,要使用专用包装箱,注意轻拿轻放,应避免振动和碰撞。

(9)定期送检,普通压力表检验期为6个月,耐震压力表检验期为12个月。

(二)钳形电流表

钳形电流表精确度虽然不高,通常为2.5级或5.0级,但由于它具有不需要切断电源即可测量的优点,所以在现场广泛应用。

1. 钳形电流表的原理

钳形电流表(图12.4.9)主要由电流互感器和电磁式电流表组成。电流互感器的一次线圈为被测导线,二次线圈与电流表相连接,电流互感器的变比可以通过旋钮来调节,量程从1A至几千A。测量时,按动活动手柄,打开钳口,将被测载流导线置于钳口中。当被测导线中有交变电流通过时,在电流互感器的铁芯中便有交变磁通通过,互感器的二次线圈中感应出电流。该电流通过电流表的线圈,通过集成电路使电流值在液晶数字表盘上显示出来。

2. 使用方法及注意事项

(1)测量前,应检查电流表落零。

(2)若被测电流无法估计,则应先把钳形表置于最高挡,逐级下调切换,直至合适。

图12.4.9 钳形电流表

(3)应注意钳形电流表的电压等级,不得用低压表测量高压电路的电流。

(4)每次只能测量一根导线的电流,将被测导线置于钳口中央,不可将多根载流导线钳入钳口测量。

(5)在测量过程中不得转换量程,否则就会造成二次回路瞬间开路,感应出高电压而击穿表内元件。

(6)测量5A以下电流时,为获得较为准确的读数,若条件许可,可将导线多绕几圈放进钳口测量,此时实际电流值为钳形电流表的示值除以所绕导线圈数。

(7)钳形电流表应保存在干燥的室内,钳口处应保持清洁,使用前后都应擦拭干净。

(8)使用完毕后,将钳形电流表拨至"OFF"处。

(三)万用表

万用表又称为复用表或多用表,可用来测量直流电流、直流电压、交流电流、交流电压、电阻等。具有功能多、量程宽、灵敏度高、价格低和使用方便等优点,目前常用的万用表有模拟(指针)式和数字式两种,本节只对指针式万用表做一简单介绍。

1. 指针式万用表结构及作用

指针式万用表主要由指示部分(表头)、测量电路、转换装置三部分组成。常用的有MF64型、MF500型(图12.4.10)等。

(1)表头用以指示被测电量的数值,是万用表的关键部件,它决定了万用表的灵敏度、精确度等级、阻尼和指针回零等性能。表头的灵敏度是以满刻度偏转电流来衡量的,满刻度电流越小,表头的灵敏度越高。

(2)测量电路的作用是把被测的电量转变成适合于表头要求的微小直流电流。它包括分流电路、分压电路和整流电路。

(3)转换装置通常由功能切换旋钮、接线柱或测试孔组成,它是实现万用表被测物理量和量程的选择的转换装置。

2. 使用方法及注意事项

(1)每次测量前对万用表都要做一次全面检查,核实表头部分的位置是否正确。

图 12.4.10　指针式万用表

(2)机械调零。万用表应水平放置,使用前检查指针是否在零位上。若未指零,则应调整指针微调旋钮,将指针调至零位。

(3)接好测试表笔。应将红色测试表笔的插头插到标有"＋"号的插孔内,黑色测试表笔的插头插到标有"＊"号的插孔内。测量时,应用右手握住2支表笔,手指不要触碰表笔的金属部分和被测元器件。

(4)选择测量种类和量程。若万用表测量种类选择旋钮和量程变换旋钮是分开的,则操作时先选择被测种类,再选择适当量程。若无法估计被测量数值范围,可先用该被测量的最大量程挡测试,然后逐级调节,选定适当的量程。测量过程中不可转动转换开关,以免转换开关的触点产生电弧而损坏开关和表头。

(5)测量电流和电压时,万用表指针偏转最好在量程的1/2~2/3的范围内;测量电阻时,指针最好在标度尺的中间区域。

(6)使用 R×1 挡时,调零的时间应尽量缩短,以延长电池使用寿命。

(7)正确读数。

电阻读取标有"Ω"的最上方的第一行标度尺上的分度线数字。

测量直流电压和直流电流时,应读取第二行标度尺上的分度线"DC"数字,满量程数字是50 或 250。

测量交流电压,应读取标有"10V"的第三行红色标度尺上的分度线数字,满量程数字为10。

(8)万用表使用后,应将转换开关旋至空挡或交流电压最大量程挡。

(四)兆欧表

兆欧表(图 12.4.11)又称摇表,是专门用来测量电器线路和各种电器设备绝缘电阻的便携式仪表。它的计量单位是兆欧,所以称为兆欧表。

图 12.4.11　兆欧表

1. 兆欧表结构及作用

兆欧表的主要组成部分是一个磁电式流比计和一只手摇发电机。磁电式流比计是兆欧表的测量机构,由固定的永久磁铁和可在磁场中转动的两个线圈组成。发电机是兆欧表的电源,可以采用直流发电机,也可用交流发电机与整流装置配用。

2. 工作原理

当用手摇发电机时,两个线圈中同时有电流通过,在两个线圈上产生方向相反的转矩,表针就随着两个转矩的合成转矩的大小而偏转某一角度,这个偏转角度取决于上述两个线圈中电流的比值。由于附加电阻的阻值是不变的,所以电流值仅取决于待测电阻阻值的大小。

兆欧表测得的是在额定电压作用下的绝缘电阻值。而万用表所测得的绝缘电阻,只能作为参考。因为万用表使用的电池电压较低,而一般被测量的电器线路和电器设备均要在较高电压下运行,所以绝缘电阻只能采用兆欧表来测量。

3. 使用方法及注意事项

(1)兆欧表有三个接线柱,分别是接地柱"E"、电路柱"L"和保护环柱"G"。其接线方法依被测对象而定。测量设备对地绝缘时,被测线路接于"L"柱上,将接地柱"E"接于地线上;测量电动机与电气设备对外壳绝缘时,将绕组接于"L"柱上,外壳接于"E"柱上;测量电动机的相间绝缘时"L"柱与"E"柱分别接于被测的两相绕组上;测量电缆芯线的绝缘电阻时,将芯线接于"L"柱上,电缆外皮接于"E"柱上,绝缘包扎物接于"G"柱上。

(2)摇动手柄的速度不宜太快或太慢,一般规定是 120r/min。

(3)开路实验检测:将兆欧表应放在水平位置顺时针摇动并检查指针应在"∞"位置上。短路实验检测:将兆欧表地线"E"和线路"L"短接缓慢摇动手柄,观察指针是否归零,如归零,证明完好。

(4)禁止不切断设备电源就摇测设备的绝缘电阻。摇测有电容的电路或设备的绝缘电阻时,在摇测前和摇测完毕后应使它们放电。

可调整配重铁,以调节摩擦轮两端的拉力差,做到精确平衡。

第五节 打捞工具

一、打捞的定义、目的及原理

(一)定义

打捞是指利用打捞工具把井下落物捞出地面的过程。

(二)目的

使井筒恢复到原始状态或满足工程设计中施工要求的状态。

(三)原理

利用井下不同种类打捞工具的卡瓦径向力、台肩夹紧力、震击力、磁力、捞篮(杯)、缠绕、造扣等功能配合不同的辅助工具,实现对落物的打捞。

1. 打捞工具种类

主要分为内捞工具、外捞工具、绳类打捞工具、小件落物打捞工具、辅助工具等五类。

(1)内捞工具:从管状落物内部进行打捞的工具。主要有滑块打捞矛、可退式打捞矛、倒扣捞矛、接箍打捞矛、公锥等。

① 滑块打捞矛(图12.5.1)。

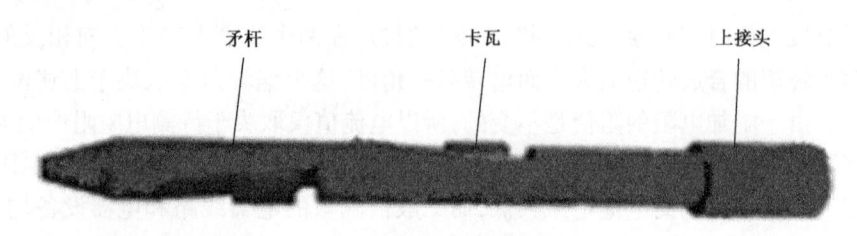

图 12.5.1　滑块打捞矛

工作原理:当矛杆与卡瓦进入鱼腔之后,卡瓦依靠自重向下滑动,卡瓦齿面与矛杆中心线距离增加,使其打捞尺寸逐渐加大,直至与鱼腔内壁接触为止。上提矛杆时,斜面向上运动所产生的径向分力,迫使卡瓦咬入落物内壁,抓住了落物。

操作步骤:

a. 检查工具是否合格。

b. 下放管柱至预定位置,加压10~20kN,上提,悬重增加,则打捞成功,倒扣作业时将悬重提至计算的倒扣负荷,再增加10~20kN,即可进行倒扣作业。工具提出地面,退出鱼腔时,将落鱼管柱掉头,使捞矛向下,依靠自重使捞矛退出。

② 可退式打捞矛(图12.5.2)。

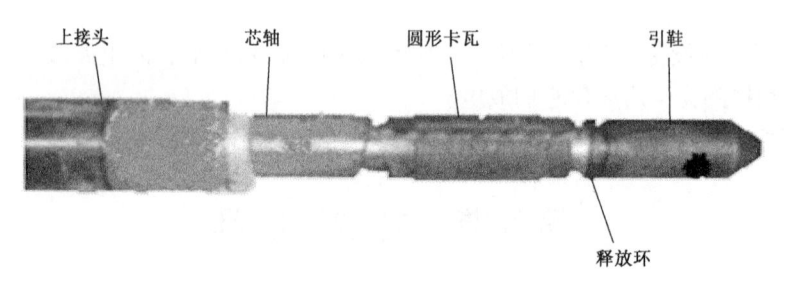

图 12.5.2　可退式打捞矛

工作原理:打捞自由状态下,圆形卡瓦外径略大于落物内径。进入鱼腔后圆形卡瓦被压缩,产生一定的外胀力使卡瓦贴紧落物内壁,随芯轴上行和提拉力的逐渐增加,芯轴、卡瓦上的锯齿形螺纹互相吻合而产生径向力抓住了落物。退出时,下击,使圆形卡瓦和芯轴脱开,正转2~3圈,使圆形卡瓦与释放环上端面接触为止。上提即可退出落鱼。

操作步骤:

a. 检查是否合格;

b. 下放至距预定位置1~2m,循环洗井,冲洗鱼顶,下放悬重有下降显示时,左旋1~2圈打捞,上提管柱打捞,若上提遇卡,下击芯轴,则右旋2~3圈再上提解卡。

③ 倒扣捞矛(图 12.5.3)。

工作原理:靠两个零件在斜面或锥面上相对移动打捞或松开落鱼,靠键和键槽传递扭矩,或正转或倒扣。

操作步骤:

a. 检查工具是否合格。

b. 下入至距预定位置 1~2m 循环洗井,冲洗鱼顶,慢右旋的同时下放工具,在悬重下降有显示时停止下放或旋转,上提打捞。倒扣作业时,上提至预定负荷进行倒扣作业,若打捞不成功,则下击钻具,左旋 1/4 圈上提退出。

④ 公锥(图 12.5.4)。

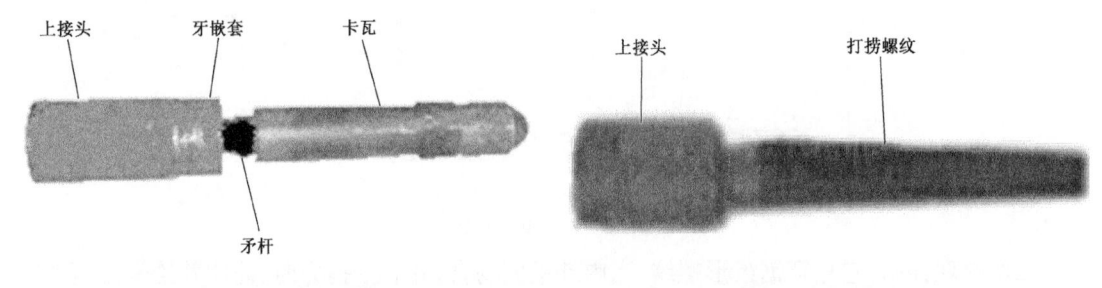

图 12.5.3　倒扣捞矛

图 12.5.4　公锥

工作原理:依靠打捞螺纹在钻具压力与扭矩的作用下,吃入落物内壁进行造扣,当所造之螺纹能承受一定的拉力和扭矩时,可采用上提或倒扣的办法将落物捞出。

操作步骤:

a. 检查工具是否合格;

b. 下放管柱至鱼顶位置 1~2m,开泵冲洗,并逐步下放至鱼顶,如泵压突然上升,指重下降,可以进行造扣打捞。

(2)外捞工具:从管、杆类落物外部进行打捞的工具。主要有卡瓦打捞筒、短鱼头打捞筒、蓝式卡瓦打捞筒、螺旋卡瓦打捞筒、倒扣捞筒、开窗捞筒、母锥、抽油杆打捞筒、活页捞筒、三球打捞器、测井仪器打捞器等。

① 卡瓦打捞筒(图 12.5.5)。

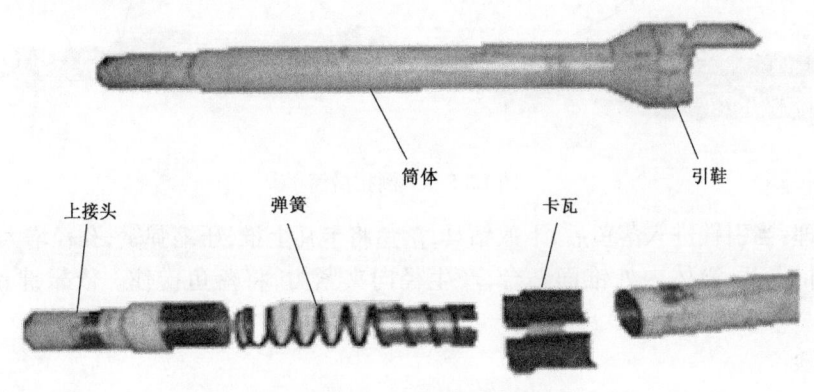

图 12.5.5　卡瓦打捞筒

工作原理：当引鞋进入落鱼后，下放钻具，落鱼将卡瓦上推，压缩弹簧，孔径增大，落鱼进入卡瓦，上提时，卡瓦、筒体内处锥面贴合，产生径向夹紧力，将落鱼捞住。

操作步骤：

　　a. 检查工具，测量卡瓦结合后，长轴尺寸应小于落鱼尺寸1~2mm。

　　b. 下放至鱼顶1~2m，开泵洗井，缓慢下放钻具，当悬重下降时，泵压有所上升，上提，悬重增加，则打捞成功。

② 短鱼头打捞筒（图12.5.6）。

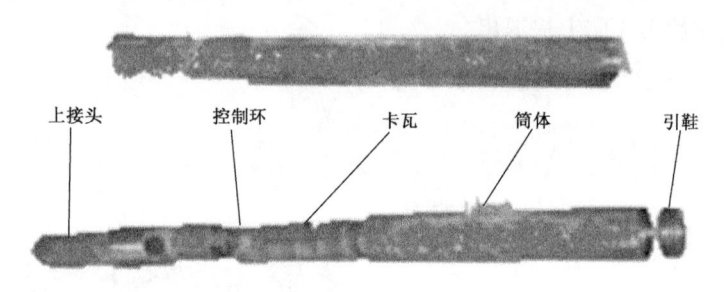

图12.5.6　短鱼头打捞筒

工作原理：因为它是宽锯齿形螺纹，当内外锥面吻合，并有上提力时，筒体并给卡瓦以夹紧力，迫使卡瓦内缩夹紧落鱼。

操作方法：

　　a. 选择检查工具合格；

　　b. 下至工具至鱼顶1~2m，开泵循环，冲洗鱼顶，慢速右旋工具并下放，当悬重有下降时，停转停放，上提打捞；

　　c. 需退出时，下击钻具，慢慢右旋并上提钻具。

③ 倒扣捞筒（图12.5.7）。

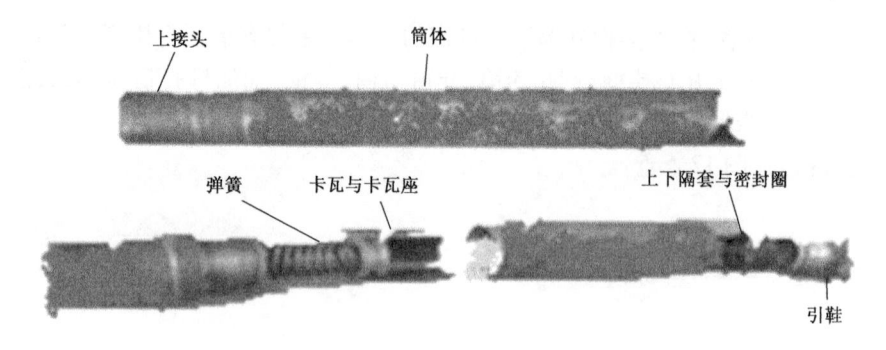

图12.5.7　倒扣捞筒

工作原理：当引鞋进入落鱼后，下放钻具，落鱼将卡瓦上推，压缩弹簧，孔径增大，落鱼进入卡瓦，上提时，卡瓦、筒体内处锥面贴合，产生径向夹紧力，将落鱼捞住。依靠键和键槽传递扭矩。

操作步骤：

　　a. 检查工具规格是否同落鱼尺寸匹配；

b. 下放至鱼顶1~2m,开泵洗井,缓慢右旋下放钻具,当悬重下降时,停止下放。

c. 按规定负荷上提并倒扣。当左旋力减少时,说明倒扣完成。

d. 当需要退出落鱼时,钻具下击,使工具向右旋转1/4~1/2圈并上提钻具,即可退出。

④ 母锥(图12.5.8)。

工作原理:依靠打捞螺纹在钻具压力与扭矩的作用下,吃入落物内壁进行造扣,当所造之螺纹能承受一定的拉力和扭矩时,可采用上提或倒扣的办法将落物捞出。

操作步骤:

a. 检查工具是否合格;

b. 下放管柱至鱼顶位置1~2m,开泵冲洗,并逐步下放至鱼顶,如泵压突然上升,指重下降,可以进行造扣打捞。

(3)绳类打捞工具(图12.5.9)。打捞绳类落物的工具主要有外钩、内钩、组合钩、活钩形外钩等。

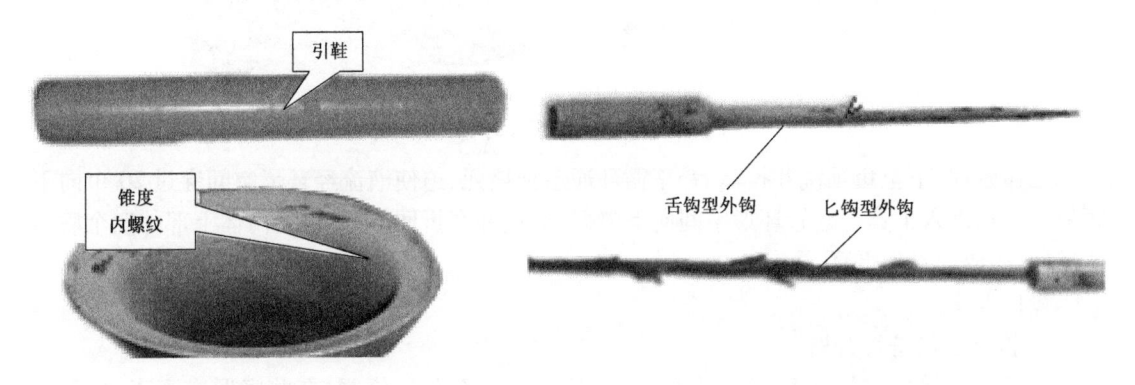

图12.5.8 母锥

图12.5.9 常用绳类打捞工具

内钩工作原理:

将内钩插入绳类或其他落物内上提钻具时,钩齿钩住落物而带出地面。主要用于从套管或油管内部打捞各种绳类及其他落物,如钢丝绳、电缆等。

内钩操作步骤:

a. 地面检查螺纹完好,钩尖锐利。

b. 工具下放至鱼顶50m时缓慢下放,指重下降明显时上提钻具,悬重增加,即可提钻将落物捞出。

(4)小件落物打捞工具为对卡瓦、碎胶皮、螺杆等小件落物进行打捞的工具。主要有强磁打捞器、反循环打捞筒、局部反循环打捞筒、一把抓等。

① 磁力打捞器(图12.5.10)。

工作原理:磁力打捞器是靠永久性磁钢作为打捞落物的能源。是一个一壳体和芯铁为两个同心环形磁极,两级磁通路之间为无铁磁性材料区域,使打捞处下端有很高的磁场强度。可把小块铁磁性落物吸附在磁极中

图12.5.10 磁力打捞器

心，实现打捞。

操作步骤：

a. 检查工具根据井径和落物特点选择合适的强磁打捞器。

b. 下放至鱼顶3～5m，开泵洗井，缓慢下放钻具，钻压不得超过10kN。然后上提0.5～1m。旋转90°，重复上述动作。

c. 确认落物已被吸住，上提钻具0.5～1m停泵，起钻。

② 局部反循环打捞篮（图12.5.11）。

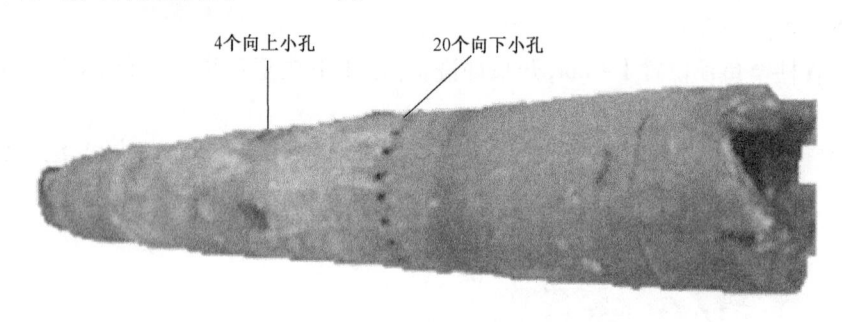

图12.5.11　局部反循环打捞篮

工作原理：下至鱼顶洗井投球后，正循环通道被堵死，迫使液流经环形空间穿过20个向下倾斜的小孔进入工具与套管环形空间向下喷射，经过井底折回篮筐，再从筒体上部的四个联通孔返回，形成局部反循环。

操作步骤：

a. 检查工具是否合格。

b. 下入至预定位置0.5～1m，循环洗井，快速下放至鱼顶位置，在井底形成紊流，重复操作几次，充分洗井提钻。

（5）辅助工具，指配合打捞工具对落物进行打捞的工具或对落鱼进行预处理的井下工具。主要有铅模、震击器、倒扣器、内割刀、安全接头、套铣筒、平磨、凹磨等。

① 铅模（图12.5.12）。

工作原理：铅模是用来探测井下落鱼鱼顶状态和套管情况的一种常用工具。通过分析铅模同鱼顶接触留下的印迹和深度，反映出鱼顶的位置、形状、状态、套管变形等初步情况，作为定性的依据，为施工提供参考。

操作步骤：

a. 检查工具是否平整。

图12.5.12　铅模

b. 下至鱼顶以上3～5m时开泵冲洗，鱼顶冲净后加压打印。

c. 打印一般加压20kN，特殊情况可适当增减，但不能超过50kN。

d. 加压打印一次完成后即行起钻，不得二次打印。

② 平底磨鞋、凹底磨鞋、套铣筒(图12.5.13)。

在复杂事故井的处理中,经常遇到鱼顶破碎、形状复杂、落物卡死或被埋等多种复杂情况。无法采用打捞工具进行直接打捞作业,作为下一步处理的过渡工序或直接作为处理工艺,必须借助于钻、磨、铣工具对鱼顶或落物来进行处理后。再采用合理的打捞工具进行施工作业。

图12.5.13 平底磨鞋、凹底磨鞋、套铣筒

工作原理:利用合金齿对落物进行磨铣作业。

一般采用三种方式对落物进行处理 a. 直接磨铣完落物;b. 对鱼顶进行预处理后,采用打捞工具进行打捞;c. 利用套铣筒可以磨铣取心的作用对落物进行取心打捞。

操作步骤:

a. 根据井下实际情况来选择合理的钻、磨、铣工具。

b. 下放至鱼顶1~2m,开泵洗井,根据落物性质和磨铣工具确定合理的钻压、扭矩、排量、转速、进尺等施工参数,进行磨铣作业。

c. 根据井口返出物的数量、性质、形状等来确定磨铣作业完成情况。

d. 选择合理的打捞工具对处理后的落物进行打捞。

③ 倒扣器(图12.5.14)。

倒扣器是一种转换动力旋转方向的工具。通过倒扣器可以把上部钻杆的正旋运动变为下部工具的左旋运动,从而实现倒扣动作。在油管、钻杆遇卡提不动的情况下,使用倒扣器能很方便地将油管或钻杆的连接螺纹松开,把管柱分段提出来。

结构:主要由接头总成、变向机构、锚定机构、锁定机构等组成。

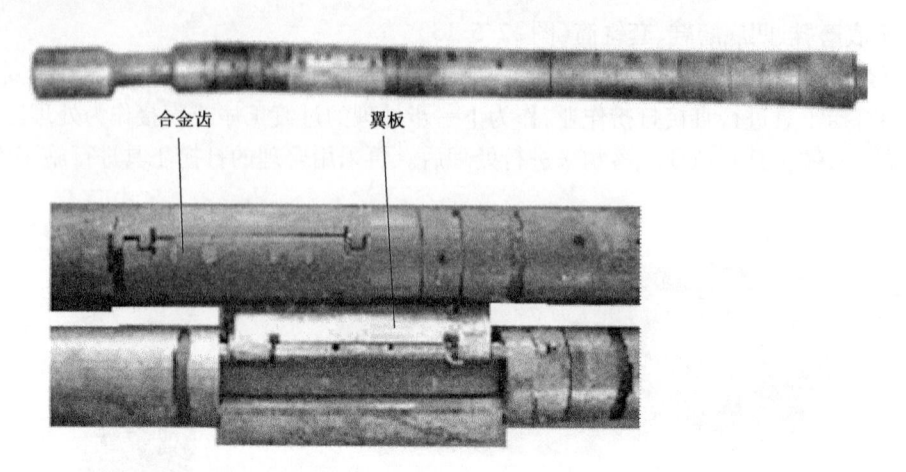

图 12.5.14　倒扣器

作用原理：钻杆右旋带动锚定机构左旋打开锚定器合金齿咬住套管，行星齿轮组继续运动带动下部管柱左旋实现倒扣作业。

工具组合：倒扣捞筒（倒扣捞矛）+ 倒扣安全接头 + 倒扣器 + 正扣钻杆（油管）

操作步骤：

a. 检查工具、钢球是否合格。

b. 将管柱下至鱼顶位置，开泵洗井正常后停泵。

c. 下或左旋缓慢引入落鱼，悬重下降 10~20kN，上提打捞。

d. 继续上提至设计倒扣负荷（不得超过倒扣器额定负荷），缓慢右旋管柱使翼板锚定。

e. 在保持负荷不变的情况下右旋管柱进行倒扣作业。

f. 倒扣完成后，左旋管柱，提钻。

g. 若需退出落鱼，左旋管柱关闭锚定翼板，下压 10~20kN 右旋 0.5~1 圈上提。

h. 如仍不能退出工具，可投球憋压（有的倒扣器可直接憋压）锁定工具，边正转边上提退出落鱼。

二、准备工作

（一）施工前准备

（1）根据历史修井记录、目前井况、落物的种类及类型选择打捞工具，并做出打捞设计方案。

（2）根据打捞设计方案的要求进行井下打捞工具及材料的准备。

（3）由专业的作业队作为打捞作业的施工主体，由专业技术人员作为现场施工的指挥，由技术监督中心的人员进行现场监督。

（4）按工程设计要求备泵车、提升设备、井控设备、如需要进行旋转作业或磨铣、套铣作业的备好动力钻或试油作业机。

（二）施工准备

（1）施工技术人员上井前，必须认真记录入井使用工具的规格、型号、水眼尺寸、抗扭强度、抗拉强度等技术参数。

（2）施工人员必须熟练掌握打捞工具的操作规程，了解打捞工具的性能参数。

（3）拓印，对入井前的铅印进行印记拓印或照相，并描述。

（4）施工前进行技术交底。

三、施工步骤及技术要求

（一）施工步骤

（1）打印。

（2）根据打印痕迹选择合适的打捞工具。

（3）根据历史修井记录确认落物在井筒中是所处状态，对打捞作业施工前做预处理，以便使打捞工具能够顺利捞获落物。

① 对处于自由状态的落物一般直接选用合理打捞工具进行对落物的打捞。

② 对处于卡、埋状态的落物采用震击打捞或采用套铣、磨铣等手段对落物进行处理后，再采用合理的打捞工具进行打捞作业。

③ 对不规则鱼顶的落物，采用先修鱼顶再打捞的原则。

（4）连接打捞工具入井。

① 优先选用可退式打捞工具。避免造成卡钻事故。

② 优先选用带水眼的打捞工具，以便对鱼顶进行冲洗，提高打捞的成功率。

③ 对于打捞可能遇卡又必须使用不可退打捞工具进行打捞作业时，在打捞工具之上必须连接安全接头。

（5）探鱼顶，载荷控制在20kN以内。

（6）上提管柱至鱼顶位置以上1～2m，开泵循环，观察并记录泵车排量、泵压。

（7）严格执行打捞工具的操作规程进行打捞作业。记录打捞时的泵压、钻压、上提吨位、进尺、旋转圈数等参数。

（8）捞出落物后，记录打捞落物的规格、型号、尺寸、长度。

（9）制定下步打捞措施。

（10）捞出全部落物后，对井筒进行冲砂，通井保障井筒的畅通，达到工程设计的要求

（11）进行施工总结，施工总结内容应包含基本数据、目的要求、技术措施、施工情况简述和结论等。

（二）技术要求

（1）打铅印时，要开泵充分冲洗鱼顶，缓慢加压打印，载荷不得超过20kN，打印一次完成，严禁多次对鱼顶打印。

（2）铅印打出后，进行拓印或照相记录，并详细描述。

（3）对落物采用磨铣、套铣等作业时，严格执行修井作业磨铣、套铣作业规程。并详细记录泵压、排量、钻压、扭矩大小及进尺。并详细描述出口返出物的物性及数量。

（4）使用打捞矛打捞没有接箍的管状落物时，为避免上提拉力较大撕裂鱼顶需在捞矛外部加保护套筒。

（5）打捞外钩打捞绳类落物时必须在外钩上部装防卡盘。严格执行外钩打捞规程，避免

卡钻事故。

（6）造扣打捞时记录钻压、造扣圈数、扭矩大小，并控制在打捞工具或管柱额定范围内。

（7）倒扣打捞时记录钻压、扭矩、倒扣扣圈数，并控制在打捞工具或管柱额定范围内。

（8）使用震击器上提与下放吨位，控制在震击器最大抗拉和抗压吨位内。

（9）对每次使用过的打捞工具进行重复入井打捞作业时，需仔细检查工具的性能及磨损程度，及时更换磨损件。

（三）资料录取

（1）油层套管的内径和深度。

（2）入井钻具或打捞工具的规格、型号。

（3）钻头的规格和类型。

（4）钻压、排量、泵压、扭矩、进尺、旋转圈数、上提负荷。

（5）管柱结构。

（6）磨铣、套铣等作业时，记录泵压、排量、钻压、扭矩大小及进尺、磨钻时间。

（7）循环出口描述，返出物的物性及数量。

（8）每次打捞后，捞出物的规格、型号、尺寸、长度。

四、HSE 注意事项及要求

（1）现场施工人员严格按本作业规程操作，认真检查井口防喷器和指重表是否符合要求，若有一项不合格都不能施工。

（2）在打捞过程中需大负荷上提解卡时，认真检查各绷绳固定是否牢靠，避免井架损伤，人员伤亡（害）。

（3）砸活接头时佩戴护目镜。

（4）作业时吊卡销需固定，避免由于作业震动造成生产事故。

（5）入井工具严格执行石油行业标准。

第十三章 试油作业设备

试油作业设备主要包括试油作业机、抽汲车、泵车(300、400、700泵车、液氮泵车等)、蒸汽车、发电机组、试井车、顶驱设备(动力钻)、连续油管作业机等。用于完成试油提下油管和工具入井作业、流体泵注循环作业、排液(抽汲)作业、旋转作业以及电力提供等。本章将对这些常用设备分别进行介绍。

第一节 车载井架试油作业机

车载井架试油作业机主要由底盘车、台上作业机构、自背井架、钻修附件等部分组成,它将提升系统、旋转系统、动力系统、传动系统、控制系统及底座等部分装在大功率运载车上,使整套设备具备试油提下管柱作业功能的同时,又具备较高的运移性能。一般采用自走式底盘,中空桁架单节或伸缩式井架。按运行结构分为履带式和轮式两种形式,轮式试油作业机与履带式试油作业机相比有行走速度快,施工效率高,能够快速搬迁的特点,但在泥泞地带及雨季行走能力相对受到限制。根据提升能力不同可以从 20~225t 分为许多品种。目前常用的有 40t、60t、120t 和 150t 四种轮式试油作业机,是从事试油作业的主力设备。

车载井架试油作业机的工作内容可以归纳为以下3个方面:

(1)钻具起下作业,如配合不同的作业起下测试、射孔、压裂管柱,或提出发生故障或损坏的油管、抽油杆、抽油泵等井下采油设备和工具,进行修理或更换后再入井。还可以进行打捞作业。

(2)配合井内的循环作业,利用试油作业机管汇配合进行冲砂、洗井、热洗、循环钻井液等。

(3)旋转作业,如钻砂桥、钻水泥塞、钻机桥、扩孔、磨削、侧钻、修补套管等作业。

一、常见车载井架试油作业机的规格、用途概述

40t 试油作业机全套设备安装在二类汽车底盘上,移运性好。驱动型式一般为 6×4(1桥转向,2、3桥驱动)系统共用一台发动机,额定功率/转速:213kW/2200r/min,最大扭矩:1160N·m/1400r/min。绞车最大快绳拉力 140kN;当变矩器涡轮转速达到 1500~1600r/min 时,变矩器可自动闭锁,从而实现修井作业的柔性无级调速和较高的发动机功率利用率。

井架采用单节前开口桁架π型结构,立放方便、快捷;前倾角:5°44′,高度18m。井架天车为单轴式,游动系统:3×4(有效绳数6)。配装 YG70 型游车(适应 ϕ23.5mm 钢丝绳),最大载荷:700kN,最大抗风能力:96km/h。

该车设计额定钩载 400kN,最大钩载 675kN,适用 73mm 油管(2$\frac{7}{8}$in 外加厚油管)3200m 井深的油、水井小修作业。

60t 试油作业机一般采用自走式运载底盘,驱动形式:8×6,一桥为驱动转向桥,二桥为从动转向桥,三、四桥为串联常驱动桥,带桥间差速器及气动锁止。最大整备质量 30000kg,整车

整备质量42000kg,移运状态尺寸:17790mm×2900mm×4400mm。

系统共用一台发动机,机型有康明斯QSL9和卡特彼勒CAT C9系列柴油机两种,同为直列6缸增压,功率分别为:259kW/2100r/min和257kW/2100r/min。JC18型绞车最大快绳拉力为180kN。

井架JJ9029型双节套装前倾式伸缩井架,倾角为3.5°,高度29m,最大载荷900kN,二层台根据不同的安装位置高度为17.5m或20.2m,容量5in钻杆2000m和7in钻铤10立根。游动系统:4×3(有效绳数6),井架天车采用多轴式,型号:TC158,最大载荷:1580kN,配装YG110C型游车(适应ϕ26mm钢丝绳),最大载荷:1100kN,最大抗风能力在满立根、无钩载情况下为110km/h。

配装ZZT135型钻台,分体伸缩式结构,转盘座、立根盒分为两体。钻台工作高度3.7m,净空高度2.7m,最大静载荷1350kN,是修井作业时的工作台面。配装ZP135型转盘,最大输出扭矩为9kN·m,最大静载荷1350kN,最大通径为ϕ292mm。

该车设计额定钩载600kN,最大钩载900kN,名义小修深度2⅞in外加厚油管4000m,名义大修深度2⅞in钻杆3200m,3½in钻杆2500m。

120t试油作业机为双滚筒试油作业机,采用自走式运载底盘,驱动形式:12×8(前3后3),第一、桥为转向驱动桥,第三桥为转向从动桥,第四、五桥为13t驱动桥,第六桥为气悬浮动桥。配置1台卡特3412DITA发动机,功率485kW/2100r/min,配备S6610HR液力变矩器,是单机能力最强的试油作业机,采用单机,台上传动系统简化,整机布置合理,具有较好的行驶越野性能。整车整备质量58000kg,移运状态尺寸为20500mm×2800mm×4450mm。

井架为JJ15535型双节套装前倾式伸缩井架,倾角为3°,高度35m,最大载荷1550kN,二层台容量5in钻杆2000m。游动系统:5×4(有效绳数为8),井架天车采用多轴式,配装YG135型游车(适应ϕ29mm钢丝绳),游车最大载荷为1580kN,井架最大抗风能力在满立根、无钩载情况下为110km/h。

配装DZ147型钻台,分体伸缩式结构,转盘座、立根盒分为两体,钻台上配备井口房。钻台工作高度4.5m,净空高度3.5m,最大联合载荷1925kN,配装ZP175型转盘,最大静载荷为2400kN,最大通径为ϕ445mm。

额定钩载1250kN,最大钩载1580kN,适用于深度为5600m(2⅞in钻杆)的修井作业和2500m(4½in钻杆)的钻井作业。

150t试油作业机俗称3000m车装钻机,是试油作业机中结构最复杂的一种。一般采用14×8驱动形式的自走专用底盘,共7桥,第一、二、四、五为带轮边减速器的双极减速驱动桥,第一、二桥为转向桥,三、七桥为转向从动桥,第六、七桥为气悬承载从动桥。最大整备质量55000kg,整车整备质量75000kg。移运状态尺寸:20620mm×3300mm×4470mm。

该车装用两台卡特彼勒CAT3406C发动机,单台功率:343kW/2100r/min,配装两台艾里逊ALLison S5610HR液力变矩器,可以单机或双机同时工作。JC26型绞车系统最大快绳拉力为260kN。同时台上配置3t(YJC-3)和5t(YJC5B)液压绞车各一台。

该车井架采用JJ170-36型双节套装前倾式伸缩井架,净高36m,前倾角3°,井架二层台安装高度22m,容量可以达到5500m3½in钻杆,井架最大静载荷1800kN。游动系统:5×6(有效绳数为10),井架天车采用三轴6滑轮式,型号:TC180,最大载荷1800kN,配装YG170型游车(适应 φ29mm 钢丝绳),最大载荷为 1700kN,最大抗风能力在满立根、无钩载情况下为 96km/h。

配装 DZ185/5-XD 型六立柱整体折叠式钻台,工作面高度 5.5m,净空高度 4.4m,最大联合载荷 2700kN,配装转盘型号:ZP205,最大输出扭矩为 22.5kN·m,最大静载荷为 3150kN,最大通径为 φ520.7mm。

该车设计额定钩载 1500KN,最大钩载 1700kN,大修深度为 6500m(2⅞in 钻杆),钻井深度为 3000m(4½in 钻杆),2500m(5in 钻杆)。

二、试油作业机系统介绍

(一)动力传动系统

发动机的动力一般采用液力变矩器输出,同时带有分动箱,将动力分别传到台上绞车部分和载车底盘,采用联锁装置控制,通过分动箱外置转换手柄控制,有前驱动装置的单独控制,台上动力再经角传动箱链轮输入主滚筒。40t、60t 和 120t 试油作业机采用单发动机,传动系统相对简单,150t 试油作业机采用双发动机传动系统较复杂。几种车型的传动方式不尽相同,分别进行介绍。

第一种传动方式以 40t 试油作业机为例,由于利用了二类汽车底盘,发动机的动力经汽车变速箱至分动箱,台上动力部分再经液力变矩器、角传动箱由链条传至绞车系统,由滚筒离合器控制滚筒实现提升作业。如图 13.1.1 所示。

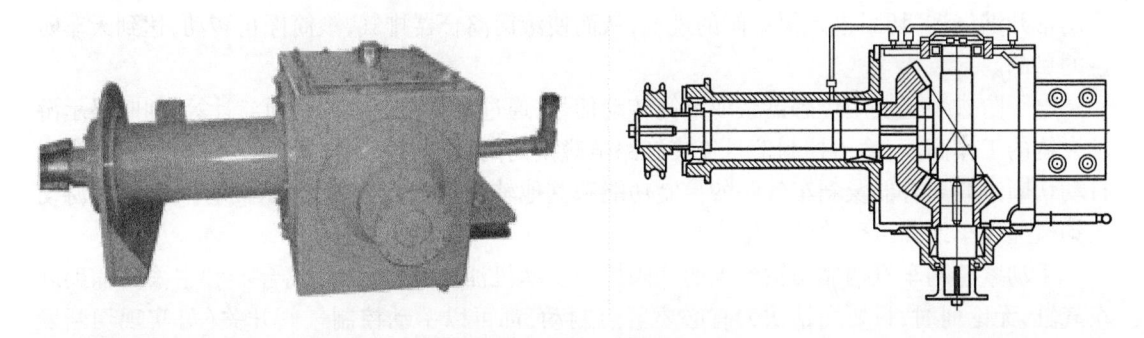

图 13.1.1 40t 修井机角传动箱

第二种以 60t、120t 试油作业机传动系统为例,自走底盘与台上共用的发动机安装在车台上,动力通过液力变矩器后要通过降距传动箱(分动箱)传递至底盘或台上角传动箱,再由传动链条传至主滚筒完成提升作业。转盘传动由主滚筒链条传动转盘离合器,到转盘角传动箱,再由传动轴到爬坡链条盒至转盘最终实现旋转作业。

第三种以 150t 试油作业机传动系统为例,大吨位试油作业机由于有两台发动机各配置一台液力变矩器,为实现单机或双机同时工作,通过了一台七轴并车分动箱,它有两根动力输入轴和三根输出轴,实现将两台发动机的动力同时或单台传递到作业系统,通过箱体外侧操作手柄控制并车分动箱,动力经第一根传动轴传至角传动箱,最终传至主滚筒。由第二根传动轴将动力直接传至转盘传动箱,再通过爬坡链条箱驱动转盘完成旋转作业。第三根传动轴则完成底盘驱动。当试油作业机在最大钩载大于 60t 工况下作业时,选择双机工作模式,利用车厢后的手动摘挂装置，同时挂合两个变速箱，双机同时为作业提供动力。

（二）绞车刹车系统

试油作业机的刹车系统由手动刹车机构、辅助刹车机构和紧急刹车机构组成。手动刹车机构又称主刹车，主要由刹车钢带、刹车块、刹车轴、调节装置、平衡装置、杠杆机构和刹把等组成。作用在刹把上的压力通过杠杆机构增力后推动曲拐拉紧刹带活端实现滚筒制动。

试油作业机辅助刹车机构包括水刹车装置和气动盘刹装置。水刹车装置包括与滚筒通过链条相连的水刹车驱动装置，进、回水管路和水刹车。60t、120t试油作业机采用水刹车。水刹车只能作辅助刹车使用。它只能降低主滚筒的转速，但不能达到使其静止。

150t试油作业机辅助刹车机构采用伊顿WCB324气动盘式辅助刹车装置，在提下钻作业中通过调节司钻箱上的辅助刹车控制旋钮来控制辅助刹车气囊进气与断气，气囊推动活塞压紧安装在主滚筒轴上的刹车盘实现滚筒制动。当悬重小于20t时，可只使用主刹车系统，当悬重大于20t时，辅助刹车机构配合主刹车工作。在作业过程中辅助刹车应配合主刹车工作，严禁单独使用辅助刹车。盘式辅助刹车外接有水冷却系统实现刹车盘散热。

试油作业机紧急刹车机构包括天车防碰自动刹车装置和手动紧急刹车装置。试油作业机一般都装有两种天车防碰自动刹车装置，一种为机械式，另一种为电子式。机械式天车防碰装置主要由防碰阀、继气器、梭阀、防碰控制阀等组成。当游车大钩上升到一定高度时，滚筒上排绳到位，防碰阀阀杆被碰斜，使该常闭阀打开，压缩空气通过防碰阀进入常闭继气器，并开常闭继气器，使气包内压缩空气分别进入刹车气缸，刹车气缸起作用进行滚筒制动。同时另一路控制常开继气器，切断进入司钻阀的进气，从而使滚筒离合器排气，滚筒停止转动，达到天车防碰的目的。

电子防碰装置使用传感器获取滚筒转动信号，通过对数据信号的判断与计算，即时显示游动大钩的工作高度，输出控制信号连接气路电磁换向阀、继电器、外部报警装置等部件，可实现自动切断滚筒离合器及刹车气路的控制功能和其他辅助自动控制功能，从而有效地防止游动大钩碰撞天车或井口事故的发生。

手动紧急刹车机构靠司钻台上的气阀控制发动机油门气缸、滚筒离合器和主滚筒辅助刹车气缸，无论何时，只要司钻认为有必要紧急制动，都可以手动控制气阀开关（可实现切断发动机油门气缸、滚筒离合器进气，打开主滚筒辅助刹车气缸进气阀），实现主滚筒紧急制动。

（三）液压系统

试油作业机液压系统由动力装置（取力器——液压泵）、控制调节装置（溢流阀、截止阀、换向阀、单向阀等阀件）、执行装置（液压缸、液压马达、液压钳等）、辅助装置（液压油箱、滤油器、管线等）组成。

液压系统通过控制调节装置使执行机构动作，有组合控制阀和单控阀，通过操作液控箱（液控箱外接6位、8位控制阀）可以完成收放主车液压千斤支腿和立放井架作业。同时通过外接2位液控阀还可以完成液泵、液压钳挂合操作。

（四）气控系统

气控系统有四个基本部分组成，第一部分是发动机供给的机械能转换为压力能的转换装置，即空压机，如图13.1.2所示，空压机有外接调压阀（调定压力0.8MPa±0.05MPa）控制空压机工作。

第二部分是控制元件,是用来控制和调节压缩空气的压力、流量和流动方向的元件,主要有手控阀件、单向阀、安全阀、减压阀、换向阀等。

第三部分是执行元件,是以压缩空气为工作介质产生机械运动,将气体的压力能转化为机械能的元件。主要有做直线运动的气缸,气动摩擦离合器等。

第四部分是指辅助元件,包括储气罐、管线、接头以及维护装置(气源处理三联件、空气干燥器、冷凝器等),如图 13.1.3 所示。

储气罐用来储存足够的压缩空气,保证连续、稳定、安全的气流输出。此外,还能降低压缩空气温度,分离压缩空气中的部分水分和油分。一般试油作业机工作压力 0.8MPa±0.05MPa,有自冷却系统和自卸荷装置,当储气罐内压力达到设定值时,储气罐内的压缩空气就打开调压阀,反馈到空压机内部,使压缩空气不再输出,空压机在无负荷状态下空转。同时,调压阀向干燥器发出一个压力信号,干燥器排水一次。

图 13.1.2　修井机空压机

气源处理三联件　　空气干燥器　　冷凝器

图 13.1.3　修井机气控辅助元件

其他各种阀件如图 13.1.4 所示。

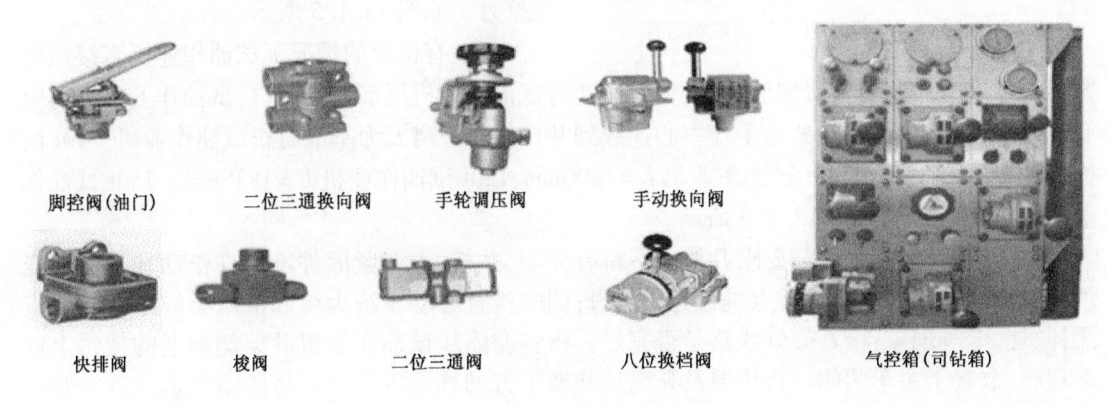

脚控阀(油门)　二位三通换向阀　手轮调压阀　手动换向阀

快排阀　梭阀　二位三通阀　八位换档阀　气控箱(司钻箱)

图 13.1.4　修井机各种气控阀件

三、试油作业机操作

(一)行车

试油作业机属于特种作业车,除40t试油作业机采用标准汽车底盘,60~150t试油作业机采用自制底盘,外形和载质量超出常规车辆标准,属于超限车辆,由于整车重心较高,通过性较运输车辆差,行车前要对路况进行探察,确认道路上架空线高度,必要时做好挑线准备,急弯、泥泞、松软路面要提前修路,当高度受到限制时,可将二层台拆下单独运输,必要时也可将井架拆下单独运输。

出车前对车辆各系统进行检查,内容包括各部位连接、固定是否牢靠,确认气悬承载桥气压在0.4~0.5MPa之间;将动力切换手柄至行车位置(为防止误挂,应将前桥挂和手柄固定在空位);台上作业阀件位于分离位置;挂好井架锁紧装置,悬挂警示标志。

(二)立放井架

试油作业机对井场要求较高,井场基础地面要压实、平整、开阔,试油作业机停放位置应略高,以防雨后积水,地面应用砾石加强并铺平。120t以上的大吨位试油作业机要以井口为中心打10m×6m厚度15cm的水泥基础。在试油作业机就位前要选好前后4个绷绳基墩位置,由于井架高度不同绷绳点位置也不同,前后绷绳墩位以井口为中心,试油作业机为纵轴,在纵轴上距井口中心 am 处分别取两个横轴,在每个横轴上各取两个距横轴与纵轴交点 bm 的地锚点,不同的试油作业机对应的 a、b(一般 $a=b$)尺寸分别为:40t试油作业机:15m±1.5m,60t试油作业机23m±3m,120t试油作业机:27m±3m,150t试油作业机30m±3m,这样绷绳基本与井口左、右侧成45°。对于40t、60t试油作业机绷绳基墩要能够承受不小于70kN的拉力,120t、150t试油作业机绷绳基墩要能够承受不小于98kN的拉力。如图13.1.5所示。

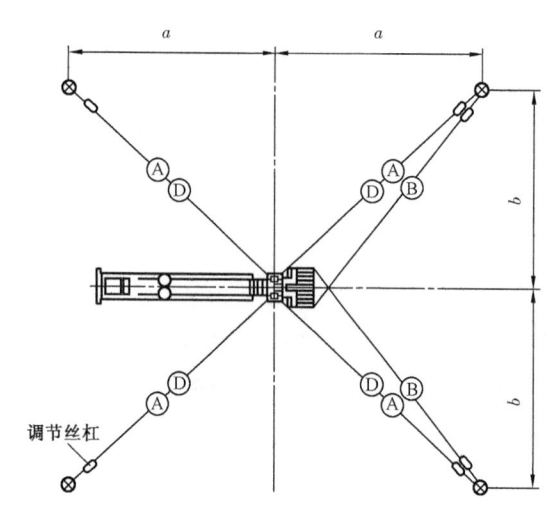

图13.1.5 修井机井口固定示意图

在有钻台的情况下试油作业机直接根据井架支撑底座和跑道位置摆放,在无钻台作业时试油作业机尾部对准井口,试油作业机纵向中心线对准井口中心,以井架主千斤中心连线到井口中心距离 L 为基准对正试油作业机。40t试油作业机 $L=1350$mm,60t试油作业机 $L=1800$mm,120t试油作业机 $L=1835$mm。150t试油作业机 $L=2050$mm。如图13.1.6所示。

整车就位后进行检查,要求井架上不得有异物,井架、天车紧固件不允许松动和有任何变形现象,对井架、天车各润滑点进行充分润滑;同时检查游动系统大绳和液压小绞车钢丝绳应无挂、连、卡等现象;检查架灯线路是否完好。将各绷绳从试油作业机井架侧面上的挂钩上取下理顺,放置于主车两侧。将快绳及死绳从井架下方的挂钩内移出。将防坠落差速器安装在人梯侧距二层台底面上部1.2~1.3m处,并将差速器绳索拉出挂在人梯底部。

将试油作业机动力从台下切换到台上,在各支腿液缸下放置好千斤支座,挂合液压油泵,操作液控箱六联阀手柄,撑起主车前后的液压千斤和Y型支架下的井架丝杠千斤,用水平仪调平整车,然后锁紧各千斤支腿,整车撑起后为防止车架变形应使轮胎处于承载状态,掩好前后车轮掩木。拆除井架与前支架挂钩或其他连接装置,连接主车与支撑底座的所有拉杆。按照操作规程要求进行井架起升。下放井架步骤与起升井架基本相反。

(三)提下管柱

作业前进行日常维护相关作业内容。在无钻台作业时操作人员站在低位司钻箱旁手握刹把,目视井口及游动滑车进行操作,在得到井口操作人员指令后,根据负荷选择适当的挡位(一般2、3、4挡为提升工作挡,1挡用于处理井下事故,5挡用于提升空钩),向上推动主滚筒组合阀(司钻阀)手柄,手柄转过10°时滚筒离合器结合,若继续推动滚筒组合阀手柄,则柴油发动机的转速被逐渐提高,滚筒随即开始转动(也有试油作业机采用脚油门控制)。缓慢抬起刹把,游车大钩上提。提升作业时,柴油发动机应在中高速运转,试提游车1~2次,以确保各部位运转正常。当提出管柱接箍(若提单根为第一个接箍,若提双根为第二个接箍)时,控制滚筒组合阀手柄回中位,滚筒离合器脱离;压紧刹把,游车大钩缓慢停止,将吊卡扣好后,平稳下放管柱于吊卡上,使上端吊卡与接箍脱离。下压组合阀手柄(由中位下压组合阀手柄只控制油门)提升发动机转速配合液压钳卸扣,听从指挥,将管柱平稳提离井口至索道挂钩高度时刹车,当挂钩挂入管柱尾部后,缓慢下放至油管板凳上。

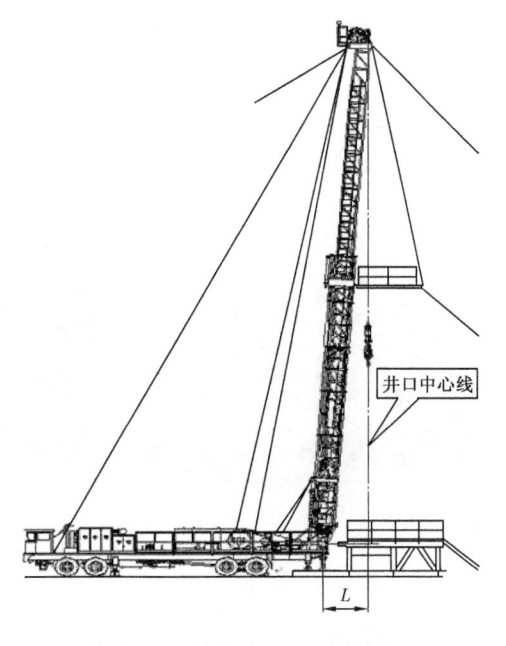

图13.1.6 修井机井架承重示意图

下放作业时,将主滚筒组合阀手柄置中位,切断滚筒离合器,轻抬刹把缓慢下放游动大钩。当吊环下放至待下管柱上的吊卡位置时刹车,吊环挂入吊卡后随指令低速上提,直至提到可以取管柱尾部挂钩位置时刹车。所提管柱对准井口管柱接箍后,缓慢下放对扣。防止摆动伤人及碰坏螺纹,配合井口上扣。接到井口上提指令后,平稳上提15~30cm刹车,再由井口操作人员摘掉座在井口上的吊卡后,适时放松刹把,控制游车大钩下降速度;当管柱重量超过200kN时要使用辅助刹车,挂合水刹车或气动盘刹控制阀,配合刹把降低游车大钩下行速度。当下放至3~4m时,减慢下放速度,逐步压紧刹把,使吊卡平稳坐在井口上。

(四)安装钻台

图13.1.7所示分别为折叠式钻台、分体伸缩式钻台和整体式钻台,三种钻台功能相同,都是试油作业机作业时主要的工作台面。其台面用来安装转盘,存放立根和工具并在作业时为操作提供工作空间,其台面下空间用来安装井口防喷装置。钻台主要由钻台本体、转盘、钻杆滑道、梯子、爬坡链条盒、分体式船形底座等组成。目前40~150t试油作业机上普遍采用这三种钻台,钻台上还可以配置井口房。分体伸缩式钻台上体和底座用定位销连接;整体式钻台台

面与底座采用刚性连接;折叠式钻台上下体用立柱铰接,易于增加净空高度,150t试油作业机普遍采用。钻台爬坡链条盒一般采用分体式,一个固定在钻台上,随钻台运输、安装,另一个固定在试油作业机Y形支架上,在主车就位后两个链条盒用传动轴连接。钻台一般还配有手推单轨小车,通过轨道引出钻台外部,防喷器及井口设施可以利用这套装置进行安装。

折叠式钻台　　　　分体伸缩式钻台　　　　整体式钻台

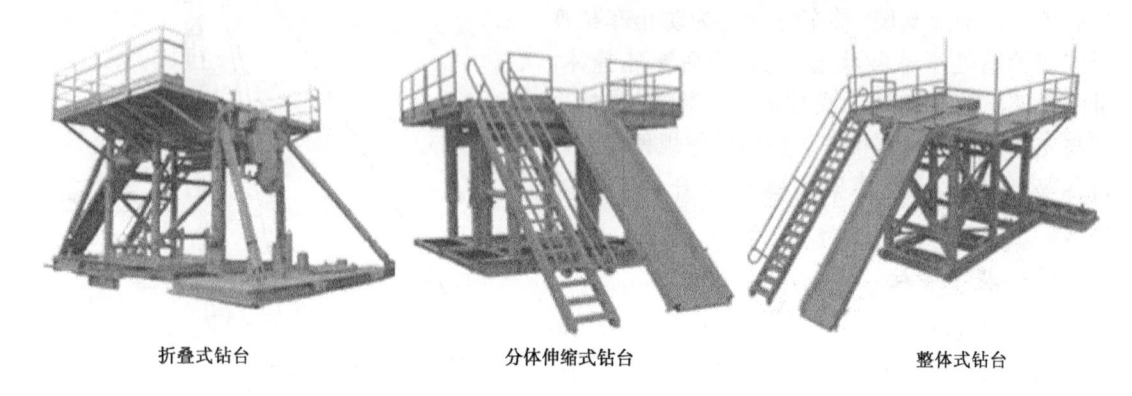

图13.1.7　钻台

钻台要先于试油作业机在井口定位,整体式钻台安装时直接用吊车将钻台整体吊至井口,通过底座上的标识由吊车配合使钻台就位,转盘孔中垂线与井口同轴。分体伸缩式钻台分别将转盘部分和钻具盒部分就位后要在吊索保持一定负荷的情况下拆除钻台套装立柱定位销,上提钻台上体至工作面安装高度重新穿好定位销和锁销,再将两体相连,并验证与井口对中情况。折叠式钻台由于自身质量30t以上,安装必须有两台吊车配合作业(50t主吊,25t辅助)。50t吊车将钻台吊至井口就位,25t吊车配合连接好船形底座,安装好钻台两边的翼板,再辅助起吊上体预紧5t拉力,取下钻台上体在底座上的固定销。50t吊车重新调整到位后上提钻台上体,大钩按钻台起升角度向井口中心移动,25t吊车配合移动,直到与井口中心垂直时停稳吊臂。施工人员穿好钻台与船型底座相连的两个稳定销。25t吊车协助安装好4根斜拉杆,调整丝杠拉紧后松开50t吊车。检查转盘中心与井口中心是否对中。钻台主体安装完后要尽快安装附件尤其是安全设施,然后再让试油作业机就位连接转盘传动装置。拆除钻台的操作顺序正好相反。

(五)旋转作业

试油作业机从事的旋转作业主要指钻砂桥、钻水泥塞、钻机桥、扩孔、磨削等作业,又称磨钻作业。在磨钻作业前要着重检查水龙头、转盘传动机构、井架立管、水龙带和洗井管汇等部位;检查调整转盘传动箱刹车机构;检查钻井泵组准备情况。

作业前进行日常维护相关作业内容。将方钻杆、水龙头吊上钻台面,连接好水龙头和方钻杆,连接好水龙头与立管水龙带,锁死游车大钩,绑好吊环及水龙带的保险绳。提游车吊起水龙头和方钻杆与钻台面的钻具连接,下放钻具,打开转盘在钻台面上的防转锁紧装置,安装方补心。根据旋转方向的要求在转盘传动箱上挂合正挡或倒挡。司钻箱上的转盘控制阀控制气动推盘离合器,气动推盘离合器控制转盘传动箱动力挂合与切断,在转盘离合器脱开的情况下,选择合适的挡位,然后挂合转盘离合器,钻井泵挂合循环钻井液,控制柴油发动机转速按照作业指令要求施加相应钻压进行磨钻作业。需要停钻时转盘控制阀的手柄回中位,离合器脱开切断动力转盘停止旋转;控制阀的手柄继续向下压,转盘传动箱刹车系统工作,通过制动转盘传动箱阻止转盘由于钻杆变形能量的释放引起的转盘及相应传动部件的反转,避免传动件的损坏。让转盘控制阀手柄缓慢回中位,即可使钻杆的变形能缓慢释放。

四、试油作业机维护和保养

(一)试油作业机运载底盘(台下部分)的维护和保养

运载底盘或底盘车的维护和保养包括日常维护和一级、二级维护。

日常维护也叫例行维护,以外观检视、清洁、补给为主,分为出车前、行车中和收车后维护,可以按照运输车辆安全检视标准进行。项目包括外观、发动机外表进行清洁,检视汽车燃油、冷却液,视情检视各部润滑油(脂)、制动液等各种工作介质并进行补给,对通气、排污口进行清洁;检视轮胎气压并进行补给;对汽车制动、转向、传动、行驶、悬架等关键部位进行检视、校紧;对灯光、信号、消防等安全部位、装置以及发动机运转状态进行检视,确保完好。行车中维护以检视行驶系轮胎、轴头和总成部件工作温度为重点,收车后维护以清洁、排污为重点。

一级维护也叫基本维护,是包括日常维护作业内容以清洁、润滑、紧固为主的维护作业。要对车辆的驾驶室、仪表、转向、传动、制动、行驶等系统进行维护,维护项目包括检查各设施、机构的安全、技术状况;校紧各部件连接、固定部位的螺栓、销、卡;润滑底盘车的所有润滑点;对损坏的零件进行维修或更换。维护周期为行驶里程2500~3000km。

二级维护也叫完全维护,是包括一级维护作业内容以易损部件全面检查、调整为主的维护作业,维护包括基本项目和附加作业项目(通过检测和操作人员反映车辆技术状况决定的项目)。检视调整的同时视情对转向、传动、行驶、制动系统进行解体检查,检测转向节(臂)、传动轴、轴承、刹车片、刹车毂、各种齿轮副等摩擦、运动部件的磨损、变形情况,视情更换;检校车桥、车架、悬架等承载部件;维修油、水、气泄漏部位,保证密封良好;检查调整前束,轮胎保养、换位。维护周期为行驶里程10000~12000km。

试油作业机在作业结束停放期间必须支好底盘车前后千斤。一年内行驶里程未达到一级维护周期的一年必须进行一次一级维护;两年内行驶里程未达到二级维护周期的两年必须进行一次二级维护,每两年更换一次齿轮油和制动液。共用的发动机、变矩器和分动箱算作台上作业部分,底盘车一级、二级维护和保养不包括这些部位,行驶里程以工作小时累计成这些部位的作业时间。

(二)试油作业机作业系统(台上部分)的维护和保养

为使试油作业机台上与台下部分维护和保养统一规范,也可以分为日常维护和一级、二级维护。

日常维护在试油作业机作业状态下每天进行,分为作业前、作业中和作业后维护。内容包括:

(1)检视发动机润滑油、冷却液、燃油是否在规定位置,检视变矩器油量是否在规定位置(停机和运转状态下检查),检视分动箱、角传动箱、链条箱、液压油箱、转盘传动箱、水龙头等油量是否在规定位置,有无渗漏现象;

(2)检视润滑油压表、水温表、变矩器油温表、主油压表和其他电、气、液仪表显示是否在规定范围内;

(3)清洁空气滤清器呼吸口,扬尘天气每天清洁空气滤清器;

（4）排放储气罐和柴油箱内积污及水；

（5）检视绞车刹车毂表面是否有裂纹或制动鼓是否变形；刹带块是否需更换，确保刹带块固定螺栓不磨制动鼓；刹带间隙、刹把位置、刹带活端和死端等部位是否需要调整；

（6）检视提升钢丝绳、绷绳、绳卡、死绳头等是否符合使用标准，液压钳、吊卡、保险绳、指重表是否完好；

（7）检查防碰天车、紧急刹车装置是否完好，对防碰天车设定情况进行验证；

（8）检视气路系统：系统工作压力保持在 0.75～0.85MPa（105～133psi）之间；

（9）检视液压系统：确保高压软管无破漏，系统工作压力在 8～12MPa 之间；

（10）检视传动轴、刹车机构、操纵机构的连接螺栓、螺母、支撑销、轴是否齐全完好，有无松动现象；

（11）检视各千斤是否支撑牢靠，支腿拉杆是否连接牢靠，底座和掩木有无松动现象，地基有无明显塌陷情况；

（12）检视各总成部件无高温、异响，钢丝绳无挤绳、打扭现象；

（13）加注主滚筒轴承、水刹车、滚筒刹车支架、游车轮轴部位润滑脂。

一级维护和保养包括日常维护作业内容，维护周期为作业时间 150～200h。内容包括：

（1）清洁或视情更换空气滤清器，检视进气系统有无渗漏现象，清洁空压机和其他总成部件的呼吸装置；

（2）检查皮带张紧度及磨损情况，一般在两皮带轮中间位置施加 110N 的作用力皮带应偏移 10～15mm；

（3）检查并紧固蓄电池连接线，清除蓄电池桩头的氧化物；检查并调整电解液比重和液位高度；

（4）对主滚筒轴承、绞车主离合器旋转接头、刹车机构、传动轴、游车、天车、动力水龙头等部件加注润滑油脂。视情加注井架下体吊钳缸部位润滑脂；

（5）检查所有操作机构手柄是否灵活、可靠；

（6）紧固传动轴、角传动箱等部件的连接、固定螺栓；

二级维护和保养包括一级维护作业内容，维护周期为作业时间 450～600h。内容包括：

（1）更换发动机润滑油和"三滤"（机油滤清器、柴油滤清器、空气滤芯）；拆检清洁曲轴箱呼吸器；检查停车控制装置；

（2）打开分动箱体侧面或上面盖板，检查箱体内部的齿轮磨损情况及各紧固件是否有松动现象；

（3）打开链条护罩和上观察口检查链条、链轮的磨损情况，超标应更换，校紧固定螺栓；

（4）校紧各连接、固定部位螺栓；

（5）视情更换动力水龙头润滑油（每年更换一次）；

（6）检查传动万向节轴向和径向间隙，不得大于 0.10mm。检查传动轴花键齿隙，不得大于 0.25mm；

（7）检查各传动箱体的齿轮油质，视情更换（每两年更换一次）；

（8）检查防冻液，检测冰点，视情更换（每两年更换一次）；

（9）每两个二级维护间隔更换液力变矩器传动油和滤清器；

（10）检视 Y 形支撑架焊缝和支撑架车体连接处焊缝有无裂纹和损伤,在每井结束后放下井架、钻台进行：

① 清洗井架、Y 形支撑架,检视二层台铰接处、绷绳滑轮座焊缝有无裂纹和损伤,校紧天车固定螺栓；检测游动系统滑轮组和大钩钩体磨损情况；

② 检视钻台立柱有无变形,铰接孔、销抹润滑脂,检视钻台支撑部位焊缝无裂纹和损伤。

第二节　独立井架试油作业机

独立井架试油作业机由通井机和试油井架两部分组成,与车载井架试油作业机主要区别就是作业机和井架为独立的两个单元,在井场组合完成试油提下管柱作业。下面分别进行说明。

一、通井机

（一）概述

通井机分为履带式和轮式两种,一般我们把以二类汽车底盘为载车的轮式通井机称为通井车。通井车主要由底盘车、台上作业机构组成,它将提升系统、动力系统、传动系统、控制系统等部分装在大功率运载车上,使整套设备具备较高的运移性能。目前在用的有 60t、80t 通井车。也是从事试油提升作业的主力设备。

60t 通井车最大快绳拉力为 150kN。我们把它称为 TJ15,80t 通井车最大快绳拉力为 200kN,我们把它称为 TJ20。

通井车主要用于完成油气井中的起下钻杆、油管、抽油杆、深井泵等井下工具或进行抽汲、打捞等井下作业。通井车工作状态如图 13.2.1 所示。

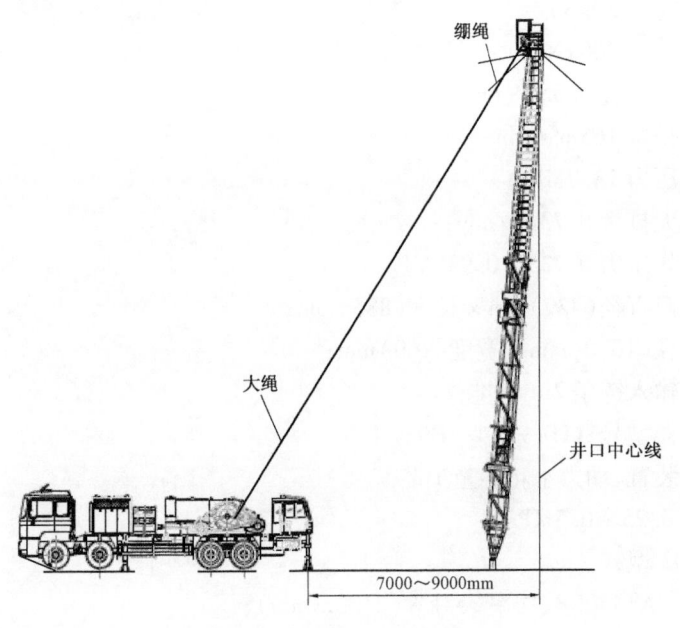

图 13.2.1　通井车工作示意图

通井车驱动型式一般为6×4(或8×4),有两个驱动桥;在主车车架上增设一副车架,用连接板及U形螺栓将主副车架连接为一体;在副车架上布置车台动力、绞车装置及操作控制系统,作业系统由液力变速箱、角传动箱、主滚筒绞车及其刹车系统、水刹车、机械猫头及司钻控制的液气路系统、电路系统等组成。

(二)通井车系统介绍

1. 主要性能参数

(1)TJ15通井车。

① 发动机额定功率:272kW;额定转速:2000r/min;

② 最大输出扭矩:1520N·m(1400r/min);

③ 整机质量:23000kg;

④ 最大快绳拉力:150kN;

⑤ 大钩最大提升速度:1.1m/s;

⑥ 大钩额定负荷:600kN,大钩最大负荷:780kN;

⑦ 传动箱:阿里逊CLT5961;

⑧ 滚筒(直径)429mm×(长度)885mm;

⑨ 刹车鼓(直径)1070mm×(长度)260mm;

⑩ 离合器型号:BNT28VC650气胎离合器;

⑪ 冷却形式:喷水,水刹车型号:122,水箱容积:0.4m^3;

⑫ 猫头最大拉力:50kN,最高转速:550r/min;

⑬ 离合器型号:ATD—214H推盘式。

(2)TJ20通井车。

① 猫头挂绳拉力50kN;

② 最大快绳拉力200kN;

③ 机械猫头最高转速55r/min;

④ 油泵最大排量165m^3/min;

⑤ 系统最高压力13.7MPa;

⑥ 空压机最大排量0.73m^3/min;

⑦ 空压机工作压力0.735~0.931MPa;

⑧ 绞车主滚筒直径(429)mm×长度(885)mm;

⑨ 刹车壳直径(1070)mm×宽度(260)mm;

⑩ 绞车动力输入链条2in单排;

⑪ 滚筒离合器型号ATD—214—H9;

⑫ 刹车冷却装置、动力水箱容量1m^3;

⑬ 工作压力0.25~0.5MPa;

⑭ 水刹车202型;

⑮ 装机型号CAT3408B、功率354kW(2100r/min);

⑯ 额定通井深度7500m。

2. 主要部件

(1)司钻控制箱。

司钻控制箱由气动阀、液压阀、电器控制阀等组成,完成发动机启动、液力变速箱换挡、控制主滚筒推盘离合器动作和发动机油门、天车防碰气阀控制、水刹车气阀控制、液泵离合气阀控制、散热水箱百叶窗控制、发动机熄火控制等功能。

用启动按钮启动发动机可以在操作室的司钻控制箱上控制。先打开电门就可启动。

液力变速箱为气控换挡,换挡阀上有挡位指示1、2、3、4、5、空挡、倒挡。换挡要在滚筒静止的状态下进行。严禁各挡位超载作业。在作业过程中应根据负荷适当选择挡位。严禁下钻作业时挂挡操作,以防损坏变矩器和发动机。

主滚筒组合阀,具有三位四通阀和双向调压功能。可控制主滚筒推盘离合器动作和发动机油门的控制,主滚筒组合阀有四个工况位置,当气阀手柄置于中位时,是不工作位置,主滚筒推盘离合器脱开发动机处在怠速状态,手柄向上方推约10°,主滚筒推盘离合器结合,发动机怠速,手柄继续向上推就可增大油门提高发动机转速,推到终点则油门最大。该阀为弹簧摩擦盘机构,手柄在调速范围内可以停在任何位置,使发动机稳定在某一转速下,司钻操作十分方便;手柄下拉时仅控制油门,此时,该阀仅起油门阀的作用。这种状态只在储气筒供气不足需要增大空压机的储气量或油泵供油量不足等情况下使用。

天车防碰气阀安装在车架滚筒上方,当气动天车防碰阀杆被缠绕在主滚筒上的大绳碰动,发出气信号向天车防碰汽缸充气,推动刹车轴转动,刹住制动毂,同时,切断主滚筒组合气阀气源,使主滚筒推盘离合器迅速脱开,主滚筒紧急停转;发动机油门开度骤然减小,发动机转速回落到怠速时大钩迅速停止,防止大钩碰撞天车底部。

猫头离合器控制气阀是控制猫头离合器离合的操作件。作业时,当需要猫头装置拧紧螺扣或松开螺扣时,则向上推气阀手柄使猫头离合器合上,猫头开始工作。当向下拉气阀手柄则猫头不工作。

当需要液压系统工作时,操作液泵离合控制气阀,将控制阀手柄向上推主气源打开取力器与液力变扭器离合器闭合,取力器开始工作液压油泵开始工作,整个液压系统开始工作。当不需要液压系统工作时,将控制阀手柄向下拉让取力器与液力变扭器离合器断开,取力器停止工作液压系统停止工作。

百叶窗控制阀的主要功能是:控制百叶窗的打开和闭合以达到辅助控制液力变扭器的油温,当液力变扭器油温较低时,将控制阀打在"关"状态,百叶窗关闭,冷却空气过流量较小,散热器散热性能减小,有利于油温上升。当液力变扭器油温较高时将控制阀打在"开"状态,百叶窗打开,冷却空气过流量较大,冷却油散热快。

进气关断控制阀的主要功能是:控制发动机进气口的进气关闭于控制发动机熄火。

(2)主滚筒及滚筒刹车系统。

主滚筒是作业系统的核心部件。其主要功能是缠绕游动系统的钢丝绳,驱动游车大钩做上下运动。主滚筒的主要组成部分有气胎离合器、链轮、滚筒体、刹车毂、轴等部件。滚筒的旋转是通过司钻操作台上主滚筒气阀手柄来实现的。滚筒刹车系统主要是控制滚筒的制动装置。主要由刹车钢带、刹车块、平衡梁、曲柄、限位圈、调节丝杠、拉杆及刹把等组成。

(3)水刹车及水循环系统。

该系统主要由水刹车、水箱、管线、闸阀、控制阀等组成。

水刹车是一个辅助刹车机构。下钻时,悬重300kN以上时使用水刹车控制大钩的下放速度,能保持下钻速度被限制在1.5m/s以内,但不能使滚筒停止。水刹车通过链条、推盘离合器与主滚筒相连。离合器的脱开和结合是靠司控箱上的气控阀来控制。

(4)机械猫头。

机械猫头主要由猫头、猫头离合器、链轮、支架等部件组成。机械猫头旋转靠猫头离合器来控制。猫头离合器通过司空钻箱上的猫头控制阀来控制。

(5)气压系统。

气压系统主要车台空压机、空气干燥器、管路系统、防冻器、储气罐、气压表、操纵阀件等元件组成。

(6)液压系统。

液压系统主要由取力器、主油泵、液压油箱、各种阀件、液压管线、控制箱、支腿等组成。主要功能是控制支腿的伸缩和液压钳的工作状态。

(三)通井车操作

1. 作业前的准备

(1)选择摆放位置:摆放位置应略高于四周的地势以防雨后积水。

(2)铺设地基:作业状态下通井车摆放处的地基应平整、坚实。

(3)对井口:通井车尾部中心对准井口,以大绳缠绕整齐,不磨滚筒两侧挡板为合适,两后腿中心距井口中心7~9m。

(4)启动车台发动机:检查各仪表和油面,当变矩器油温未达到80℃不宜满负荷工作,当工作时间长,温度很高需要停机时,必须先让发动机低速无负荷运转5min,然后停机。

(5)液压系统排气:挂合主油泵,发动机怠速运转,检查液压系统各部不得渗漏,将液压控制板上的"选择阀"手柄置于"四联阀"位,使四联阀处在供油状态。空运转5min使液压油在系统中无载运行。

(6)调整平台:松开各支腿油缸的锁紧螺母,控制液压控制板上"四联阀"阀手柄,先是前后直支腿油缸下降着地,支起高度以主车前后轮不承受负荷,但又不离开地面为合适。观察水平仪,调整各支腿的高度,使车前后左右保持水平,锁紧各支腿螺母,完成车台调整。将各支腿油缸泄压。

(7)缠绕钢丝绳:快绳头用绳夹牢固可靠地固定在滚筒上,滚筒第一层排绳应整齐、排紧,不允许松乱。当大钩下落最低处时,主滚筒缠绕第一层的钢丝绳量应不少于第一层钢丝绳总量的4/5。

(8)防碰天车调整:当主滚筒缠绕钢丝绳完毕后,以低速启动滚筒提放大钩做最低、最高位置的全行程起落,无异常现象后,调整防碰天车置安全位置,滚筒分别以低速和高速提升游车,防碰天车装置应在设定位置启动并使滚筒制动。

2. 司钻控制

(1)观察操作室内仪表板上发动机各仪表显示,观察司钻箱气压表,气压在 0.75~0.85MPa 下。

(2)起钻时选择好档位后,向上推主滚筒组合阀手柄转动 10°使主滚筒离合器结合,在急速情况下主滚筒并不旋转,继续向上推手柄逐渐加大油门,随着发动机转速提高主滚筒开始转动,作业开始。当需要主滚筒停止时,拉回主滚筒组合阀手柄置于中位,压紧刹把使主滚筒停止转动。大钩的下落是靠自重下行,用刹把来控制下落速度。

(四)通井车定期检查和维护保养

(1)每班检查内容。

① 发动机运转是否正常,燃油箱是否需要加油。

② 传动箱主油路的压力是否保持在(1.030~1.130MPa)范围内。

③ 气路系统的工作压力是否保持在 0.75~0.85MPa 范围内。

④ 刹车是否可靠。刹带间隙、刹把位置、刹带活端和刹带死端是否需要调整。

⑤ 水箱是否加足水量。

⑥ 在设备运转过程中,发现设备运转不正常时,必须及时停机检查,并进行修理,绝对不允许带病运转。

⑦ 天车防碰机构是否完好。

(2)每工作 80~100h 检查内容。

① 每班检查内容应逐项进行检查。

② 传动轴连接螺栓是否松动。

③ 气路系统的阀件工作情况是否正常。并放掉各气罐内的空气冷凝水。

④ 传动箱的油面是否合适。

⑤ 各齿轮箱的油位是否合适。

⑥ 链条护罩和链条盒的油位是否合适。

(3)每工作 240~300h 检查内容。

① 每班检查内容及每工作 80~100h 检查内容应进行逐项检查。

② 液路系统和气路系统的压力表、温度表是否失灵(无论何时发现失灵,都应及时更换)。

③ 气路系统的软管及液路系统的高压软管有无破损。

④ 所有外露的螺栓、螺母有无松动。

(4)每工作 1200h 检查内容。

通井车每工作到 1200h 要进行一次全面检查,同时进行设备的维修与保养。内容如下:

① 每班检查内容,每工作 80~100h 和每工作 240~300h 的检查内容逐项检查。

② 液路系统液压油的质量是否符合标准。其中:液压油中混入水分的限度(重量比)不超过 0.05%;污蚀度不超过 7.0~10.0mg/100mL。

③ 清洗或更换液路系统滤清器芯子。清洗液压油箱和齿轮箱呼吸器。

④ 刹车系统刹车鼓的磨损情况,刹车鼓表面有无裂纹。

⑤ 链条磨损情况,链节是否伸长。
⑥ 齿轮磨损情况、啮合间隙是否合适。
⑦ 刹带块是否需要更换。
⑧ 所有紧固件、连接件有无损坏或松动。
⑨ 钢丝绳有无断丝。
⑩ 所有的操作手柄是否操作灵活,动作可靠。

说明:上述保养周期为通井车每年运转1200h所制定,若年运转量不足500h时通井车,其保养周期为上述周期的0.5倍;若年运转量超过1200h,其保养周期则为上述周期的1.5倍。

二、试油井架

试油井架属于桅杆式井架,依靠井架后面两侧绷绳牵拉而进行工作的。目前在试油现场所使用的试油井架规格主要有 BJ 和 JJ 两个系列。BJ 系列试油井架 BJ120T/31m、BJ80T/29m、BJ50T/29m、BJ30T/18m 和 JJ 系列试油井架 J120/31－W、JJ80/29－W、JJ60/29－W、JJ50/29－W、JJ30/18－W 几种型号。

(一)试油井架结构

试油井架主要有:井架本体、天车、游车、提升钢丝绳、井架底座组成。

1. 井架本体

井架本体由上、中、下三段组成(JJ30/18－W 和 BJ30T/18m 型号试油井架有上、下两段组成)。其横端面为矩形的钢结构。三段井架的侧面从上到下宽度均匀,正面上段井架呈梯形,中、下段井架的正面宽度一致。

上中段井架为前面开口的三面桁架结构。由于井架前面开口,因此起下钻具时大钩运动范围比较宽敞。下段井架为四面封闭的桁架结构。整个井架倾斜度为1:10。井架向前方倾斜;工作时靠后侧两根绷绳拉住。使井架整体处于十分稳固的条件下进行正常工作。

井架支柱(又称井架大腿)系由角钢制造。上下各部分的拉筋由角钢制造。上、中段井架由于前面开口,因此在每个结构的水平横格上都做了加固,后部横梁都由槽钢制造。

三段井架接头处的立柱端面经过铣切加工,安装后可保证上下面的正确吻合。各段立柱之间又用连接角铁包在井架立柱外面。用连接板贴合在井架立柱内侧面。每个连接角钢分别由统一螺栓、螺母、弹簧垫圈等固定。

上段井架的顶部安装天车,下段井架底部侧面呈锥形,其前面右侧立柱上装钉有铝制铭牌,铭牌上标志着井架的一些基本技术参数。

2. 井架天车

(1)天车型号。

BJ120T/31m 和 JJ120/31－W 型试油井架配 TC－120 型 7 轮天车,额定工作载荷120t。

BJ80T/29m 和 JJ80/29－W 型试油井架配 TC－80 型 6 轮天车,额定工作载荷80t。

JJ60/29－W 型试油井架配 TC－80 型 6 轮天车,额定工作载荷50t。

BJ50T/29m、JJ50/29-W型试油井架配TC-50型5轮天车,额定工作载荷50t。
BJ30T/18m和JJ30/18-W型试油井架配TC-30型4轮天车,额定工作载荷30t。
(2)试油井架天车主要有滑轮组、滑轮主轴、防跳槽栏杆、天车底座等(图13.2.2)。

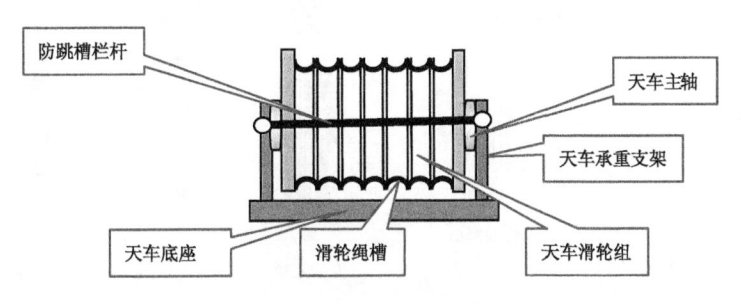

图13.2.2 天车简易图

3. 井架游车
(1)游车型号。
BJ120T/31m和JJ120/31-W型试油井架配YG-120型6轮游车,额定工作载荷120t。
BJ80T/29m和JJ80/29-W型试油井架配YG-80型5轮游车,额定工作载荷80t。
JJ60/29-W型试油井架配YG-80型5轮游车,额定工作载荷50t。
BJ50T/29m、JJ50/29-W型试油井架配YG-50型4轮游车,额定工作载荷50t。
BJ30T/18m和JJ30/18-W型试油井架配YG-30型3轮游车,额定工作载荷30t。
(2)游车结构。
试油井架游车主要有:滑轮组、伸缩轴、大钩组成的。
① 游车滑轮组:滑轮组、滑轮主轴、滑轮主轴固定花帽、花帽定位螺钉、滑轮上盖板、滑轮上盖板固定轴、承重板、防跳槽栏杆、承重板与伸缩轴连接主轴。
② 伸缩轴:伸缩轴套筒、伸缩主轴、伸缩弹簧、锁销座板、伸缩轴锁销、承重板连接、连接板上、下负荷轴、上下负荷轴固定板。
③ 大钩:承重大钩、耳环上下固定销轴、耳环、大钩保险锁固定轴、大钩保险锁拉销。

4. 提升钢丝绳
(1)试油井架提升钢丝绳配备型号。
BJ120T/31m和JJ120/31-W型试油井架配1寸(25.4mm),长度≥456m;
BJ80T/29m和JJ80/29-W型试油井架配1寸(25.4mm),长度≥380m;
JJ60/29-W、BJ50T/29m、JJ50/29-W型试油井架配7分(22mm)钢丝绳,长度≥380m;
BJ30T/18m和JJ30/18-W型试油井架配6分(19mm)钢丝绳,长度≥170m;
(2)关于钢丝绳基础知识(图13.2.3)。
① 钢丝绳按照捻向划分为:
右交互捻:绳是右向捻,而股是左向捻。
左交互捻:绳是左向捻,而股是右向捻。
右同向捻:绳与股的捻向均为右向。
左同向捻:绳与股的捻向均为左向。

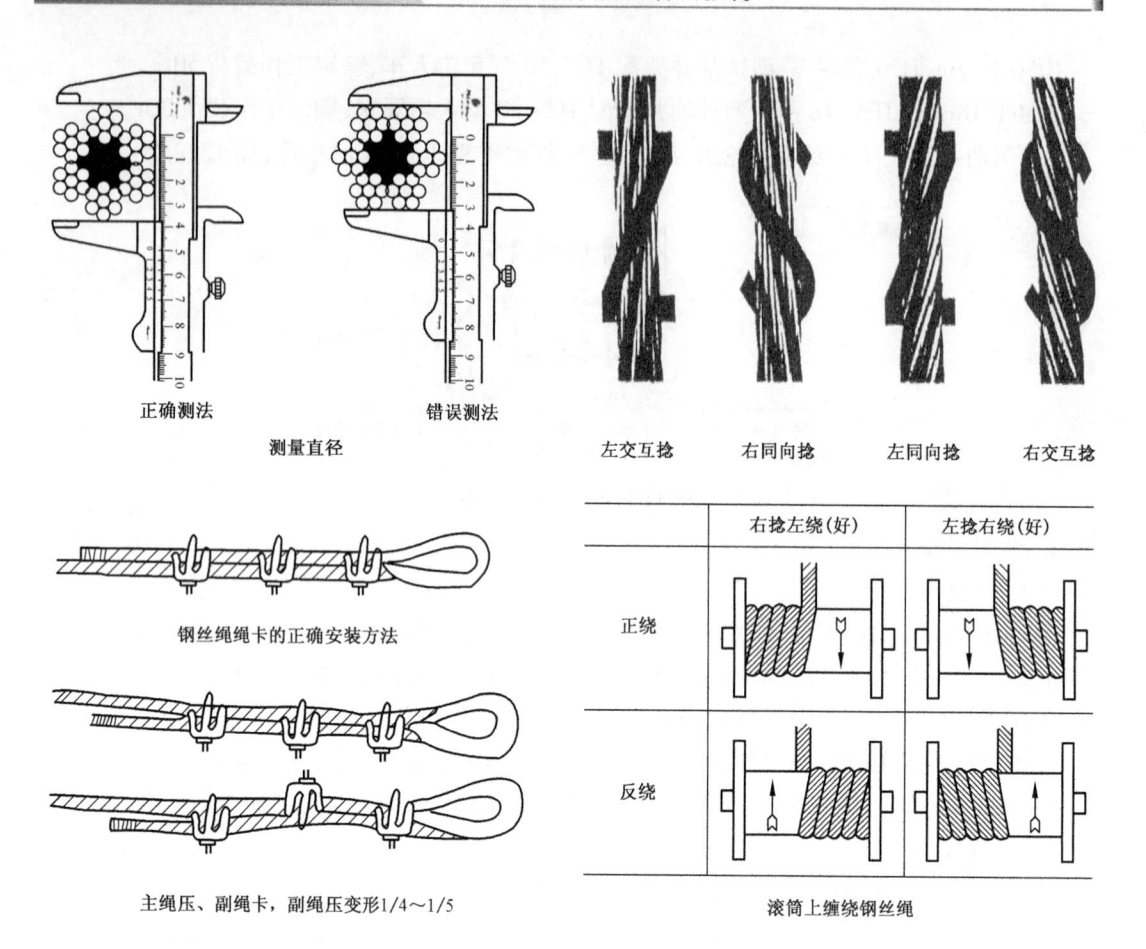

图 13.2.3　钢丝绳结构和用法

② 钢丝绳的钢级。

试油井架提升钢丝绳使用的是咸阳石油钢丝绳厂出产的 6×19+FC 型或 6×19S+FC 型。钢丝绳的钢级分 PS、IPS、EIPS 三个级别。

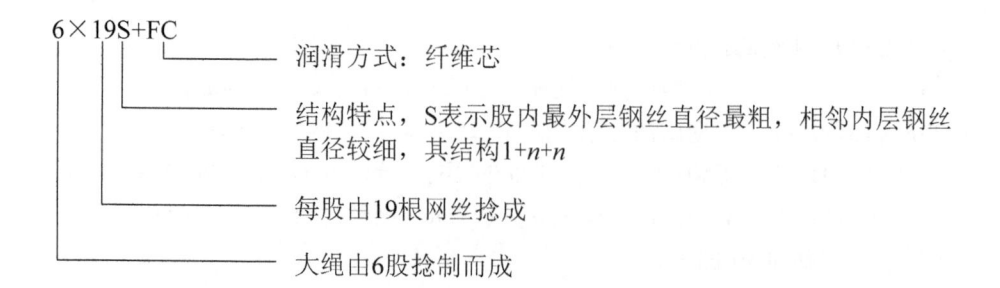

6×19S+FC
— 润滑方式：纤维芯
— 结构特点，S表示股内最外层钢丝直径最粗，相邻内层钢丝直径较细，其结构1+n+n
— 每股由19根网丝捻成
— 大绳由6股捻制而成

润滑绳芯是机油浸泡过的纤维麻绳，主要作用就是润滑钢丝绳，防止钢丝绳生锈、腐蚀，增加钢丝绳的柔软性，延长钢丝绳的使用寿命。

(3) 试油井架钢丝绳的破断拉力(表13.2.1)：

表13.2.1　试油现场常用钢丝绳的规格及性能参数

公称直径		近似质量	公称破断拉力（kN）		
（mm）	（in）	（kg/m）	PS	IPS	EIPS
13	1/2	0.63	83.2	95.2	105
14.5	9/16	0.79	105	120	132
16	5/8	0.98	129	149	163
19	3/4	1.41	184	212	233
22	7/8	1.92	249	286	315
26	1	2.50	324	372	409

5. 井架底座

试油井架底座是用来支撑整个井架的平面，由角钢焊接而成。

(二) 试油井架安装

1. 试油井架的使用范围

(1) BJ120T/31m 和 JJ120/31-W 型试油井架使用范围 4500~7000m，井架分为上、中、下三段，由地面至天车轴中心 31m。

(2) BJ80T/29m 和 JJ80/29-W 型试油井架使用范围 3500~4500m，井架分为上、中、下三段，由地面至天车轴中心 29m。

(3) JJ60/29-W、BJ50T/29m、JJ50/29-W 型试油井架使用范围 2000~3500m，井架分为上、中、下三段，由地面至天车轴中心 29m。

(4) BJ30T/18m 和 JJ30/18-W 型试油井架使用范围 2000m 以内，井架分为上、下两段，由地面至天车轴中心 18m。

2. 安装井架所需的连接螺栓和连接板

(1) BJ120T/31m 和 JJ120/31-W 型试油井架安装时，所需的连接螺栓共需 M24×96 个，小连接板共需 16 个，大连接板共需 8 个。

(2) BJ80T/29m 和 JJ80/29-W 型试油井架安装时，所需的连接螺栓共需 M27×128 个，大连接板共需 8 个。

(3) JJ60/29-W、BJ50T/29m 和 JJ50/29-W 型试油井架安装时，所需的连接螺栓共需 M24×64 个，小连接板共需 16 个，大连接板共需 8 个。

(4) BJ30T/18m 和 JJ30/18-W 型试油井架安装时，所需的连接螺栓共需 M24×32 个，小连接板共需 8 个，大连接板共需 4 个。

3. 井架绷绳尺寸

(1) BJ120T/31m 和 JJ120/31-W 型试油井架，需用绷绳共 22mm×10 道，共需 U 形绳卡 22mm×60 个，绷绳长度位 45~50m。

(2) BJ80T/29m 和 JJ80/29-W 型试油井架，需用绷绳共 22mm×8 道，共需 U 形绳卡 22mm×60 个，绷绳长度位 45~50m。

(3) JJ60/29-W、BJ50T/29m、JJ50/29-W 型试油井架，需用绷绳共 22mm×8 道，共需 U

形绳卡 22mm×60 个,绷绳长度位 45~50m。

(4) BJ30T/18m 和 JJ30/18-W 型试油井架,需用绷绳共 19mm×6 道,共需 U 形绳卡 19mm×36 个,绷绳长度位 35~40m。

4. 井架绷绳坑、绷绳桩、旋转地锚和绷绳墩的准备

(1) 井架绷绳坑底座的形状、方向:

① 绷绳坑的平面形状为长方形;

② 绷绳坑的方向与绷绳垂直,却井口应在绷绳坑长边的中心垂线上;

③ 绷绳坑的断面形状为倒"T"形;

④ 井架底座与采油树平行。

(2) 现场挖井架地座基础形状为长方体;

① BJ120T/31m、JJ120/31-W、BJ80T/29m 和 JJ80/29-W 地座基础:长×宽×高 = 3.5m×2.5m×1.0m;

② JJ60/29-W、BJ50T/29m、JJ50/29-W 地座基础:长×宽×高 = 2.5m×2.0m×0.8m;

③ BJ30T/18m 和 JJ30/18-W 地座基础:长×宽×高 = 2.0m×1.8m×0.6m。

(3) 地座基础底面夯实、碎石铺平。所用材料:片石、粗细混合沙、普通水泥(标号不小于 325 号或油井水泥);其中 JJ60/29-W、BJ50T/29m、JJ50/29-W、BJ30T/18m 和 JJ30/18-W 根据测算结果井架底座已经满足所承受的提升重量根据实际情况底座基础部分土质松软度而定是否挖井架底座坑,地面坚硬时不需要打底座坑,必要时使用特制的混凝土板垫放在井架底座基础。

(4) 井架绷绳坑尺寸:

① 试油井架 BJ120T/31m 和 JJ120/31-W、BJ80T/29m 和 JJ80/29-W 的绷绳坑:

前绷绳坑:长×宽×高 = 1.7×0.8×1.8;

后绷绳坑:长×宽×高 = 1.7×0.9×2.0。

② 试油井架 JJ60/29-W、BJ50T/29m、JJ50/29-W 的绷绳坑:

前绷绳坑:长×宽×高 = 1.7×0.8×1.8;

后绷绳坑:长×宽×高 = 1.7×0.9×2.0。

③ 试油井架 BJ30T/18m 和 JJ30/18-W 的绷绳坑:

前绷绳坑:长×宽×高 = 1.5×0.8×1.8;

后绷绳坑:长×宽×高 = 1.5×0.9×1.8。

5. 试油井架绷绳坑、绷绳桩、旋转地锚和绷绳墩位置:

(1) 前绷绳坑(桩,地锚,墩子)中心连线与后绷绳坑(桩,地锚,墩子)中心连线与井架底座中心线相平行。

(2) 试油井架 BJ120T/31m 和 JJ120/31-W、BJ80T/29m 和 JJ80/29-W 绷绳距离:

前绷绳坑中心连线与井口距离为 18~22m,绷绳之间距离 36~40m;

第一道后绷绳坑中心连线与井口距离为 28~32m,绷绳之间距离 14~16m;

第二道后绷绳坑中心连线与井口距离为 26~30m,绷绳之间距离 10~12m;

第二道后绷绳坑中心连线与井口距离为 26~30m,绷绳之间距离 10~12m。

(3)试油井架 JJ60/29-W、BJ50T/29m、JJ50/29-W 绷绳距离：
前绷绳坑(桩、墩)中心连线与井口距离为 18~22m,绷绳之间距离 36~40m；
后绷绳坑(桩、墩)中心连线与井口距离为 28~30m,绷绳之间距离 10~14m。
(4)试油井架 BJ30T/18m 和 JJ30/18-W 绷绳距离：
前绷绳坑(桩、墩)中心连线与井口距离为 14~15m,绷绳之间距离 18~22m；
后绳坑(桩、墩)中心连线与井口距离为 18~22m,绷绳之间距离 10~12m。

6. 绷绳固定准备工作
(1)使用绷绳坑。
① 绷绳坑所需材料：石头、沙子、水泥、水(用量根据实际情况而定)，石头、沙子、水泥和水的比例为 5:3:1:2。
② 地绷绳套：材料用 $\phi 26mm$ 钢丝绳，挽绕两圈并用两个绳卡子卡好。
③ 地绷绳杠：材料用直径不小于 $\phi 63mm$,壁厚不小于 5.5mm 的管材制作。
④ 把沙子(粗细混合沙)按比例同水泥混合好，加注水搅拌以铁锨能拍出浆为宜。
⑤ 用石头把地绷绳耳洞塞满，一边垫入片石同时填入混凝土，直到绷绳坑与地面相平。地绷绳套高出坑面 15~30cm。
(2)使用绷绳桩。
① 绷绳桩所需材料：用直径不小于 $\phi 63mm$,壁厚不小于 5.5mm 的管材制作，长度不小于 1.8m、一般井深在 3500 以内一个桩子固定一个绷绳。
② 绷绳桩打入地面其耳洞离地面小于 15~30cm。
③ 绷绳桩适宜地层：干黄土、干白土、戈壁土。
④ 绷绳桩不适应地层：湿度不大的黏土、湿泥土、沙地、沙漠、沙丘、沙石混合地。
(3)使用旋转地锚桩。
① 旋转地锚桩：采用专用材料制造，长度大于 2.5m,适用于井深不大于 3500m,一道绷绳用一个地锚固定。
② 旋转地锚桩旋入地层后耳洞高出地面距离为 15~30cm。
③ 旋转地锚桩适用于井深不大于 3500m 的黏土、砂石地层或沙漠地层。
(4)使用绷绳墩：绷绳墩采用混凝土预制成型，质量大于 2.5t,适用井深不大于 3500m,每道绷绳必须用 1 个绷绳墩进行固定。试油井架 BJ30T/18m 和 JJ30/18-W 型井架后绷绳可每两道绷绳用 1 个绷绳墩固定。

7. 施工场地准备
(1)根据施工场地情况，上一台装载机(推土机)对施工现场进行修整，要求场地平整。
(2)根据井深和作业施工地区的土质确定井架固定方式：
① 作业井深不大于 2000m 时，采用打桩(或旋转地锚)的形式固定试油井架绷绳。
② 作业井深在 2001~3500m 时，采用旋转地锚(或水泥墩，或挖绷绳坑)的形式固定试油井架绷绳。
③ 作业井深在不小于 3500m 时，采用挖绷绳坑或应用绷绳箱的形式固定试油井架绷绳。

(三)试油井架准备
首先对井架本体进行检查，井架大梁、横梁、拉筋部位有没有变形。井架天车、游车、底座各部位固定螺栓是否齐全,是否穿开口销。井架大绳有没有严重磨损、断丝、折扭情况,是否符合使用标准。上述几条检查项目上,如有异常情况或某部位配件不齐,及时做好更换工作,不能及时更换,应另选一部试油井架,进行检查,必须保证井架的完整性。

（四）井架安装与调试

式油井架结构简图如图 13.2.4 所示。

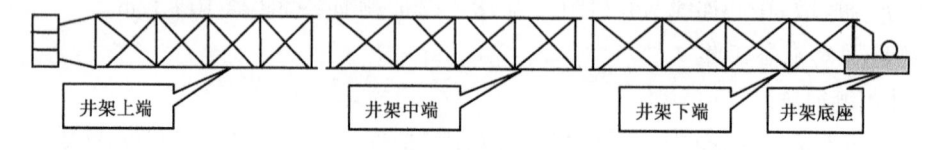

图 13.2.4 试油井架结构简图

1. 井架安装

（1）立井架前对游动系统、天车进行全面检查维护,保证其完整性和安全性,并加注润滑油。

（2）用推土机(装载机)在井口两侧推出停放吊车和井架摆放位置,平整场地,清除杂物。

（3）试油井架 BJ120T/31m、JJ120/31－W、BJ80T/29m、JJ80/29－W、JJ60/29－W、BJ50T/29m、JJ50/29－W 型井架的安装：

① 把上段井架在预定位置垫平摆正并上好连接角钢、连接块。

② 用吊车吊平中段井架,嵌入上段井架连接角钢和连接块中,用螺栓紧固。

③ 将井架上、中两段摆平垫好,用同样方法对接下段井架。

（4）试油井架 BJ30T/18m 和 JJ30/18－W 井架安装：

① 把上段井架在预定位置垫平摆正并上好连接角钢、连接块。

② 用吊车吊平下段井架嵌入上段井架连接角钢和连接块中,用螺栓紧固。

（5）螺栓采用井架连接螺栓,不得采用普通螺栓,螺栓平垫片置于活动面,上面放置弹簧垫一个,螺母紧固以弹簧垫压平为准。

（6）井架组装好后,将井架整体摆正就位,井架底座中心与井口采油树中心距离如下：

① BJ120T/31m、JJ120/31－W、BJ80T/29m 和 JJ80/29－W 距离是：$3m \pm 0.1m$,

② JJ60/29－W、BJ50T/29m、JJ50/29－W 距离是：$2.8m \pm 0.1m$,

③ BJ30T/18m 和 JJ30/18－W 距离是：$1.8 \sim -2.4m$。

（7）拉开各道绷绳,捆绑好大钩、大绳,将死绳穿过井架内侧捆绑在井架腿上,用绳卡固定牢靠,把专用起吊井架钢丝绳挂在中段井架的第二或第三根横梁处,起吊钢丝绳直径 $\geqslant \phi25mm$,（BJ30T/18m 和 JJ30/18－W 井架起吊钢丝绳直径 $\geqslant \phi22m$）。

（8）试提井架,并检查各连接部位螺栓、销轴、开口销、卡销是否符合规定要求,检查大绳、大钩是否固定好,各道绷绳是否摆对位置、是否打纽,大绳、绷绳有无断丝、断股,整改不符合的部位,确认无问题后正式提升井架。

（9）提升 BJ120T/31m、JJ120/31－W、BJ80T/29m、JJ80/29－W 型井架时采用不小于 40t 吊车主吊,16t 吊车配合,提井架游车大钩进行组合吊。JJ60/29－W、BJ50T/29m、JJ50/29－W 型井架采用不小于 40t 吊车一台进行安装,BJ30T/18m 和 JJ30/18－W 井架使用一台 16t 吊车起吊,起吊井架应使井架缓慢竖立。

(10)当井架起升到85°左右时,各绷绳应拉紧卡牢,使用调节丝杠将井架调整到工作位置,游车大钩对正采油树中心。

2. 井架调试

一般井架安装工立完井架后对井架进行校正(图13.2.5),但是在提下作业过程中试油工往往遇到油管接箍挂井口的现象,主要是因为刚开始提下油管时,井内负荷较轻,不挂井口;当井内负荷的增加,每到油管接箍到井口时挂井口,这时需要调整井架绷绳,具体步骤如下:

(1)提下作业时油管接箍挂井口的位置在①号位置时,将5、6号绷绳松一点,拧紧3、4、7、8号绷绳,同时适当的调整1、2号绷绳。

(2)提下作业时油管接箍挂井口的位置在②号位置时,将5、6、7、8号绷绳松一点,拧紧1、2、3、4号绷绳。

(3)提下作业时油管接箍挂井口的位置在③号位置时,将5、6、7、8号绷绳松一点,拧紧1、2、3、4号绷绳。

(4)提下作业时油管接箍挂井口的位置在④号位置时,将3、4号绷绳松一点,拧紧5、6、7、8号绷绳,同时适当的调整1、2号绷绳。

(5)提下作业时油管接箍挂井口的位置在⑤号位置时,将1、2、3、4号绷绳松一点,拧紧5、6、7、8号绷绳。

(6)提下作业时油管接箍挂井口的位置在⑥号位置时,将1、2号绷绳松一点,拧紧5、6、7、8号绷绳,同时适当的调整3、4号绷绳。

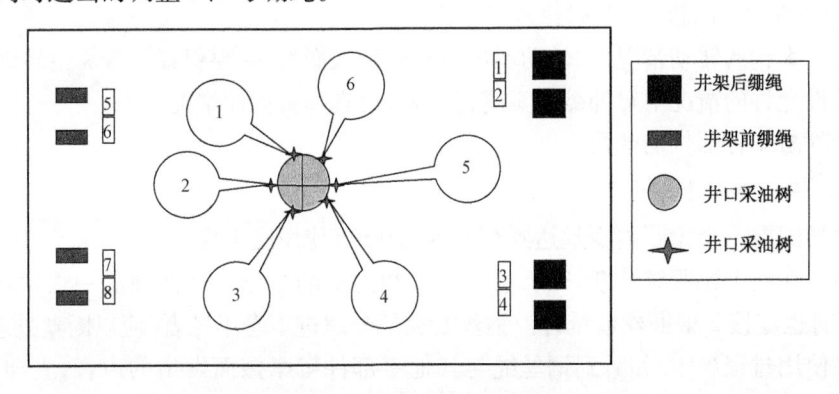

图13.2.5 简易校正井架

(五)试油井架的检查与保养

1. 井架本体的检查

(1)试油井架检查时,首先检查井架本体主梁、横梁是否有明显变形、磨损或脱焊情况,井架本体弯曲度在全长范围内不得超过100mm。

(2)检查梯子、防碰板、天车平台、天车栏杆有无脱焊或缺少现象。

(3)检查井架支架与底座连接部分是否有裂痕或脱焊,井架与底座连接轴销是否穿开口销等。

2. 天车的检查

(1)首先检查天车滑轮间隙的检查,用撬杠左右活动滑轮,轴向间隙保证在5~18mm范围内,如果滑轮轴向间隙超过这个范围就要更换滑轮轴承,保证游车滑轮转动灵活。

(2)检查滑轮转动情况,如果转动不灵活,对滑轮组注入黄油。如果长时间放置未使用的天车注入黄油,将旧黄油挤出滑轮间缝隙。

(3)检查滑轮绳槽磨损情况,如果绳槽磨损较严重,对绳槽进行修复或更换。

(4)对天车防跳槽栏杆进行检查,防跳槽栏杆与滑轮间间隙,保持在10mm内。

(5)清除天车各部位的油污。

(6)对天车底座、防跳槽栏杆以及其他固定连接螺栓松紧情况进行检查、必须保证每颗螺栓都穿开口销。

3. 游车的检查

(1)首先检车游车滑轮间隙的检查,用撬杠左右活动滑轮,轴向间隙保证在5~18mm范围内,如果滑轮轴向间隙超过这个范围就要更换滑轮轴承,保证天车转动灵活。

(2)检查滑轮转动情况,如果转动不灵活,对滑轮组注入黄油。如果长时间放置未使用的游车注入黄油,将旧黄油挤出滑轮间缝隙。

(3)检查滑轮绳槽磨损情况,如果绳槽磨损较严重,对绳槽进行修复或更换。

(4)对游车防跳槽栏杆进行检查,防跳槽栏杆与滑轮间间隙,保持在10mm内。

(5)对游车各部分的固定螺栓、固定销、固定花帽、定位螺钉进行检查,主要检查松紧情况以及是否进行锁紧保险。

(6)对大钩保险锁、伸缩轴锁销进行检查,主要检查是否能够灵活、方便地打开或锁住,能够满足各项作业,如不能满足及时修复和更换。

(7)检查大钩的转动情况,如转动不灵活及时注入润滑剂,要保证大钩灵活转动。

(8)条件允许的情况下对伸缩弹簧进行检查,检查弹簧伸缩情况。

(9)清除游车各部位的油污。

4. 提升钢丝绳的检查

(1)钢丝绳在一个捻距内断丝达到6根,可以降级使用或更换。

(2)断丝在一个捻距统计断丝数,包括外部和内部的断丝。即使在同一根钢丝上有2处断丝,统计时也应按2根断丝数统计。钢丝断裂部分超过本身半径者,应以断丝处理。

(3)在使用过程当中,如听到钢丝绳与其他零部件有摩擦而发出的声音,立即停止作业,并对大绳发生摩擦的部位进行整改,同时对大绳进行全面的检查。

(4)检验时应注意断丝的位置(如距末端多远)和断丝的集中程度,以决定处理方法。

(5)腐蚀有外部腐蚀和内部腐蚀两种。

① 内部腐外部腐蚀的检验:目视钢丝绳生锈、点蚀,钢丝松弛状态。

② 内部腐蚀不易检验。如果是直径较细的钢丝绳(不大于20mm),可以用手把钢丝绳弄弯进行检验;如果直径较大,可用钢丝绳插接纤子进行内部检验,检验后要把钢丝绳恢复原状,注意不要损伤绳芯,并加涂润滑油脂。

(6)变形对钢丝绳的打结、波浪、扁平等进行目检。钢丝绳不应打结,也不应有较大的波浪变形。

(7)电弧及火烤的影响目视钢丝绳,不应有回火包,也不应有焊伤。有焊伤应按断丝处理。

(8)钢丝绳润滑脂具有防腐,减轻磨损、疲劳引起的钢丝绳损伤。

5. 试油井架的一级保养

(1)一级保养保养周期:每次立、放井架保养一次。

(2)检查井架外形有无明显变形,井架不直度在全长范围内不得超过100mm。

(3)用手转动大钩、游动滑车、天车,要求转动自如,不得有异响,用撬杠撬动滑轮组检查各滑轮的轴向间隙,并调整滑轮组固定螺母,使各滑轮间的轴向间隙不大于1mm,要求各滑轮之间无摩擦。

(4)检查大钩,要求大钩和吊耳无裂纹,大钩伸缩有力,转动自如,大钩定位锁销可靠,操作灵活、定位锁紧后钩体的方向保持不变,是否每一个螺栓和销子串好二次保险开口销。

(5)检查大钩钩口的保险装置,要求锁销齐全不变形,启闭方便。

(6)依次用专用扳手对井架各连接部位,天车、游车各部位的固定螺栓进行检查,松动的即使上紧,并串好开口销。

(7)检查清洗天车和大钩防跳槽栏杆,对变形的栏杆进行校直和修整、用板牙对螺栓进行套扣修复,对磨损的栏杆给予更换。

(8)检查梯子、防碰板、天车平台、天车栏杆有无脱焊或缺少现象,要求梯子、防碰板、天车平台、天车栏杆完好,固定牢固。

(9)检查井架底座销,要求销子无裂纹和明显的磨损,开口销无损伤、安装完好。

(10)对井架锈蚀部位进行除锈工作,进行防腐处理。

(11)对天车、游动滑车轴承加注润滑脂,以各轴承间溢出润滑脂为合格。

6. 试油井架的二级保养

(1)二级保养保养周期:每三次一级保养后进行。

(2)完成一级保养作业项目。

(3)检查大钩润滑油油面,进行添加或更换,加油量以油面螺栓口溢出为合格,润滑油为车用机油或30#工程液压油。

(4)清洗天车、游动滑车护罩,对变形护板进行校直,对连接螺栓进行修复,用板牙对螺栓进行套扣工作。

(5)检查天车连接螺栓有无变形、裂纹,紧固天车联结螺栓。

(6)清洗井架连接螺栓,对螺纹进行修复,用板牙对螺栓进行套扣工作。

(7)校正井架连接板和井架连接角钢,连接板要平直,连接角钢两角面平直,扭曲度小于2°。

(8)清洗绷绳调节丝杆(黄羊螺栓)、绳卡,刷净油泥,进行校直和对螺纹修复套扣工作,要求螺杆直线度小于0.2%。

(9)检查绷绳、提升钢丝绳(大绳)有无断丝断股现象,要求符合要求,并对绷绳、提升钢丝绳进行涂润滑脂保养。

(10)清洗检查绷绳、提升钢丝绳(大绳)绳套要求符要求,无直折、无挤扁,绳卡子要紧固。

(11)检查、清洗天车、大钩及游动滑车的销轴、滑轮、大钩吊环,要求无磨损、无变形和裂纹,大钩定位锁销可靠、操作灵活、定位锁紧后钩体的方向保持不变,润滑良好。

(12)清洗井架底座,检查底座螺栓锈蚀情况并进行紧固,检查底板有无脱焊并进行修补,要求井架地座底板平整无裂缝和漏洞。

7. 试油井架的三级保养

(1)三级保养周期:每三次二级保养后进行。

(2)完成一级和二级保养作业项目。

(3)清洗天车、游动系统,更换各轴承油封,要求轴承油封密封性好,不滑动。

(4)更换天车、游动滑车滑轮的相互位置,要求左边轮位置换至右边轮位置中间轮相互调换。

(5)检查天车轴、游车轴要求天车轴、游车轴无磨损和裂纹,各轴承间无磨损和断裂情况。

(6)检查天车轴、游动车轴和各轴承的配合间隙,最大间隙不得超过0.06mm。

(7)检查天车、游动滑车滑轮与轴承的配合间隙,要求为静配合,过盈为0~0.06mm。

(8)检查天车、游动滑车滑轮槽,要求滑轮槽磨损宽度小于0.8mm,磨损深度小于1.2mm,能与规定钢丝绳大小相匹配。

(9)更换和检查换天车、游动车滑轮固定螺栓,并用专用扳手上紧。

(10)校正井架两支脚中心距,使其在±3mm以内。

(11)校正和更换井架活斜拉筋,要求每米不直线度小于3mm。

(12)清洗检查大钩弹簧,要求大钩弹簧无变形,用100kN拉力拉开弹簧复原后无变形。

(13)清洗、检查、校正大钩固定锁销,要求锁销不变形,校正的大钩定位锁紧之后钩体的方向保持不变,固定可靠。

第三节 抽 汲 车

抽汲车通过钢丝绳将抽子经油(套)管下入井中,在达到一定沉没度后上提抽子,抽子以上油(套)管内的液体随抽子的快速上行运动一起到达井口并排出,重复此过程就达到了油井排液的目的,如图13.3.1所示。

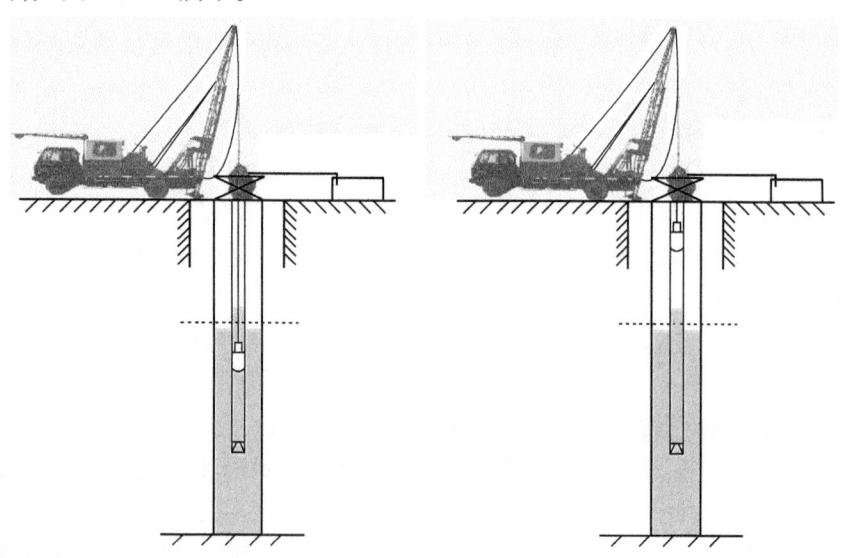

图13.3.1 抽汲车工作图

第十三章 试油作业设备

一、抽汲车系统介绍

目前使用的抽汲车一般为自背井架式抽汲车,是在二类汽车底盘的基础上增加抽汲作业设备(如绞车、井架、计量仪器等),从而具备了较好的移运性能。典型的抽汲车结构简图如图13.3.2 所示。

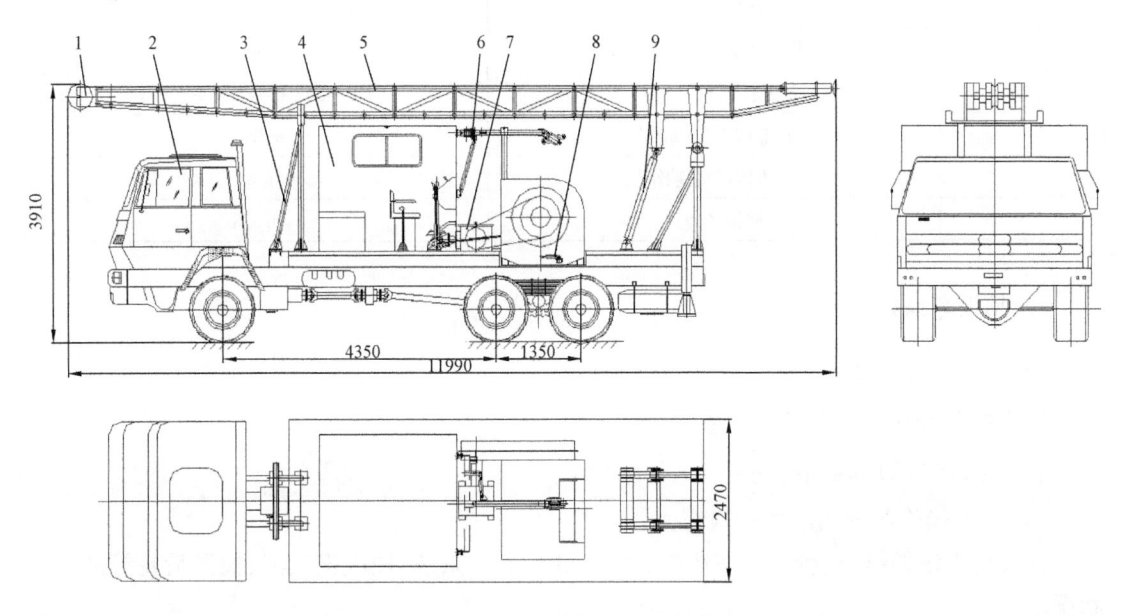

图 13.3.2 抽汲车结构简图
1—计量装置;2—二类底盘;3—井架前后支架;4—操作室及操作系统;
5—井架;6—排绳装置;7—传动系统;8—气路系统;9—液压系统

抽汲车采用一台发动机,作业动力由全功率取力器由底盘发动机取出,典型的抽汲车传动系统如图 13.3.3 所示。抽汲车的主要技术指标见表 13.3.1。

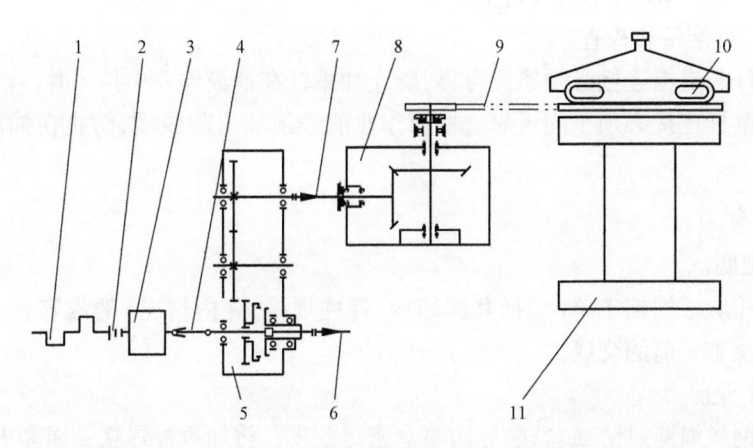

图 13.3.3 抽汲车传动系统简图
1—汽车发动机;2—汽车离合器;3—汽车变速箱;4—主传动轴;5—全功率取力器;
6—下传动轴;7—上传动轴;8—角传动箱;9—滚子链;10—推盘离合器;11—滚筒

表 13.3.1　抽汲车主要技术指标

序　号	技术指标	参　数
1	井架高度(m)	11
2	滚筒结构尺寸	966mm×φ380mm×φ1000mm
3	最大采油作业深度(m)	2350
4	滚筒绕绳量(φ16mm)(m)	2500
5	最大提升负荷(kN)	120(滚筒最小工作直径处)
6	作业线速度(m/s)	>3m/s
7	角传动箱速比	1.65
8	链传动速比	3.338

二、抽汲车操作

（一）出车前的检查

检查汽车底盘是否符合安全运行条件。

（二）操作前的准备和检查

（1）台上操作部分的准备和检查。

检查台上滚筒链条、绞车刹车机构、气路系统、液压系统、抽汲钢丝绳、抽汲滑轮等的工作状况。

（2）抽汲车的摆放。

抽汲车在井场摆放时，前后桥中心连线对准井口中心，井架滑轮部分(必须安装防跳槽装置)对中井口，以钢丝绳不磨井口为合适。

抽汲车摆放好后，调整后支腿油缸保持抽汲车水平，底盘驻车制动，结合主变速箱输出端的全功率取力器，使其动力切换到台上。

（3）抽汲工具准备和检查。

抽汲加重杆与绳帽连接必须紧固可靠，防止加重杆在抽汲作业中掉入井内。

抽子与加重杆连接必须牢固可靠。抽汲作业前必须加上防脱帽，防止在抽汲作业中抽子掉入井内。

（三）抽汲操作

（1）施工交底。

抽汲作业前应根据施工单(包括井深结构、管柱规格、井内情况)的内容和相关施工方的班前安全讲话及施工前的交底。

（2）通井作业。

将绳帽和钢丝绳穿过防喷盒，装好防喷盒密封胶皮。将加重杆连接到绳帽上，然后把防喷管穿过加重杆连接到防喷盒底部的螺纹上。合上滚筒离合器，松开刹把，将地面上的加重杆及防喷管上提至井口位置。

将防喷管短节连接在清蜡阀门上并紧固，打开清蜡阀门，扶住加重杆对准井口后缓慢下入井内,并上紧防喷管连接活接头。松开刹把,下入加重杆开始通井。按照施工设计的深度进行通井。

上提时,合上滚筒离合器,松开刹把,上提至第一个钢丝绳记号出现时,放慢速度,将加重杆缓慢提至防喷管内,卸开活接头,将加重杆提出井口。

(3)抽汲作业。

将抽子挂入加重杆的抽子接头上,上紧防脱帽,并把抽子放入井内,上紧防喷管连接活接头,松开刹把,下放抽子。下放速度不应超过 2m/s,平稳操作,防止钢丝绳跳槽或打扭。进入液面后,抽子沉没深度应小于 250m。

合上滚筒离合器,松开刹把,上提速度不应小于 3m/s。开始出液时或第一个记号出现时应减小油门逐步减速。

每抽汲 4~5 次,提出抽子检查胶皮,发现损坏及时更换。

抽汲结束后,将抽子及加重杆提出井口,关好清蜡阀门。

三、抽汲车维护和保养

(一)一级维护保养

(1)例行检查保养全部内容。

(2)设备各润滑点加注润滑脂。检查各部位润滑油油位,不够则加至正常值。

(3)检查设备各部位螺栓紧固情况。

(4)清洗或更换三滤(空气滤清器,柴油滤清器,润滑油滤清器)。

(5)检查调整风扇、发电机的皮带张紧度。

(6)检查并紧固蓄电池连接线,清除蓄电池桩头氧化物,检查并调整电解液比重和液位高度。

(7)自背井架抽汲车的天滑轮、无自背井架抽汲车的地滑轮每 20 个班次保养一次。

(二)二级维护保养

(1)包括一级维护保养全部内容。

(2)更换柴油发动机润滑油,检查油底有无金属粉末。

(3)清洗或更换三滤(空气滤清器,柴油滤清器,润滑油滤清器)。

(4)调整气门间隙。

(5)检查抽汲车传动十字轴、花键、转向横直拉杆接头、传动系各部位连接法兰、轴承及中间支承有无松旷,并予以调整。

(6)检查抽汲车制动系统管路有无磨碰,阀件、制动泵失效等情况;检查抽汲车轮制动器,调整制动蹄片间隙。

(7)检查抽汲车调整前束。

(8)检查抽汲车驾驶室起升系统。

四、抽汲作业注意事项及要求

(1)抽汲车排气管必须安装防火罩,并配备 8kg 干粉灭火器 2 只,故障车警示标志牌 2 块,随车工具一套,包括千斤顶、轮胎套筒和黄油枪等。

（2）检查抽汲车、抽汲钢丝绳或工具时，抽汲车必须熄火，并拉紧刹把。如抽子在井内，则必须用绳卡将抽汲钢丝绳卡在井口或防喷盒上，待操作人员确认问题处理完毕后，才能继续正常操作。检修作业时，要防止机械伤害和高处坠落。

（3）工作完毕后，自背井架抽汲车的支腿油缸收回后必须挂上保险链条（防止在行走中支腿油缸落下将车挂翻）。

（4）在工作中如遇到妨碍抽汲的不安全因素或隐患，如：管柱不标准挂抽子、井内出砂、井内出气、井喷井涌、井内返出有毒气体或液体时，应立即停止作业。并向有关部门汇报，待不安全因素或隐患消除并得到井场操作人员的确认后，方可继续正常工作。抽汲车的操作人员有权拒绝违章指挥。

（5）夜间作业，必须在灯光良好的情况下操作，并听从井口工作人员的指挥（井口工作人员必须随时观察抽汲钢丝绳记号及天、地滑轮工作情况）。

（6）出砂井抽汲时，若未采取防砂措施，每抽 4~5 次，通井 1 次。

（7）在遇到雷雨天气，视线不清或风力超过 5 级的天气应停止抽汲作业，自背井架抽汲车应及时收回井架。

（8）下放抽子过程中，发现抽汲钢丝绳跳槽或打扭，应用绳卡卡牢重力端，放松抽汲钢丝绳，并将抽汲车熄火，拉紧刹把后再做处理。严禁用手拨槽或破扭，应借助于其他工具。

（9）在含硫化氢的井抽汲时，应采用低碳钢抽汲工具，抽汲作业人员也要采取防硫化氢中毒措施。

（10）使用气动防喷盒时，要及时泄压或充气，保证其密封性。

（11）冬季作业严禁在井场动火烘烤车辆，防止火灾事故。

（12）抽汲操作人员要做好夏季防中暑，冬季防冻伤等工作。

（13）维修发动机时必须将驾驶室全部升起。由于其他原因而使驾驶室不能完全升起的，必须使用支撑杆将驾驶室安全牢固地撑住。

（14）钢丝绳更换执行报废标准，钢丝绳若出现一个捻距内断丝超过 6 丝、断股、锈蚀、磨损严重、压扁、股松弛、扭结、弯折等现象应根据相关规定及时更换。

（15）当抽油水混合液 2000 次或抽水 1000 次或抽压裂液 200 次时，应及时更换抽汲钢丝绳。

第四节 泵 车

试油作业常用的泵车主要有 300 型、400 型、700 型泵车等。其主要由二类底盘车、台上发动机、传动减速装置、三缸单作用柱塞泵（或双缸双作用往复活塞泵）组成。主要用于油气井的洗井、试压、压井、挤注水泥塞、酸化、挤液、替液、冲砂、泵送泥浆、配合磨钻、循环压井，收液等作业。

一、常见泵车用途、性能、工作原理

（一）300 型泵车

（1）300 型泵车主要用于收液、泵送不同密度的酸碱溶液、配水泥浆、送水泥浆、泵送钻井液，循环钻井液等作业。

(2)300型泵车性能参数(表13.4.1)。

表13.4.1 300型泵车性能参数

设备型号		LTJ5141TJCG30		发动机型号	6BT118	额定功率	118kW
底盘车性能参数	外形尺寸(长×宽×高)(mm×mm×mm)	7730×2470×2710		驱动形式		4×2	
	轴距(mm)	4500		汽缸数与排列		6缸直列	
	轮距(mm)	1940+1860		缸径(mm)×行程(mm)		102×120	
	最小转弯半径(m)	≤8		最大功率(kW)		118	
	接近角(°)	34		最大扭矩(N·m)		583(1450r/min)	
	离去角(°)	18		最大转速(r/min)		3000	
	离地间隙(mm)	248~276		汽缸工作次序		1-5-3-6-2-4	
	最高车速(km/h)	88		压缩比		15:1	
	最大爬坡能力(%)	≤25		喷油压力(MPa)		25.3	
	制动距离	≤8m(30km/h)		轮胎规格		10~20	
SNC30钻井泵性能参数	参数名称	缸套直径(mm)(冲程250mm)					
		100	115	127	100	115	127
	冲数(min⁻¹)	26(二挡)			117(五挡)		
	理论排量(L/min)	154	230	283	762	1040	1270
	泵压(MPa)	30	20.1	16.4	6.1	4.47	3.95
	钻井泵	卧式双缸双作用活塞泵					
	水柜容积(m³)	3					
	球面蜗杆传动比	1:20.5					

(3)300型泵车的工作原理。

300型泵车底盘发动机的动力,经过变速箱输入分动箱,分动箱将动力经过结合挡传到分动箱输出轴,然后输入到泵蜗杆轴带动蜗轮转动,蜗轮带动曲柄连杆机构实现钻井液泵往复工作(图13.4.1)。

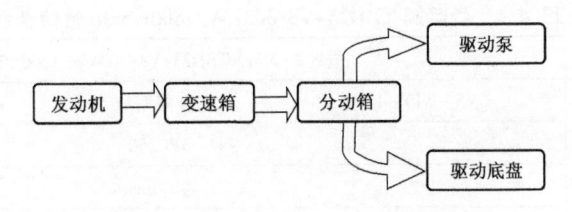

图13.4.1 300型泵车的动力传动示意图

(二)400型泵车

(1)400型泵车主要用于油气井的洗井、试压、压井、挤注水泥塞、酸化、挤液、替液、冲砂、泵送钻井液、配合磨钻、循环压井,收液等作业。

(2)400型泵车性能参数。

① 底盘车性能参数。

表13.4.2 底盘车性能参数

发动机型号	斯太尔 WD615.87	额定功率	213kW	燃油种类	柴油
外形尺寸(长×宽×高)(mm×mm×mm)	9500×2500×3060	压缩比		17.5	
轴距(mm)	4600+1350	最大爬坡度		60°	
驱动形式	6×4	喷油压力(MPa)		22.5+0.5	
汽缸数与排列	6缸直列	制动距离		≤9m(30km/h)	
最小转弯半径(m)	≤19.6	轮胎规格		12~20	
额定功率(kW)	213	缸径×行程(mm)		131×150	
接近角	34°±5°	变速箱		富勒 Fuller RT11506C	
最大扭矩(N·m)	1160(1300~1500)r/min	气门间隙(mm)		进0.3 排0.4	
离去角	30°/20°	驻车制动型式		弹簧贮能式	
离地间隙(mm)	300	额定转速		2200r/min	
最高车速(km/h)	77	汽车制动型式		双回路气动	

② 作业机性能参数(400型泵车台上有两种发动机机型见表13.4.3和表13.4.4)。

表13.4.3 曼哈姆 TBD234V8/255kW/1500r/min 性能参数

车台柴油机	曼哈姆 MWMTBD234V8/255kW/1500r/min		
变速箱型号	CV5-340-1	离合器型号	ELJ220 单片干式直径420mm
钻井泵	3PC250		
柱塞直径	ϕ100mm		
工作参数 \ 工作挡位	冲次(min^{-1})	理论排量(L/min)	泵压(MPa)
一挡	64	299	31.9
二挡	116	547	17.5
三挡	188	886	10.8

表13.4.4 曼哈姆 TBD234V8/303kW/1800r/min 性能参数

车台柴油机	曼哈姆 MWMTBD234V8/303kW/1800r/min		
变速箱型号	CV5-340-1	离合器型号	湿式离合器
钻井泵	3PC250		
柱塞直径	ϕ100mm		
工作参数 \ 工作挡位	冲次(min^{-1})	理论排量(L/Min)	泵压(MPa)
一挡	64	299	31.9
二挡	116	547	17.5
三挡	188	886	10.8

③使用不同尺寸柱塞时三缸泵的参数见表13.4.5。

表13.4.5　使用不同尺寸柱塞时三缸泵的参数

排挡	冲次	缸套直径					
		90mm		100mm		115mm	
		排量(L/min)	压力(MPa)	排量(L/min)	压力(MPa)	排量(L/min)	压力(MPa)
1	64	244	40	299	31.9	399	23.9
2	116	443	21.5	547	17.5	723	13.4
3	188	718	13.6	886	10.8	1172	8.2

(3)400型泵车的工作原理。

车台发动机产生的动力,经过离合器和传动轴输入变速箱,变速箱输出的动力带动钻井泵动力端,把旋转运动变成往复运动,驱动钻井泵液力端工作,产生真空把液体吸入泵腔加压后从高压出口排出高压液体,注入井内实施作业(图13.4.2)。

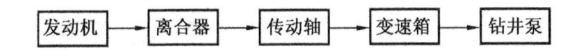

发动机 → 离合器 → 传动轴 → 变速箱 → 钻井泵

图13.4.2　400型泵车的动力传动示意图

(三)700型泵车

(1)700型泵车主要用于油气井的洗井、试压、压井、挤注水泥塞、酸化、挤液、替液、冲砂、配合磨钻,循环压井等作业。

(2)700型泵车性能参数。

试油作业中常用700型泵车根据运载底盘和泵的技术性能不同分以下五种:

①LK5212TYL70型泵车性能参数见表13.4.6。

表13.4.6　LK5212TYL70型泵车性能参数

	发动机型号	潍柴WP10.290(国Ⅲ)	额定功率	213kW(290hp)	燃油种类	柴油
底盘车性能参数	外形尺寸(长×宽×高)(mm×mm×mm)	10490×2500×3500	最大扭矩转速	1200~1600r/min		
	轴距(mm)	5050+1450	最高车速(km/h)	77		
	驱动形式	6×4	压缩比	17:1		
	汽缸数与排列	6缸直列	最大爬坡度	60°		
	最小转弯半径(m)	≤19.6	轮胎规格	12~20		
	额定功率(kW)	213	缸径×行程(mm)	126/130		
	最大扭矩(N·m)	1160	变速箱	9JS119		
	接近角	30°	气门间隙(mm)	进0.3　排0.4		
	离去角	20°	额定转速	2200r/min		

续表

作业机性能参数	车台发动机	康明斯发动机 KTA19－C525（392kW/2100r/min）	
	变速箱型号	BY520	
	钻井泵型号	LK3GB－700 型三缸柱塞泵	
	外形尺寸（长×宽×高）（mm×mm×mm）	1880×1566×880	
	柱塞直径	ϕ100mm（冲程 200mm）	
	工作挡位＼工作参数	冲次（min^{-1}）	理论排量（L/min）	泵压（MPa）
	一挡	55.7	280	70
	二挡	85.7	420	50
	三挡	111	540	40
	四挡	165	800	26
	五挡	223	1080	20
	水柜容积（m^3）	$3m^3$	

② LC5210TYL70 型泵车性能参数见表 13.4.7。

表 13.4.7 LC5210TYL70 型泵车性能参数

底盘车性能参数	发动机型号	斯太尔 WD615.87	额定功率	213kW	燃油种类	柴油
	外形尺寸（长×宽×高）（mm×mm×mm）	9500×2500×3060	最高车速（km/h）	77	
	轴距（mm）	4600＋1350	压缩比	17.5	
	驱动形式	6×4	最大爬坡度	60°	
	汽缸数与排列	6 缸直列	喷油压力（MPa）	22.5＋0.5	
	最小转弯半径（m）	≤19.6	制动距离	≤9m（30km/h）	
	额定功率（kW）	213	缸径×行程（mm）	131×150	
	最大扭矩（N·m）	1160（1300～1500r/min）	轮胎规格	昆仑 12～20	
	接近角	34°±5°	气门间隙（mm）	进 0.3 排 0.4	
	离去角	30°/20°	变速箱	富勒 Fuller RT11506C	
	最大转速	2200r/min	额定转速	2200r/min	
	离地间隙（mm）	300	驻车制动型式	弹簧贮能式	
	汽缸工作次序	1－5－3－6－2－4	汽车制动型式	双回路气动	

续表

作业机性能参数	车台柴油机	沃尔沃 VOLVO TAD1242VE /383kW/1800r/min	
	变速箱型号	BY520	
	钻井泵	3PC-700 型三缸柱塞泵	
	外形尺寸(长×宽×高)(mm×mm×mm)	1878×1566×880	
	柱塞直径	φ100mm(冲程 200mm)	
	工作参数 \ 工作挡位	冲次(min⁻¹)	理论排量(L/min)	泵压(MPa)
	一挡	51.54	243	70
	二挡	79.29	374	45.8
	三挡	102.6	484	35.4
	四挡	152.7	720	23.7
	五挡	206.2	972	17.6
	水柜容积(m³)	3m³(两半式、各 1.5m³)	

③ SJX5192TYL70 泵车性能参数见表 13.4.8。

表 13.4.8　SJX5192TYL70 泵车性能参数

底盘车性能参数	发动机型号	曼 D2866LF21	额定功率	272kW(2000r/min)	燃油种类	柴油
	外形尺寸(长×宽×高)(mm×mm×mm)	10150×2500×3170	汽缸工作次序	1-5-3-6-2-4		
	轴距(mm)	4575+1400	最高车速(km/h)	100		
	驱动形式	6×4	压缩比	16:1		
	汽缸数与排列	6 缸直列	最大爬坡度	≤46%		
	转弯直径	21m	喷油压力(MPa)	22		
	最大功率(kW)	272	制动距离	≤8m(30km/h)或≤22m(50km/h)		
	接近角	28°	气门间隙(mm)	0.5		
	最大扭矩(N·m)	1520(1200~1400r/min)	轮胎规格	米其林 12.00R20		
	离去角	19°	缸径(mm)×行程(mm)	128×155		
	最大转速	2900r/min				
	离地间隙(mm)	290				

续表

作业机性能参数	车台柴油机	曼哈姆 MWMTBD234V8/331kW/2100r/min			
	变速箱型号	BY520			
	钻井泵	卧式三缸单作用柱塞泵			
	柱塞直径	ϕ95.25mm(行程127mm)			
	工作挡位 \ 工作参数	冲次(min^{-1})	理论排量(L/min)		泵压(MPa)
	一挡	70	189		70
	二挡	105	284		47.3
	三挡	140	379		35.4
	四挡	208	564		23.8
	五挡	281	762		17.6
	水柜容积(m³)	单室2m³			

④ LK5220TYL70 型泵车性能参数见表13.4.9。

表13.4.9 LK5220TYL70 型泵车性能参数

底盘车性能参数	发动机型号	斯太尔 WD615.87	额定功率	213kW	燃油种类	柴油
	外形尺寸(长×宽×高)(mm×mm×mm)	9500×2500×3060				
	轴距(mm)	4600+1350	压缩比		17.5	
	驱动形式	6×4	最大爬坡度		60°	
	汽缸数与排列	6缸直列	喷油压力(MPa)		22.5+0.5	
	最小转弯半径(m)	≤19.6	轮胎规格		12.00R20	
	额定功率(kW)	213	缸径(mm)×行程(mm)		131×150	
	接近角	34°±5°	变速箱		富勒 Fuller RT11506C	
	最大扭矩(N·m)	1160(1300~1500r/min)	气门间隙(mm)		进0.3,排0.4	
	离去角	30°/20°	驻车制动型式		弹簧贮能式	
	离地间隙(mm)	300	额定转速		2200r/min	
	最高车速(km/h)	77	汽车制动型式		双回路气动	

续表

<table>
<tr><td rowspan="9">作业机性能参数</td><td colspan="2">车台柴油机</td><td colspan="3">曼哈姆 MWMTBD234V8/367kW/2100r/min</td></tr>
<tr><td colspan="2">变速箱型号</td><td colspan="3">BY520</td></tr>
<tr><td colspan="2">钻井泵型号</td><td colspan="3">卧式三缸单作用柱塞泵</td></tr>
<tr><td colspan="2">柱塞直径</td><td colspan="3">ϕ80mm</td></tr>
<tr><td colspan="2">工作参数
工作挡位</td><td>冲次($\min^{-1}$)</td><td>理论排量(L/min)</td><td>泵压(MPa)</td></tr>
<tr><td colspan="2">一挡</td><td>65</td><td>196</td><td>70</td></tr>
<tr><td colspan="2">二挡</td><td>97</td><td>293</td><td>50</td></tr>
<tr><td colspan="2">三挡</td><td>129</td><td>389</td><td>38</td></tr>
<tr><td colspan="2">四挡</td><td>192</td><td>579</td><td>25</td></tr>
<tr><td colspan="2">五挡</td><td>259</td><td>781</td><td>18</td></tr>
<tr><td colspan="2">水柜容积(m^3)</td><td colspan="3">$3m^3$(两半式、各$1.5m^3$)</td></tr>
</table>

⑤ SJX5201TYL70 型泵车性能参数见表 13.4.10。

表 13.4.10　SJX5201TYL70 型泵车性能参数

<table>
<tr><td rowspan="11">性能参数</td><td>发动机型号</td><td>潍柴 WP10.290(国Ⅲ)</td><td>额定功率</td><td>213kW(290hp)</td><td>燃油种类</td><td>柴油</td></tr>
<tr><td>外形尺寸(长×宽×高)
(mm×mm×mm)</td><td>10050×2500×3600</td><td>最大扭矩转速</td><td colspan="3">1200~1600r/min</td></tr>
<tr><td>轴距(mm)</td><td>5050+1450</td><td>最高车速(km/h)</td><td colspan="3">90</td></tr>
<tr><td>驱动形式</td><td>6×4</td><td>压缩比</td><td colspan="3">17:1</td></tr>
<tr><td>汽缸数与排列</td><td>6缸直列</td><td>最大爬坡度</td><td colspan="3">30°</td></tr>
<tr><td>最小转弯半径(m)</td><td>≤21.8</td><td>轮胎规格</td><td colspan="3">12.00R20</td></tr>
<tr><td>额定功率(kW)</td><td>213</td><td>缸径(mm)×行程(mm)</td><td colspan="3">126/130</td></tr>
<tr><td>接近角</td><td>26°</td><td>变速箱</td><td colspan="3">法士特 9JS119</td></tr>
<tr><td>最大扭矩(N·m)</td><td>1160</td><td>气门间隙(mm)</td><td colspan="3">进 0.3　排 0.4</td></tr>
<tr><td>离去角</td><td>20°</td><td>额定转速</td><td colspan="3">2200r/min</td></tr>
</table>

<table>
<tr><td rowspan="12">附属设备规范</td><td colspan="2">车台发动机</td><td colspan="3">康明斯发动机 KTA19-C525(392kW/2100r/min)</td></tr>
<tr><td colspan="2">变速箱型号</td><td colspan="3">BY520</td></tr>
<tr><td colspan="2">钻井泵型号</td><td colspan="3">3ZB-265 柱塞泵</td></tr>
<tr><td colspan="2">柱塞直径</td><td colspan="3">ϕ100mm</td></tr>
<tr><td colspan="2">工作参数
工作挡位</td><td>冲次($\min^{-1}$)</td><td>理论排量(L/min)</td><td>泵压(MPa)</td></tr>
<tr><td colspan="2">一挡</td><td>82</td><td>254</td><td>70</td></tr>
<tr><td colspan="2">二挡</td><td>122</td><td>378</td><td>46</td></tr>
<tr><td colspan="2">三挡</td><td>163</td><td>504</td><td>35</td></tr>
<tr><td colspan="2">四挡</td><td>243</td><td>751</td><td>23</td></tr>
<tr><td colspan="2">五挡</td><td>328</td><td>1014</td><td>17</td></tr>
<tr><td colspan="2">水柜容积(m^3)</td><td colspan="3">$3m^3$</td></tr>
</table>

(3)700型泵车的工作原理。

车台发动机产生的动力,通过液力变速箱和传动轴输出,传到减速箱(链条减速箱或三轴箱)带动钻井泵动力端,把旋转运动变成往复运动,驱动钻井泵液力端工作,产生真空把液体吸入泵腔加压后从高压出口排出高压液体,注入井内实施作业(图13.4.3)。

发动机 → 液力变速器 → 减速箱 → 三缸钻井泵

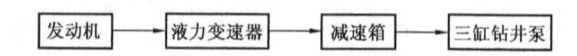

图13.4.3　700型泵车的动力传动示意图

二、常见泵车结构简介

（一）300型泵车

(1)300型泵车的组成。

300型泵车作业机安装在二类底盘上,运移性良好,台下、台上共用一台发动机。主要由东风EQ153底盘车、SNC30型双缸双作用往复活塞泵、分动箱,旋塞阀、安全阀、进水软管、出水软管、备水罐等部分组成,最高工作压力为30MPa。

(2)主要部件简介。

① SNC30型双缸双作用往复活塞泵。SNC30钻井泵由动力端和液力端组成。动力端由蜗杆轴、蜗轮、曲柄、拉杆、十字头、连杆、轴承、油封等部件组成。液力端由泵腔、缸套、活塞、顶缸器、上水室、进水阀、排水阀、密封件、等部件组成。

SNC30型双缸双作用往复活塞泵(300型泵)是一部双缸双作用往复活塞泵。分动箱高位输出轴经传动轴把动力输入到泵的蜗杆轴,蜗杆轴带动涡轮和曲轴,曲轴带动连杆把旋转运动转换为往复运动,动力经过十字头和拉杆带动生成活塞在缸套内往复运动而产生真空进水阀打开,此时低压液体吸入泵腔,活塞吸入完成后进水阀关闭,活塞在排水行程中给泵腔内的液体加压,排水阀打开,排出带压液体。前进水阀打开时,后进水阀和前后排水阀关闭,以此内推钻井泵就正常工作。

② 分动箱。分动箱是把变速箱输出的动力用结合挡输出给钻井泵,当结合挡结合上底盘输出端时带动底盘车行走。

（二）400型泵车

(1)400型泵车的组成。

400型泵车是在二类底盘车上安装曼哈姆TBD234V8发动机,驱动卧式3PC250型三缸单作用柱塞泵进行作业的设备,最高工作压力为40MPa。主要由斯太尔底盘车、曼哈姆TBD234V8发动机、CV5－340－1变速箱、3PC250型三缸柱塞泵、高压针芯阀、高压旋塞阀、安全阀、高压管线、进水软管、压力表等部分组成。

(2)主要部件简介。

① 3PC250型三缸柱塞泵。

3PC250型三缸柱塞泵主要由动力端、液力端、润滑系统等组成。

动力端主要由泵身、曲轴、曲轴轴承、轴承箱、连杆及连杆大端轴瓦和连杆小端轴承、十字头、十字头横销、滑板、介杆及介杆橡胶密封和法兰等组成。

液力端主要由阀箱、柱塞、柱塞密封、前、后衬圈及缸套、紧圈、阀总成、阀弹簧、阀座、螺盖、阀盖及密封、汇流块、吸入管等组成。

液力端柱塞密封润滑浸泡式润滑。

② CV5-340-1变速箱有三个工作挡位,可根据排量及压力的大小选择合适的挡位。

(三)700型泵车

(1)700型泵车的组成。

700型泵车是在二类底盘车上安装作业发动机,驱动卧式三缸单作用柱塞泵进行作业的设备,最高工作压力为70MPa。主要由装载底盘、发动机、液力变速箱、减速箱、齿式联轴节、卧式三缸单作用柱塞泵、管路系统、控制系统、清洗水箱、上水管线等部件组成。

(2)主要部件简介。

① 三缸柱塞泵主要由动力端、液力端、润滑系统等组成。

动力端主要由泵身、曲轴、曲轴轴承、轴承箱、连杆及连杆大端轴瓦和连杆小端轴承、十字头、十字头横销、滑板、介杆及介杆橡胶密封和法兰等组成。

液力端主要由阀箱、柱塞、弹性杆、柱塞密封、前、后衬圈及缸套、紧圈、阀总成、阀弹簧、阀座、螺盖、阀盖及密封、汇流块、吸入管等组成。

润滑系统由动力端润滑和液力端柱塞密封润滑两部分组成。

动力端润滑由安装在变速箱前取力器上的齿轮油泵从动力端润滑油箱吸油经管线、溢流阀、集油管、分油管,润滑三个十字头、导板、曲轴轴承以及行星轮轴承、齿轮等。液力端柱塞密封润滑浸泡式润滑。

② 液力变速箱。

液力变速箱为BY520型。采用综合式液力变矩器作为液力组件,行星齿轮变速箱作为机械变速组件,有完善的液力控制系统及自动锁止系统。变速箱前侧取力器装有油泵,用于三缸泵动力端的润滑。

三、泵车的维护和保养

(一)泵车运载底盘(台下部分)的维护和保养

运载底盘或底盘车的维护和保养包括日常维护和一级、二级维护。

日常维护也叫例行维护,以外观检视、清洁、补给为主,分为出车前、行车中和收车后维护,可以按照运输车辆安全检视标准进行。

一级维护也叫基本维护,是包括日常维护作业内容以清洁、润滑、紧固为主的维护作业。要对车辆的驾驶室、仪表、转向、传动、制动、行驶等系统进行维护,维护项目包括检查各设施、机构的安全、技术状况;校紧各部件连接、固定部位的螺栓、销、卡;润滑底盘车的所有润滑点;对损坏的零件进行维修或更换。维护周期为行驶里程3000~4000km。

二级维护也叫完全维护,是包括一级维护作业内容以易损部件全面检查、调整为主的维护作业,维护包括基本项目和附加作业项目(通过检测和操作人员反映车辆技术状况决定的项目)。维护周期为行驶里程12000~15000km。

(二)泵的维护和保养

(1)每次施工作业后,对所发现的问题均应及时排除。

(2)对所有运动部件应进行全面检查,发现问题应及时排除。

(3)各密封填料处应调整压紧,如发现损坏,应立即更换。

(4)润滑系统及其部位应进行检查,发现问题应及时处理。

(5)泵的阀、柱塞、阀弹簧、柱塞密封等应进行检查,发现问题应及时修复或更换。

(6)检查三缸泵油池中有无水,如发现油中有水,应放净并更换新油。

(7)检查各阀门的位置是否转动灵活。

四、HSE注意事项及安全要求

(1)严禁使用软管线进行试压作业,出口管线必须连接牢固。

(2)在施工过程中,如有刺漏,严禁带压紧固,必须停泵泄压后,再紧固。

(3)在施工过程中,所有人员严禁进入高压区。

(4)拆卸管线前,必须确认管线内已无压力。

第五节 蒸 汽 车

蒸汽车工作时,蒸汽锅炉盘管内的水吸收燃料燃烧的热能而使盘管内的水温度升高并产生带压蒸汽,由于水的沸点随压力的升高而升高,水蒸气在盘管内膨胀受到限制而产生压力形成高温高压的蒸汽,通过蒸汽阀的调节输出完成特定的施工作业。蒸汽车在油田生产中主要用于油田清蜡、除油作业;冬季井口装置、管线及其他设备的解冻;试产保温;原油、水或其他介质的加热,或用于需要用高温、高压清水冲洗的设备、管线、机具等。

一、蒸汽车规格型号及主要技术参数

(1)型号:LK5132TQL6。

(2)主要技术参数。

① 额定蒸发量:1000kg/h。

② 额定出口压力:6MPa。

③ 额定出口温度:280℃;额定进口温度10℃。

二、蒸汽车的主要组成与供水、蒸汽排出系统流程

(一)主要组成部分

(1)发电机组;(2)卧式直流锅炉;(3)燃烧器;(4)水箱;(5)三相异步电动机;(6)WS82柱塞水泵;(7)IS80-65-125B离心式清水泵;(8)排出管系;(9)燃油系统;(10)控制系统。

(二)供水和蒸汽排出系统流程

供水和蒸汽排出系统流程如图13.5.10所示。

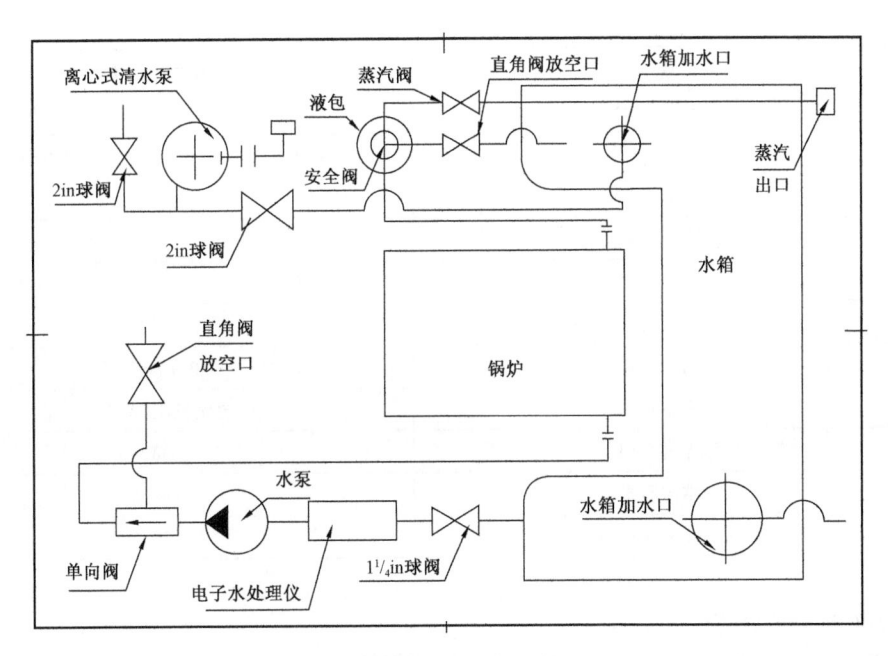

图 13.5.1　供水和蒸汽排出系统流程图

三、蒸汽车的工作原理

清水经过离心式清水泵泵入到水箱中，水箱中的水经过电子水处理仪器，经过处理后的水由柱塞水泵泵入到锅炉盘管中，经过燃烧器加热后形成高温高压的蒸汽，经过蒸汽阀的控制排出完成各种特定的油田施工作业。

四、蒸汽车发电机组和燃烧器的简介及维护保养

（一）发电机组参数

发电机组参数见表 13.5.1。

表 13.5.1　发电机组参数表

	机组型号	KDE16EA3	
发动机	型号	KM376AG	
	形式	4 冲程、顶置凸轮 3 缸水冷	
	排量(L)	1.048	
	缸体×行程(mm×mm)	76×77	
	标定功率(kW)	15.3(3000r/min)	17.5(3600r/min)
	燃油	轻质柴油	
	启动方式	12V 直流发电机	
	润滑方式	压力及飞溅式	
	机油容量(L)	4.8	
	额定输出(kV·A)	13.5	15.5

续表

	机组型号	\multicolumn{2}{c}{KDE16EA3}
发电机	额定频率(Hz)	50	60
	额定电压(V)	400/230	416/240
	额定电流(A)	19.5	21.5
	最大输出(kV·A)	15	17
	额定转速	3000	3600
	相数	\multicolumn{2}{c}{三相}
	功率因素	\multicolumn{2}{c}{0.9滞后}
	励磁方式	\multicolumn{2}{c}{自励恒压(AVR)}
机组	油箱容量(L)	\multicolumn{2}{c}{38}
	结构形式	\multicolumn{2}{c}{开架型}
	长×高×宽(mm×mm×mm)	\multicolumn{2}{c}{1210×800×855}

（二）发电机的保养

（1）定期保养和调节可使发电机保持良好运转状态,应按照保养表进行维修和检查。

（2）定期更换发动机机油,在发动机未冷却前泄放,要确保泄放迅速和彻底。

（3）定期检查保养空气滤清器。

（三）TBL60P 燃烧器

1. TBL60P 燃烧器参数

型号:TBL60；

功率:0.65kW；

电压:380V/220V；

频率:50Hz。

2. TBL60P 燃烧器的功用

TBL60P 燃烧器在车载锅炉电脑控制系统的控制下,将燃油燃烧加热卧式直流锅炉盘管中的水,使盘管内的水温度升高并产生带压蒸汽。

3. 燃烧器的保养

（1）定期分析排烟成分,检查排放状况,调节燃烧风门。

（2）燃油过滤器脏后定期更换。

（3）检查燃烧头范围内的所有部件,确认处于良好状态,没有因高温而变形,没有因燃烧环境不好而结焦。同时检查电离棒是否有效工作。

（四）LK5132TQL6 型蒸汽车台上设备维护和保养

（1）保持各部位清洁,控制柜内应保持干燥。

（2）检查各螺栓连接处连接可靠。

（3）每周检查一次 IS80-65-125B 离心式清水泵、WS82 柱塞泵润滑油油位,必要时添加润滑油。

(4)汽车底盘、发电机组的维护与保养按汽车底盘、发电机组保养规程进行。
(5)每月检查一次安全附件(包括蒸气包出口安全阀、清水泵出口安全阀)。

五、HSE注意事项及要求

(1)为了防止触电,卧式直流锅炉在工作前,必须按规定接好接地线。
(2)为了防蒸汽烫伤人,不准将蒸汽管出口对准人员或随地扔放。
(3)为了防止管线爆裂造成蒸汽烫伤人,操作人员应在工作前检查蒸汽管线,确保完好。

第六节 发 电 机 组

一、基础知识

发电机组是指能将机械能或其他可再生能源转变成电能的一种小型发电设备。一般我们常见的发电机组通常由汽轮机、水轮机或内燃机(汽油机、柴油机等发动机)驱动,而近年来所说的可再生新能源包括核能、风能、太阳能、生物质能、海洋能等。

柴油发电机组是一种小型发电设备,指以柴油等为燃料,以柴油机为原动机带动发电机发电的动力机械。整套机组一般由柴油机、发电机、控制箱、燃油箱、启动和控制用蓄电瓶、保护装置、应急柜等部件组成。整体可以固定在基础上,定位使用,亦可装在拖车上,供移动使用。尽管柴油发电机组的功率较低,但由于其体积小、灵活、轻便、配套齐全,便于操作和维护,所以广泛应用于矿山、铁路、野外工地、道路交通维护以及工厂、企业、医院等部门,作为备用电源或临时电源。柴油发电机组属非连续运行发电设备,若连续运行超过12h,其输出功率将低于额定功率约90%。若使用者需要长时间不间断使用,则需要配置常用型发电机组,也就是买机组应该要考虑到长时间工作机组功率下降这一点了。常用功率和备用功率的关系是:常用功率100kW的柴油发电机组备用功率为100kW×110%=110kW。也就是备用100kW的柴油发电机组的常用功率为90kW,如图13.6.1所示。

图13.6.1 柴油发电机组

汽油发电机组是由汽油机驱动发电机运转,将汽油的能量转化为电能。一般体积比较小,功率在10kW以下。

二、柴油发电机

目前试油现场常用康明斯伟力和奥南两类柴油发电机组,其主要型号有以下:(DY340C/340kW、338DFEB/338kW、NTA855G1/200kW、NTA855G3/200kW、DY115B、DY85B、DY43C/43kW、DY32C/32kW、30DGGC/30kW、C38D5/30kW、DY22C/22kW)。

其中DY340C/340kW、338DFEB/338kW、NTA855G1/200kW、NTA855G3/200kW机型主要是用于野外基地的生活用电。而DY115B、DY85B、DY43C/43kW、DY32C/32kW、30DGGC/30kW、C38D5/30kW、DY22C/22kW几类机型主要是用于野外现场的试油作业机/车照明,野外值班房的生产、生活用电。

(一)柴油发电机组操作前的检查

(1)检查柴油发动机冷却液液位是否充满,冷却液管线无渗漏。

(2)检查柴油发动机润滑油油位,保证润滑油位在标尺规定的上、中限之内;润滑油滤清器、管线应无渗漏。

(3)检查柴油发动机燃油箱内燃油是否满足本班工作需求,并且无渗漏现象。

(4)检查柴油发动机、斯坦福发电机的固定情况,确保各部件连接牢固。

(5)检查蓄电池液位应高于极板10～15mm,蓄电池两电极桩头应清洁,不被氧化,蓄电池桩头不松动。

(6)检查操作台上各仪表是否正常。

(7)检查电源输出控制开关是否处于断开位置。

(8)检查柴油发动机皮带是否松旷或磨损;检查空气滤清器、散热器的散热片是否清洁。

(9)检查发电房的门窗,保证柴油发电机组工作时其室内通风良好;检查电源输出桩头连接情况,确保牢固;检查所有用电缆线,确保无破损,绝缘良好。

(二)柴油发电机组的操作

1. DY340C、DY115B、DY85B(康明斯/伟力)发电机组的操作

(1)合上蓄电池的搭铁开关,控制屏接通电源。观察控制屏滚动显示情况:柴油发电机的频率、相电压、线电压、电流,柴油发动机的转速、润滑油压力均应显示值为"0";电池的电压为26～28V;柴油发动机水温为环境温度、柴油发电机组累计运转时间显示应正常。

(2)按下转换按钮使其为手动启动,再按下启动按钮,启动柴油发动机。

(3)柴油发动机启动后,空载运转5min,观察控制屏上各仪表读数是否正常。特别是柴油发动机温度是否达到40℃。冬季视天气情况,可延长预热时间。预热过程中,尤其要注意润滑油压力变化(0.3～0.6MPa)和是否存在渗漏,否则立即停机整改。

(4)当柴油发动机运转平稳,转速在额定转速1500r/min,各系统工作正常后,合上电源输出开关送电。满负荷送电时,要注意检查输出的三相电流值是否偏差较大,如持续大于10%则应进行线路布局调整。

(5)运转过程中,应经常检查空气滤清器壳体后的负压指示器,如发现指示器处在红色区域,应停机清洁或更换空气滤芯。

(6)无论是停机状态还是运行状态,均可以通过连续按动控制屏上液晶显示屏左侧的功能按钮,滚动查看柴油发电机组的实时参数,随时监控柴油发电机组的运转情况。带负荷运转期间,一旦发现设备有异响或控制屏上仪表超过正常范围,应及时停机,查明原因,排除异情。

(7)柴油发电机组停机时,先切断输出电源(断开电源输出开关),待柴油发动机空载运行5min后,按下停机按钮,柴油发动机熄火,断开蓄电池搭铁开关。

(8)停机后检查柴油发电机组的各运动部件和密封部位,应确保无渗漏。

(9)两机倒换发电时,为确保用电安全,必须在确保另一台斯坦福发电机输出电源开关断开时才能合闸送电。

2. NTA855G1/200kW、NTA855G3/200kW(康明斯)发电机组的操作

(1)先将柴油发动机上的主控制板起动开关扳至运转(RUN)位置,此时主控板上电源灯亮,油路开关处于急速(IDLE)位置。

(2)将启动开关扳至启动(START)位置,同时按下启动按钮,此时柴油发动机启动。柴油发动机启动后立即松开启动开关和起动按钮。

(3)急速运转3~5min后,将急速/运转开关由急速扳至运转位置。待水温达到40℃、润滑油温度达到60℃,柴油发动机为额定转速1500r/min,电压达到400V,频率达到50Hz时,方可送电。即先合隔离空气开关,再合配电盘上的空气开关(即过载保护开关)。

(4)停机时,先切断配电盘上的空气开关(即过载保护开关),再切断隔离空气开关,并逐渐降低柴油发动机的转速至急速状态。待润滑油温度达到80℃,水温达到70℃时,便可将柴油发动机熄火。

3. 338DFEB/338kW(康明斯/奥南)发电机组的操作

(1)启动:切换运转/停机/自动转换开关至运转位置,启动柴油发动机控制系统和启动系统。启动启动机转动,柴油发动机就会启动。如果柴油发动机无法启动,启动启动机也会在一定时间后脱离并在控制盘上亮起启动停车指示灯。

(2)柴油发动机启动后,在PCC控制板上观察,待水温在40℃以上,润滑油压力在0.35~0.45MPa之间,便可送电。

(3)送电时,将送电空气开关由"OFF"位置扳至"ON"位置。

(4)停机:停机前先将送电空气开关由"ON"位置扳至"OFF"位置,然后空载运转发电机组3~5min,由运转/停机/自动转换开关切换至停机位置,机组熄火。

4. 30DGGC/30kW(康明斯/奥南)发电机组的操作

(1)30DGGC/30kW柴油发电机组启动:将控制屏上的"运转—停止—遥控"的开关,置于"运转"位置;启动启动机啮合飞轮后驱动柴油发动机。当柴油发动机转速达到450~570r/min时,启动启动机将自动脱离。若柴油发动机无法顺利启动,则启动启动机在75s钟后自动脱离,并将发出"启动失败"的警报。消除"启动失效"警报的方法:是将选择开关按钮放置于"停止"位置,并按"复位",等候2min后,待启动启动机冷却后,再次上述启动步骤。若仍不能启

动柴油发动机,则请参阅操作保养手册中的"故障检修"章节。

(2)柴油发动机启动后,在控制屏上观察,待水温在40℃以上,润滑油压力在0.35~0.45MPa之间,方可送电。

(3)送电时,将送电空气开关由"OFF"位置扳至"ON"位置。

(4)柴油发电机组停机:停机前,先将送电空气开关由"ON"位置扳至"OFF"位置,使柴油发电机组在无载荷的情况下运转3~5min。目的是在使用润滑油及冷却液时将柴油发动机的气缸及轴承予以冷却。选择紧急停机键位于控制屏的右侧,按下即可紧急停机。复位时,将紧急停机按键拉出,并将控制屏上的"运转——停止——遥控"的开关切换至"停机"位置后,按下"复位"开关即可。

5. DY 43C/43kW、DY 32C/32kW(康明斯/伟力)发电机组的操作

(1)柴油发动机的启动:合上搭铁开关,"停机"指示灯亮,用手按住"手动"按键,待指示灯亮后,将手抬起,用手按住"启动"按钮,3s钟后,柴油发动机开始运转。

(2)柴油发电机组送电:.用手连续按"选择"按钮,选择温度指示和润滑油压力指示,待水温在40℃以上,润滑油压力在0.35~0.4MPa之间时,便可送电。送电时,将送电开关由"OFF"位置扳到"ON"位置。

(3)柴油发动机停机:停机前,将送电空气开关由"ON"位置扳到"OFF"位置,使柴油发动机在无载荷情况下运转3~5min。用手按住"停机"按钮直到柴油发动机停止运转为止。

6. DY22C/22kW(康明斯/伟力)发电机组的操作

(1)启动柴油发电机组:合上搭铁开关,"停机"指示灯亮,向右旋转打开点火开关,然后用手按下"启动"按钮(白色手形状),柴油发电机开始预热,5~8s后柴油发电机将自动启动。

(2)柴油发动机组送电:压力报警灯不报警(不显示),送电时将送电空气开关由"OFF"位置扳到"ON"位置。

(3)柴油发电机组停机:停机前,将送电空气开关由"ON"位置扳到"OFF"位置,使柴油发电机组在无载荷的情况下运转3~5min后,再将点火开关转到"关机"位置,最后切断搭铁开关。

7. C38D5/30kW(康明斯/奥南)发电机组的操作

(1)合上搭铁开关。

(2)观察控制面板状态。此时控制屏处于休眠状态,按下图上任意一个按键,屏幕将被激活。此时可等待数秒钟,待屏幕上显示如图状态的时候。观察屏幕,屏幕最下方一行将会显示一个"小手"图标。按下"小手"下方对应的白色按键。屏幕会在第三个按键(从左到右)的上方显示一个"小手"的图样,继续按下,发电机将会启动。

(3)送电时:让发电机无负荷运转3~5min,机器无异响,运转平稳。先合上发电机电源输出开关,然后合发电房内的电源箱里的控制开关,再合上控制屏幕最下方的一个控制开关,即可送电。

(4)停机时:先断开控制箱内的负载开关,然后断开发电房内的电源箱里的控制开关,再断开发电机电源输出开关,使发电机在无负荷工作状态下运转3~5min后,再停机。停机操作时候只需按下图中"停机按钮",发电机停止工作,停机后将搭铁开关断开。

8. 运行中的检查

(1)柴油发电机组运转时,应保持外表及周围环境的清洁,并在发电机壳上和控制屏内部不许放任何物件。

(2)在柴油发动机怠速预热期间,应当监听发电机转子的运转声音,如遇有异常声音,应停机检查。监听方法:用螺丝刀的刀口一端放在发电机的轴承等重要运动部件附近的外壳(或盖)上,用耳朵贴在螺丝刀的绝缘手柄上,以运行经验来判断。正常情况下,发电机的声音是平稳、均匀,并伴有轻微的风声。如发现有敲打、碰擦之类的声音,则说明有故障存在,应认真分析检查。

(3)发电机转速达到额定值时,应查看地脚螺栓的紧固情况。发现震动剧烈时,应停机检查。

(4)正常工作中的发电机,应密切注视控制屏上的电流表、频率表和电压表,以及功率表等指示的工作情况,从而了解发电机的工作是否正常。发现仪表指示超过规定值时,应及时加以调整。必要时,停机检查,排除故障。

(5)注意查看发电机各处的电路连接情况,确保连接正确、牢靠。并用手摸触发电机外壳和轴承盖处,了解发电机各部位的温度变化情况。

(6)透过发电机的后部,首先查看集电环等导电接触部位的运转情况。正常时,应电刷无明显的跳动,不破裂。即无火花或有少量极暗的火花。然后再查看发电机绕组,在运行中有无闪光或火花,以及有无焦臭味和烟雾发生。若有则说明有绝缘破损或击穿故障,应停机检查。

(三)柴油发动机维护和保养

1. 日常维护(每班工作)

(1)检查燃油罐的燃油量。

(2)检查油柴油发动机的油底壳中润滑油平面,油面应达到润滑油标尺上的规定的范围内。检查油柴油发动机冷却液液面,不够时应添加。

(3)检查水、油管接头等密封面是否有渗漏现象。

(4)检查柴油发动机各附件的安装情况。包括各附件的地脚螺栓安装稳固程度。

(5)检查各仪表读数是否正确,否则应及时修理或更换。

2. 一级保养(每隔250h进行)

(1)检查蓄电池的电压值和电解液比重。应使用标准电解液。不足时,应予以添加。

(2)检查皮带的张紧程度。

(3)清洗或更换三滤(包括润滑油滤清器、柴油滤清器、空气滤清器)。

(4)对所有安装润滑油嘴加注符合规定的润滑脂。

3. 二级保养(每隔500h进行)

(1)包括一级保养作业的所有内容。

(2)更换柴油发动机的油底壳中的润滑油。

(3)检查冷却系统是否有漏防冻液现象。

(4)检查润滑油散热器,润滑油冷却器。如有漏油,则应进行必要的修补。

(5)检查柴油发动机的直流电路。各线路连接是否牢靠,有损坏的应更换。检查主要零部件的紧固情况。

(6)检查主要零部件的紧固情况。

三、汽油发电机

目前试油现场常用的汽油发电机组为雅马哈、本田汽油发电机。该类发电机为野外工作点的生产、生活用电提供电源。它主要由发动机、发电机和控制屏三部分组成。

(一)汽油发电机组启动发电机前应检查

(1)检查发电机与建筑物或其他装置应保持在1m以上距离(否则,发电机通风不良而产过热现象);切勿在排气口附近放置任何易燃、易爆物品。

(2)检查燃油、润滑油无渗漏;保持发电机机体上清洁,排除所发现的故障。

(3)将发电机置于水平面上,检查发动机的润滑油油位;检查空气滤清器清洁。

(4)加注汽油时,应观察发电机顶部燃油箱汽油的透明观察孔,使其不超过红色活塞顶部。若不小心溢出燃油,应用布擦净,保证汽油发动机启动前无溢油现象。

(5)检查输送、用电设备、电瓶连接线各连接线路接头紧固、完好,正确连接电力输出电缆,确保无漏电、无短路现象;电缆应无破损和老化。

(6)发电机摆放应平稳、牢固,并按规定安装接地线。

(7)检查送电开关处于断开状态。

(二)操作说明

(1)开燃油箱开关。

(2)将汽油发动机启动钥匙从 OFF(关)位置转到 ON(开)位置。

(3)本田发电机是将阻气杆拉出,将风门旋到"闭合(CLOSED)"位置;雅玛哈发电机是直接将风门扳至"闭合(CLOSED)"位置。EF6600E 雅马哈发电机为手动和电动两用型。当使用电动时,将启动钥匙旋至启动位置启动后松手。手动时,依照以下第4执行。

(4)先轻轻拉动手拉式启动器,直至拉线被挂紧,然后再用力抽动,启动汽油发动机。

(5)启动后,开启风门,无负载预热汽油发动机5min。

(6)打开送电开关,送电指示灯亮。

(7)操作中的检查。

① 汽油发动机是否有不正常的声音或振动。

② 检查排气是否清洁。

③ 若送电开关跳开,则将负荷调低至额定输出值以内。

④ 遇有故障,立即停机处理。禁止在运行中维修发电机。不得超负荷运转。

(8)停机。

① 用电完毕后,先关闭发电机的送电开关,然后方可关闭发电机。关闭发电机时,切勿突然关闭。应在发电机无负载运转5min后停机。

② 用启动钥匙关闭发电机。

③ 将燃油箱开关扳到关闭的位置,以防化油器工作不良,汽油串入油底。

(三) 维护和保养

发电机维护和保养见表 13.6.1。

表 13.6.1　发电机维护和保养

间隔	每班	第一次 50h	200h	400h	1000h	2a
检查发电机的连接紧固、清洁情况	○	○	○	○	○	○
检查润滑油油面	○	○	○	○	○	○
换润滑油		○		○	○	○
检查空气滤芯	○	○	○	○	○	○
清洗空气滤芯			○			○
清洗火花塞				○		○
清洗燃油箱开关				○		
调整气门间隙					○	○
更换进油软管						○

发电机启动前检查：

(1) 燃油箱：确认油箱内装有充足的燃油(图 13.6.2)。

(2) 机油：机油的油位务须在注油口的上层。如有需要，请随时加油。

1. 火花塞维护和保养

(1) 拆除火花塞。

(2) 检查电极①，如有磨损和损坏，进行更换(图 13.6.3)。

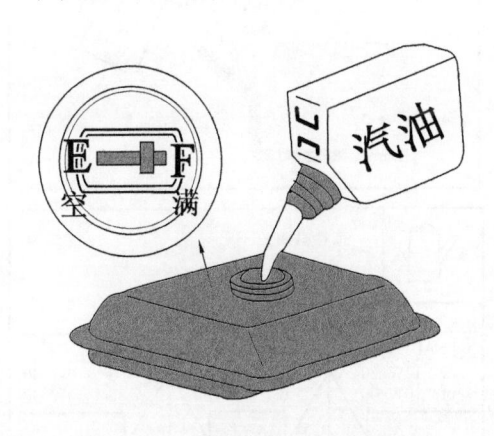

图 13.6.2　油箱内应有充足的燃油　　图 13.6.3　火花塞电极检查

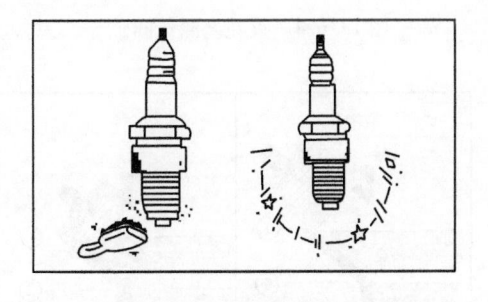

(3) 测量火花塞间隙②，如超出标准值，则重新调整间隙，火花塞间隙应为 0.6~0.7mm，使用线规或测隙规测量(图 13.6.4)。

2. 机油维护和保养

1)检查油位

务必使机油油位保持在上下油位之间。① 上油位② 下油位(图 13.6.5)。

(1)将发动机置于平地上。

(2)将发动机预热几分钟。

(3)停止发动机运转。

(4)根据情况加注机油。

2)机油的更换(图 13.6.6)

(1)将发动机预热几分钟后停止运转。

(2)在发动机下方放置一个盛油的器皿。

(3)拆除机油注油盖。

(4)拆除机油旋塞②,排除机油。

(5)拧紧排油旋塞①。

(6)加注新机油。

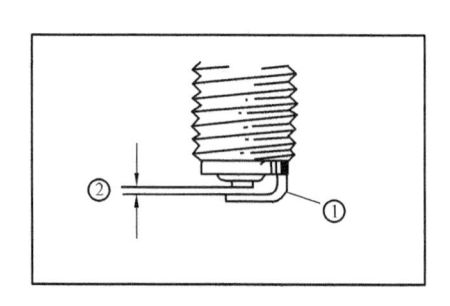

图 13.6.4　火花塞测量间隙

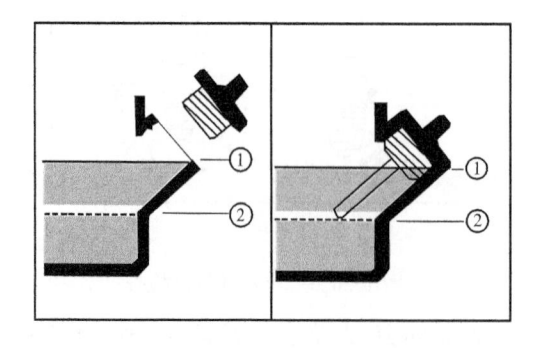

图 13.6.5　检查油位

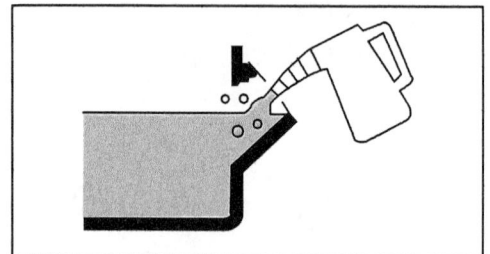

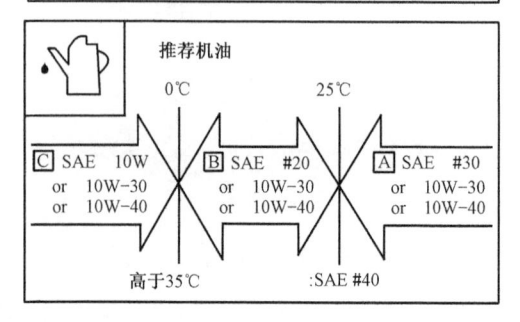

图 13.6.6　机油的更换

3)机油

机油 EF 系列,选择如图 13.6.7 所示。

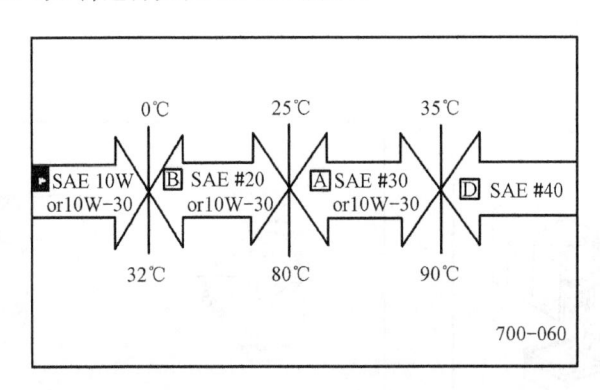

```
        0℃        25℃       35℃
    ◁SAE 10W▷ B SAE #20 ▷ A SAE #30 ▷ D SAE #40
     or10W-30   or10W-30   or10W-30
        32℃       80℃       90℃
                                    700-060
```

机油量:
EF1000:0.43kg
EF4000(E)/5000(E):1.2kg
EF1600/2600:0.6kg
EF4600(E)/6600(E):1.1kg

图 13.6.7　机油选择

3. 空气滤清器的维护和保养

空气滤清器的维护和保养如图 13.6.8 和图 13.6.9 所示。

(1)拆除:螺栓①,空气滤清器盖②,空气滤清器滤芯③。

(2)检查:滤芯。如果堵塞则用清洗剂洗干净并使其干燥。给滤芯浸注机油轻轻挤出多余的机油。如果损坏则进行更换。

(3)安装;空气滤清器滤芯③,空气滤清器盖②。不要用力拧挤滤芯,以免破损。注意:如果没有滤芯容易导致发动机活塞和气缸磨损。

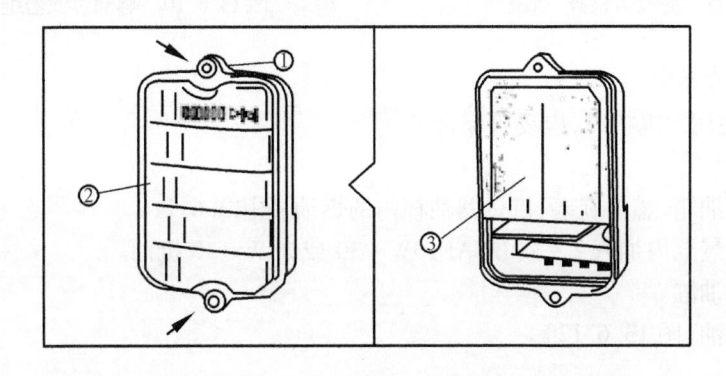

图 13.6.8　空气滤清器拆除

4. 燃油过滤器的维护和保养(图 13.6.10)

拆除并检查燃油旋塞。

1)将燃油阀拧至 OFF 位置

2)检查

(1)燃油阀油杯①。将污物清洗干净。

(2)垫片②。如有损坏则更换。

— 315 —

(3)过滤器③。将污物清洗干净。

注意:必须用油剂来清洗油杯并擦干净。

警告:不要在可燃物附近吸烟或使用明火。

注意:不要遗失垫片,以免造成漏油。

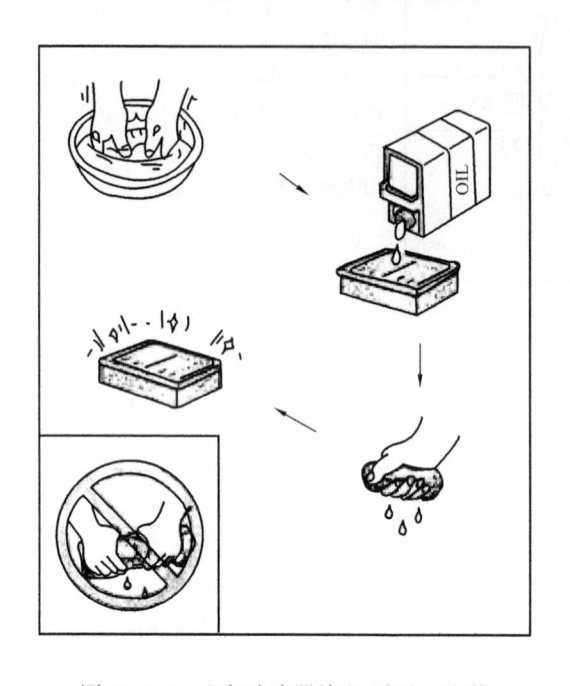

图 13.6.9　空气滤清器检查、清洗和安装　　图 13.6.10　燃油过滤器维护和保养

5. 发电机的保管

长时间不使用发电机时,应妥善保管。

1)排出机油

(1)排出燃油箱、燃油旋塞、汽化器油杯内的燃油(图 13.6.11)。

(2)发电机气缸内加入 2~3mL SAE10W-30 或 20W-40 机油。

(3)插动燃油缸。

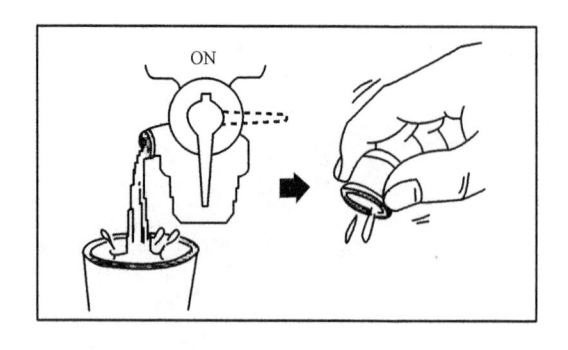

(4)排出机油(图 13.6.12)。

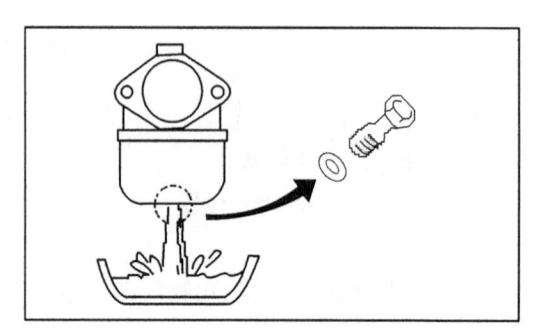

图 13.6.11　排出燃油　　图 13.6.12　排出机油

2）发电机

(1)加注少许 SAE10W-30 或 20W-40 机油(图 13.6.13)。
(2)拉动发电机数次(关闭点火系统)。
(3)拉启动绳直至感到沉重(图 13.6.14)。

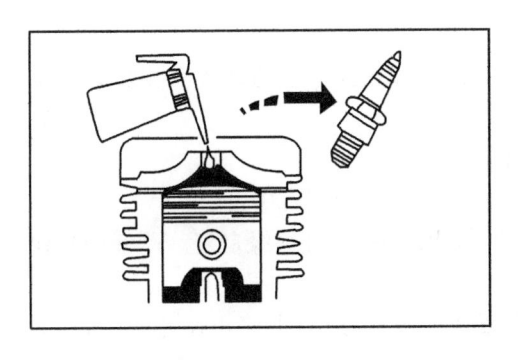

图 13.6.13　发电机加注少许机油

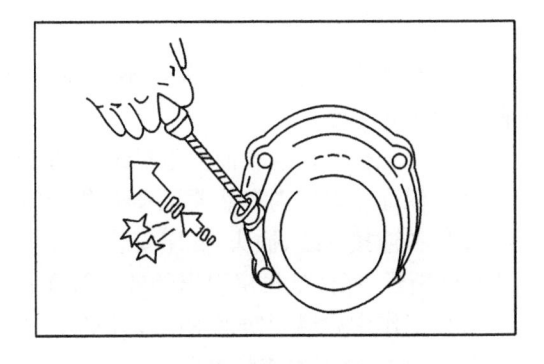

图 13.6.14　拉启动绳直至感到沉重

(4)停止拉动。
(5)清理发电机外层并涂上防锈剂。
(6)将发电机存在干燥通风良好的场所,加罩防尘。
(7)发电机须保持平衡。

3）蓄电池

拆下蓄电池并充电。存放于干燥的地方并每月充电一次。不可将电池存放于过热或过冷的地方。不能放在低于 0℃(30℉)或高于 30℃(90℉)地方。

警告:
(1)拆卸蓄电池时,要先断开负端,然后再断开正端(图 13.6.15)。
(2)连接蓄电池时,要先连接正端,再连接负端。

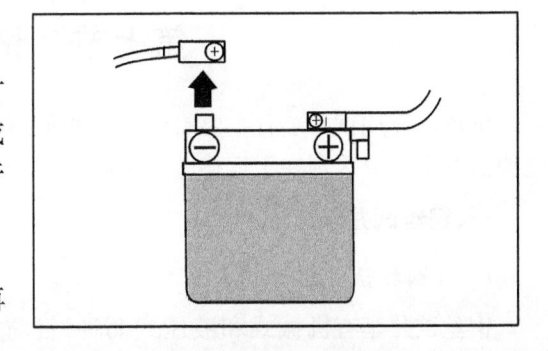

图 13.6.15　拆蓄电池

四、发电机组使用 HSE 注意事项及要求

(1)操作人员必须经考试合格后持证上岗。在工作期间工衣要扣好衣扣,女职工要戴帽子。
(2)各防护罩应齐全、完好;每个发电房应配备两个 8kg 灭火器。
(3)严禁在运转中或热机状态下加注润滑油和清洁机体。
(4)不允许带电检修输出线路故障。在送电过程中检修柴油发动机、斯坦福发电机时,必须停止斯坦福发电机的运转。
(5)油罐区域 10m 之内严禁动火。储油罐应加装盖子,并且有良好的接地,对外部车辆加油时,加油车辆必须熄火。

(6)倒换斯坦福发电机时,必须断开输出线路开关。

(7)严禁违章作业。电线、电路走向应合理,并按规定掩埋,斯坦福发电机必须有接地线。

(8)有插头或插座损坏、线路老化、线路裸露、熔断丝不规范等现象时,必须整改合格后才能供电使用。

(9)夜间工作视线不清的情况下,应停止工作。

(10)严禁带负荷启动或停机,不允许突加或突减负载,并且严禁超载或三相负载严重不平衡的情况下运行。

(11)每班按时检查柴油发电机组,并清理发电房内卫生。

(12)保证发电房内自然通风和干燥,减少油气污染,防火、防尾气中毒。

(13)各连接导线、插头、插座安装牢固,无松动、打火现象,并且绝缘良好。严禁用其他金属代替熔断丝,保证从机房引出的外线符合安全要求。

(14)工作中如遇到妨碍发电作业的不安全因素或隐患时,应立即停止作业,并向有关部门汇报,待不安全因素或隐患消除后,方可工作。

(15)切勿用湿手或湿手套接触柴油发电机组,会有触电的危险。

(16)各部位接地应符合要求。

(17)在施工作业过程中不允许丢弃固体废弃物。

(18)按规定填写该设备的运转记录。

第七节 试井装置

试油作业用试井装置主要有钢丝试井车、电缆试井车和电缆试井橇。其中电缆试井橇和电缆试井车主要区别在于运移方式不同,以下主要介绍钢丝试井车和电缆试井车。

一、钢丝试井车

(一)钢丝试井车的简介

钢丝试井车有机械式和液压式两种,目前试油现场多使用液压钢丝试井车(也叫试井车)。采用全液压传动,把从汽车变速箱侧窗口取力器中取出的动力经传动轴带动液压泵驱动液压马达再通过离合器带动滚筒轴,中间无机械变速减速装置,整体结构简单、可靠。绞车可实现无级调速,无须通过汽车变速箱换挡来改变绞车速度,操作简单省力,噪声小,工作平稳可靠。

(二)工作原理

(1)汽车动力通过取力器带动液压油泵运转,液压油通过控制后,带动液压油马达工作。液压油马达在液压动力驱动下作无级变速正反运动,从而带动滚筒轴和滚筒运转。

(2)滚筒转动后,通过齿轮带动正反丝杠转动,从而使排丝机构左右移动,并自动换向,实现自动排丝。

(3)录井钢丝在上提下放时,带动计量轮转动,通过钢丝软轴连接到机械计数器上,从而显示钢丝下井深度。

（三）主要结构

液压试井车由汽车底盘、取力装置、液压系统、绞车总成、控制装置、仪器压紧机构及各种附件等部分组成。

汽车底盘一般采用二类汽车底盘，双舱布局，操作舱安装有操作台，作业空间宽敞舒适；绞车舱安装液压钢丝绞车、液压油箱、液压散热器、仪器架、工具箱、翻转式井场照明灯等装置。

传动系统一般采用变速箱侧窗口取力；采用闭式回路，容积变量无级调速，调速范围大，适用于各种工况需要；系统设有安全阀，压力可任意调节、设定，工作平稳，操作简单可靠。

绞车系统一般采用无死端外包式双刹车机构，手刹装置、手摇机构安装在操作舱，操作灵活方便，安全可靠；安装有自动排丝装置，减轻工人劳动强度；可根据钢丝规格更换排丝挂轮，以适应不同的作业要求。

计量系统主要由安装在排丝机构上的测量头和安装在操作台上的测量面板组成，可测量、显示、设定钢丝的下井深度和钢丝对滚筒的拉力，测量面板带有深度、张力输出口，可直接与计算机连接，操作方便可靠。

（四）技术要求

（1）为了防止动力正常挂合，操作取力器按钮时，气压必须达到550kPa才可操作取力器控制按钮且必须先踩底盘离合器。

（2）在上提下放过程中，一定要将手摇装置"脱开"位置，以防手柄伤人。

（3）在正常速度提升、下放时，为减少冲击，采用先减速后停止的方法。

（4）滚筒控制手柄以改变滚筒旋转方向、先停止后换向，缓慢操作。

（5）试井车上配备相应消防器材。

二、电缆试井车

（一）电缆试井车简介

电缆试井车也叫作电缆测井车，一般采用液压驱动。所以也叫液压电缆车。

（二）工作原理

绞车液压系统由底盘发动机作原动力，由变速箱侧窗口取力器输出动力通过传动轴带动液压油泵，液压油泵通过液压管线带动液压马达，液压马达通过滚筒离合器带动滚筒轴旋转，从而带动滚筒运转。双向变量柱塞泵和低速大扭矩定量马达通过液压管线连接，组成一个闭式循环系统，由定量马达通过滚筒离合器驱动滚筒运转。

液压马达是低速大扭矩马达，它通过离合器与滚筒轴连接带动滚筒转动。滚筒旋转方向、转速及滚筒提升能力的变化，均是通过调节双向变量柱塞泵斜盘摆角的相对位置来实现的。

（三）主要结构简介

电缆试井车由汽车底盘、取力装置、液压系统、绞车总成、控制装置、马丁代克计量系统、仪器压紧机构及各种附件等部分组成。

汽车底盘一般采用二类汽车底盘，双舱布局，操作舱安装有操作台，作业空间宽敞舒适；绞车舱安装液压钢丝绞车、液压油箱、液压散热器、仪器架、工具箱、翻转式井场照明灯等装置。

绞车可以安装8000m单绞车或7000m双绞车（小绞车采用液压升降）。滚筒采用铸造焊接成型，刹车系统为双带式气控断气刹车，为安全起见，一般还设有张力过载可自动刹车功能。

绞车由主液压系统与液压发电机的驱动,采用分别独立控制,主系统采用发动机全功率取力系统取力,液压系统采用闭式传动,容积变量无级调速。

排绳系统采用液压控制上排绳,采用液压动力,进口操作阀,操纵轻便;系统具有随动缓冲功能,使用方便可靠。

一般电缆试井车配备有专用的发电机,可以给作业设备提供 110V/220V 电源。

(四)技术要求

(1)使用设备前必须认真阅读说明书的全部内容。

(2)绞车操作工在操作设备前要检查设备是否完好,各操作装置是否在合适或正确位置。

(3)设备的连续运转时间不要超过 12h,连续工作中出现问题随时停机检查。

(4)操作取力器按钮时,气压必须达到 550kPa 才可操作取力器控制按钮且必须先踩底盘离合器。

(5)处理电缆打扭、地滑轮跳槽等问题时应先在井口固定电缆并切断动力方可进行处理。

第八节 顶驱设备(动力钻)

一、用途

动力钻又叫动力水龙头,是用液压马达驱动钻具旋转的一种设备。它除有水龙头的作用外,还能驱动钻具正转或反转,输出较大的扭矩,起到转盘的作用。由于动力水龙头是液压传动,故输出的扭矩和转速是可调节、可测定的,且传动平稳。

目前常用的动力钻主要有 S-120 型(即 120t)和 S-150 型(即 150t)两种,其主要用于进行井下封闭地层打开,老井加深及井下落物打捞钻取作业,也可应用修井作业、钻井作业、取心作业及其他需要旋转动力的作业。

二、结构原理

S-120 型和 S-150 型动力钻主要由动力系统、动力水龙头和控制系统三部分组成。

柴油机(动力系统)经减速箱驱动液压泵,液压油经高压软管驱动动力水龙头上的液压马达,经减速箱减速把扭矩传递给井下钻具(钻头或井下工具)。通过操作室内的控制系统可改变液压马达的供油方向和供油排量大小,从而改变钻具旋转方向和扭矩大小,从而达到钻具旋转作业的目的。

第九节 液氮泵车

一、氮气及液氮的基础知识

(一)氮气

1. 物理性质

氮气,常况下是一种无色无味的气体,且通常无毒。氮气占空气重量的 75.5%,占空气体积的 78.12%,在标准情况下的气体密度是 1.25g/L,氮气在标准大气压下,冷却至 -195.6℃时,变成无色的液体;冷却至-209.86℃时,液态氮变成雪状的固体。在生产中,通常采用灰色钢瓶盛装氮气。

氮气在水里溶解度很小,在常温常压下,1体积水中大约只溶解0.02体积的氮气。

2. 化学性质

氮气的化学性质很稳定,常温下很难跟其他物质发生反应,但在高温、高能量条件下可与某些物质发生化学变化,用来制取对人类有用的新物质。

空气中的氮气有一个重要作用,即作为氧的稀释剂,以降低空气中氧参与的各种反应的速度。

(二)液氮

液氮是液态的氮气。是惰性的,无色,无臭,无腐蚀性,不可燃,温度极低。

1. 化学品名称

化学品中文名称:液氮

化学品英文名称:Liquid nitrogen(LN_2)

2. 理化特性

主要成分:含量:高纯氮≥99.999%;工业级一级≥99.5%;二级≥98.5%。

外观与性状:压缩液体,无色,无臭。

熔点(℃):-209.8。

沸点(℃):-195.6。

膨胀系数:696.5。

相对密度(水为1):0.808(-196℃)。

相对蒸气密度(空气为1):0.97。

饱和蒸气压(kPa):1026.42(-173℃)。

临界温度(℃):-147。

临界压力(MPa):3.40。

溶解性:微溶于水、乙醇。

主要用途:用作制冷剂等。

3. 危险性

深冷灼伤和冻伤:将皮肤在低温情况下暴露过久产生类似灼伤的情形,严重情况因暴露时间和温度而异。身体任何一部分若裸露或保护不周,而接触到深冷而无绝缘的管道或导管,皮肤会由于冻结而被粘住,甚至会被撕裂,穿戴着潮湿的手套时应特别小心。在深冷情况下,暴露太久会导致冻伤。在深冷情况下,暴露太久会导致冻伤。

窒息危害:如在常压下汽化产生的氮气过量,可使空气中氧气含量下降,引起缺氧窒息。

燃爆危险:本品不具有燃爆危害。

4. 急救措施

皮肤接触:若有冻伤,到医院进行治疗。

吸入:迅速脱离现场至空气新鲜处,保持呼吸道通畅。如呼吸困难,进行输氧。如呼吸停止,立即进行人工呼吸,送就近医院救治。

5. 操作处置与储存

操作注意事项：密闭操作，提供良好的自然通风条件。操作人员必须经过专门培训，严格遵守操作规程。建议操作人员穿防寒服，戴防寒手套。防止气体泄漏到工作场所空气中。搬运时轻装轻卸，防止钢瓶及附件破损。配备泄漏应急处理设备。

储存注意事项：储存于阴凉、通风的库房。库温不宜超过30℃。储区应备有泄漏应急处理设备。

6. 接触控制与个体防护

工程控制：密闭操作，提供良好的自然通风条件。操作人员必须经过专门培训，严格遵守操作规程。防止气体泄漏到工作场所空气中。搬运时轻装轻卸，防止钢瓶及附件破损。配备泄漏应急处理设备。

呼吸系统防护：一般不需特殊防护。但当作业场所空气中氧气浓度低于18%时，必须佩戴空气呼吸器、氧气呼吸器或长管面具。

眼睛防护：戴安全防护面罩。

身体防护：穿防寒服。

手防护：戴防寒手套。

其他防护：避免高浓度吸入，防止冻伤。

二、液氮泵车的规格、性能及用途

（一）液氮泵车的规格及对应的工作能力

液氮泵车的规格及对应的工作能力见表13.9.1。

表13.9.1　液氮泵车的规格及对应的工作能力

型号	最大工作压力	最大氮气排量	液氮加热方式	排出温度
ANS360－15T	103.5MPa(15000psi)	170m^3/min	热回收	≥10℃
180K－NFPVU－15－TKM	103.5MPa(15000psi)	85m^3/min	热回收	≥10℃
JR5220TYD	103.5MPa(15000psi)	188m^3/min	直燃式	15～21℃

1. ANS360－15T 液氮泵车

ANS360－15T 液氮泵车由台上发动机为液压系统和低温三缸柱塞泵提供动力，液氮增压泵高速旋转将液氮从液氮罐中抽出，灌入到液氮三缸柱塞泵，通过三缸柱塞泵加压到工作压力，并经废气加热装置及热交换装置，加热蒸发成所需温度的氮气，通过高压管汇注入井筒或装置中。

ANS360－15T 液氮泵车配置了大功率的柴油发动机（底特律 DT12V－92TA：额定功率618kW）和2in冷端柱塞的高效 ACD3－LMPD 卧式三缸单作用柱塞泵，最大理论排量可达170m^3/min，最高工作压力可达103.5MPa(15000psi)，系统具有异常报警、保护自动停机功能、工作压力高、排量大。

2. 180K－NFPVU－15－TKM 液氮泵车

180K－NFPVU－15－TKM 液氮泵车采用了底盘和台上液氮泵出系统共用一台发动机的

设计,通过 PTO 取力装置为液氮泵出系统提供动力。工作时,液氮增压泵高速旋转将液氮从液氮罐中抽出,灌入到液氮三缸柱塞泵,通过柱塞加压到工作压力,并经废气加热装置及热交换装置,加热蒸发成所需温度的氮气,通过高压管汇注入井筒或装置。

180K – NFPVU – 15 – TKM 氮泵车共用底盘发动机,结构简单,操作方便,工作压力高,工作稳定。

3. JR5220TYD 液氮泵车

JR5220TYD 液氮泵车由台上发动机及变速箱为液氮泵出系统提供动力及控制,液压系统驱动液氮增压泵高速旋转将液氮从液氮罐中抽出并冷却,灌入到液氮柱塞泵,通过往复式柱塞加压到工作压力,并经直燃式蒸发器,加热蒸发成所需温度的氮气,通过高压管汇注入井筒或装置。

JR5220TYD 液氮泵车配置了大功率的柴油发动机和用于对大量液氮进行快速加热并自动调节排出氮气温度的直燃式蒸发器(CRYOQUIP ADFV – 400)。使用直燃式液氮蒸发技术,解决了大排量作业时,氮气排出温度低的难题,该液氮泵车采用了电控系统及远程数据采集系统,具有异常报警、安全压力设置及保护停机等功能,工作压力高,工作排量大,工作稳定。

(二)液氮泵车的用途及应用

1. 液氮泵车的用途

液氮泵车主要用于油气田勘探开发中液氮气举、氮气置换、氮气试压、液氮配合酸化、液氮配合压裂、液氮配合中途测试、氮气加压射孔、液氮配合连续油管车作业等各种油田服务施工作业。

2. 液氮泵车在油田中的应用

(1)液氮气举排液。

针对低渗地层,在解堵、射孔等试油作业后,采用液氮排液技术及时降液诱喷。该工艺施工安全,排液速度快,掏空深度大。特别是对于深井、超深井的降液诱喷,既能及时排出井内液体,又能准确控制掏空深度,避免套管受损害及防止地层出砂。

(2)氮气置换。

氮气是空气中的主要组成部分,占空气体积的 78.12%,在常温下很难与其他物质发生化学反应,作为氧的稀释剂,可降低空气中氧参与各种反应的速度,而且氮气具有较高的压缩比。利用氮气的这一特性,通过将液氮经过液氮泵车加压、加温后,形成常温氮气,持续注入天然气(原油)管线、容器、装置中,顶替掉其中的空气(氧气),直到管线中的氧气含量降低到规定的安全范围,从而确保天然气(原油)管线、装置的安全使用。

(3)氮气试压。

油田生产中,有的管线、装置,在投入使用前,为了确保密封、无泄漏,必须对这些设施进行试压。传统的清水试压,只能对管线、装置进行强度试压,而在一些特殊场合,如天然气储罐、天然气输送管线,需要管线、装置具有很好的气密封性。氮气试压就是针对管线、装置等油田设施进行的气密封试压。

(4)配合连续油管车进行施工作业。

近年来,随着连续油管车的逐步推广使用,配合连续油管车进行施工作业成了一项新的液氮施工工艺。液氮泵车可配合连续油管车进行液氮降液、助排、替液、替钻井液等施工作业。配合连续油管车进行液氮降液,可以进行分段替液,更好地实现诱喷。

液氮泵车还广泛应用于钻探井的中途测试、氮气加压射孔、液氮配合酸化、液氮配合压裂等油田生产作业中。

三、液氮泵车工作原理与相关技术

(一)液氮泵车工作原理

液氮泵车通过液氮增压泵将液氮(-195.8℃)从液氮罐中抽出,再灌入到液氮三缸柱塞泵,通过往复式活塞加压到工作压力,然后,高压液氮流入蒸发器,加热蒸发成所需温度的氮气,通过高压管汇注入井筒或装置,完成油田施工作业。基本流程如图13.9.1所示。

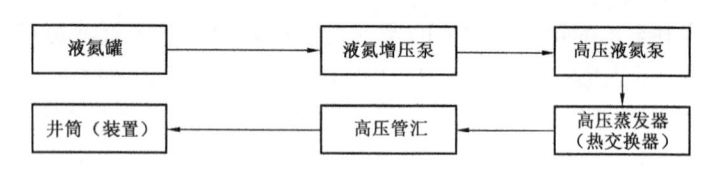

图13.9.1 液氮泵车基本流程

(二)液氮蒸发技术

目前,在液氮泵车上完成对低温液氮进行加热主要采用的直燃式液氮蒸发技术和非直燃式液氮蒸发技术,根据这两种对低温液氮进行加热的方式通常将液氮泵车可以分为直燃式液氮泵车和非直燃式液氮泵车,两者之间最大的区别就是在于所采取的液氮蒸发(加热)技术不同。

1. 热回收式(非直燃式)液氮蒸发系统基本工作原理

液氮蒸发器系统主要利用作业柴油发动机废热和其他系统的副热来蒸发液氮。发动机的废热和其他系统的副热都转化为蒸发液氮的有用热量。液氮蒸发器蒸发系统实际上是一个特殊设计的热交换器,交换室内充满缠绕的管线束供液氮通过,冷却循环液以一定压力流经管线束的周围。当液氮(-320 ℉)经管线束中的管子循环流过时,液氮即被蒸发成为气态氮。气态氮的温度由液氮的流量与进口水温及流量进行控制。在正常工作时,液氮从储罐流进液氮泵,被三缸柱塞泵加压到工作压力,然后,高压液氮流入蒸发器,从动力装置吸收足够的热量使其变为高压气体,温度上升到15~21℃,以常温高压氮气排出。蒸发液氮的热量主要来自以下热源:

(1)来自引擎排气管的废气热量。

(2)从液压油热交换器转换来的废热。

(3)从引擎冷却液热交换器转换来的废热。

(4)来自润滑系统的废热。

为了平衡冷却系统的热负荷,通常设置功率计(加载装置),系统废热及发动机回路所产生的热量被传递到冷却系统,由此提供了足够的热量供液氮蒸发,同时也保证了液压系统和柴油机的热量正常散失。

2. 直燃式液氮蒸发系统基本工作原理

液氮蒸发器系统采用柴油燃烧器对液氮盘管加热。

正常工作时,液氮从储罐流进液氮泵,被三缸柱塞泵塞加压到工作压力,然后,高压液氮流入直燃式液氮蒸发装置,直燃式液氮蒸发装置根据预先设定的温度,调整燃烧器的火力及油量,通过燃油的直接燃烧产生大量的热,对液氮盘管加热,使其变为足够温度的氮气后,以常温高压氮气排出。

直燃式液氮蒸发器系统一般由点火系统、喷嘴(燃烧头)和风扇组成,为了方便达到不同的温度,一般根据实际情况配置不同数量的低热喷嘴、中热喷嘴、中高热喷嘴、高热喷嘴,风扇速度与喷油量自动匹配,保证氮气排出温度在高压液氮泵全程排量范围内调节可靠。

四、液氮泵车的组成及结构

(一)概述

1. 液氮泵车的组成

液氮车通常由底盘汽车、车台发动机(或 PTO 取力装置)、变速箱、液压系统(包括液压泵、液压马达及阀件)、液氮增压泵、低温高压液氮泵、蒸发系统(包括盘管式热交换器、废气热交换器及直燃式蒸发器)、燃油系统、液压系统、液氮罐、操作控制室、低温高压管汇、闸阀等组成。

2. 主要部件的作用

车台发动机:为变速箱、液氮泵及液压系统提供动力。

变速箱:用于控制液氮泵的运行速度,为高压液氮泵在不同的运行速度下提供保障。

液压系统:液压系统为氮气泵出过程中所必需的操作提供液压动力并确保设备的工作效率。

液氮增压泵:将液氮压力由罐压增加到 80~120psi(0.56~0.84MPa),以确保输出到高压液氮泵的供液吸入端的压力为正压。防止高压液氮泵中的液氮气化,保证高压液氮泵运行平稳。

低温高压液氮泵:通过活塞的往复运动,对液氮进行加压。

蒸发系统:通过废气循环产生的热量或者是燃烧器直接燃烧产生的热量,对液氮盘管加热,使其变为足够温度的氮气后,以常温高压氮气排出。

液氮罐:储存液氮的罐体。

操作控制室:完成对液氮系统的操作、控制及运行过程的监视、检测。

各个厂家生产的液氮泵车,由于设计要求、制造尺寸及选配件不相同,存在着一定的差异,但是结构组成和各部件完成的功能基本相同,下面将通过介绍 JR5220TYD 液氮泵车和180K - NFPVU - 15 - TKM 液氮泵车的组成及结构,来进一步了解直燃式液氮泵车非直燃式液氮泵车的结构组成。

(二)JR - 400KDF 液氮泵车组成及结构

1. 车载底盘

车辆型号:北方奔驰 ND1312D41J;

驱动型式:8×4;

车辆尺寸(mm×mm×mm):11200×2500×3990;

发动机:潍柴 WP10.375(276kW,2100r/min)。

2. 车台发动机

型号:6063HM39;

机型:底特律 S60,水冷,增压中冷,全电脑控制,工业用四冲程柴油机;

额定功率:665bhp(2300r/min);

最大扭矩:4203N·m(1350r/min);

启动方式:电启动。

3. 传动箱

传动箱型号:Allison 4700 OFS;

最大输入转速:2100r/min;

最大输入功率:550hp;

控制方式:电脑控制;

变速箱换挡:电动换挡,手柄式;

传动比:1挡7.63:1、2挡3.51:1、3挡1.91:1、4挡1.43:1、5挡1.00:1。

4. 高压液氮泵

型号:ACD-3-SLSSCB 卧式三缸单作用式柱塞泵;

额定输入功率:1100hp;

驱动方式:发动机通过传动箱驱动;

输入齿轮箱传动比:2.38;

最大转速:1000r/min;

冷端柱塞直径:2in;

柱塞额定工作压力:15000psi;

冲程:2.25in(57.15mm)。

高压三缸液氮泵采用三个独立的 2in 口径正向位移活塞流体泵(冷端)将液氮泵到蒸发器。在活塞的吸入流程中,液氮通过吸入阀被吸进各冷端中。在活塞的泵出行程中,液氮通过排出阀被挤出冷端子向蒸发器供给高压液氮。三联泵动力端及动力端齿轮箱润滑系统由位于三联泵内的润滑油箱体提供润滑油,并通过一齿轮泵使润滑油以一定的流量在系统内循环。为防止系统污染,润滑油需过滤。在过滤器上安装有旁通支路,若过滤器被杂质堵塞,油可从支路流走。液氧泵工作参数见表13.9.2。

三缸泵由以下几部分构成:

(1)冷端。

冷端的往复式变容活塞是由增压泵使用低压液氮进行灌注的,然后将高压液氮排出到蒸发器。冷端连接在三缸活塞上,并由三缸活塞驱动。

(2)热端。

三缸泵的机械传动部分和柱塞部分被称为热端,热端驱动所连接的冷端。

表 13.9.2　液氮泵工作参数表

液氮泵	ACD3－SLSCBGRO 卧式三缸单作用柱塞泵			
柱塞直径	2in			
工作参数 工作挡位	冲次(min^{-1})	氮气排量(L/min)	液氮排量(L/min)	氮气排出压力(MPa)
一挡	115	23754	34	103.4
二挡	251	51703	74	103.4
三挡	462	95015	136	103.4
四挡	617	126909	182	103.4
五挡	882	181479	261	77

5. 灌注增压泵

增压泵类型：离心式增压泵(图 13.9.2)；
增压泵型号：ACDAC18HD 液氮离心泵；
额定排量：150gal/min(568L/min)；
额定排量下增压能力：1MPa(150psi)；
驱动方式：台上发动机取力液压传动。

6. 蒸发器

型号：CRYOQUIP ADFV－400，先进的直燃式蒸发器
额定液氮蒸发能力：400000ft^3/h；
额定工作压力：103.4MPa(15000psi)；
试验压力：155.1MPa(22500psi)；
额定排出温度：15~21℃。

图 13.9.2　离心式增压泵

7. 液压系统

(1)风扇驱动液压系统。

蒸发器风扇由一闭式变量泵提供动力，驱动定量风扇液压马达。该闭环系统中的液压泵装备有一灌注泵用以补充因泄漏而损失的油，并经冲洗阀返回油箱。

闭环系统中在灌注泵出口及吸入油口中均加有过滤器。

(2)辅助液压系统。

辅助液压系统为开式系统，由一开式变量泵提供动力。该泵通过一集成块将其输出分配给系统。通过集成块，开环泵为操作增压泵驱动马达、液压油冷却风扇器风扇马达及排出阀执行器提供液压动力。

开环泵排出端加有过滤器以保护系统不被污染。

开环系统中循环的液压油流经返回过滤器返回油箱。

(3)液压油散热。

为维持设备操作的高效率或组件能达到最大预期寿命时，须进行热交换。

当液压油返回液压油箱时，其温度由 49°C(120°F)温控阀控制。该阀根据温度状况将返回的液压油或分流进油箱，或分流进风扇冷却热交换器。当返回液压油的温度升高时，调节阀的阀口变位时更多的液压油在返回油箱前先进入热交换器冷却。

8. 燃油系统

发动机和直燃式蒸发器均由燃油箱供给燃油。

发动机、蒸发器系统配备有燃油过滤装置。

9. 系统控制台

控制系统的控制器和指示器安装在位于车上操作室的控制面板上,控制系统主要由发动机控制系统、液氮泵控制系统、蒸发器控制系统、仪表显示系统、报警系统组成。完成液氮泵出过程的操作、控制、温度调节、监视及异常报警等工作。

(三)曼卡液氮泵车(180K－NFPVU－15－TKM)结构

1. 车载底盘

车辆型号:曼卡33.423;

驱动型式:6×4;

车辆尺寸:9821mm×2591mm×3505mm;

发动机:MAN DZ866LF22(309kW/1800r/min)。

2. PTO 取力装置

没有配备专门的发动机,通过 PTO 取力装置,共用底盘的发动机动力。

3. 液压系统

该液氮泵车液压系统由液压泵、液压马达、旁通阀、调压阀、溢流阀、过滤器、压力表、液压油箱等组成。

液压系统为氮气泵出过程中所必需的操作提供液压动力并确保设备的工作效率。

4. 高压液氮泵

型号:CS&P HOUSTON TEXAS 3ICP－400 三缸低温柱塞泵(表13.9.3);

驱动方式:液压马达通过皮带连接驱动三缸泵;

冷端柱塞直径:1$\frac{1}{2}$in;

柱塞额定工作压力:15000psi。

表13.9.3 液氮泵工作参数表

液氮泵	CS&P HOUSTON TEXAS 3ICP－400 三缸低温柱塞泵		
柱塞直径	1$\frac{1}{2}$in		
工作能力	最大氮气排量	最大氮气排出压力	氮气排出温度
	85m^3/min	103MPa(15000psi)	≥10℃

5. 灌注增压泵

增压泵类型:离心式增压泵;

增压泵型号:ACD AC18HD 液氮离心泵;

额定排量:150gal/min(568L/min);

额定转速:5700r/min;

额定排量下增压能力:1MPa(150psi);

驱动方式:液压传动。

6. 系统控制台

控制系统的控制器和指示器安装在位于车上操作室的控制面板上,控制系统主要由发动机控制系统、液氮泵控制系统、温度调节、仪表显示系统、报警系统组成。完成液氮泵出过程的操作、控制、监视及异常报警等工作。

五、液氮泵车的维护保养

(一)每日保养(启动前)

(1)检查以下各液位。
① 液氮泵润滑油箱。
② 发动机润滑油(油尺)。
③ 发动机散热器冷却液(油标)。
④ 液压油油箱(油标)。
⑤ 柴油油位(目测)。
(2)将空气罐中的冷凝水排空。
(3)检查所有位于液压油箱上的液压出口阀是否处在"开"位。

(二)每日保养(停机后)

(1)检查柴油、液压油和润滑油油箱,必要时进行充注。
(2)检查所有高压管路上的标准件是否松动(如螺母等)。
(3)检查所有液压和润滑管路是否有渗漏。
(4)检查发动机皮带。

(三)一级维护、保养

(1)液压系统的检查、紧固与润滑。
(2)低温柱塞泵检查、紧固。
(3)高压管汇及阀门检查、紧固。
(4)液氮储罐检查。
(5)台上变速箱检查、紧固。
(6)台上控制及仪表系统检查。
(7)重要连接处(部位)的紧固。

(四)二级维护、保养

(1)液压系统的检查、紧固与润滑。
(2)低温柱塞泵检查、紧固。
(3)高压管汇及阀门检查、紧固。
(4)液氮储罐检查。
(5)台上变速箱检查、紧固。
(6)蒸发系统的检查、清洁。
(7)台上控制及仪表系统检查。
(8)重要连接处(部位)的紧固。

六、HSE 注意事项及要求

(1)液氮泵车与井口的连接时必须使用硬管线并固定牢固。

(2)为防止冻伤,在设备操作程中,严禁人员靠近低温液体、高压管线。

(3)拆卸高压管线之前应完全打开泄压阀,由操作人员确认压力已降为"0"。

(4)维修保养过程中应将启动钥匙拔下,防止有人误启动设备;管线内带压时不得进行维修作业。

(5)噪声伤害:操作人员佩戴耳塞或耳罩。

第十节 连 续 油 管

一、常用术语定义

(1)连续油管:又称为绕性油管、蛇形管或盘管,是相对常规螺纹连接的油管而言的,它是一种缠绕在滚筒上,可连续下入或从油井起出的一整根无螺纹连接的长油管。

(2)连续油管作业的目的:利用连续油管无螺纹连接,可带压连续进行起下作业的特点,在油管或套管内进行常规井下作业或带压进行常规油管无法进行的施工作业,使油气井恢复正常状态,为后续生产或施工作业提供条件。

(3)小环空:井内生产油管(或钻具)内与连续油管之间的环形空间。

(4)链条夹紧压力:注入头链条上的夹持块夹紧连续油管时,施加在夹紧液压缸上的液压压力。

(5)链条张紧压力:注入头链条张紧时,施加在张紧液压缸上的液压压力。

(6)连续油管井口装置:连续油管进行正常施工作业时,从井口到鹅颈管的全部部件的统称,包括:井口转换法兰、防喷器、防喷管、防喷盒、注入头、鹅颈管等全部井口工作部件。

(7)防喷盒:用于密封小环空压力,允许连续油管在带压状态下进行起下作业的井口密封和防喷装置。

(8)循环压力(泵压):泵车向连续油管内泵注工作介质的压力。

(9)井口压力:连续油管与生产油管(或钻柱)间小环空的井口压力。

(10)连续油管屈服载荷:在无内外压力下,新的直连续油管发生屈服的轴向载荷。

(11)连续油管屈服压力:未施加轴向载荷的情况下,新的直管开始屈服时的内压。

(12)屈服扭矩:在无内压或外压,无轴向载荷的情况下,新的直连续油管的屈服扭矩。

(13)弹性伸长:一定轴向载荷(1000lbf 或 1000kgf)作用下,一定长度(1000ft 或 1000m)的新、直连续油管的弹性拉伸量。

(14)挤毁压力(破坏压力):在无内压和无轴向载荷的情况下,挤坏椭圆度为 0.2% 和 4% 的新、直连续油管的弹性拉伸量。

二、连续油管工作原理

用吊车吊装注入头防喷器组于井口上,连续油管从滚筒上经鹅颈管导向进入注入头,操作室操作人员远程操作,控制注入头链条卡瓦旋转,带动连续油管上提下放,从而将连续油管连续下入井中设计位置,同时从地面通过连续油管端部的两个注入口将工作介质泵入连续油管,并通过连续油管泵入井下或边下连续油管边泵入,而不会干扰现存井中的完井管柱和设备,以达到施工设计的要求。同时注入头下部的防喷盒可起到动态密封的作用,从而保证连续油管可在不压井条件下作业;上提时,注入头将连续油管从井内提出,同时滚筒旋转将连续油管缠绕在滚筒上便于移运,恢复施工井的正常工作状态(图13.10.1)。

图13.10.1 连续油管现场施工图

三、作业常用井口连接方式

井口连接方式是指连续油管注入头防喷器组与井口采油树连接的方法,根据现场情况及井下作业的内容不同,主要有两种连接方式,即:连续油管注入头防喷器组直接与井口采油树连接(图13.10.2)、井口有钻机的或需带井下工具作业的井则采用连接油管注入头防喷器组通过防喷管与采油树连接(图13.10.3)。

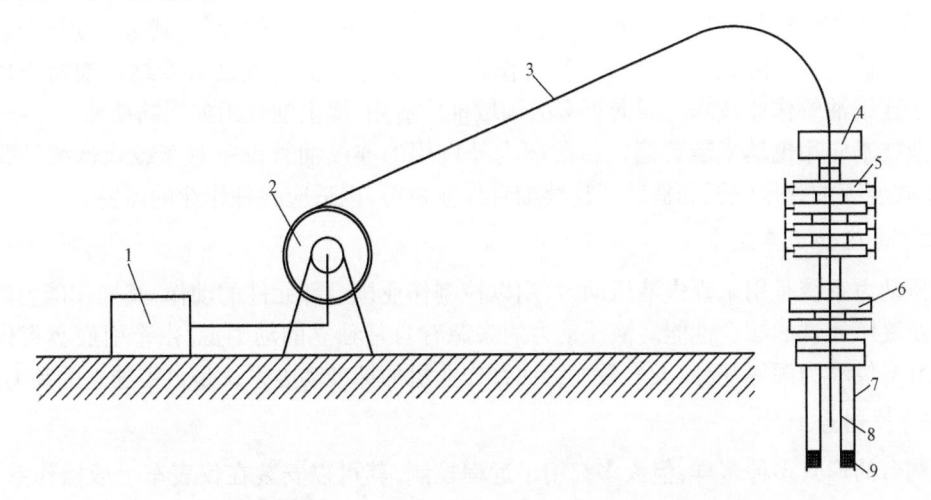

图13.10.2 连续油管注入头防喷器组与井口采油树直接连接示意图
1—泵注设备;2—连续油管设备;3—连续油管;4—注入头;
5—防喷器;6—采油树;7—套管;8—油管;9—封隔器

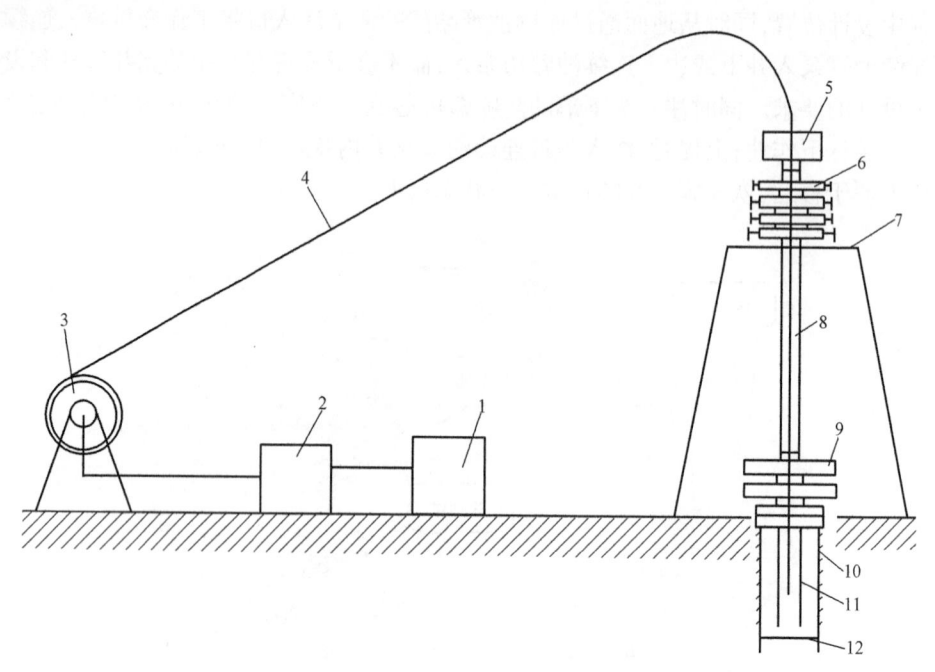

图 13.10.3　连续油管注入头防喷器组通过防喷管与井口采油树连接示意图
1—泵注设备;2—施工设备;3—连续油管设备;4—连续油管;5—注入头;6—防喷器
7—工作平台;8—防喷管;9—采油树;10—套管;11—油管;12—人工井底

四、连续油管作业设备简介

连续油管作业设备的主要构成单元有液压动力系统、控制台、连续油管滚筒、连续油管注入头、井口防喷器组及其他附属装置,是集气、液、电一体化且自动化程度较高的特种设备。

(一)连续油管作业机

连续油管作业机是液压驱动的可移动式连续油管起下、运输的设备,其基本功能是在进行连续油管作业时,向井内起下连续油管柱,作业完后将起出的连续油管卷绕在滚筒上以便运输。由于连续油管作业技术已经向更多的领域推广应用,海上油气田如同陆地油田一样,连续油管作业技术应用也越来越普遍。目前国内外应用的连续油管设备有车载式连续油管作业机、拖车式连续油管作业机和橇装式连续油管作业机等,以适应各种作业的需要。

(二)液压动力系统

液压动力系统是用来提供液压动力,用以控制作业机全部元件的动作,其操作能力取决于液压泵及液压元件的综合性能。液压动力的来源有自带独立的动力源、由牵引底盘提供动力源及外部提供动力源等几种,大多数连续油管作业机的标准动力系统是自带独立的动力源。

(三)控制台

控制台的形式多种多样,但大多都用于远程控制,其可以安装在仪表车上或操作室内,仪表车可根据需要停放在井场合适位置。

控制台上装有各种监测仪表、控制开关及操作手柄,用以监测和控制连续油管作业机的动作,可通过控制台的控制手柄操纵滚筒和注入头马达的转动方向,控制连续油管的起下及起下速度,另外利用安装在控制台上的控制系统,还可操纵链条牵引总成、防喷盒及井口防喷器组的动作。

(四)连续油管及滚筒

连续油管是相对于常规螺纹连接油管而言的,它又称为挠性油管、蛇形管或盘管。是一种缠绕在滚筒上,可连续下入或从油井起出的一整根无螺纹连接的长油管。

常用的连续油管性能参数见表13.10.1。

表13.10.1 常用的连续油管性能参数(QT800)

外径 (mm)	壁厚 (mm)	内径 (mm)	质量 (kg/m)	屈服载荷 (N)	屈服压力 (kPa)	屈服扭矩 (N·m)	管壁置换容积 (m^3/1000m)
25.400	1.905	21.590	1.10	72717	77221	464	0.141
25.400	2.032	21.336	1.17	77493	82736	489	0.149
25.400	2.210	20.980	1.26	84084	90458	524	0.161
25.400	2.413	20.574	1.36	91483	99284	561	0.174
25.400	2.591	20.218	1.45	97840	107006	592	0.186
25.400	2.769	19.862	1.54	104088	114728	621	0.197
25.400	3.175	19.050	1.74	115399	129069	671	0.222
31.750	1.905	27.940	1.40	92265	61777	756	0.179
31.750	2.032	27.686	1.49	98437	66189	800	0.190
31.750	2.210	27.330	1.61	106983	72367	860	0.205
31.750	2.413	26.924	1.74	116616	79427	926	0.222
31.750	2.591	26.568	1.86	124928	85605	981	0.237
31.750	2.769	26.212	1.97	133130	91782	1034	0.252
31.750	3.175	25.400	2.23	148072	103255	1127	0.285
31.750	3.404	24.942	2.37	158196	111198	1187	0.303
31.750	3.962	23.826	2.71	182180	130613	1321	0.346
31.750	4.445	22.860	2.99	202024	147381	1423	0.381
38.100	2.413	33.274	2.12	141749	66189	1383	0.271
38.100	2.591	32.918	2.26	152015	71337	1469	0.289
38.100	2.769	32.562	2.41	162172	76485	1553	0.307
38.100	3.175	31.750	2.73	180745	86046	1702	0.348
38.100	3.404	31.292	2.91	193381	92665	1799	0.371
38.100	3.962	30.176	3.33	223509	108844	2021	0.425
38.100	4.445	29.210	3.68	248659	122818	2193	0.470

续表

外径 （mm）	壁厚 （mm）	内径 （mm）	质量 （kg/m）	屈服载荷 （N）	屈服压力 （kPa）	屈服扭矩 （N·m）	管壁置换容积 （m³/1000m）
44.450	2.769	38.912	2.84	191214	65559	2179	0.363
44.450	3.175	38.100	3.22	213417	73754	2396	0.412
44.450	3.404	37.642	3.44	228567	79427	2541	0.439
44.450	3.962	36.526	3.95	264839	93295	2872	0.504
44.450	4.445	35.560	4.38	295294	105272	3135	0.559
44.450	4.775	34.900	4.66	135667	113467	3303	0.595
50.800	2.769	45.262	3.27	220257	57364	2911	0.418
50.800	3.175	44.450	3.72	246090	64534	3211	0.475
50.800	3.404	43.992	3.97	263753	69499	3411	0.507
50.800	3.962	42.876	4.57	306168	81633	3874	0.583
50.800	4.445	41.910	5.07	341929	92113	4246	0.647
50.800	4.775	41.250	5.41	365933	99284	4487	0.690
60.325	2.769	54.787	3.92	263820	48633	4209	0.501
60.325	3.175	53.975	4.46	295099	54345	4657	0.570
60.325	3.404	53.517	4.77	316532	58525	4958	0.609
60.325	3.962	52.401	5.50	368162	68744	5661	0.702
60.325	4.445	51.435	6.11	411882	77569	6234	0.780
60.325	4.775	50.775	6.53	411331	83607	6608	0.833
73.025	3.175	66.675	5.46	360444	44893	7004	0.697
73.025	3.404	66.217	5.83	386903	48347	7472	0.745
73.025	3.962	65.101	6.73	450821	56788	8574	0.860
73.025	4.445	64.135	7.50	505152	64079	9482	0.958
73.025	4.775	63.475	8.02	541862	69067	10081	1.024
73.025	5.156	62.713	8.61	583750	74822	10748	1.099
88.900	3.404	82.092	7.16	474868	39713	11339	0.914
88.900	3.962	80.976	8.28	554145	46648	13068	1.057
88.900	4.445	80.010	9.24	621740	52636	14504	1.179
88.900	4.775	79.350	9.88	667526	56734	15457	1.262
88.900	5.156	78.588	10.63	719885	61461	16528	1.356

连续油管滚筒起着缠绕连续油管,便于运输的作用。连续油管滚筒由液压马达控制,液压马达的作用是在起下连续油管时在油管上保持一定的回卷力使其紧绕在滚筒上;滚筒前上方装有排管器以使连续油管有序地缠绕在滚筒上,排管器上装有计数器,用以计量连续油管下入和提出的长度。连续油管的始端固定在滚筒上,并与两个液体的注入口相连,施工时可通过注入口将液氮、清水等顶替液泵入井内进行相关的施工作业。

（五）注入头

注入头又称为牵引起下设备,其基本功能有:

(1)克服连续油管在井筒内的浮力及摩擦力把连续油管压入井内;

(2)在不同井况下控制连续油管的下井速度;

(3)下至设计位置后,悬挂连续油管以进行其他作业;

(4)作业施工完后,克服摩擦阻力将连续油管从井内提出来,便于缠绕在滚筒上。

注入头是连续油管车的主要部件,它起着将连续油管送入井内及从井内提出的作用。它由注入头马达、注入头夹紧缸、链条张紧缸及卡瓦组成(图13.10.4)。

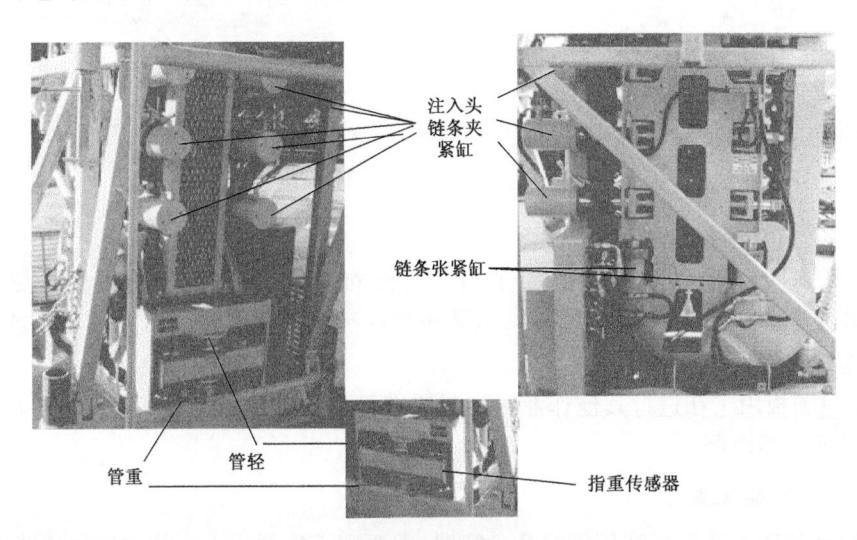

图13.10.4 注入头

鹅颈管用于牵引连续油管从滚筒到链条牵引总成的导入与导出。它是由一系列与架垂直的滚子组成的弧形架,其弯曲半径约等于滚筒直径,保证连续油管平滑的出入注入头夹紧卡瓦中间;注入头液压马达用于驱动注入头链条顺时针或逆时针旋转,从而实现下油管或提油管作业;链条牵引总成用于夹持连续油管起下,两条牵引链条的驱动链轮分别由两台旋转方向相反的液压马达驱动,在牵引链条的外侧嵌装内锁式鞍状连续油管卡瓦,用以夹持连续油管;夹紧总成用于在夹紧缸夹紧力的作用下夹持连续油管起下,在停止作业时用于夹持连续油管,防止连续油管下滑。

在注入头底部,沿连续油管中心线装有液压控制的防喷盒(图13.10.5),起到带压作业时动态防喷和上提时刮油作用。防喷盒设计成边门时,这样当防喷盒胶皮在工作中磨损损坏时,无须提出连续油管,在井内就可更换。

（六）井口防喷器组

井口防喷器组是连续油管作业机的重要组成部分，所有的连续油管作业中都需安装，主要用于作业时的井口防喷，自上而下排列为全封、剪切、卡瓦和半封四套闸板（图 13.10.6）。

(1)全封闸板用于井喷失控时在地面封井，闸板芯子的弹性密封元件彼此压紧实现全封闭式密封，全封芯子只是设计用于封住来自井下的压力。

(2)剪切闸板用于井下的连续油管卡死或有其他需要（如作为生产管柱或虹吸管悬挂）时机械剪断油管。在需要剪断时，剪切板围拢油管并加压，使油管受剪切而断开。

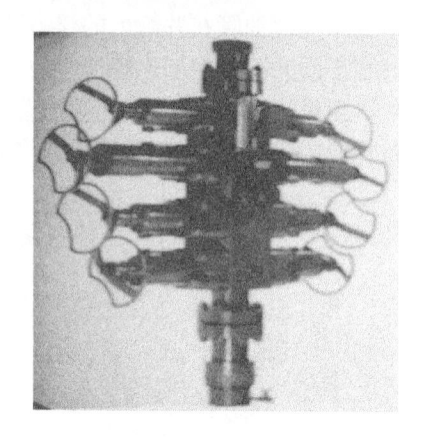

图 13.10.5　防喷盒

图 13.10.6　井口防喷器组

(3)卡瓦闸板上装有单向齿，用于支撑井下管柱的重量。当卡瓦关闭时，闸板芯子内缘与连续油管外缘紧紧压实将连续油管固定，以防止井内高压把连续油管从井内顶出或连续油管的自重使连续油管失控下滑。

(4)半封闸板用于在进行其他作业时密封连续油管与井下油管之间的环空，其闸板芯子与连续油管外径相匹配。

（七）其他附属装置

其他附属装置主要包括液压管线及盘管器，主要用于控制注入头及井口防喷器组的动作。

五、HR580 连续油管车简介

HR580 型连续油管车主要是由牵引挂车、动力装置、操作室、连续油管滚筒、注入头及防喷器（BOP）等组成的拖车式连续油管作业机，是集气、液、电一体化且自动化程度较高的特种设备。

（一）主要技术参数

1. 牵引车

型号：奔驰3340型；整车技术参数：外形尺寸（长×宽×高）：19.2m×2.6m×4.3m 整车质量：62680kg；发动机型号：OM501A；牵引车功率：395hp。

2. 滚筒

型号：3018；芯筒直径：213cm(84in)；轮缘直径：366cm(144in)；宽度：178cm(70in)；最里

层最大提升力:3600lbf(1633kgf);最外层最大提升力:2300lbf(1043kgf)。

3. 注入头

型号:HR580;最大连续上提能力:80000lbf(36320kgf);静止提升最大负荷:85000lbf(38590kgf);下推能力:40000lbf(18160kgf);最大下推能力:44000lbf(19976kgf);最大提升速度:150ft/min(45.72m/min)。

4. 连续油管(不防硫)

材料:QT800;长度:5500m;外径:44.45mm(1.75in);内径:37.64mm(1.48in);壁厚:3.404mm(0.134in);每米内容积:1.1129L;每米壁厚容积:0.4389L;抗内压:79.4MPa;承载能力:228.67kN。

5. 液压防喷器

型号:EH34-LA19X;通径:3.06in;额定工作压力:70MPa;四闸板,由上至下依次为:全封、剪切、卡瓦、半封;防喷盒额定工作压力为70MPa。

(二)主要结构特点

HR580连续油管车属于自带动力源式的特种车装设备,其结构紧凑,安全装置可靠,运移性好。其主要的特点有:

(1)由液压执行元件驱动各部件工作,并可在操作室内集中控制。液压动力系统安装在操作控制单元内,由三个泵提供动力:一个柱塞式液压泵单独给注入头提供液压动力,大小两套双连叶片式液压泵分别给滚筒控制系统、排管器及软管绞盘控制系统、防喷器控制系统提供动力,注入头、防喷器的控制软管长达50m,便于将注入头及防喷器吊装到井口上进行远程控制。

(2)HR580型连续油管车防喷能力强,防喷器具备全封、剪切、卡瓦、半封4种功能。防喷盒能在较高压力下提下连续油管进行不压井作业,有利于保护油气层。

(3)滚筒前部带有自动排管器,便于起出连续油管时将连续油管整齐地排在滚筒上;滚筒轴的左边引出2个"T"型旋转注入接头,可以在起下连续油管的同时,循环工作液或氮气,以降低工作液在井筒中的密度,实施负压井作业。

(4)注入头采用链条牵引机构,2条内嵌鞍形卡瓦的链条分别由1台液马达驱动反向旋转,夹持连续油管起下。

(5)该设备具有可升降式操作室;操作室内的控制台上装有完备的仪表、开关及操作控制手柄,能够远程监测连续油管工作状况,控制连续油管起下和防喷器、防喷盒的开关及井口压力的显示等。

六、连续油管井下工具简介

连续油管井下工具是连续油管进行井下作业时,为达到某种施工目的或地质要求而采用的井下施工工具。连续油管井下工具主要有接头类、冲洗工具、打捞工具等,下面简单介绍一些常用的连续油管井下工具。

(1)连续油管转换接头:连续油管转换接头主要用于连接连续油管与井下工具,是连续油管带工具进行井下施工时常用的一种连接装置。其特点是可在现场连接,同时施工结束后,可在现场拆卸,方便快捷。常用的主要有连续油管外(内)卡接头(图13.10.7和图13.10.8)。

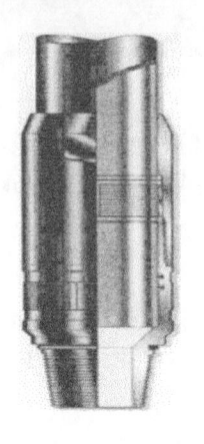

图 13.10.7　外卡接头 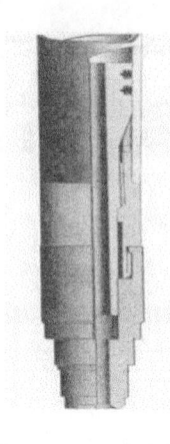　　　　　　图 13.10.8　内卡接头

(2)双翼单流阀:双翼单流阀是标准的连续油管串部件(图 13.10.9)。其作用是当地表设备或连续油管串损坏时,阻止井内流体回流至连续油管,防止井底压力上窜。为了其密封的安全性,该阀在设计上对每个阀瓣都采取了双密封,两级阀瓣相互独立,提高了工具的安全性,在较高压力时,用金属面密封;而在低压时,则用密封件密封。

(3)液压丢手接头:液压丢手接头(图 13.10.10)是指在工具串下到井下预定位置之后,通过连续油管投入合适大小的球并打压来实现井下工具串的断脱。

(4)万向接头(图 13.10.11):连续油管万向接头通常连接在震击器的下方,与连续油管工作管柱连接在一起,可在任何方向上产生一定倾角的运动,从而为工具串增加了灵活性和柔韧性。该工具的特点保持了全液体通径,靠内部压力实现密封,偏移角度可达 15°,并能传递一定的扭矩,可用于在水平井、斜度井、大斜度井内下入连续油管工具管串进行作业。

(5)文丘里打捞篮(图 13.10.12):文丘里打捞篮用于打捞井底的碎金属块。当流体泵入连续油管串,从文丘里室的喷嘴高速喷出时,在室内形成真空,混合流体从工具底部被吸入,在文丘里室内进行分离,流体从文丘里管返回,并在工具底部周围再次循环。

图 13.10.9　双翼单流阀 　　图 13.10.10　液压丢手接头 　　图 13.10.11　万向接头 　　图 13.10.12　文丘里打捞篮

第十一节　立式中压两相分离器

一、工作原理

(一)分离器的作用

在试油生产过程中,要精确计量油、气、水的产量,首先必须使油、气、水分离开。油、气、水的分离要借助于分离器,分离器是一种在其内部能使互不溶解的流体相互分开的装置。分离器可以分两相或三相,立式(图13.11.1)或卧式等。

两相分离的有两个出口,通常是气和液体。液体可以是油或水,也可以是二者的混合物。

油气水的分离是由于流体的密度不同的原理,密度大的成分降到容器的底部,密度小的成分上升到容器的顶部。

分离过程包括:(1)气体从液体中分离出来;(2)油从水中分离出来。

图13.11.1　立式中压两相分离器实物图

(二)油、气、水分离的条件

要使各组分分离,必须具备以下两个条件:

(1)要分离开的各种流体彼此之间是不可溶的;

(2)流体彼此间密度不同。

二、类型和内部结构

试油作业使用的立式两相分离器的类型主要为离心式立式两相分离器。工作压力不大于6.4MPa。

内部结构和附属零部件包括:测气管线口、进油气水管口、压力表连接口、液位计、人孔盖、排污口及旁通等。如图13.11.2所示为离心重力式两相分离器,该分离器上部为伞状结构,称为分离伞,地层流体以切线方向进入分离器后,受比重差和容积增大的影响,油、气会自然分离未分离的油、气沿着分离器的内壁作离心式旋转运动,质量大的油液被甩向筒壁,质量小的气体则集中在中心作回旋运动。回旋上升和两层分离的隔板处时,气流中的雾状油滴黏附在伞表面,沿伞面下滴,气体从出气口排出,散油帽使分离后的油沿内壁往下流。由于水的比重比油大,因此水降到最底层从排水口流出,油浮在上面从排油口流出。

三、吊装和安装

(1)吊装前,应该对立式中压分离器进行检查、保养。先检查和清理排污阀门、进出口阀门、安全阀和旁通,确保各部件齐全、完好的情况下,方可吊装。

(2)安装时,要对立式中压分离器进行检查,确保完好的情况下,在规定的位置(在距井口25m以远),平稳起吊摆放,并用3根钢丝绳作绷绳(规格不小于9.54mm)与ϕ14mm,其长度

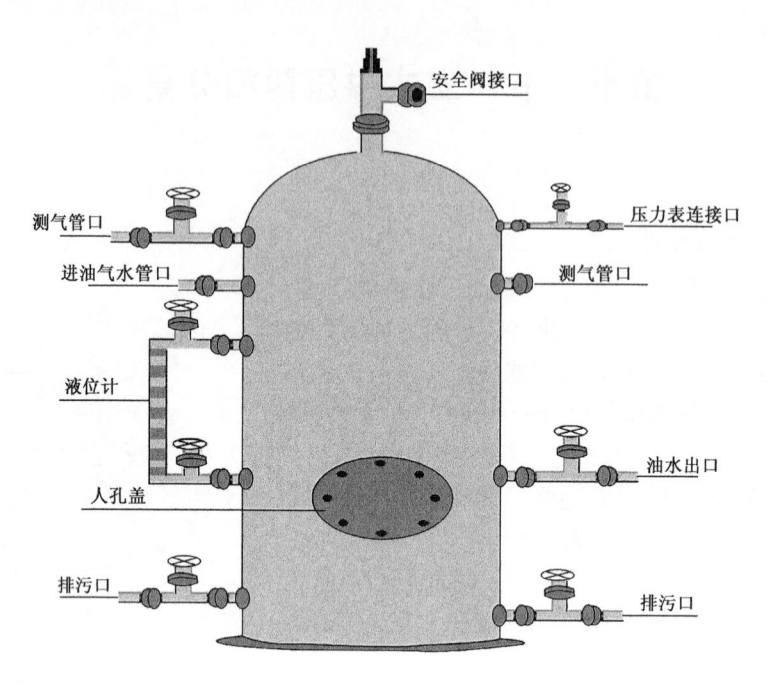

图 13.11.2　立式中压两相分离器示意图

不少于 500mm 的地桩固定。绷绳夹角为 120°固定,绷绳与地面夹角小于 45°。

（3）立式中压分离器须按规定及规格接地线。

四、使用与维护

（1）连接立式中压分离器进出口、点火、测气管线（无旁通控制阀门的连接旁通管线）。

（2）安装与立式中压分离器测气阀门相连接的测气短节。

（3）安装与立式中压分离器匹配的压力表（压力表应在检验有效期内）。

（4）使用前,应检查各阀门是否灵活、可靠。

（5）使用期间应通过立式中压分离器的排污阀门不定期排污。

五、注意事项

（1）每年要定期对分离器进行内部清理和外部防腐处理,分离器要每两年定期检查一次。

（2）分离器属于压力容器,安全阀要每年定期检查。设定安全阀压力小于或者等于分离器的额定工作压力。

（3）在装车拉运前,应把分离器与车体牢固连接,保证分离器不移位,不摆动。

参 考 文 献

[1]《试井手册》编写组. 试井手册[M]. 北京:石油工业出版社,1998.
[2]《中国油气井测试资料解释范例》编写组. 中国油气井测试资料解释范例[M]. 北京:石油工业出版社,1994.
[3] 刘能强. 实用现代试井解释方法[M]. 北京:石油工业出版社,2008.
[4] 钟松定. 试井分析[M]. 石油大学出版社,1990.
[5] 小罗伯特 C. 厄洛赫. 试井分析方法[M]. 栾志安,译. 北京:石油工业出版社,1985.
[6] 加拿大国家能源保护委员会. 气井试井理论与实践[M]. 陈元千,译. 北京:石油工业出版社,1992.
[7] (美)C.S. 马修斯,D.G. 拉塞尔. 油层压力恢复和油气井测试[M]. 李祜佑,译. 北京:石油工业出版社,1983.
[8] 陈元千. 油气藏工程方法[M]. 北京:石油工业出版社,1999.
[9] 林加恩. 实用试井分析方法[M]. 北京:石油工业出版社,1996.
[10] (法)布尔特(Bourdet,D.). 现代试井解释模型及应用[M]. 张义堂,译. 北京:石油工业出版社,2007.
[11] 文浩,杨存旺. 试油作业工艺技术[M]. 北京:石油工业出版社,2002.
[12] 刘宝和. 中国石油勘探开发百科全书[M]. 北京:石油工业出版社,2008.
[13] 马永峰,庄建山,张绍礼. 油气井测试工艺技术[M]. 北京:石油工业出版社,2007.
[14]《采油技术手册》编写组. 采油技术手册[M]. 北京:石油化学工业出版社,1977.
[15]《试油监督》编写组. 试油监督[M]. 北京:石油工业出版社,2004.
[16] 中国石油天然气集团公司人事服务中心. 地层测试工(上、下册)[M]. 北京:石油工业出版社,2005.
[17] 中国石油天然气总公司劳资局. 采气测试工[M]. 北京:石油工业出版社,1996.